虚幻引擎必修课

（视频教学版）

史叶 李才应 编

清華大学出版社
北 京

内容简介

本书结合作者多年丰富的项目制作和培训教学经验，全面阐述UE5技术。

全书共9章，第1章讲解UE5基础，第2章讲解资产导入，第3章讲解PBR材质，第4章讲解照明技术，第5章讲解开放的世界环境与地编技术，第6章讲解动画基础，第7章讲解粒子特效，第8章讲解定序器，第9章讲解蓝图交互技术。

本书除赠送相关的扩展学习素材、教学视频、教学用PPT课件以外，还有专业团队为读者答疑解惑，方便读者学习。

本书不仅适合UE5小白学习，更适合有一定UE5使用经验的朋友学习，同时也特别适合教师学习，还可以作为高等院校动画设计、环境艺术、游戏设计、数字媒体、视觉传达、平面设计、艺术设计、计算机技术等相关专业的教辅图书及相关培训机构的参考图书。

图书在版编目（CIP）数据

UE5虚幻引擎必修课 ：视频教学版 / 史叶，李才应编. -- 北京 ：清华大学出版社，2024. 10（2025. 1重印）. -- ISBN 978-7-302-67063-6

Ⅰ. TP391.98

中国国家版本馆CIP数据核字第2024SG0148号

责任编辑： 张　敏
封面设计： 郭二鹏
责任校对： 胡伟民
责任印制： 杨　艳

出版发行： 清华大学出版社
　　网　　址： https://www.tup.com.cn，https://www.wqxuetang.com
　　地　　址： 北京清华大学学研大厦A座　　**邮　　编：** 100084
　　社 总 机： 010-83470000　　**邮　　购：** 010-62786544
　　投稿与读者服务： 010-62776969，c-service@tup.tsinghua.edu.cn
　　质 量 反 馈： 010-62772015，zhiliang@tup.tsinghua.edu.cn
印 装 者： 北京博海升彩色印刷有限公司
经　　销： 全国新华书店
开　　本： 170mm×240mm　　**印　　张：** 15　　**字　　数：** 380千字
版　　次： 2024年11月第1版　　**印　　次：** 2025年1月第2次印刷
定　　价： 99.00元

产品编号：106816-01

编委会

联合推荐

本书由虚幻引擎官方导师精心编写，深入浅出，范例详尽，全面覆盖编辑器基础、灯光、渲染、动画、特效与蓝图技术，助力学习者扎实掌握虚幻引擎，是实时 3D 技术学习者的必备指南。

王祢　Epic Games Technical Director, Developer Relations

在 AI 时代，游戏引擎的作用不仅限于传统的游戏开发，它们在多个领域发挥着越来越重要的作用。基于多年深耕一线的实战经验，作者精心编撰了《UE5 虚幻引擎必修课》这一力作。本书以实操案例为基石，层层剖析知识点与能力点，旨在为学习者铺设一条由浅入深、系统而全面的学习路径。

书中内容不仅注重理论知识的传授，更强调实战技能的培养，通过一系列精心设计的案例，引导读者逐步掌握 UE5 虚幻引擎的精髓。同时，本书还具备极高的实用性，学习者可根据自身需求，快速定位到所需的技术点，实现定点速查与深入研讨，从而加速学习进程，提升学习效率。

本书还是一本重实效的宝贵学习资料，它不仅能够帮助读者在 AI 时代抓住机遇，更能在多个领域内为学习者提供强大的技术支持与灵感源泉。

陈洁滋　教授（原上海工艺美术职业学院数码艺术学院院长）

史叶，我的挚友，一位真正的数字视觉艺术先锋。曾经，他为 2008 年北京奥运会开幕式 CCTV 直播所制作的“烟花大脚印”镜头“骗”过了全世界所有观众，至今仍是数字艺术领域的一个标志性作品。

在元宇宙与 AI 技术日新月异的今天，虚幻引擎的应用边际已远远超出了游戏的范畴，正在开启一个全新的创意时代。今天，我非常荣幸地向大家介绍史叶的最新力作——《UE5 虚幻引擎必修课》。这是史叶为追求卓越的年轻一代数字艺术家们精心打造的虚幻引擎学习指南。它不仅提供了系统、全面的学习路径，还融入了史叶在实战中积累的宝贵经验。

我相信，这本书将帮助数字艺术爱好者更快地掌握虚幻引擎的精髓，从而激发更多创意的火花，共同见证下一个视觉盛宴的诞生。

魏春明　上海工艺美术学会数字艺术设计专业委员会副主任

史叶老师结合自身深厚的ACG行业实战经验和美学功底，通过丰富且实用的教学案例，深入浅出地将UE5的各大功能模块系统地进行讲解剖析。

本书从应用到原理，甚至创作思维，内容详尽，解析透彻，是希望快速上手虚幻引擎之新人的不二宝典！

葛岩　福州网龙美术设计总监

前言

PREFACE

Unreal Engine 5（UE5）是一款强大的游戏开发引擎，它为游戏开发者提供了一套完整的工具链，用于创建高质量的游戏。

本书内容主要包括：

1. UE5 基础

对于初学者来说，了解 UE5 的基础知识是非常重要的。本书详细介绍了 UE5 的安装、编辑器界面、资源管理、光照和材质等基础知识。此外，还通过丰富的示例和练习，帮助读者快速掌握 UE5 的基本操作。

2. 材质灯光渲染

在游戏开发中，材质和灯光是至关重要的，它们能够为游戏场景增添真实感和视觉效果。本书深入讲解了 UE5 中的材质系统和光照模型，并通过一系列实践案例，让读者掌握如何创建逼真的材质和灯光效果。

3. 动画

动画是游戏开发中的重要组成部分，它能够为游戏角色和场景增添动态效果。本书详细介绍了 UE5 中的动画系统，通过学习本书，读者可以掌握如何创建逼真的动画效果，并让游戏角色更加生动。

4. 特效

特效能够为游戏增添视觉冲击力和趣味性。本书深入讲解了 UE5 中的特效系统，包括粒子系统、动态贴图、后期处理等。通过学习本书，读者可以掌握如何创建逼真的特效效果，并让游戏场景更加绚丽。

5. 蓝图

蓝图是 UE5 中的一种可视化脚本系统，它可以让开发者通过调整节点来创建复杂的游戏逻辑和交互效果。本书详细介绍了蓝图的语法和用法，并通过一系列实践案例，让读者掌握如何使用蓝图来开发游戏的各种功能和交互效果。此外，本书还深入讲解了蓝图与其他 UE5 工具的结合使用，帮助读者全面提升游戏开发能力。

本书售后

视觉客有着近 20 年 IT、计算机图形图像和艺术设计领域相关图书的编写经验，善于提炼知识内容，总结教学方法，将实用的技术和职业技能用高效、快捷的方式传授给需要的用户。

本着“学习，使人进步”的信仰，秉承“授人以鱼，不如授之以渔”的核心教育思想，通过“教、学、产、研、人”五位一体的裂变规模化发展思路做好良心教育工程。

我们不仅仅是传道授业解惑者，更是学习、生活的良好组织者和促进者。

依托现有约 10000 名一线资深设计师、2000 名大学老师、3000 个互联网企业、500 个动漫与设计公司资源，致力于实现真正的“教、学、产、研、人”一体化构想。

目前开设有《导演型美学 PPT 设计研修班》《UI/UE 设计精品必修班》《UI/UE 设计作品集高级研修班》《UI 电商设计精品必修班》《UI 交互动效必修班》《AI 人工智能设计高级研修班》《UE5 虚幻引擎精品必修班》《汽车 HMI 设计高级研修班》《展览展示设计高级研修班》《Blender 设计精品研修班》等前沿课程。

欢迎大家关注我们视觉客的公众号“视觉客 AI”，以获取更多的学习资料和资源。

编者

2024 年 8 月

目录
CONTENTS

第1章 初识 UE5........001
1.1 下载与安装........002
1.1.1 下载 UE5........002
1.1.2 注册 Epic 账号........002
1.1.3 安装 Epic 平台........003
1.1.4 UE5 计算机配置需求........003
1.2 虚幻引擎平台介绍........004
1.2.1 示例........004
1.2.2 虚幻商城........004
1.2.3 库........004
1.2.4 安装虚幻引擎........004
1.2.5 设置库缓存位置........005
1.2.6 保管库........005
1.2.7 卸载 UE5........006
1.3 UE 项目管理........006
1.3.1 如何开始一个项目........006
1.3.2 UE 文件保存结构........007
1.4 编辑器主页面........008
1.4.1 在场景里移动和旋转视角........008
1.4.2 围绕物体的旋转和缩放........008
1.4.3 主编辑器介绍........008
1.4.4 快捷工具栏介绍........011
1.4.5 修改快捷键........011
1.4.6 修改界面布局........011
1.4.7 关闭和调取标签页........013
1.4.8 回到默认布局界面........013
1.5 保存资产........013

第2章 资产导入........015
2.1 Static Mesh 类型........016
2.2 导入 SM 模型到虚幻引擎........016
2.3 Static Mesh 导入注意事项........020
2.4 Nanite 导入........021
2.4.1 转换成 Nanite 模型........022
2.4.2 如何检查是否为 Nanite 模型........022
2.5 Datasmith 导入........022
2.5.1 下载 Datasmith........022
2.5.2 使用 Datasmith........023
2.5.3 将 Datasmith 文件导入 UE5........023
2.5.4 Datasmith 场景与 3D 软件场景的区别........024
2.5.5 如何同步在 3D 软件中的修改........025
2.6 资产迁移........025

2.7 Megascans 导入 026
2.7.1 使用 Megascans 026
2.7.2 在 UE5 中打开 Megascans 026
2.7.3 如何从 Megascans 下载资产........................ 028
2.7.4 导入 Megascans 模型到 UE5 029
第 3 章 UE 的 PBR 材质 030
3.1 材质基础与 PBR 031
3.1.1 PBR 材质简介 031
3.1.2 PBR 与传统 Shader 的区别 031
3.2 材质编辑的基本思维方式.......... 031
3.2.1 如何编辑材质球 032
3.2.2 利用复合命令调节材质 034
3.2.3 Add（添加）工具.......... 034
3.2.4 Multiply 工具 036
3.3 材质实例及其使用流程............. 036
3.3.1 材质实例与材质模板的区别 037
3.3.2 如何增加材质实例的修改权限 037
3.3.3 如何快速创建和修改同类材质 038
3.4 材质的基本属性........................ 039
3.4.1 材质输入属性 039
3.4.2 Material（材质） 039
3.4.3 Blend Mode（混合模式） 040
3.4.4 Shading Model（着色模型） 040
3.4.5 其余 Material（材质）中常用的功能 040
3.5 各类材质的制作........................ 041
3.5.1 常见材质：半湿地面 041
3.5.2 常见材质：镜面效果 041
3.5.3 常见材质：夜景窗户 041
3.5.4 常见材质：次表面玉石... 041
3.5.5 常见材质：透光树叶 043
3.5.6 常见材质：清透玻璃 043
3.5.7 常见材质：水面 044
第 4 章 UE 环境照明..........................045
4.1 基础灯光系统............................. 046
4.1.1 基本灯光类型与通用参数 047
4.1.2 亮度衰减 050
4.1.3 灯光通道 051
4.1.4 阴影类型比较 051
4.1.5 半影和虚影 053
4.1.6 日光设置 053
4.1.7 天光设置 056
4.2 Lumen 灯光技术 057
4.2.1 Lumen 的开启方式......... 058
4.2.2 实时光线追踪 062
4.3 屏幕空间 GI................................ 065
4.4 移动性.. 066
4.5 Light mass 灯光烘焙系统 067
第 5 章 构建开放世界 070
5.1 地形基础.................................... 071
5.1.1 地形内容示例 071
5.1.2 地形工具面板介绍 072
5.1.3 地形雕刻 074
5.2 非破坏性地形层........................ 075
5.2.1 创建非破坏性地形层 075
5.2.2 Blueprint（蓝图） 076
5.3 地形道路系统 1.......................... 080
5.3.1 添加道路的步骤 080

5.3.2 制作道路截面 080

5.4 地形道路系统 2 080

5.4.1 建造步骤 080

5.4.2 导入自定义路截面 080

5.5 植被系统基础 080

5.5.1 打开植被系统 081

5.5.2 多笔刷功能 081

5.5.3 笔刷在普通场景中的应用 082

5.5.4 笔刷在有海拔场景中的应用 082

5.5.5 工具控制板 084

第 6 章 UE 动画基础 086

6.1 Skeleton Mesh 骨架网格导入流程 087

6.1.1 角色部分细分 087

6.1.2 将模型导入 UE5 088

6.1.3 将动画导入 UE5 089

6.2 实时布料动力学 091

6.2.1 制作布料系统 091

6.2.2 布料笔刷设置 091

6.2.3 布料碰撞效果 092

6.2.4 布料配置 093

6.2.5 给场景添加风 094

6.3 MorphTarget 表情变形 095

6.3.1 导出 3ds Max 095

6.3.2 导入 UE5 096

6.3.3 简单应用变形目标预览器 097

6.3.4 制作动画 098

6.4 Alembic 模型缓存 099

6.4.1 3ds Max 导出流程 099

6.4.2 导入 UE5 100

6.4.3 使用模型 101

6.5 MetaHuman 工具的使用 102

6.5.1 创建模型 102

6.5.2 导入 UE5 104

6.5.3 自定义角色 104

6.5.4 制作 MetaHuman 原始模型 105

6.5.5 在 MetaHuman 官网细化模型 108

6.5.6 MetaHuman 表情捕捉与录制 110

6.6 IK Retarget 动画重定向 114

6.6.1 如何绑定 IK 114

6.6.2 移植动作 122

6.6.3 准备工作 123

6.6.4 匹配链条 124

6.6.5 指定动画 125

6.6.6 补充说明 125

第 7 章 Niagara 粒子特效 130

7.1 Niagara 基础 131

7.1.1 Niagara 的概念 131

7.1.2 Niagara 基本参数 132

7.1.3 粒子模块思路 134

7.1.4 系统设置模块：粒子系统生命周期 135

7.1.5 系统设置模块：GPU 粒子 137

7.1.6 系统设置模块：Warm Up 预热 137

7.1.7 系统设置模块：Local Space 138

7.1.8 粒子 Spawn 方式 138

7.1.9 Burst（迸发） 138

7.1.10 Rate（速率） 139

7.1.11 Spawn Per Unit（每单位） 140

7.2 粒子初始化......141
7.2.1 Initialize Particle（粒子的初始化）......141
7.2.2 粒子附着方式......143
7.3 粒子 Update......146
7.4 粒子渲染......147
7.4.1 渲染方式 Sprite：片片朝向......147
7.4.2 渲染方式 Sprite：粒子与材质......148
7.4.3 渲染方式 Sprite：Sub UV 动画序列帧......148
7.4.4 渲染方式 Sprite：粒子与体积雾......151
7.4.5 渲染方式 Ribbon：条带......154
7.5 Mesh 渲染方式......161
7.6 Light 渲染方式......161
7.7 值的动态输入......163
7.7.1 本地值 Local......163
7.7.2 动态参数......163
7.7.3 读取粒子参数 Make......164
7.7.4 调用粒子属性......165
第 8 章 Sequencer 定序器......167
8.1 定序器的基本概念......168
8.2 Sequencer 编辑器......170
8.3 Actor 引用......175
8.4 Attach 附着......179
8.5 粒子与音效......179
8.6 其他常用轨道......184
8.7 Spawnables......187
8.8 路径动画......187
8.9 材质动画......187
8.10 Cine 相机的基本参数......187
8.11 相机动画方式......191
8.12 Sequencer 剪辑......191
8.13 默认渲染器......203
8.14 MRQ 高清渲染器......206
第 9 章 UE 蓝图交互技术......213
9.1 蓝图的基本概念和思维方式......214
9.2 Hello World 范例......215
9.3 游戏案例准备工作......222
9.4 自动门......222
9.4.1 自动门制作方法 1......223
9.4.2 自动门制作方法 2......223
9.5 延迟开门机关......223
9.6 Level BP 上帝模式......223
9.7 在 Sequencer 中执行 BP 事件......226

初识 UE5

UE5（虚幻引擎 5）是 Epic Games 推出的第五代游戏引擎。该引擎于 2020 年公布，并于 2021 年 5 月 26 日发布预览版。

UE5 的核心黑科技包括两个方面的技术。一是 Nanite，这是一种虚拟微多边形几何体技术，据 Epic 团队表示，Nanite 将创建出一切人眼能看到的几何体细节；二是 Lumen，这是一套全动态全局光照解决方案，能对场景和光照变化做出实时反映，而且不需要专门的光追硬件。

此外，UE5 还具有以下特点。

画面逼真：UE5 的画面效果非常逼真，甚至可以让玩家误以为是摄影作品。

高度自由度：UE5 引擎支持高度自由度的游戏设计，可以让游戏开发者创造出更加丰富多彩的游戏世界。

强大的物理引擎：UE5 的物理引擎非常强大，可以让游戏中的物体具有更加真实的物理属性，如重力、碰撞等。

高度可扩展性：UE5 引擎具有高度可扩展性，可以支持各种不同类型的游戏和应用程序的开发。

跨平台兼容性：UE5 引擎可以支持多个平台的游戏开发，包括 PC、移动设备、游戏主机等。

总的来说，UE5 是一款非常强大且高度自由的游戏引擎，可以让游戏开发者创造出更加丰富多彩、更加真实的游戏世界。

1.1 下载与安装

本章首先来学习注册 Epic 和安装 UE5 软件。

1.1.1 下载 UE5

首先登录 UE5 官网 https://www.unrealengine.com，如图 1-1 所示。

图 1-1

进入网站之后，一直向下滑动，直到出现如图 1-2 所示的页面。

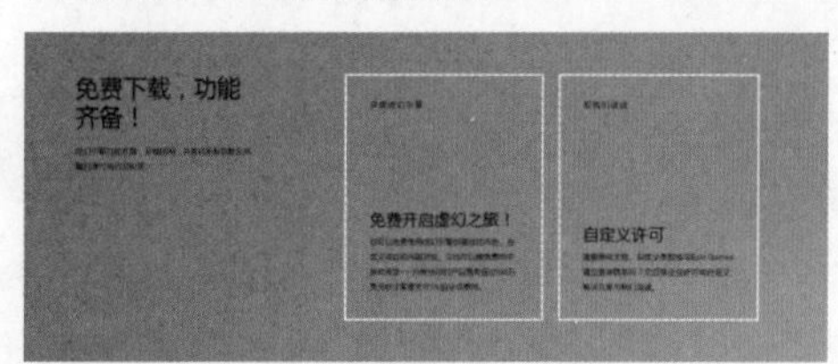

图 1-2

进入 UE5 的下载页面，向下滑动页面，找到 Epic Game 启动器的下载按钮，因为 UE5 必须通过 Epic Game 启动器才能下载，如果已经安装启动器，直接点打开即可，如图 1-3 所示。

图 1-3

1.1.2 注册 Epic 账号

在等待 Epic Game 启动器下载的时间里，如果没有注册 Epic 账号的话，可以趁等待时间注册一个，在网页右上角单击登入按钮，如图 1-4 所示。

图 1-4

进入登入界面，在登入列表框的最下方找到注册字样并单击，如图 1-5 所示。

图 1-5

在 Epic 的注册页面，可以选择注册方式。可以使用别的平台账户登入，也可以使用你的电子邮箱注册。本教程以使用电子邮箱注册为例进行演示，单击如图 1-6 所框选的按钮，开始使用电子邮件进行 Epic 账号的注册。

图 1-6

然后，按步骤填写自己的出生日期，填写好之后单击“继续”按钮，如图 1-7 所示。

图 1-7

之后，页面跳转到注册界面，填写好基本信息并单击“继续”按钮，并在电子邮箱中完成认证后，即可完成注册，如图 1-8 所示。

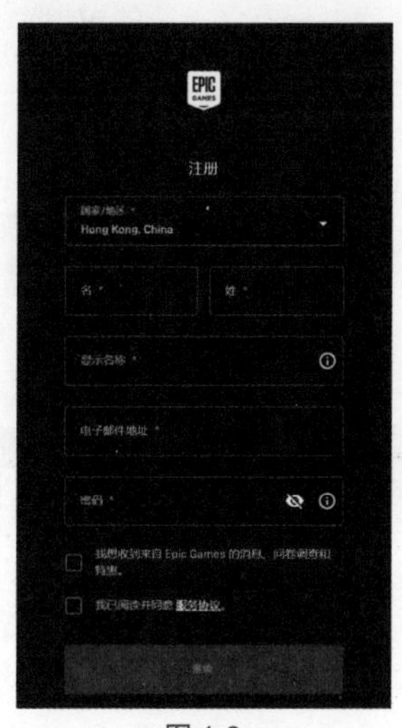

图 1-8

1.1.3　安装 Epic 平台

完成注册之后，来看看已经下载好的 Epic 平台软件包，直接双击图标进行安装。

双击后，会打开一个安装面板界面，单击“安装”按钮，并按照步骤指引完成，即可成功安装好 Epic 平台，如图 1-9 所示。

安装完毕后，进入 Epic 平台，对账号进行登入。

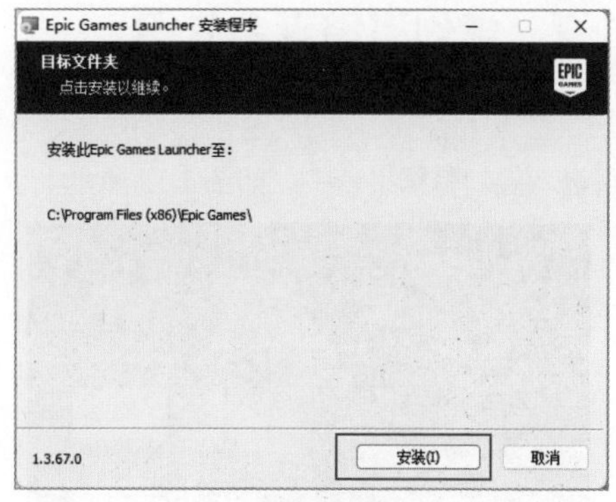

图 1-9

1.1.4　UE5 计算机配置需求

在开始使用虚幻引擎之前，需要了解一下虚幻引擎的推荐配置要求，具体配置如图 1-10 所示。大家可以对照检查自己的计算机，若未满足推荐配置，在运行虚幻引擎时，可能达不到较好的效果。

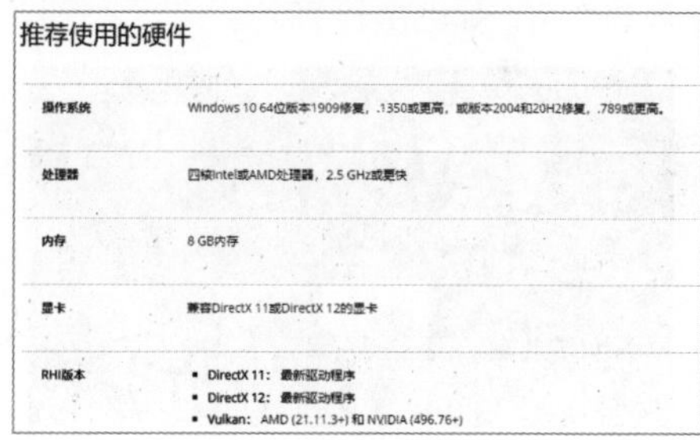

推荐使用的硬件

操作系统	Windows 10 64位版本1909修复，.1350或更高，或版本2004和20H2修复，.789或更高。
处理器	四核Intel或AMD处理器，2.5 GHz或更快
内存	8 GB内存
显卡	兼容DirectX 11或DirectX 12的显卡
RHI版本	• DirectX 11：最新驱动程序 • DirectX 12：最新驱动程序 • Vulkan：AMD (21.11.3+) 和 NVIDIA (496.76+)

图 1-10

如果未达到推荐配置需求，也可以参照如图 1-11 所示来查看是否有达到虚幻引擎的最低软件要求，若计算机系统未达到最低软件要求，那么虚幻引擎将无法运行。

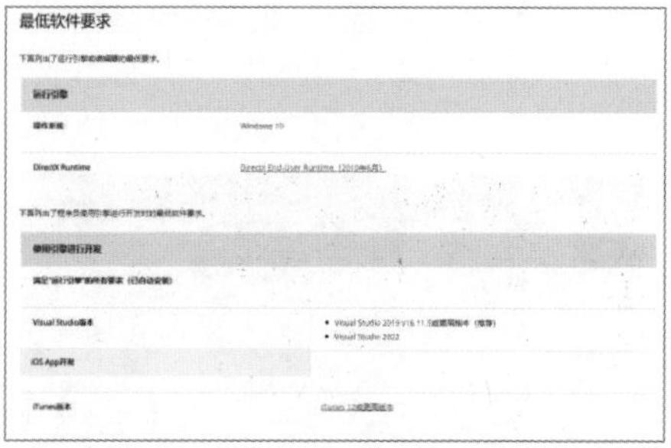

图 1-11

1.2 虚幻引擎平台介绍

登入 Epic 平台后，单击虚幻引擎，即可进入虚幻引擎平台中，如图 1-12 所示。

图 1-12

1.2.1 示例

在虚幻引擎的平台，可以在示例里找到虚幻引擎官方所编写的教程示例，它展示了一些行业里 UE5 具体的使用方法教程，这些都是很好的学习视频，可以根据需要下载与学习，如图 1-13 所示。

图 1-13

1.2.2 虚幻商城

在虚幻商场里，可以购买 UE5 的模型、贴图、动画、特效等资产来辅助制作 UE5。并且每个月虚幻商城还会赠送一些资产——本月免费，这些资产可以作为制作作品的基础素材来用，如图 1-14 所示。

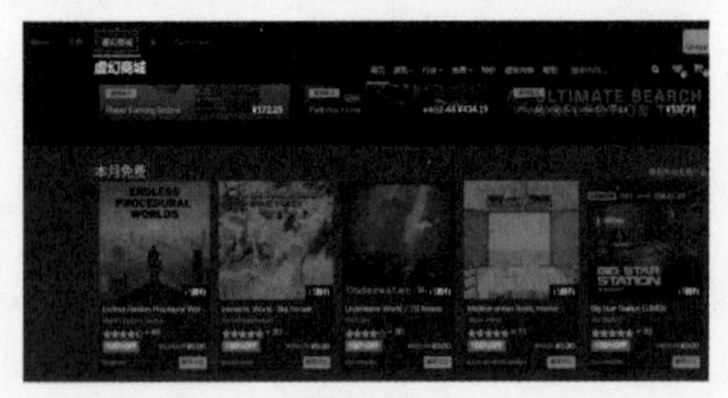

图 1-14

1.2.3 库

库是专门与虚拟引擎相关的库，它分为 3 部分，如图 1-15 所示。

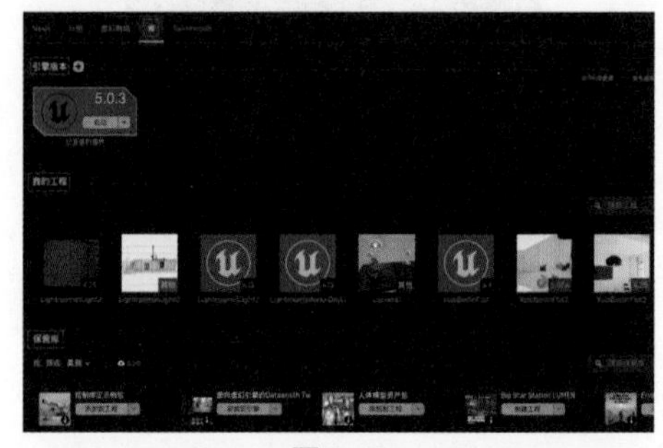

图 1-15

引擎版本：是指所安装的引擎版本。

我的工程：保存的是所创建的工程文件。

保管库：保存了所有的虚拟资产。

1.2.4 安装虚幻引擎

单击引擎版本后的加号，如图 1-16 所示。

然后，单击出现灰色图标上面的小箭头，选择需要安装的版本后，单击安装，如图 1-17 所示。本教程所需要的 UE 版本为：5.0.3。

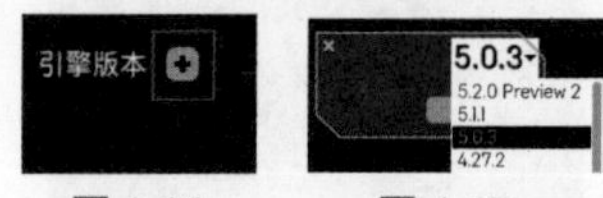

图 1-16　　图 1-17

在打开的安装面板中首先指定安装路径，然后单击“选项”按钮，如图 1-18 所示。

图 1-18

在选项面板中，仅保留如图 1-19 所示的选项。

至于桥接其他平台的科学模组，则可以

按需求选择或全不选择，如图 1-20 所示。

图 1-19

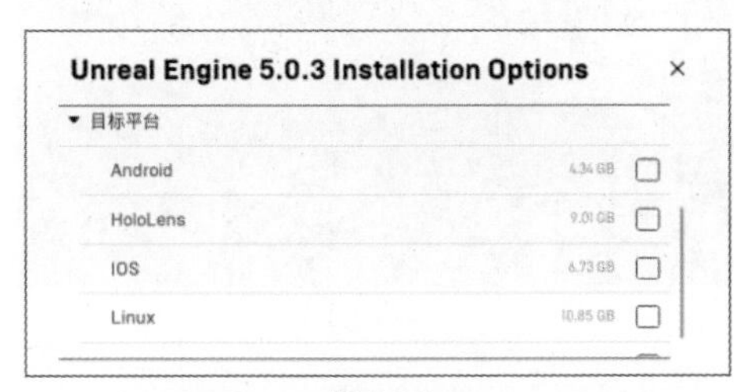

图 1-20

设置好后，单击“安装”按钮，如图 1-21 所示。UE5 则会开始自动下载和安装。

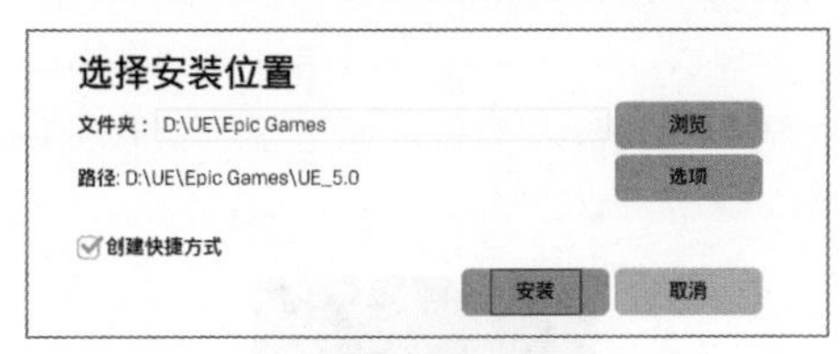

图 1-21

安装成功的引擎会呈现如图 1-22 所示的效果。

图 1-22

1.2.5　设置库缓存位置

在页面左侧边栏底部找到设置选项并单击，如图 1-23 所示。

在设置中找到“编辑保管库缓存位置”选项并单击进入，如图 1-24 所示。

单击“浏览”按钮，将保管库缓存位置修改到一个拥有较大剩余空间的硬盘位置里，并单击“应用”和“确定”按钮，如图 1-25 所示。

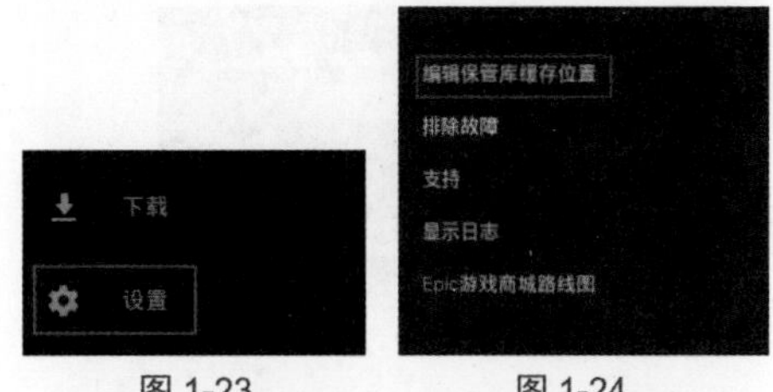

图 1-23　　图 1-24

图 1-25

1.2.6　保管库

任何在商城里购买过的资产都会出现在保管库中，在保管库中下载过的资产会显示“添加到工程”字样，如图 1-26 所示。

图 1-26

单击选项后，可以在弹出的项目页选择要添加资源的工程，并确认添加，如图 1-27 所示。

图 1-27

而没有下载过的资产，则会显示“创

建工程”或“安装到引擎”字样，在使用它们前都要先下载，如图 1-28 所示。

图 1-28

进入它们的下载界面，可以在预览面板中指定资产所要载入的工程文件路径。资产下载完毕后，不仅会在保管库里保留一份，也会复制一份在所指定的工程文件路径中。如果有多个版本的 UE 引擎，也可以为资产选择想要它下载并载入进的那一个引擎版本，全都设置好后，单击“创建”按钮，即可开始资产的下载，如图 1-29 所示。

图 1-29

1.2.7 卸载 UE5

如果不再需要某个版本的 UE 引擎，可以在引擎版本里找到它，直接单击左上角的“x”符号或者打开它的列表栏，选择“移除”选项，就可以对 UE 引擎进行卸载，如图 1-30 所示。

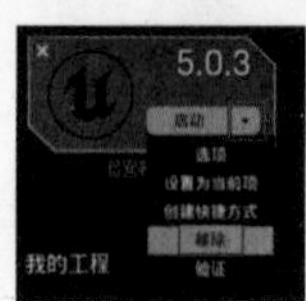

图 1-30

目前已经介绍完了下载 Epic 平台与注册 Epic 账号，以及通过 Epic 平台下载安装和卸载 UE 引擎的所有过程。

1.3 UE 项目管理

在 Epic 平台虚幻引擎的库里，找到自己想要启动的引擎版本，直接单击启动按钮，就可以开启虚幻引擎。启动虚幻引擎后，可以看到如图 1-31 所示的界面。

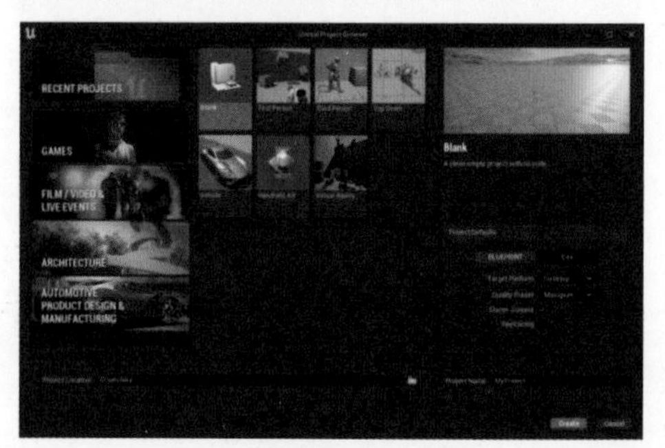

图 1-31

Recent Projects（最近新建或打开过的项目）：可以在此标签栏中双击想要打开的项目。从上往下分别是游戏、电影影片制作、建筑、汽车设计类的项目模板，如图 1-32 所示。但实际上，它更适合作为新手的学习材料参考模板，还达不到某行业的专业参考模板水平。

图 1-32

1.3.1 如何开始一个项目

下面以在 Game（游戏）模板里的 Third Person（第三人称）举例，来展示一下虚幻引擎 5 是怎么开始一个项目的，如图 1-33 所示。

在虚幻引擎中，可以选择两种编译方式。BLUEPRINT（蓝图编译方式）和 C++

（C++ 编译方式），如图 1-34 所示。

本书主要围绕 BLUEPRINT（蓝图编译方式）进行，所以重点介绍一下 BLUEPRINT（蓝图编译方式）的操作列表。

图 1-33

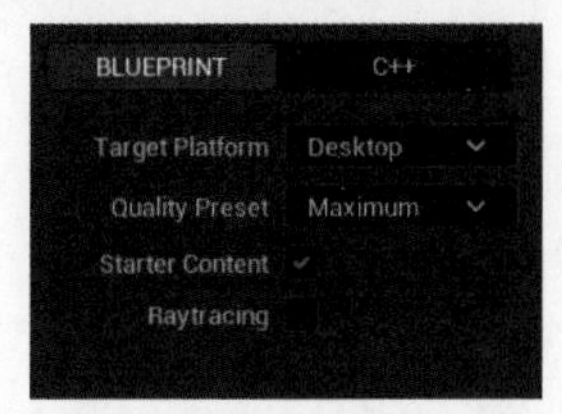

图 1-34

Target Platform（目标平台）：包含 Desktop（桌面）和 Mobile（活动窗口）两个选项。一般情况下，默认选择 Desktop（桌面）选项，因为这样可以让视图达到最高画质，如图 1-35 所示。

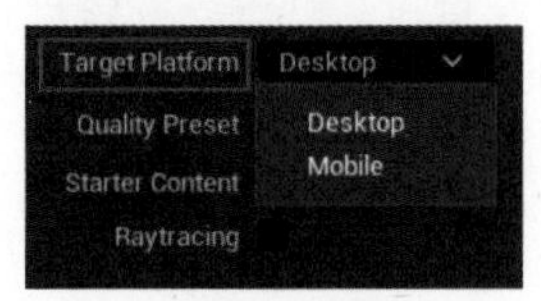

图 1-35

Quality Preset（质量预置）：包含 Maximum（最高的）和 Scalable（可升级的）两个选项。一般情况下，保持默认即可，如图 1-36 所示。

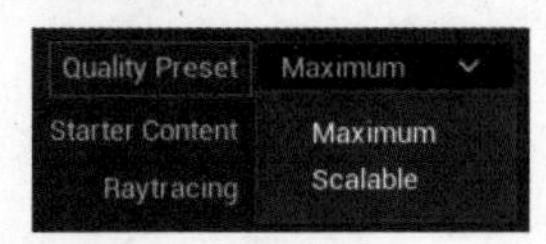

图 1-36

Starter Content：新手包，若选择该复选框，则会在项目中显示新手包的资产。

Raytracing：是否开启光线追踪，若要开启此选项，计算机的显卡配置最好要达到 RTX30 系列及以上。

可以在界面左下角的 Project Location（项目目录）区域指定项目所在位置，项目目录名称必须为英文，不得出现中文字符。因为 UE 引擎里有许多的插件并不支持中文，使用中文很容易导致项目报错出问题，如图 1-37 所示。

图 1-37

界面右下角为 Project Name（项目名称），最好采取英文命名方式且不要有空格。为了更好地区分单词，可以采用驼峰命名法命名项目，即：每个单词的首字母为大写，单词与单词间没有间隔，这个项目将它取名为：TextProject 以作示范，如图 1-38 所示。

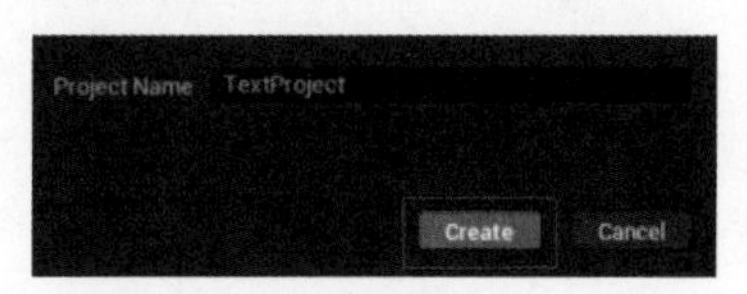

图 1-38

全部设置好后，单击右下角的 Create 按钮，即完成了一个项目的创建，并正式进入 UE 引擎操作界面。

1.3.2　UE 文件保存结构

正式进入 UE 引擎后，就能通过项目目录和项目名称的路径找到它详细的文件结构，如图 1-39 所示。

图 1-39

Config：配置文件夹。

Content：目录内容文件夹。在其中可以找到项目文件里所引用的材质、模型及贴图数据文件。展开它，能看到在虚幻引擎里引用的所有资源数据，但对于新手来说，这些文件夹最好不要去随意改名、更改位置或删除里面的任何文件。若要执行改名或删除资源的操作，均在虚幻引擎中完成即可。因为虚幻引擎本身就是一个严格的引用管理系统，任何越过它进行引用资源的操作，都有可能导致整个引擎报错，如图 1-40 所示。

› 此电脑 › DATA (D:) › UEproject › TextProject › Content ›

名称	修改日期	类型
ExternalActors	2023/4/25 16:30	文件夹
ExternalObjects	2023/4/25 16:30	文件夹
Characters	2023/4/25 16:30	文件夹
Collections	2023/4/25 16:32	文件夹
Developers	2023/4/25 16:32	文件夹
LevelPrototyping	2023/4/25 16:30	文件夹
StarterContent	2023/4/25 16:32	文件夹
ThirdPerson	2023/4/25 16:30	文件夹

图 1-40

TextProject：开启项目启动器。双击它可以快速进入项目中，它也记录了此项目所引用资源的地址数据，但不存储资源本身的具体内容。

1.4 编辑器主页面

进入 UE5 后，可以看见其界面由场景视图和工具栏组成，如图 1-41 所示。

图 1-41

1.4.1 在场景里移动和旋转视角

在 UE5 里要旋转视角，可以按住鼠标左键后移动鼠标来实现向左或向右视角的旋转，右击后移动鼠标，则可以实现全局视图的旋转。

在 UE5 里要移动视角，则是靠一直按住鼠标左键不放，加上 W、S、A、D 这 4 个键来实现：W 为向前移动，S 为向后移动，A 为向左移动，D 为向右移动。

在 UE5 里按住鼠标左键不放，再按住【E】键，上升视角；若是按住【Q】键，下降视角；按住鼠标中键，则是平移视角；还有一种移动和旋转视角的方式，即不按键盘键，仅靠按住鼠标左键后并拖曳，实现依照 X、Y 轴向来移动视角，按住右键则是全局旋转视角，这种方式适合观察地面。

1.4.2 围绕物体的旋转和缩放

选中模型后，按【F】键，视图就会自动对焦模型，如图 1-42 所示。

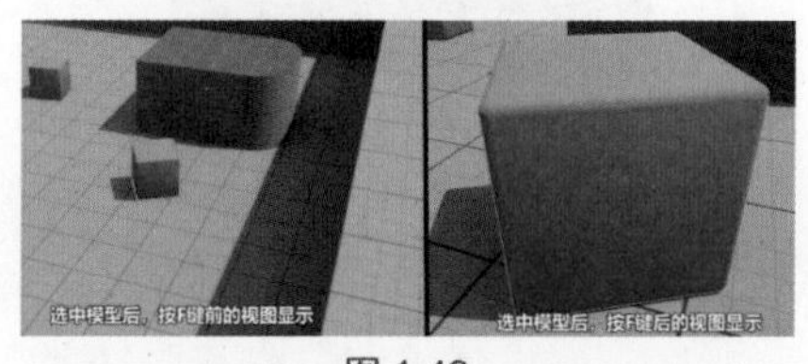

图 1-42

在模型对焦的情况下，按住【Alt】键 + 鼠标左键可实现围绕物体进行旋转；按住【Alt】键 + 鼠标右键，可实现围绕物体进行缩放。

1.4.3 主编辑器介绍

Outliner（世界大纲）：位于界面右上角位置，可以看到所有出现在场景里的物体的名称，如图 1-43 所示。

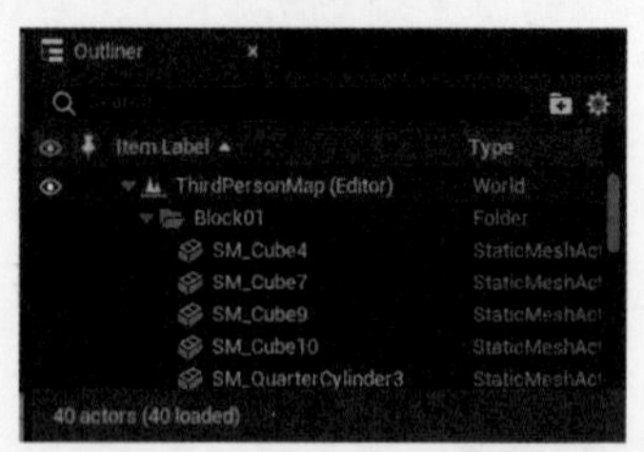

图 1-43

文件夹管理：可以调整物体所在文件夹，在世界大纲中右击一个物体，在弹出的快捷菜单中选择“Move to\Create New Folder”命令，即可把一个物体移动到新文件夹中，如图 1-44 所示。

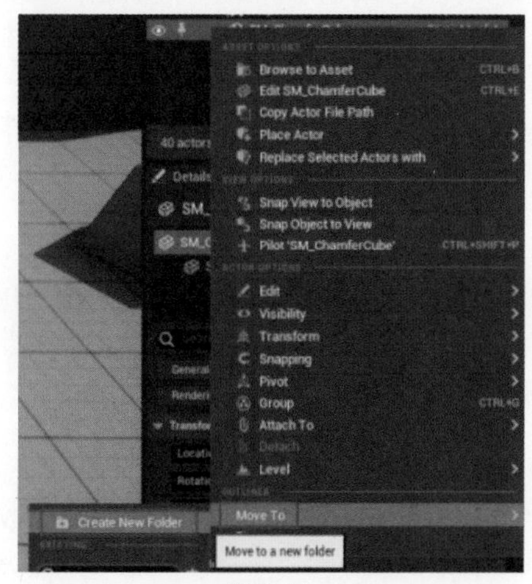

图 1-44

子父层级关系：在世界大纲中，将某一物体 A 拖曳到某一物体 B 列表的右侧，那么物体 A 会成为物体 B 的子集，物体 B 则是物体 A 的父级。若要取消子父层级关系，将物体 A 往物体 B 的列表左侧进行拖曳即可。当对物体 A 进行移动、旋转等操作时，物体 B 不会有变化；但当对物体 B 进行移动、旋转等操作时，物体 A 也会跟着物体 B 有相应的变化。

如图 1-45 所示。

图 1-45

Detail（细节）：当选中一个物体时，界面右侧就会出现 Detail 面板，这个面板包含选中物体所有可设置的属性，并会以列表的形式显现出来。如图 1-46 所示。

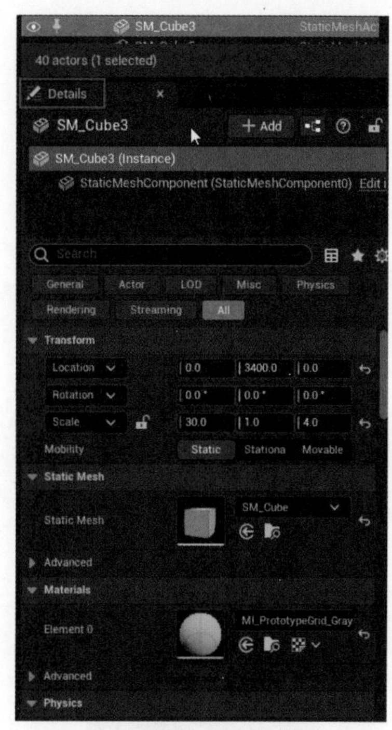

图 1-46

当要修改某一选项时，可以通过 Search（查找）输入关键词搜索。

显示设置：在视图窗口的左上角为有关视图显示的工具，如图 1-47 所示。

图 1-47

☰：显示的基本设置，如图 1-48 所示。

Perspective：各个角度的视角设置。

Top：顶部视角，如图 1-49 所示。

Lit：渲染方式，如图 1-50 所示。其中最常用的是前 3 种渲染方式。

Lit：显示光影，最终显示方式。

Unlit：不显示光影，检查显示物体。

Wireframe：线框模式，检查物体面数。

其他的渲染方式则可以按照需求进行切换。

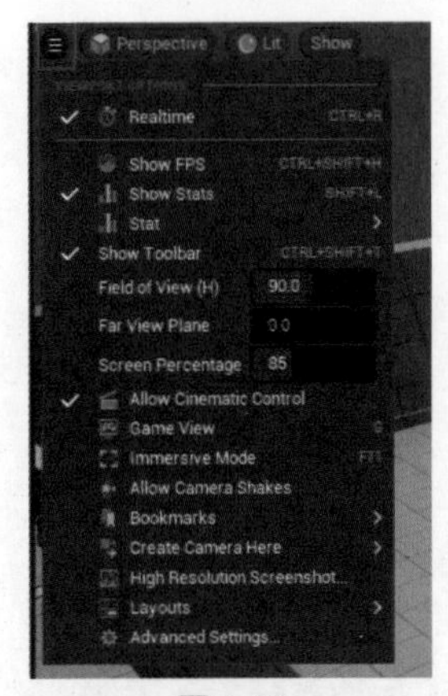

图 1-48

图 1-49

Show：高级功能，如图 1-51 所示。

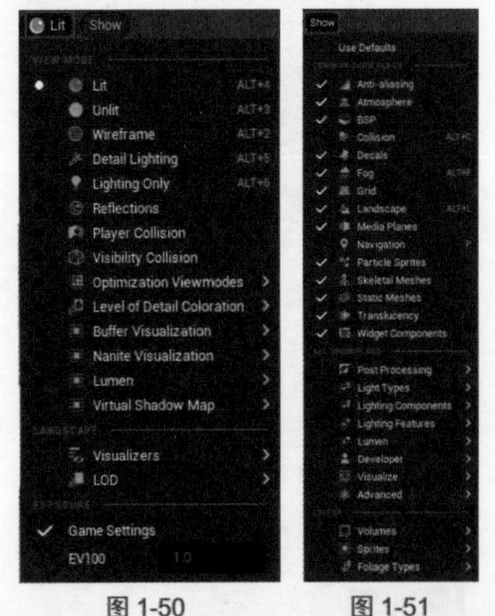

图 1-50　　图 1-51

移动设置：在视图的右上角，都是与移动相关的工具，可以直接按上面的按钮进行工具切换，如图 1-52 所示。

图 1-52

选择目标工具：使用它可以选择物体。

物体移动工具：使用它选择物体后，可以对物体进行移动操作。

物体旋转工具：使用它选择物体后，可以对物体进行旋转操作。

物体缩放工具：使用它选择物体后，可以对物体进行缩放操作。

坐标切换工具：将坐标切换为世界坐标或局部坐标。

Surface Snapping（表面捕捉）：开启它后可以保持物体在移动时，处于贴近地面或贴近某一物体的移动状态。

定值移动工具：选择这个工具后，默认情况下，每次移动操作都以 10 个单位的数值进行移动，单击数字还可切换更多数值的定值移动方式，如图 1-53 所示。在虚幻引擎里，1 个单位 =1 厘米（1cm）。

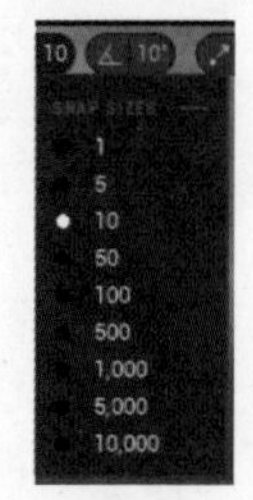

图 1-53

定制旋转工具：选择这个工具后，默认情况下，每次旋转的操作都以 10 度的数值进行旋转，单击数字还可切换不同的定值。

定制缩放工具：选择这个工具后，默认情况下，每次缩放的操作都以 0.25 倍的数值进行缩放（单击数字还可切换不同的定值）。

改变相机移动速度工具：数值越高，相机移动越快；数值越低，相机越慢。但如果在移动视角的同时，还拨动鼠标滚轮，相机移动速度就会有超出或低于规定数值的情况出现。移动的时候，鼠标滚轮向上滚动，速度增快；鼠标滚轮向下滚动，速度减慢。

1.4.4　快捷工具栏介绍

在视图的上方，都是一些快捷工具，如图 1-54 所示。

图 1-54

保存按钮，快捷工具里的保存按钮仅保存场景里的灯光、摄像机、资产摆放位置等相关内容，并不会保存资产本身再编辑后的变化。资产再编辑后要进行保存，需要通过虚幻引擎 5 界面左下角的 Content Drawer（资源管理器）工具，单击工具中的 Save All（保存一切）按钮，才可对资产进行保存，如图 1-55 所示。

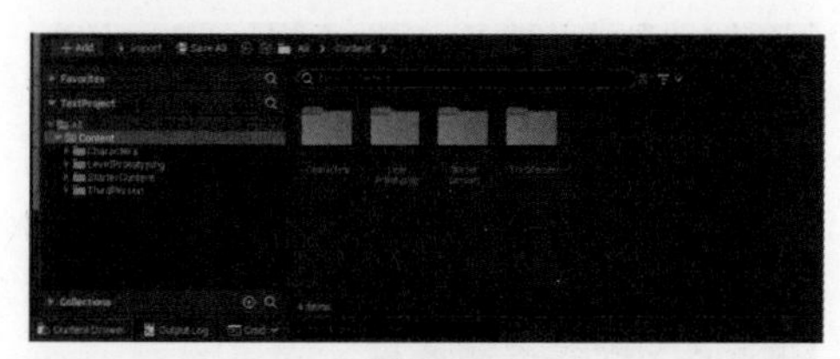

图 1-55

与项目相关的资产都会保存在 Content Drawer 的 Content（内容）文件夹中，如图 1-56 所示。

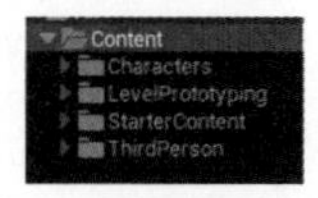

图 1-56

若要查看某一模型所引用资产的相关信息，可以按【Ctrl+B】组合键，Content Drawer 就会自动定位到有关其资产信息的详细页中，如图 1-57 所示。

打开 Content Drawer 的快捷键为【Ctrl+空格】，但这个快捷键会和许多输入法的快捷键相冲突，在此，将它的快捷键修改为【Ctrl+D】，并在之后的内容里【Ctrl+D】的快捷键也代表打开 Content Drawer。

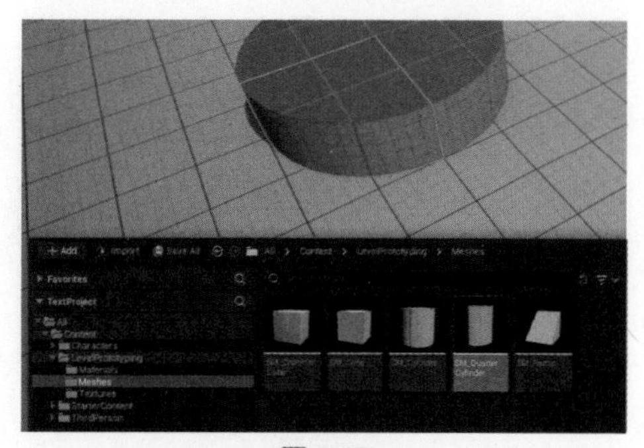

图 1-57

1.4.5　修改快捷键

要修改快捷键，需要在顶部菜单栏里找到 Edit/Editor Preferences（编辑/编辑器偏好设置）。在偏好设置里使用它的 Search（查找）功能，搜索 Content Drawer，即可快速找到它，如图 1-58 所示。

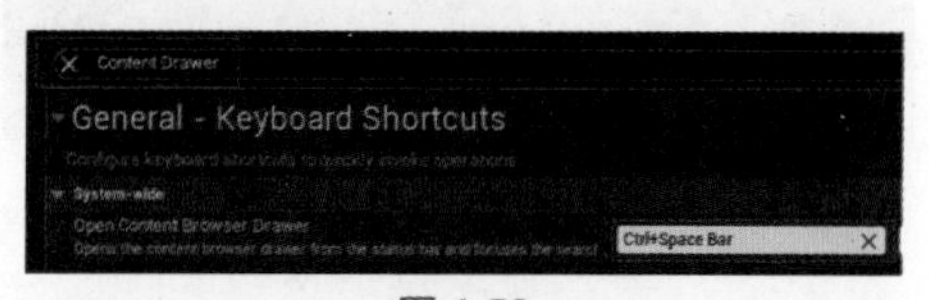

图 1-58

单击白色快捷键显示框，原有的快捷键就会被暂时清除，此时直接使用键盘按 Ctrl 和 D，即可将快捷键设置完毕。这个修改快捷键的方法适用于虚幻引擎 5 中所有可设定快捷键的选项或工具，如图 1-59 所示。

图 1-59

1.4.6　修改界面布局

UE5 在界面修改方面有很高的自由度，用户可以根据自己的操作喜好来自由修改它。

在视图窗口中进行修改。单击一个功能集合的标签页并进行拖动，将它拽到视图窗口所划定的不同区域，就可以达到不同的修改效果，如图 1-60 所示。

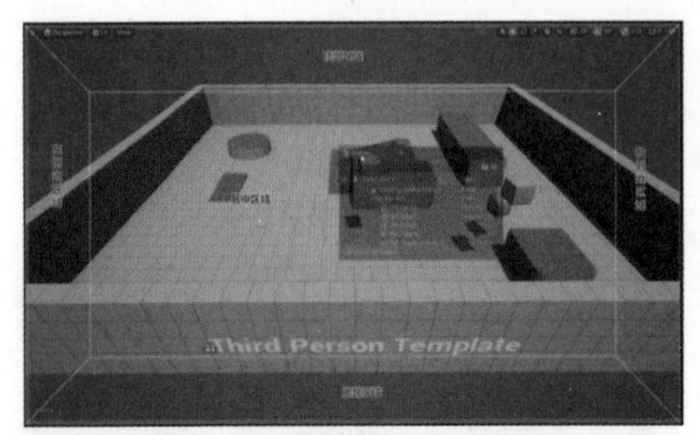

图 1-60

当把标签页拖动到顶部区域时，标签页就会显示在上方，如图 1-61 所示。

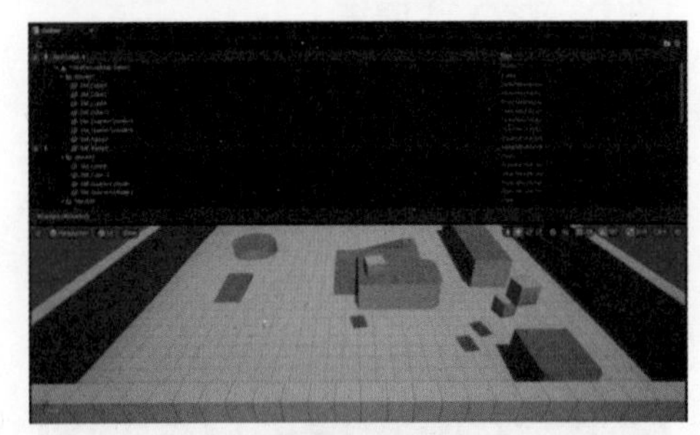

图 1-61

同理，当把标签页拖动到底部区域时，标签页就会显示在底部；当把标签页拖动到左侧边部区域时，标签页就会显示在左侧边；当把标签页拖动到右侧边部区域时，标签页就会显示在右侧边；当把标签页拖动到居中区域时，标签页就会以小窗口形式停留在居中位置。如果把标签页拖动到最顶部，这种情况下，它会和主视图变成两个标签，如图 1-62 所示。

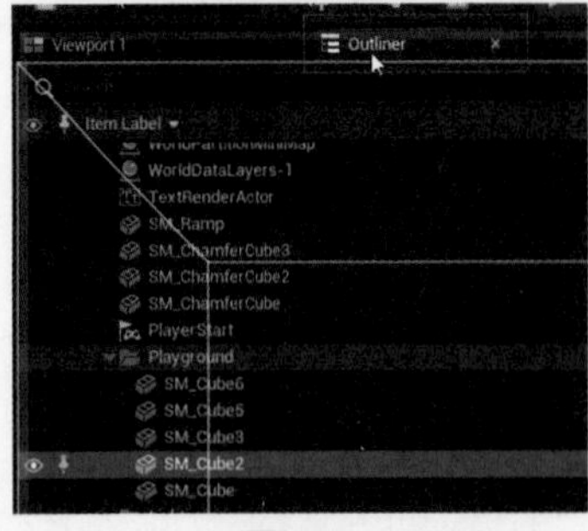

图 1-62

可以在标签之间来回切换，进行相应的操作，如图 1-63 所示。

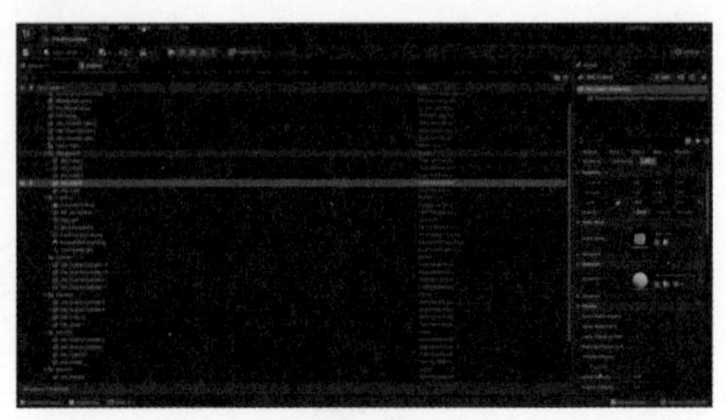

图 1-63

在标签页进行修改。当拖动一个标签页靠近另一个标签页时，在标签页的内部也会出现如同划定了不同区域的操作框。拖动标签页靠近不同位置的操作框，标签页就会在所指定的位置贴合成新的工作区布局，其操作结果和在视图窗口里拖动标签页对工作区进行修改的结果是一致的，如图 1-64 所示。

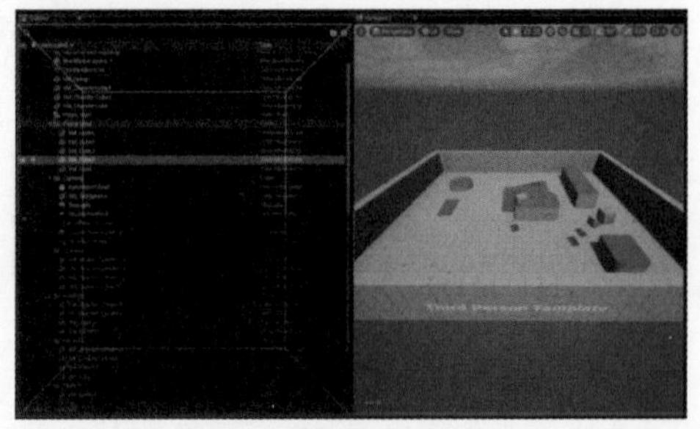

图 1-64

如果觉得工具栏的标签标志多余，可以右击它，然后在弹出的快捷菜单中选择 Hide Tabs（隐藏标签）命令，即可将其隐藏，如图 1-65 所示。

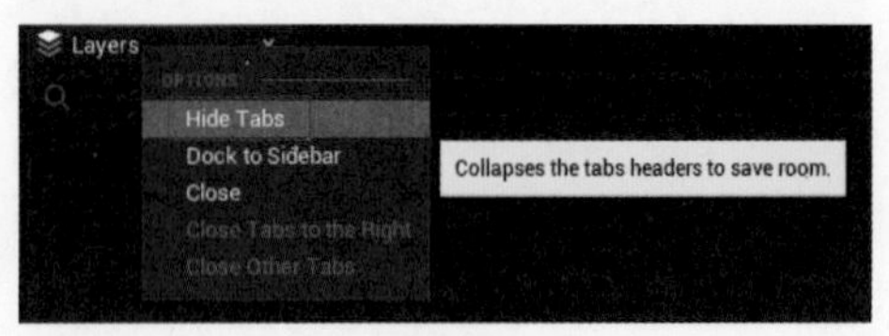

图 1-65

如果要对隐藏的标签页进行显示，可在工具栏左上角找到蓝色小三角，弹出 Show Tabs（显示标签），单击后，标签页就会重新显示出来了。选择 Dock to Sidebar（停靠在侧边栏），则可以让工具栏以仅显示标签名称的方式进行隐藏，如图 1-66 所示。

当再次需要这个工具栏时，单击它的标签名称即可实现再显示，如图 1-67 所示。

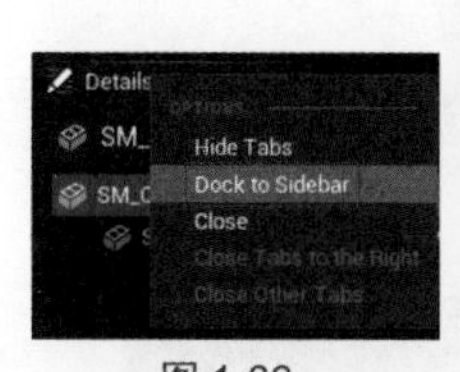

图 1-66

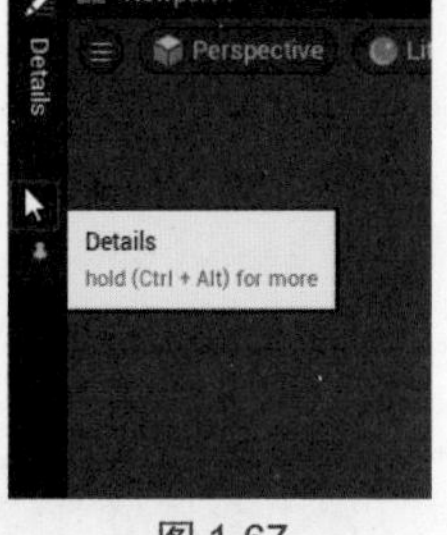

图 1-67

在实际操作时，要想以快捷的方式对选择了 Dock to Sidebar（停靠在侧边栏）的标签页进行隐藏操作，有两种方式。

（1）单击标签名称。

（2）在标签页之外的任意空白处，按鼠标左键进行单击操作。

若要取消这种隐藏方式，则可右击它的标签名称，弹出快捷菜单，然后选择 Undock from Sidebar（从侧边栏注销）命令进行取消即可，如图 1-68 所示。

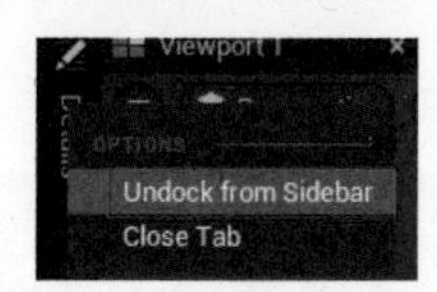

图 1-68

1.4.7　关闭和调取标签页

当需要关闭一个工具栏时，右击标签名称，在弹出的快捷菜单中选择 Close（关闭）命令即可关闭标签页，如图 1-69 所示。

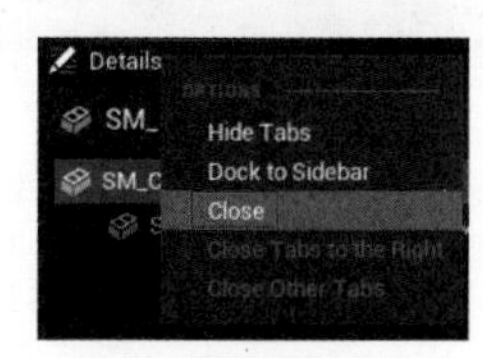

图 1-69

或者将鼠标停留在小标签上，然后按鼠标中键进行关闭；也可以单击小标签的“×”符号，对它进行关闭。当不小心误关闭或想调取一个工具页面时，可以在 UE5 界面的顶部菜单栏中找到 Window（窗口），来调取所需的工具页面。

1.4.8　回到默认布局界面

当想将修改过的界面布局恢复到 UE5 的默认布局时，可以在 UE5 界面的顶部工具栏里单击 Window/Load Layout/Default Editor Layout（窗口/加载布局/默认的编辑器布局），即可将布局界面改回软件默认布局，如图 1-70 所示。

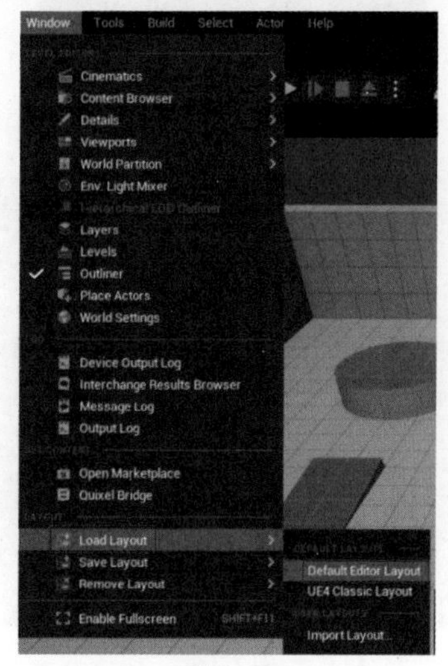

图 1-70

1.5　保存资产

什么是资产本身的数据？

按【Ctrl+S】组合键或者单击快捷键工具栏中的保存按钮只能保存场景，并不能保存修改资产本身所产生的数据内容。

所谓修改资产本身所产生的数据内容，是指在虚幻引擎里创建了新的材质，或者在模型 Details 面板里的部分调整了选项栏，如图 1-71 所示。

在 Content Drawer 里双击资产后进入专

有修改界面，如图 1-72 所示。

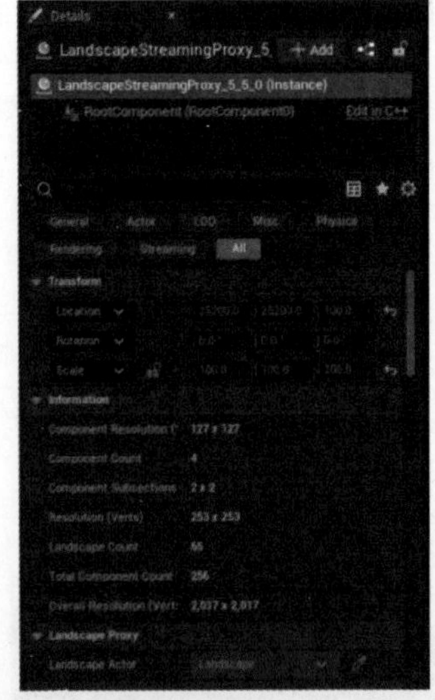

图 1-71

图 1-72

之后，在它的工具栏对资产的各方面参数进行调整等操作后所产生的数据记录，如图 1-73 所示。

图 1-73

当这些资产的数据记录并没有进行有效保存时，资产就会在 Content Drawer 中以出现星号的方式，标明它是做了修改但并未保存数据的资产，需要对它进行保存设置，才能在下一次打开此场景时，让资产呈现出修改过后的状态。

若未进行保存设置，下一次打开场景后，资产仍会维持修改它之前的状态。

要保存资产产生变化后的数据记录，需要在调用 Content Drawer 面板后，单击它顶部工具栏中的 Save All（保存所有）选项，如图 1-74 所示。

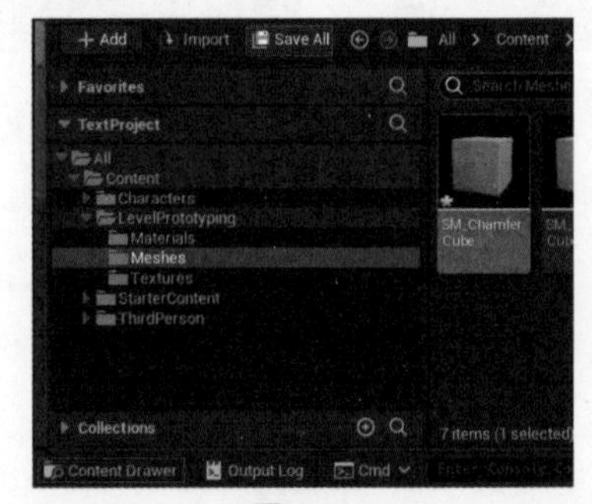

图 1-74

打开 Save Content（保存内容）面板，选择所需要保存的数据记录，再单击 Save Selected（保存所选内容）按钮，即可成功完成数据记录的保存，如图 1-75 所示。

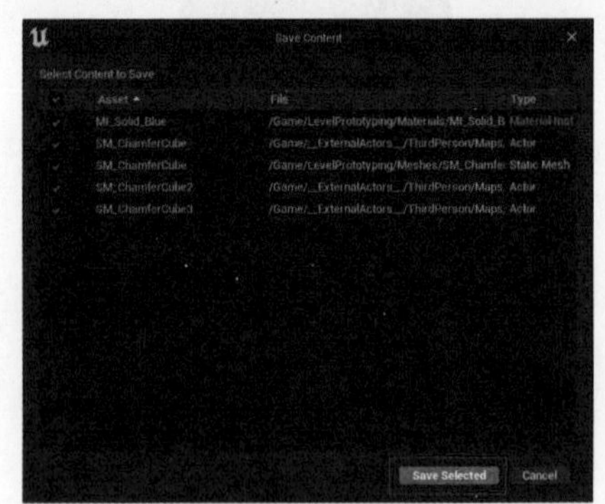

图 1-75

为保险起见，可以在保存后再次单击 Save All 按钮，查看是否还有未进行保存的内容，对它进行再次保存。也可通过查看资产的星号是否消失，来判断修改资产的数据记录有没有进行有效保存。

资产导入

Unreal Engine 5（UE5）中的资产（Assets）是指游戏开发过程中使用的各种资源，包括模型、纹理、材质、音频、动画等。在 UE5 中，资产是以 uasset 为扩展名的文件进行存储和管理的。

在 UE5 中，资产路径的设置是通过虚幻编辑器（Unreal Editor）来完成的。虚幻编辑器是 UE5 的核心工具，提供了一个直观、灵活的界面，方便开发者进行游戏开发和编辑工作。

开发者可以在虚幻编辑器中创建和管理不同类型的资产，并为它们设置不同的路径。例如，可以创建一个名为“Characters”的文件夹来存放游戏中的角色模型和动画资源，创建一个名为“Textures”的文件夹来存放纹理资源，创建一个名为“Audio”的文件夹来存放音频资源等。

除了按照类型进行分类，还可以按照功能或场景进行分类。例如，可以创建一个名为“Levels”的文件夹来存放游戏的关卡场景，创建一个名为“UI”的文件夹来存放游戏的用户界面资源，创建一个名为“Effects”的文件夹来存放游戏的特效资源等。

在 UE5 中，还可以使用子文件夹来进一步细分资源的分类。例如，在“Characters”文件夹下可以创建一个名为“Player”的子文件夹来存放玩家角色的资源，创建一个名为“NPC”的子文件夹来存放非玩家角色的资源。

在虚幻引擎中以 uasset 为扩展名的文件都是资产，但在 content（内容）文件夹下除了 uasset 还存在另一种文件 umap，它也是资产，而且是“更高级”的主资产（Primary Asset）。

2.1 Static Mesh 类型

虚幻引擎中的模型被分为两种类型。

Static Mesh（静态网格模型），简称SM，特点是自身不会变形，一般用于建筑、道具等物品；Skeleton Mesh（骨骼模型），简称SKM，特点是会根据骨骼系统变形，一般用于角色的运动和表情的变化。

2.2 导入 SM 模型到虚幻引擎

现在，以 3ds Max 里创建的 SM 模型为例来演示一遍将 SM 模型导入到虚幻引擎的全过程。

在 3ds Max 里创建一个基础茶壶模型，如图 2-1 所示，然后将它导出。导出前，要注意模型的底部中心是否落在网格的轴心位置，若没有，在导入虚幻引擎之后则会有控制杆偏移模型的情况发生。

图 2-1

解决方法为：在顶部工具栏右击移动工具，调出移动变换输入菜单栏，把模型所有参数都归零即可。如图 2-2 所示。

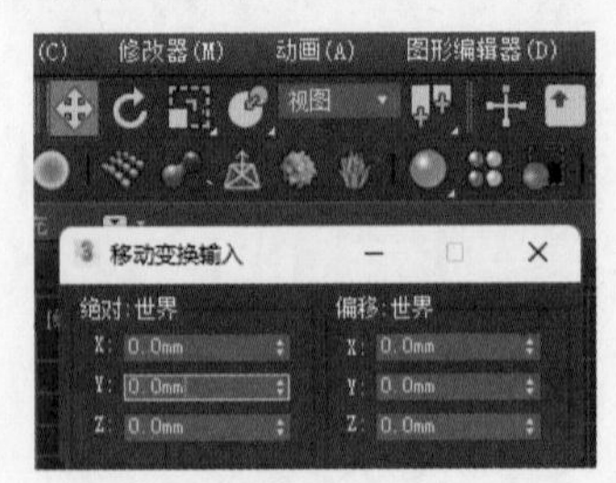

图 2-2

若导入虚幻引擎的模型是放置在地面上的，那么在 3ds Max 里放置模型时就要把网格中心对准模型底部中心；若并非放置在地面上的模型，则可以将模型的中心对准网格的中心进行摆放。如图 2-3 所示。

图 2-3

摆放好模型位置后，就可以正式进行导出了。在顶部菜单栏中找到“文件/导出/导出”命令，如图 2-4 所示。

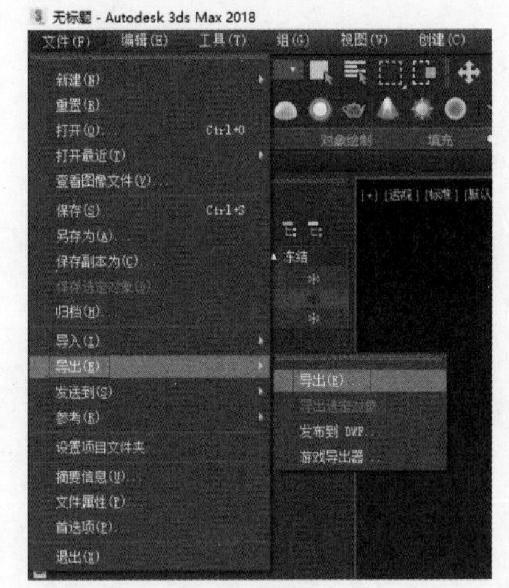

图 2-4

一般情况下，在 3ds Max 里导入虚幻引擎的文件类型会采用 FBX（导入单个模型）或 Unreal Datasmith（导入大场景）两种格式。

在文件命名上，由于虚幻引擎里导入文件的扩展名一律呈现为 USAT 格式，所以为了方便区分模型类型，一般的命名方式为：模型类型 _ 模型名称，如把示例的导出文件命名为：SM_Teapot，意思为：命名为 Teapot 的静态网格模型，如图 2-5 所示。

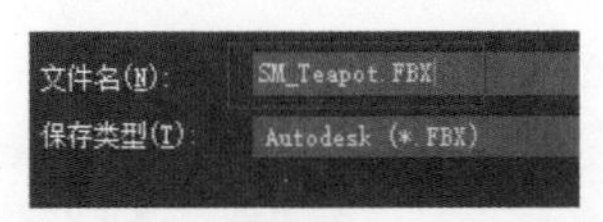

图 2-5

在单击 Save 按钮之后，会弹出操作框。在操作框中，需要在 Geometry（几何学）里选择几个选项，以此保证导出的模型不会出现和 3ds Max 里的模型不匹配的问题，如图 2-6 所示。

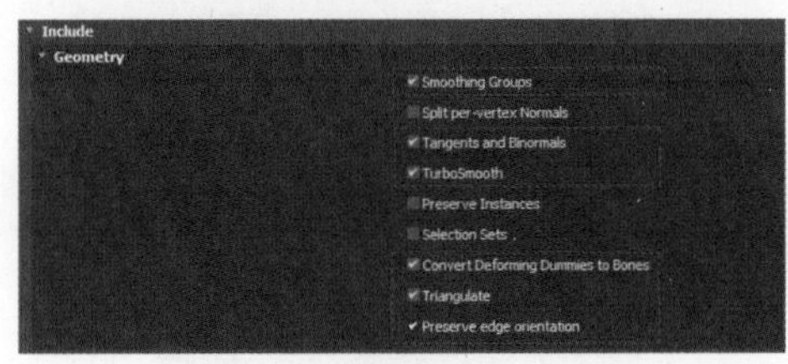

图 2-6

即选择 Smoothing Groups（平滑组）、Tangents and Binormals（切线和法线）、Turbo Smooth（涡轮平滑）、Convert Deforming Dummies to Bones（骨骼绑定）、Triangulate（三角算法）和 Preserve edge orientation（保留边缘方向）。

由于导出的是静态模型，而不是动画，Animation（动画）里的选项无须选择，如图 2-7 所示。最后，在 FBX File Format 里将 FBX 文件选至可选的最新版本后，单击"导出"按钮即可，如图 2-8 所示。

图 2-7

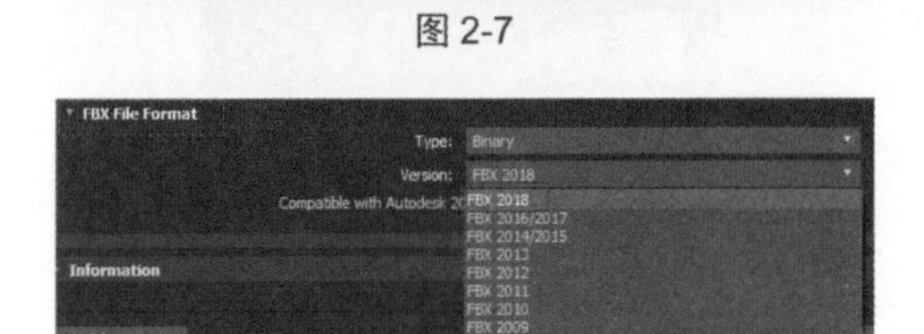

图 2-8

打开虚幻引擎，按【Ctrl+D】组合键打开 Content Drawer，然后在空白处右击，在弹出的快捷菜单中选择 New Folder 命令，新建文件夹，如图 2-9 所示。

然后右击新建的 New Folder 文件夹，在弹出的快捷菜单中选择 Rename（重命名）命令，命名为 Teapots，如图 2-10 所示。

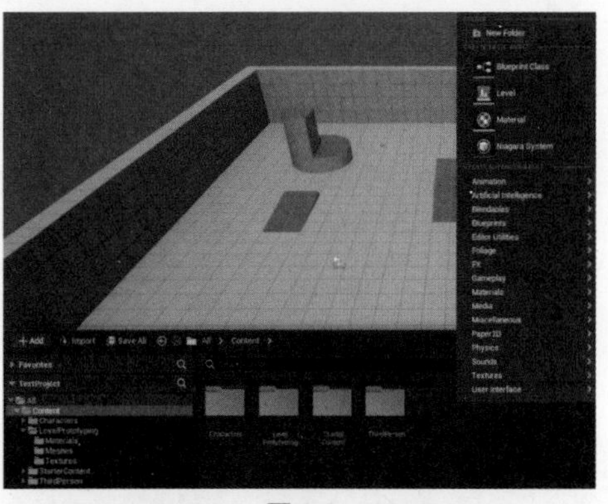

图 2-9

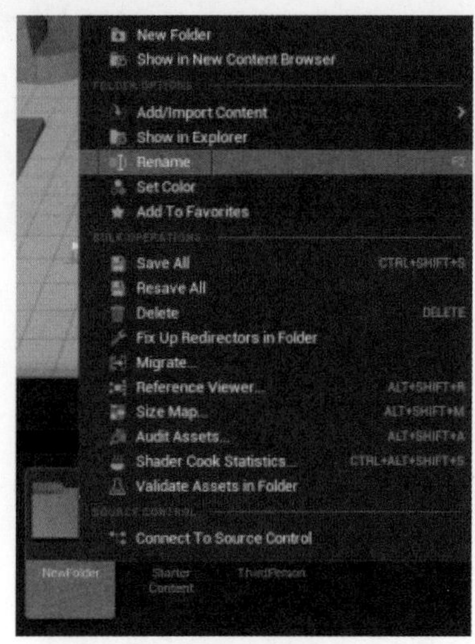

图 2-10

双击进入 Teapots 文件夹，在它的空白处右击，在弹出的快捷菜单中选择如图 2-11 所示的命令。而后找到导出的 SM_Teapot 文件，而后选择 Import 即可成功导入模型，导入资源的参数界面如图 2-12 所示。

现在，Content Drawer 里已可查看到被导入的模型，并可将模型拖动到场景里进行引用了，如图 2-13 所示。

在将模型导入虚幻引擎后，若模型出现错误，可以直接在 3ds Max（或其他软件）里进行修改，并重新进行保存，替换之前的文件。再切换回虚幻引擎右击导入的模型，在弹出的快捷菜单中选择Reimport（输入）命令，模型就会进行修改刷新，如图 2-14 所示。

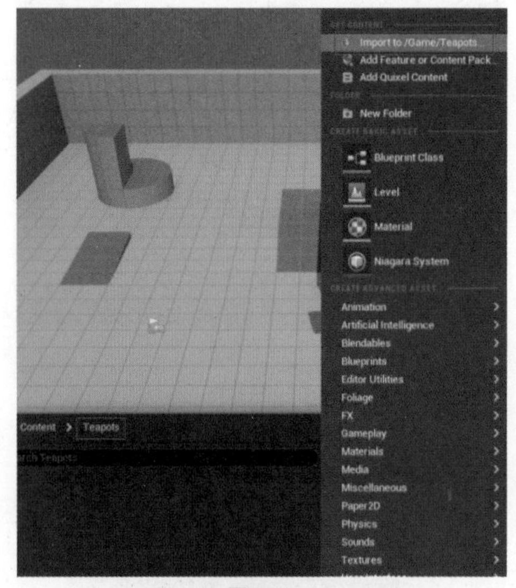

图 2-11

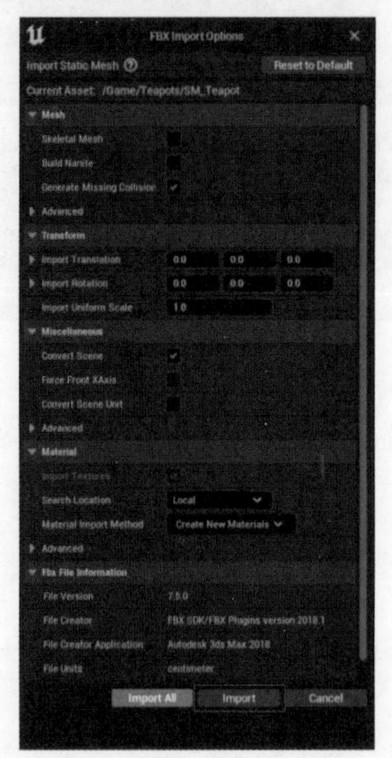

图 2-12

以上是单体模型导入虚幻引擎 5 的情况，下面演示导入拥有多个单体模型的文件到虚幻引擎 5 的情况。

图 2-13

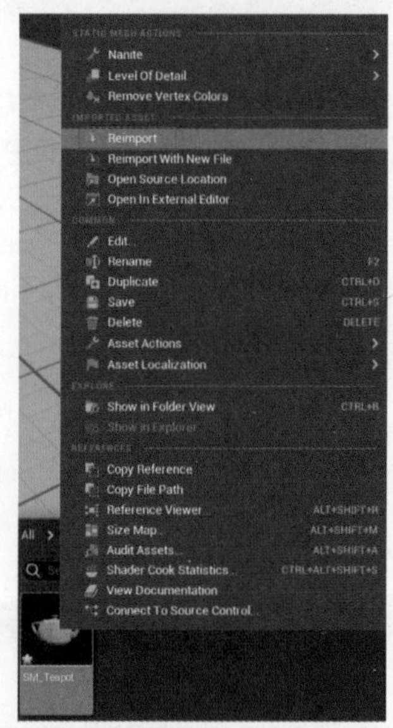

图 2-14

在 3ds Max 里建立一个拥有 3 个模型单体的小场景，然后用上文讲解的方法将文件导出 3ds Max，如图 2-15 所示。

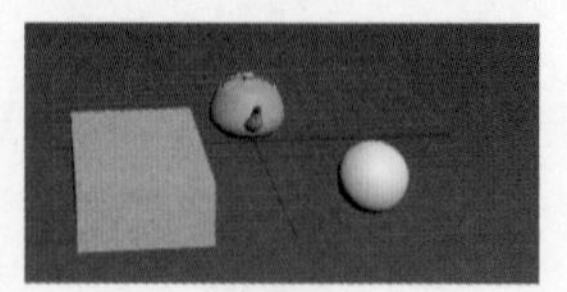

图 2-15

进入 UE5 界面，按【Ctrl+D】组合键，打开 Content Drawer。

导入模型到 UE5 的另一种方法，就是打开文件夹后直接拖动 FBX 文件进入 Content Drawer 的空白处，即可成功导入文件。

导出后的文件在 Content Drawer 里所呈现的状态如图 2-16 所示。

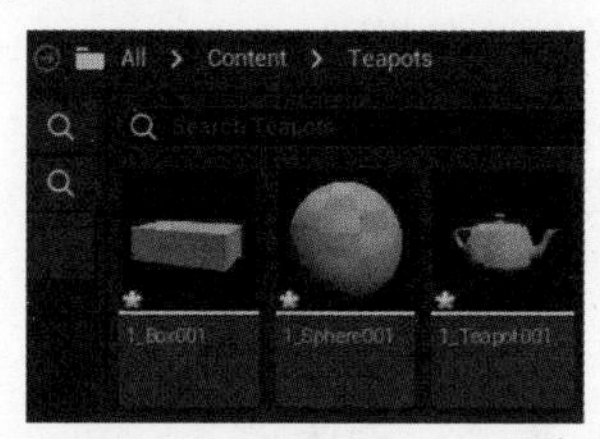

图 2-16

按住【Shift】键全选 3 个模型并拖动到场景中，它们的位置和控制杆会与在 3ds Max 中时保持一致。若此时要移动某一模型，由于控制杆并不会出现在模型中心位置，在控制时会很麻烦。所以，这种导入方式仅适合无须移动单一模型，仅需移动整个场景的情况下使用。

如果要更好地控制单一模型，可以用以下方式实现。在模型导入时，在菜单栏中展开 Mesh 里的 Advanced（高级设置），如图 2-17 所示。

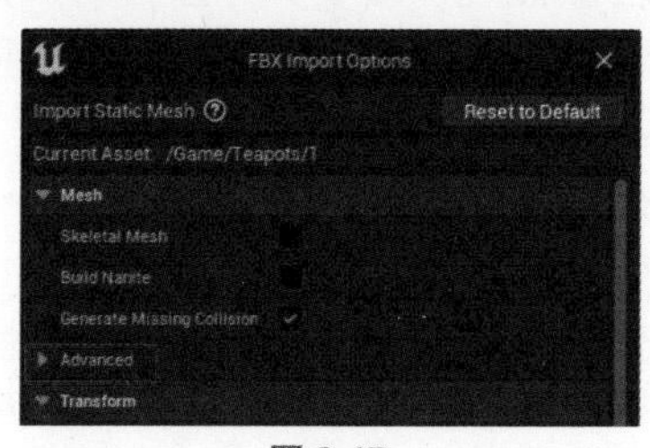

图 2-17

高级设置中有几个选项是值得注意的。

Combine Meshes（组合网格）：可以把 3 个资产合并成一个模型，如图 2-18 所示。

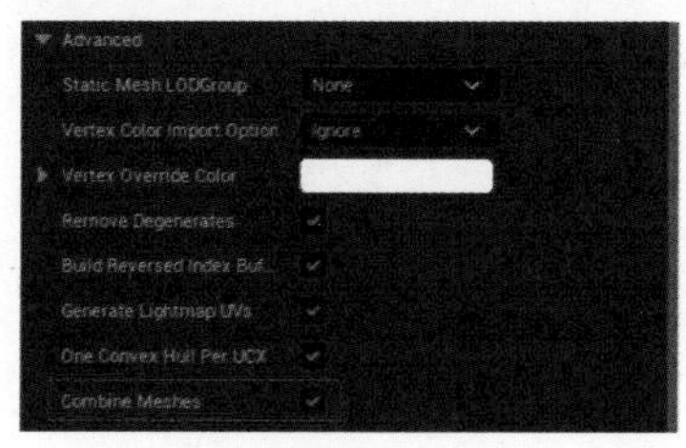

图 2-18

选择该复选框以后，3 个资产将共用一个坐标轴，如图 2-19 所示。

图 2-19

如果不选择 Combine Meshes（组合网格）复选框，并取消选择 Transform Vertex to Absolute（将顶点坐标转换为绝对世界坐标）复选框，再导入模型，如图 2-20 所示，导入的 3 个模型就都会根据自己的轴心点生成坐标轴。此时，单独调整它们就方便多了，如图 2-21 所示。但现在又出现了一个问题，就是它们之间的相对位置关系丢失了。要解决这个问题，需要借助场景插件 Datasmith（数据工匠）来协助导入。

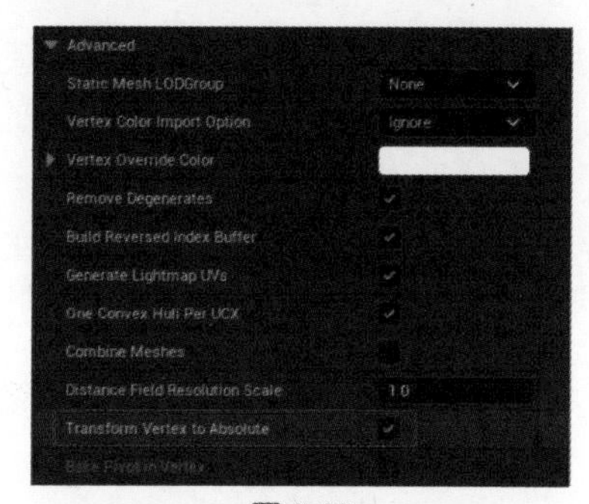

图 2-20

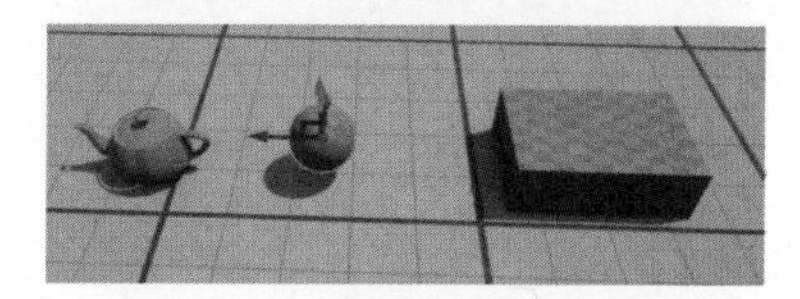

图 2-21

如果物体进行旋转后，如图 2-22 所示，再导入，则在导入时要选择 Bake Pivot in Vertex（顶点中的烘焙透视）复选框，这样导入的模型才能保持 3ds Max 里旋转过的姿势，如图 2-23 所示。

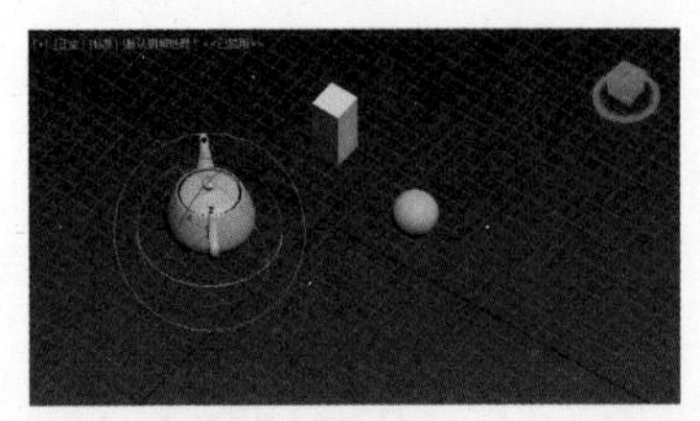

图 2-22

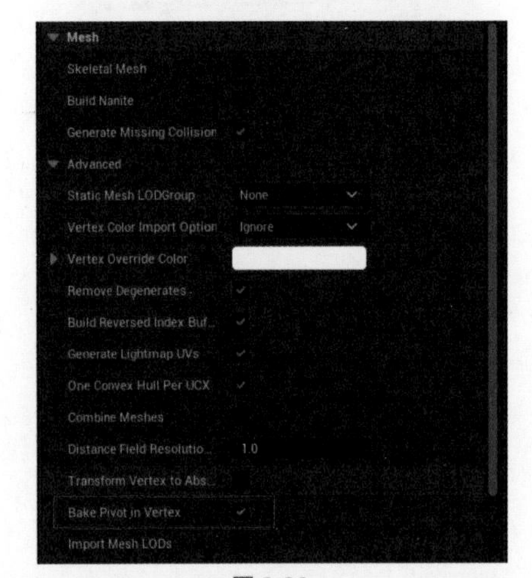

图 2-23

如果有些模型已经引用在场景里，在别的软件里对它进行了改动，现在要在 UE5 里使用改动后的模型，则可以右击模型，在弹出的快捷菜单中选择 Reimport（再输入）命令，即可对模型进行重刷新导入。

这就是导入模型时一些最基本的规范。

2.3 Static Mesh 导入注意事项

三维软件导出模型的时候，有一些特定的规范需要记住。

模型导出的系统单位要为厘米，否则导入 UE5 后容易出现尺度不对、光影计算不对等问题。在 UE5 中，1 个 Unit 代表 1cm，显示单位可以按喜好设定。

如果是 3ds Max 用户，记得使用 Rescale World Unit（重新命名世界单位）调整场景尺度，尺度可以不完全精确，但也不能偏差太大，若缩放比例值超过 1.5，就有可能出现不可预估的情况。

1. 物体命名规则

绝对不能重名，命名尽量简短，使用字母、数字、下画线，如：Pilar_ L 001；对 FBX 文件：尽量以“SM”+ 场景名称命名；导入 UE 后，资产名称为：FBX 文件名 _ 物体名，如果场景中只有一个物体，则资产名称 =FBX 文件名，如 SM_ Building Pilar L 001。

2. 轴心点 Pivot 规则

轴心点一般置于物体的“根部”，或与其他物体的接触位置；落地物体（如树、椅子、人等）轴心点置底；组件物体（如地砖、墙壁、栏杆等）轴心点置于拐角拼接处；原则：方便复制、拼接。

3. 关联物体

以 Instance（实例）方式复制的物体在引擎中会被认为是同一个资产的不同实例，这样可节省计算资源，便于修改。

4. 镜像物体规则

物体的镜像方式是通过对某个轴取负值来实现的。DCC 中 1 个或 3 个轴为负值的物体，导入引擎后法线会逆转。需要通过 Reset X form 和 Normal 修改器来修正。

5. 材质规则

可直接导入 UE 的材质类型：Standard 标准材质、Multi-Sub 材质（且每个子材质均为标准材质）、Bitmap 标准位图材质。

引擎支持的属性：Diffuse Color（漫反射颜色）、Diffuse Texture（漫反射贴图）、Normal Texture（法线贴图）、Emissive Texture（自发光贴图）、Emissive Color（自发光颜色）、Specular Texture（反射贴图）。

6. UV 通道

UE5 支持多层 UV 通道，通道编号从 0 开始（DCC 从 1 开始），通过 UE 内的材质节点来决定使用哪个 UV 通道。

7. Light map（光照贴图）

Light map（光照贴图）是一种照明技术，将灯光对物体的照明效果（如软阴影、GI 等）通过一种算法（灯光烘焙 Light Baking）直接绘制在模型表面，从而用极少的计算力量实现极佳的静态照明品质。

8. 其他规则

不要打组，不要出现子父层级绑定，使用默认 Controller（管理者），尽量不要使用复杂的修改器。

9. 文件保存规则

Content（内容）根目录不放任何资产，根据资产类型建立子目录，资产命名规则：<资产类型缩写><物体名称><防重编号>。

常见资产类型缩写参照：SM_ 静态模型 Static Mesh、SKM_ 骨骼模型 Skeleton Mesh、Anim 动画、AnimBP 动画 BP、T_ 贴图、M_ 材质、Mi_ 材质实例、P_ Cascade 粒子、FX_Niagara 特效系统、BP_ 蓝图、Map 场景，<物体名称>可以使用中文，但绝对不要用拼音。

10.Redirectors 重定向器

资产间的相互引用关系十分复杂，为避免找不到资产造成出错或崩溃，UE5 在移动资产时会搜寻所有与其相关的其他资产引用，并修改为新的位置。

当无法确定是否已修改了所有的引用时，引擎会在原位置留下一个 Redirector（重定向器），文件名与原资产相同，但在 Content Drawer 中并不显示。这个 Redirector 的大小只有几个字节，保存的是原资产的新位置。当别的资产找到这里时，会根据 Redirector 注明的新位置去寻找所需的资产。

简单理解：相当于一张贴在原住址门上的小字条，“本人已搬迁，如有事请移步新址：虚幻大道 28 号 105 室，谢谢。”这种字条在项目迁移后可能会出现找不到资产的错误。可以通过 Fix Up Redirectors In Folder（修复文件夹中的重定向器）将所有的引用直接改为新地址，并删除 Redirector。每次移动过资产后，一定要养成执行 Fix Up Redirectors In Folder 命令的习惯。

执行方法为右击 Content Drawer 里的文件夹，在弹出的快捷菜单中选择 Fix Up Redirectors In Folder 命令即可，如图 2-24 所示。

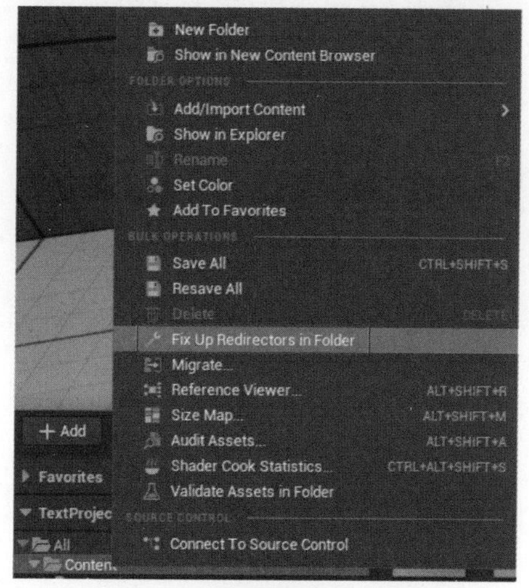

图 2-24

2.4　Nanite 导入

Nanite 是虚幻引擎 5 所设定的虚拟化微多边形几何体系统，让用户可以毫不费力地实时渲染数百万多边形的模型，是一个高效的高面高模工具。

2.4.1 转换成 Nanite 模型

在 Content Drawer 里右击想要转换的模型，在弹出的快捷菜单中选择 Nanite-Enable（可执行）命令，即可成功转换，如图 2-25 所示。

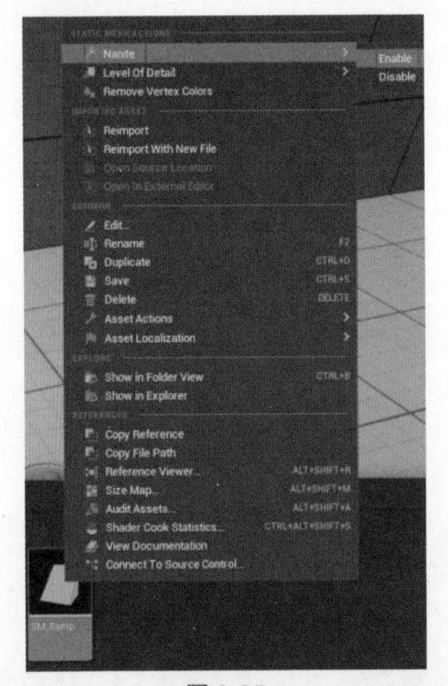

图 2-25

2.4.2 如何检查是否为 Nanite 模型

在视图顶部的菜单栏里找到 Lit-Nanite Visualization（形象）→Triangles（三角形）命令，如图 2-26 所示。

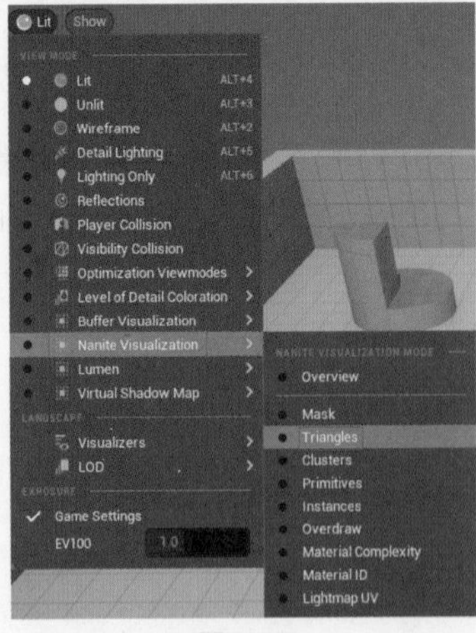

图 2-26

在此模式下，Nanite 模型会呈现为杂色；如不是 Nanite 模型，就会呈现为黑色，如图 2-27 所示。

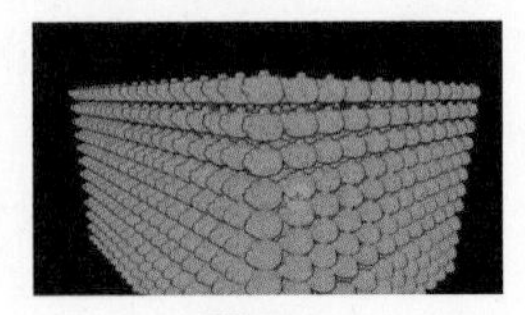

图 2-27

2.5 Datasmith 导入

Datasmith 是虚幻引擎研发出来专门和各个软件交流沟通的软件，它可以将其他软件的模型最大程度地导入进虚幻引擎里，是一个大场景导入的解决方案。

2.5.1 下载 Datasmith

UE5 的 Datasmith 导入插件已经默认内置，只需要安装 3D 软件的导出插件即可。打开 epic 网站，在顶部导航栏中单击虚幻商城/浏览，进入虚幻商城内部，如图 2-28 所示。

图 2-28

在搜索栏中搜索 Unreal Datasmith，然后单击虚幻 Datasmith 图标。如图 2-29 所示。

图 2-29

单击进去后，在描述页找到资源，单击如图 2-30 所示框选的内容。进入

Datasmith 网站页后，单击获取插件，如图 2-31 所示。

图 2-30

图 2-31

找到所需要的 3D 软件导出器，单击下载，如图 2-32 所示。然后按照指示等待下载完毕即可，如图 2-33 所示。

图 2-32

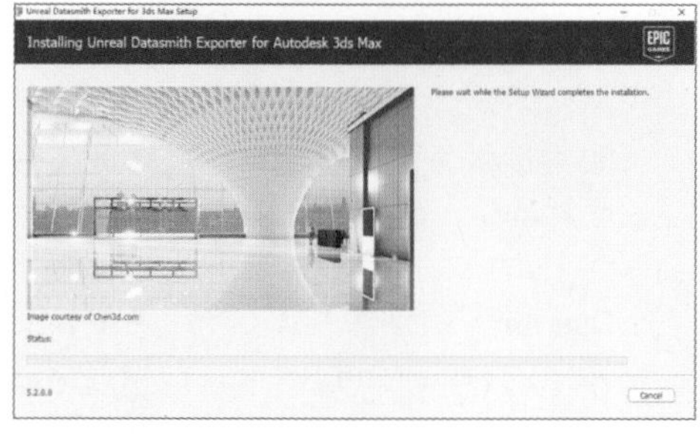

图 2-33

2.5.2　使用 Datasmith

安装成功后，打开 3ds Max，在菜单栏中选择“文件/导出”命令。

在导出界面可以在“保存类型”里找到 Unreal Datasmith（*UDATASMITH），如图 2-34 所示。

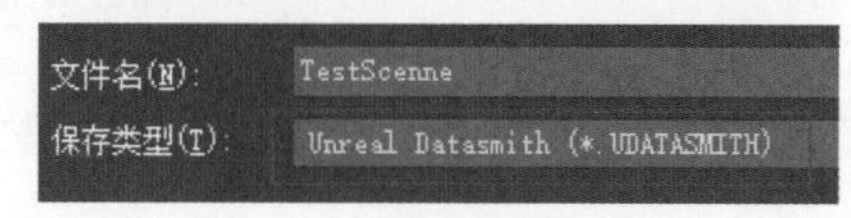

图 2-34

单击 Save（保存）按钮后就会跳转到 Datasmith 的操作界面，里面由 Include（包括）和 Animated Transforms（动画转换）两部分组成。

其中 Include（包括）里有 Visible 0bjects（所有可视物体）和 Selection（选中物体）两个选项，如图 2-35 所示。

图 2-35

Animated Transforms（动画转换）里有 Current Frame Only（仅限当前帧）和 Active Time Segment（整个动画时间段）两个选项。

使用时可以根据需要选择相应的选项，选择完成后确认即可。

2.5.3　将 Datasmith 文件导入 UE5

在顶部菜单栏中选择“Edit/Plugins”命令。在这里，可以找到 UE5 所有的插件，由于 Datasmith 在默认情况下是关闭的，所以要通过在搜索栏输入 Datasmith 来找到它，如图 2-36 所示。在 All Plugins（所有插件）页找到 Datasmith Importer（Datasmith 导入器）并选择，如图 2-37 所示。

然后，按照软件提示重启虚幻引擎，如图 2-38 所示。

重启后，可以在顶部工具栏中找到 Quickly add to the project（快速添加到项目中）图标，选择“Datasmith/Flie Import”命令，如图 2-39 所示。

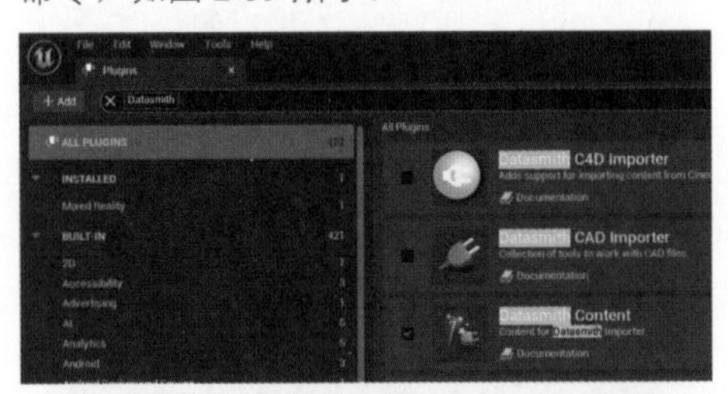

图 2-36

图 2-37

图 2-38

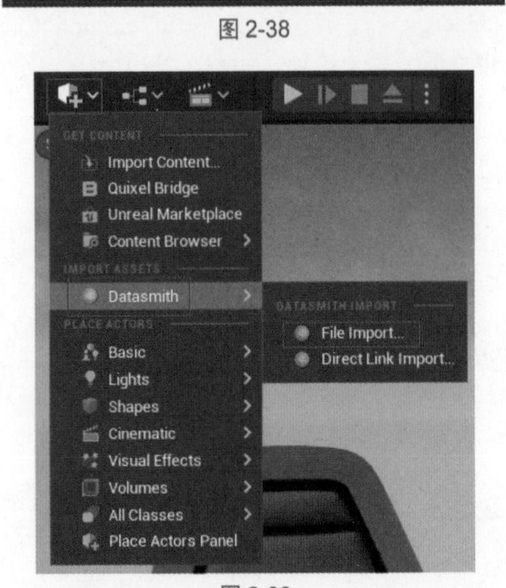

图 2-39

找到所创建的 Unreal Datasmith（*UDATASMITH）文件。指定好文件夹，单击 OK 按钮确认，如图 2-40 所示。之后，进入 Datasmith 具体导入界面，在此界面确认要导入模型的具体内容：灯光、摄影机、动画等。确认完毕后，单击 Import（导入）按钮即可，如图 2-41 所示。

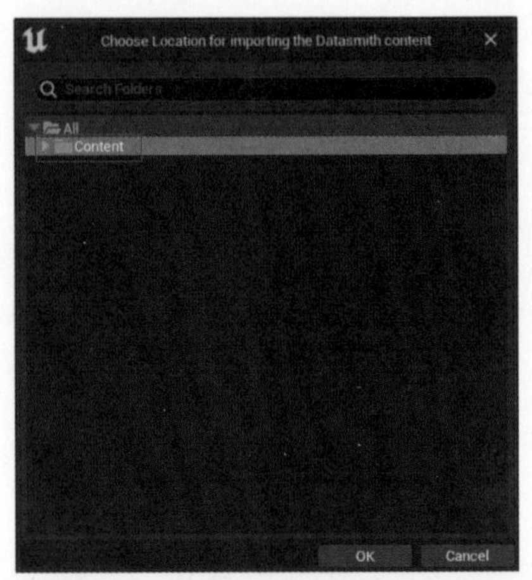

图 2-40

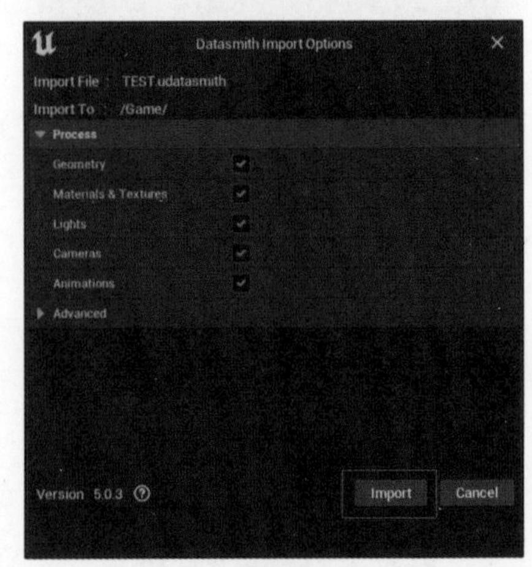

图 2-41

2.5.4 Datasmith 场景与 3D 软件场景的区别

Datasmith 文件导入 UE5 后，它的场景会和 3D 软件里的场景布设保持一致，并且资产的坐标轴也会从资产的底部生成，操作较为方便。

如果场景里的物体在 3D 软件里就是关联物体的话，导入 UE5 以后同样会保留关联。

Datasmith 的场景结构会保存在如图 2-42 所示的 Datasmith Scene（数据存储场景）文件内，Datasmith Scene 代表的就是

Datasmith 文件所包含的所有场景模型。

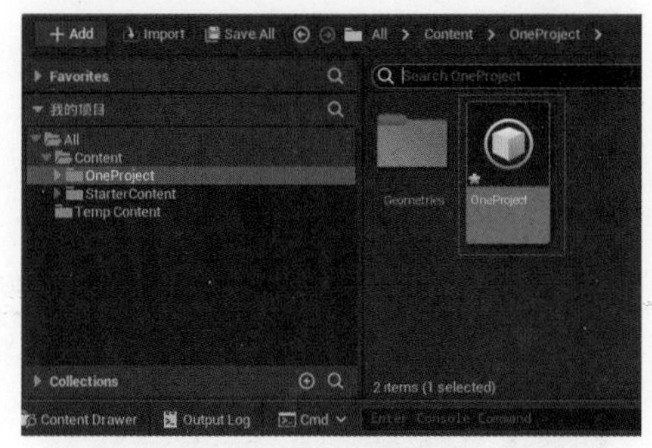

图 2-42

Datasmith 导入的动画只能导入位移参数，相机参数不能导入，因为每个 3D 软件的相机参数标准不一致。

2.5.5　如何同步在 3D 软件中的修改

如果在 3D 软件里对场景做出了修改，例如改变了场景中某一模型的位置，或者添加了新的模型等，要想把这些变化同步在 UE5 里，就要进行重导出操作。

在保存类型里选择 Unreal Datasmith（*UDATASMITH）文件，单击导入 UE5 的 *UDATASMITH 文件，对它进行替换。如图 2-43 所示。

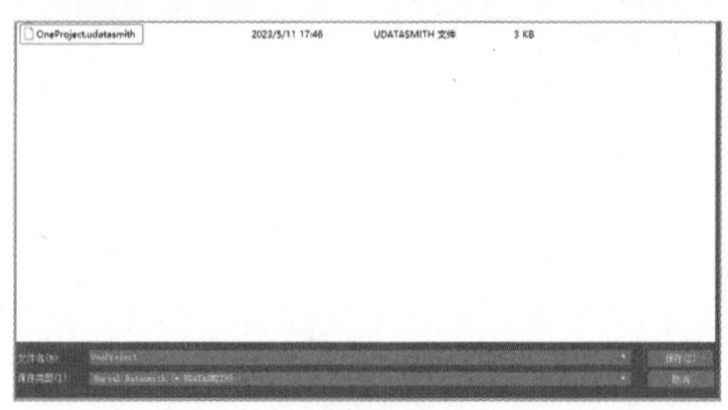

图 2-43

切换到 UE5 后，找到 Content Drawer 中的 Datasmith Scene 文件右击，在弹出的快捷菜单中选择 Reimport 命令。对场景进行再刷新。刷新完毕后在三维软件里修改过的场景就同步在 UE5 里了。

2.6　资产迁移

在虚幻引擎 5 的项目文件里，想要将有些资产迁移到新项目中时，不要轻易地通过 Windows 资源管理器去迁移，这样做很容易出错。

Windows 资源管理器的复制迁移方法，容易在复制过程中漏复制某个层级或者如果改过什么名字，UE 就会找不到资产的相对路径，由于 UE5 对资产的管理很严格，若资产中有某个部分缺失了，可能导致整套资产失效。

要迁移资产，可以通过 Migrate（迁移）命令来安全转移，因为 Migrate（迁移）命令会检查该资产需要用到的所有其他资产，并按照原来项目的文件夹结构在新项目中创建资产，以达到迁移资产的目的。

在 Content Drawer 里右击要迁移的资产，在列表里找到“Asset Actions-Migrate”（资产操作/迁移）命令，如图 2-44 所示。

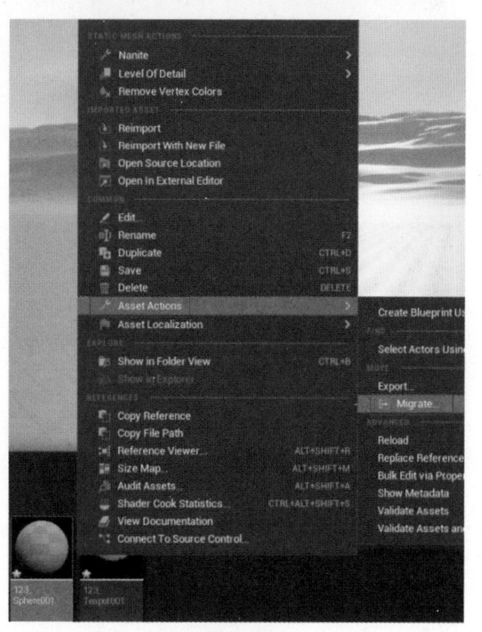

图 2-44

通过 Migrate 命令，可将所有关联到此资产所引用的资料，以列表模式按照相对路径迁移到另一个项目里去。选择 Migrate 命令后，会弹出 Asset Report（资产报告）栏，再次确认要迁移的资产内容，若无问题，单击 OK 按钮确认即可，如图 2-45 所示。

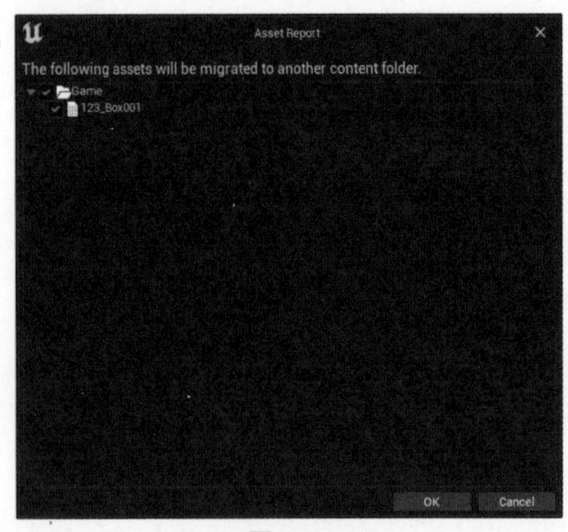

图 2-45

之后，选择要转移的项目的 Content 文件夹，选择好项目名称，并单击进入 Content 文件，单击选择文件夹。

选择后弹出相应的对话框，首先查看是否缺少哪些细节，再决定是否导出，这样可以保证迁移文件的准确性，如图 2-46 所示。

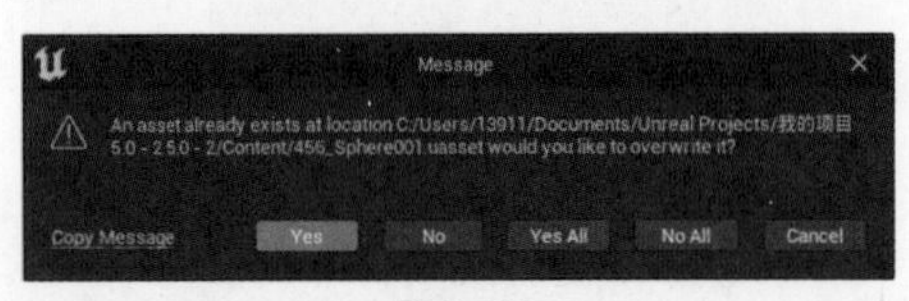

图 2-46

2.7 Megascans 导入

Megascans 是一个拥有许多高精度的树木、植被、泥土、岩石、墙，以及一些生活相关的高精度资产的网站，它对虚幻引擎的资产支持是完全免费的，可以利用它来丰富场景。本节就来学习如何使用 Megascans。

2.7.1 使用 Megascans

首先，登入 Quixel.com 网站，如图 2-47 所示。

图 2-47

之后在网站的右上角找到它的 products（产品），如图 2-48 所示。

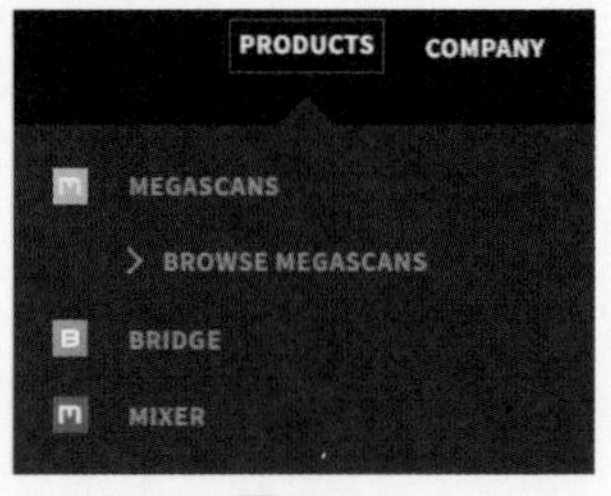

图 2-48

MEGASCANS：数据资产库，在里面可以下载资产。

BRIDGE：桥接软件，通过它能进入浏览和导入 3ds Max、UE、maya、blender 等软件的工作。

MIXER：利用它现有的资产，相互混合合成创建新资产。材质混合的功能在制作 CG 时较常用到，因为原始开发材质制作起来烦琐又麻烦，而使用混合材质功能就能以较快的方式得到想要的材质效果。

2.7.2 在 UE5 中打开 Megascans

由于 Megascans 内嵌在 UE5 里，所以可以直接通过 UE5 打开。在 UE5 的操作界面顶部工具栏里找到 Quickly add to the project（快速添加到项目中）按钮，找到 Quixel Bridge，如图 2-49 所示。

单击后会跳转到Megascans界面。Megascans的页面构造为：左边栏为分类，右边栏为资产浏览，如图2-50所示。

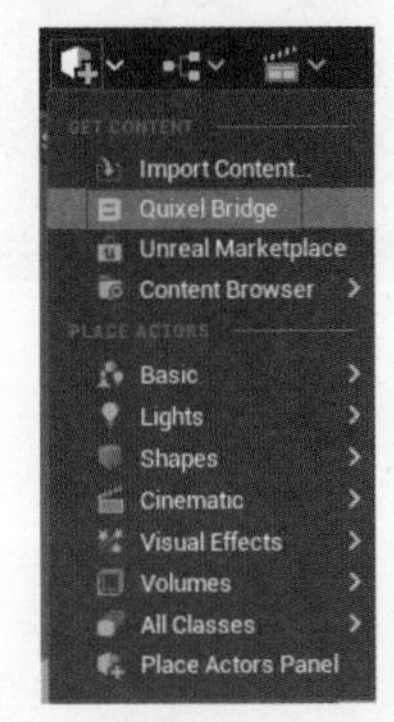

图2-49

图2-50

它的模型分类为：3D Assets（3D资产模型）、3D Plants（3D植物）和Surfaces（面）、Decals（贴花）、Imperfections（瑕疵），如图2-51所示。

图2-51

在各大分类里，还有许多更细致的小分类，这样精密的分类能帮助用户快速地找到想要的资产，如图2-52所示。

要免费使用资产，就要先在这个窗口界面的右上角找到Sign In（登入），如图2-53所示。

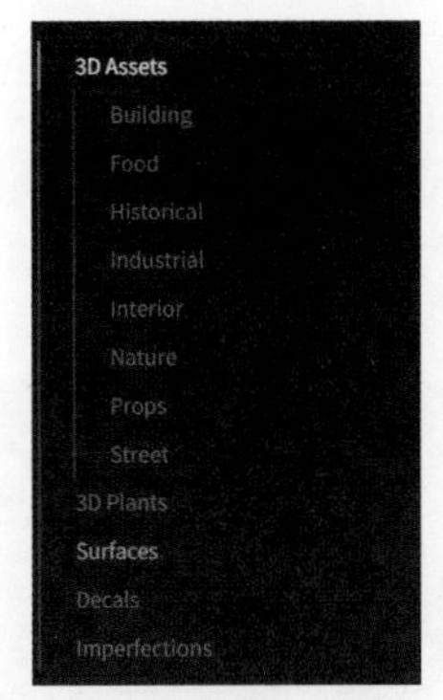

图2-52

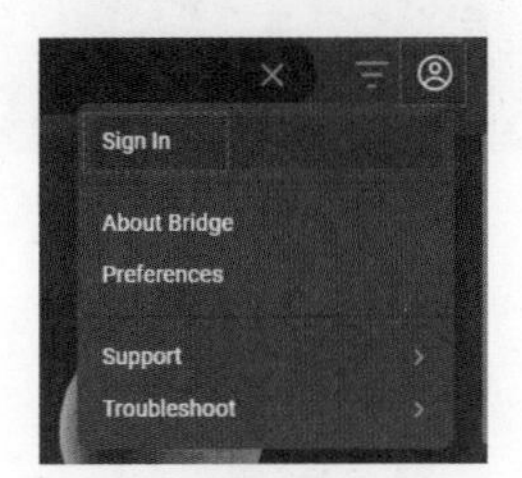

图2-53

选择相关登入方式进行登入后（此账号只需登一次，然后会自动登入），就能免费使用资产了，如图2-54所示。

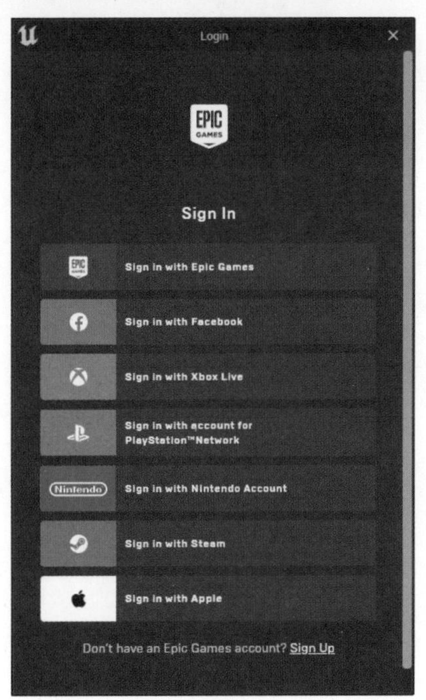

图2-54

登入后，可以看到在界面的左上角多了一个小红心。单击进入这个界面，就可以看到所收藏的模型资产，如图 2-55 所示。多出的计算机按钮则是已经下载好的本地资产模型，如图 2-56 所示。

图 2-55

图 2-56

2.7.3　如何从 Megascans 下载资产

通过 Search（搜索）输入关键词，可以直接下载所需要的资产，也可以单击 HOME 按钮，通过分类去寻找想要的资产，如图 2-57 所示。

图 2-57

当找到想要的资产后，单击右上角的下载按钮即可下载，如图 2-58 所示。

图 2-58

也可以单击模型，在右侧详细页能选择不同等级的模型精度进行下载。可以直接选择 Nanite（纳米级），Nanite 模型会自动分级细节层次，省去制作多套简模的工作，如图 2-59 所示。选择好以后，单击 Download（下载）按钮等待下载完毕即可，如图 2-60 所示。

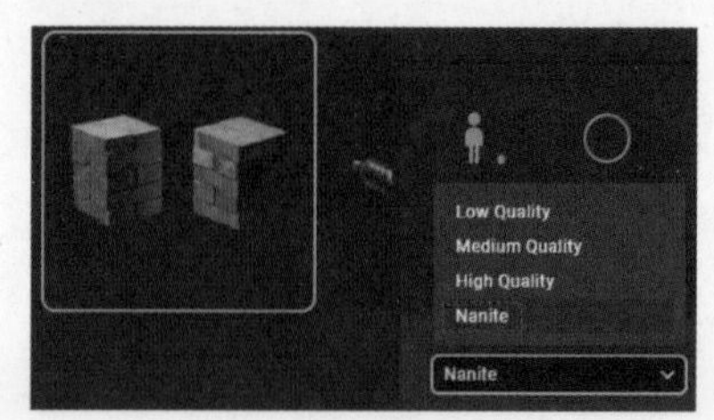

图 2-59

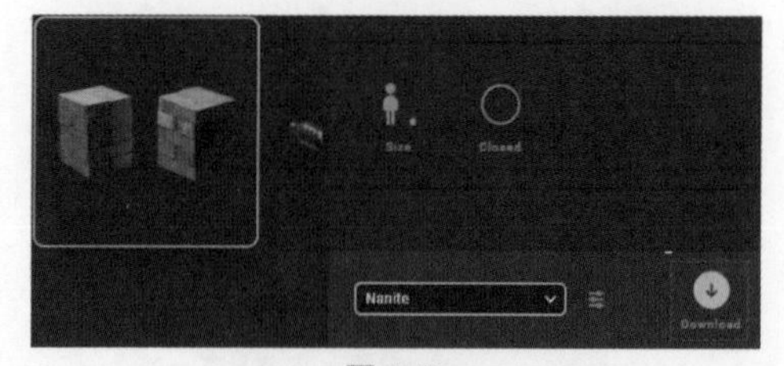

图 2-60

下载完成后，就可以在本地模型库里看到它了，如图 2-61 所示。

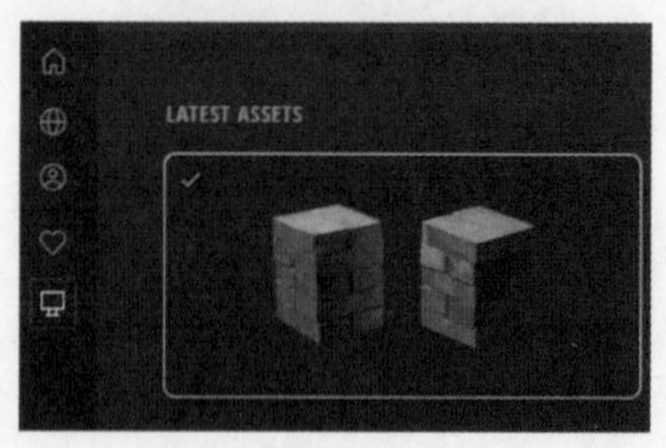

图 2-61

2.7.4 导入 Megascans 模型到 UE5

单击下载完的模型资产右上角的 Export nanite（导出 nanite 模型）图标，即可将模型导入 Content Drawer，如图 2-62 所示。

图 2-62

若是第一次导入 nanite 模型，系统就会在 Content Drawer 新建一个 Megascans 的文件夹，并根据所导入的资产类型，在 Megascans 文件夹里建立一个类别文件夹，如刚刚下载的是 3D Assets（3D 资产模型），那么它建立的类别文件夹就称为 3D Assets，如图 2-63 所示。

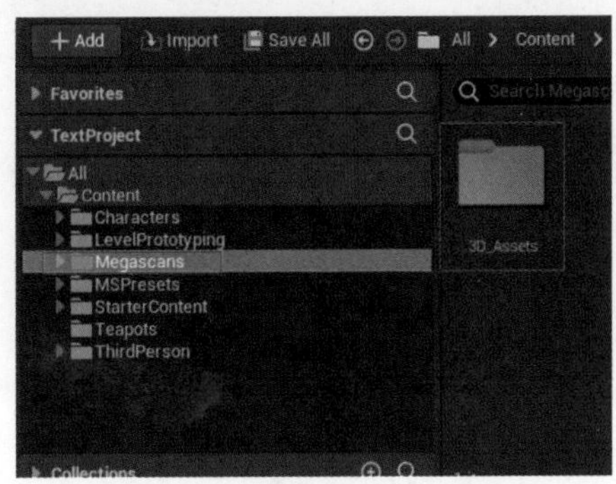

图 2-63

单击它以后，就可以找到刚刚下载并以模型名称命名的文件夹了，如图 2-64 所示。

图 2-64

在模型文件夹里可以看到，除了被导入模型，模型所引用的材质、贴图等资产也在其中，如图 2-65 所示。

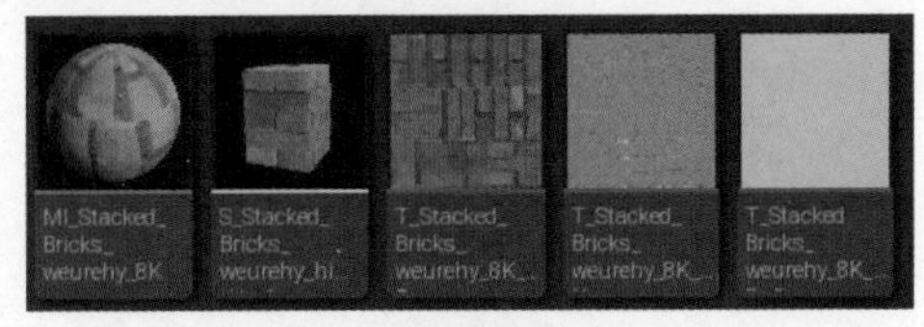

图 2-65

若要在场景中添置模型，可以直接拖曳原始模型放进场景里。若是要在 UE5 中制作高精度资产，需要注意 UE5 的贴图一般采取 2k 以上为最佳，能满足基本的显示；但若要超近距离看模型，贴图大小则可为 4k、8k，往上无限制。对于普通的贴图，UE5 的限制是 16000 像素，这也是一张 UE5 贴图的最高限制；若高于这个值，UE5 就会建议将贴图改成 Varture texture（虚拟纹理）。

UE 的 PBR 材质

UE5 的 PBR 材质是一种基于物理的渲染材质，它使用物理属性来描述材质的光照和反射特性。PBR 材质的优点是它可以更真实地模拟光照和材质之间的物理交互效果，从而提供更准确的视觉效果。

在 UE5 的 PBR 材质中，有几个重要的输入参数，包括底色（Base Color）、金属度（Metallic）、高光度（Specular）和粗糙度（Roughness）。

1. 底色（Base Color）：这是物体本身的颜色，通常链接物体表面纹理，用 RGB 模式输入。它接收 Vector3（RGB）值，并且每个通道都自动限制在 0 与 1 之间。

2. 金属度（Metallic）：这个参数控制表面在多大程度上“像金属”。非金属的金属度值为 0，金属的金属度值为 1，默认为 0。

3. 高光度（Specular）：描述材质的反射光线的能力，默认值为 0.5。官方定义：在编辑非金属表面材质时，有时可能希望调整它反射光线的能力，尤其是它的高光属性。要更新材质的高光度，需输入介于 0（无反射）和 1（全反射）之间的标量数值。

4. 粗糙度（Roughness）：这个参数描述了表面的粗糙程度。较小的粗糙度值意味着表面更光滑，较大的粗糙度值意味着表面更粗糙。

这些参数可以用来调整材质的光照和反射特性，从而创建出更真实、更精细的视觉效果。

3.1　材质基础与 PBR

材质在虚幻引擎里是一个非常重要的模块，基本上所有的视觉效果，如特效、灯光等都离不开材质。

3.1.1　PBR 材质简介

虚幻引擎 5 采用的是 PBR 材质设计理念。PBR 是 physical based rendering（基于物理的渲染）的缩写，它的本质是基于真实物理属性的材质算法，是会模拟物体表面对能量的吸收和释放过程的一种材质，以此来达到更加贴近现实的效果，如图 3-1 所示。

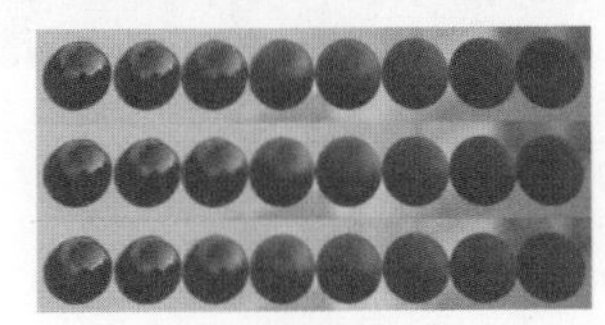

图 3-1

3.1.2　PBR 与传统 Shader 的区别

PBR 材质的特点为使用 Metallic（金属度）和 Roughness（粗糙度）来作为描述一个物体表面的重要元素，如图 3-2 所示。

图 3-2

物体的正面与侧面的反射清晰度呈正比例，金属度越高，这个比例就越接近于 1∶1，金属度为 0 的情况下，则反射清晰度与亮度都会变低。PBR 材质能用一张 HDR 图片或利用环境里的自发光材质和间接光来实现照明，并且效果质感好，已经可以赶上主流的离线渲染器。

PBR 材质擅长制作质感领域为写实质感，但 PBR 材质并不擅长制作玻璃、水质感、卡通、风格化材质等方面。

3.2　材质编辑的基本思维方式

打开 UE5，调出 Content Drawer，在空白处右击，建立 material（原料）材质，如图 3-3 所示。给它命名为 M_Basics，M 是前缀，一般代表资产类型为材质的意思，如图 3-4 所示。

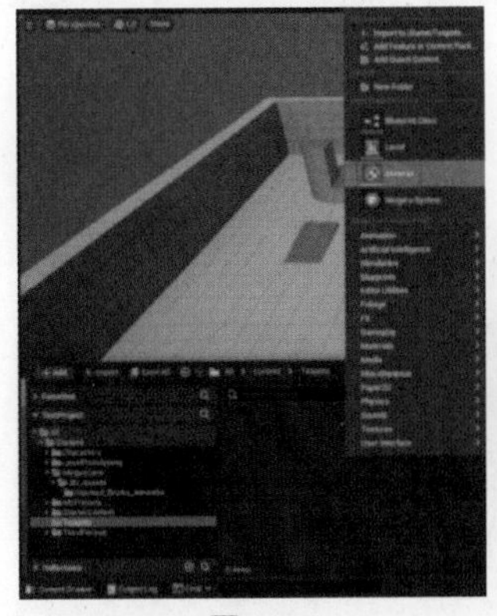

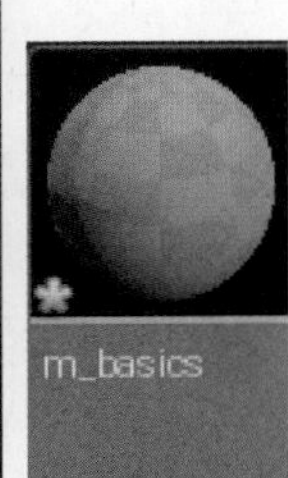

图 3-3　　图 3-4

此材质是作为材质模板来使用的，还需要再根据它来创造一个材质实例，以用于场景之中。当然，日常使用时也可以将材质模板使用到场景中，但没有使用材质实例规范。右击 M_Basics，在弹出的快捷菜单中选择 Create Material Instance（创建材料实例）命令，如图 3-5 所示。

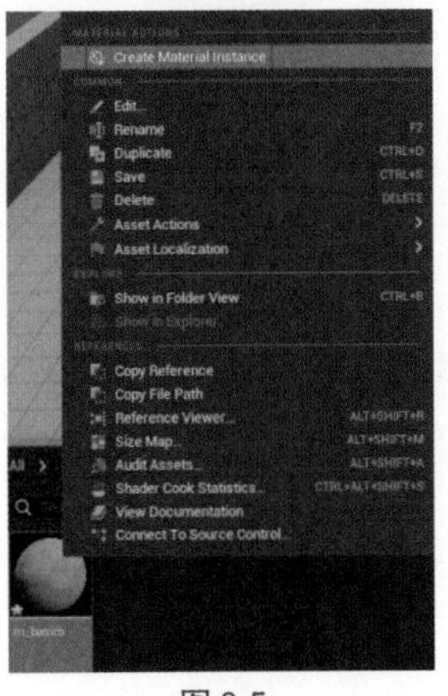

图 3-5

双击材质球，即可进入材质编辑主界面，如图 3-6 所示。

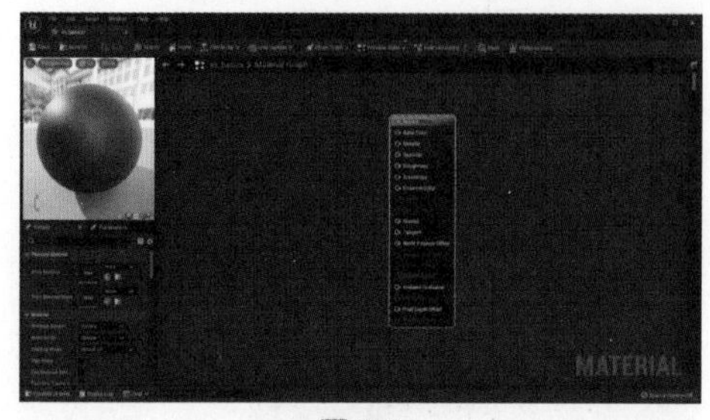

图 3-6

主界面的功能栏分类如图 3-7 所示。在材质编辑 Graph 里的橙色矩形框是 Result node of the Material（材料结果节点），如图 3-8 所示。

图 3-7

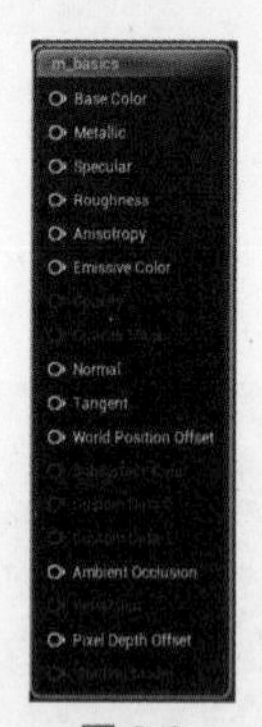

图 3-8

其功能翻译为：Base Color（基色）、Metallic（金属）、Specular（镜面）、Roughness（粗糙度）、Anisotropy（各向异性）、Emissive Color（发射色）、Opacity（不透明度）、Opacity Mask（不透明面具）、Normal（正常值）、Tangent（切线）、World Position offset（世界位置偏移）、Subsurface Color（亚表层颜色）、Custom Data 0（自定义数据 0）、Custom Data 1（自定义数据 1）、Ambient Occlusion（环境遮挡）、Refraction（折射）、Pixel Depth Offset（像素深度偏移）和 Shading Model（阴影模型）。

每一个功能前面都有这个小小的圆，可将它拖曳出一根线，称为引脚，而线称为引线，如图 3-9 所示。

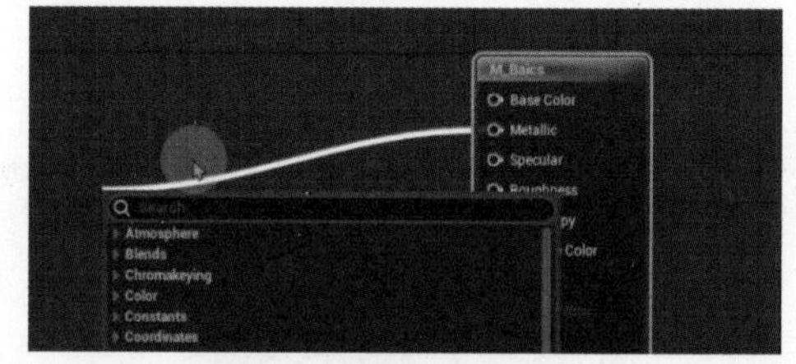

图 3-9

3.2.1 如何编辑材质球

此小节以给材质球上颜色为例，来简单示范一遍如何编辑材质球。

在 Graph 里的空白处右击，即可创建新节点，在搜索栏中输入 Constant（常量），有关 Constant 的功能就会全部显示，如图 3-10 所示。

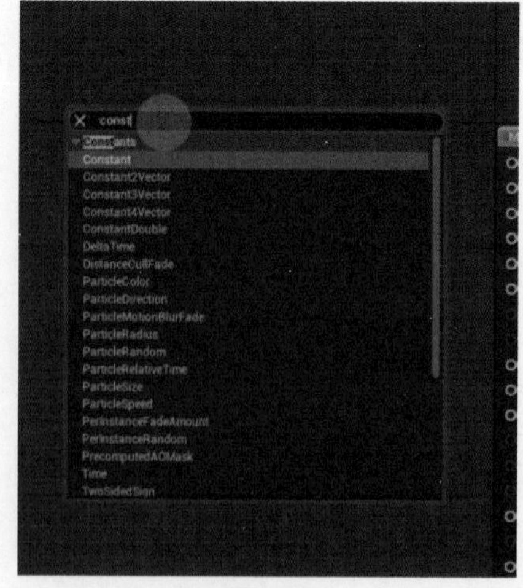

图 3-10

在虚幻引擎里，颜色、方向、位置距离、参数、UV 值等方面的调节都被认为是属于数值常量的调节，所以要使用 Constant（常量）来实现。

在虚幻引擎里常量分为以下几种。

一维常量：代表一个高度、一个时间、粗糙度等线性数值，它在键盘上的快捷键是按住【1】键后，用鼠标左键按住 Graph 空白处不松开一段时间，然后再同时放手即可。

二维常量：表达有关 UV 等有平面坐标的数值。

三维常量：表达一个三维坐标或三维方向箭头向量、RGB 颜色等任何想储存的三维数值。

四维常量：一般应用在颜色上面，如在 ARGB 上的应用等。

那么，要给材质上基本的颜色，就可以选择 Constant（常量）3 Vector 来完成。右击 Graph 网格空白处，调出列表栏，在搜索栏中搜索 Constant（常量）3 Vector，并单击 Varture texture，如图 3-11 所示。单击后出现的节点就是颜色节点，如图 3-12 所示。

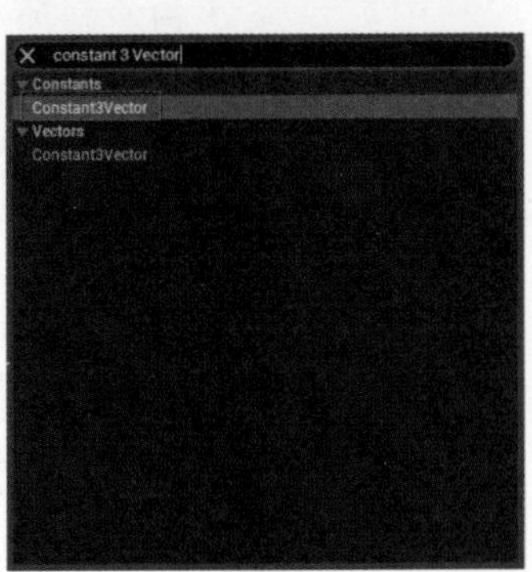

图 3-11

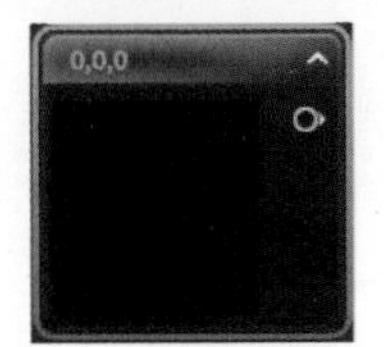

图 3-12

选中它，在左边的材质参数栏中会出现它的颜色编辑器，单击 Constant 栏，选择想要调整的颜色后，单击“OK”按钮，如图 3-13 所示。将 Constant 3 Vector 的引脚和 Base Color（基本颜色）相连接，如图 3-14 所示。

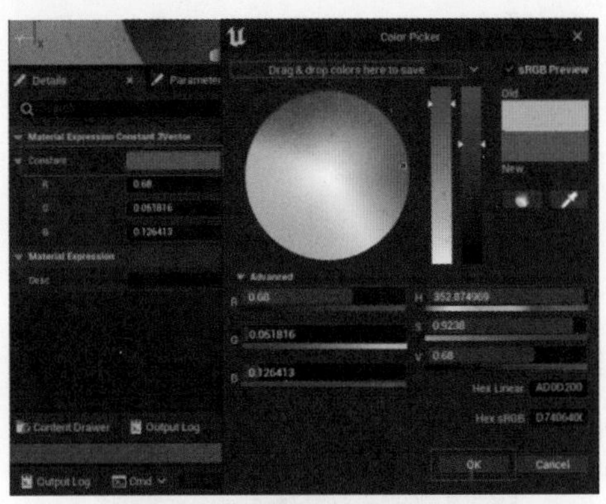

图 3-13

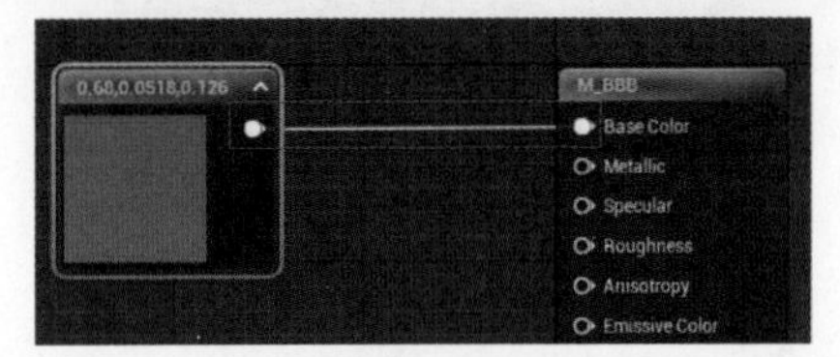

图 3-14

材质球就会变成所指定的颜色，如图 3-15 所示。如果要对材质球的这个变化进行保留，就要单击左上角的 Save 按钮，材质编辑器就会将所改变的材质球保存并编译下来，如图 3-16 所示。

图 3-15

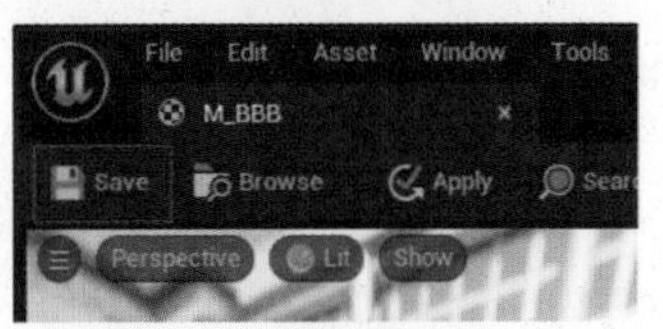

图 3-16

Save 的意义在于，如果在场景里使用的是粉红色材质，但现在进入材质编制编辑器后，将材质改为绿色，此时场景里的材质还是会保持粉红色。所以，在材质编制器里对材质做出改变后，若要沿用此改变，一定要单击 Save（保存）按钮。若要用材质编辑器编制贴图，可以右击网格空白处，搜索并找到 Texture Sample（贴图），如图 3-17 所示。

图 3-17

单击后，网格里会出现如图 3-18 所示的界面。

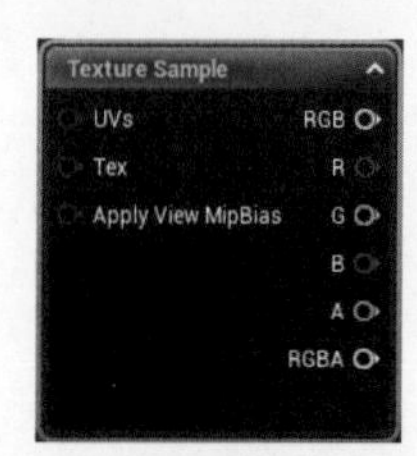

图 3-18

在材质参数列表里单击 Texture，给它指定或搜索想要的材质贴图，如图 3-19 所示。

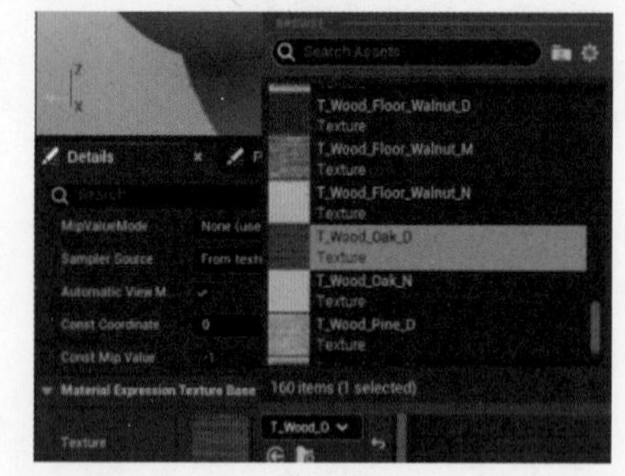

图 3-19

将 Texture Sample（贴图）连接到 Base Color，如图 3-20 所示。

图 3-20

材质球就贴上了纹理贴图了，如图 3-21 所示。

图 3-21

3.2.2 利用复合命令调节材质

在材质编辑器里，每一个效果都代表一个值，简单的操作可以通过一些直接的命令实现，而如果要进行一些复杂的操作，如要改变材质的亮度，或者为贴图的材质赋予另一种颜色等，就要运用材质编辑器里的算法工具借助四则运算来帮忙：改变材质的原始值，将它改为期望的效果值，以此达到改变材质最终效果的目的。

3.2.3 Add（添加）工具

Add 工具是材质编辑器里的算法工具，以下案例演示了如何在材质编辑器中使用它改变材质的亮度和颜色。在 Graph（图表）处右击，输入 Add 或输入“+”符号，则可以调用 Add 工具，如图 3-22 所示。

单击后，就会出现 Add 的节点，如图 3-23 所示。

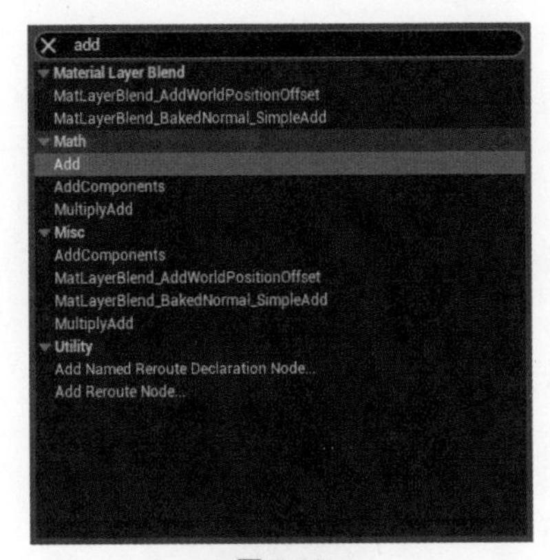

图 3-22

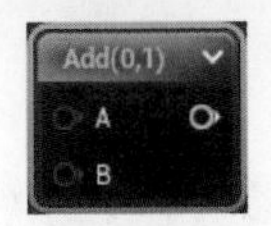

图 3-23

可以同时按住鼠标左键和键盘上的【1】键调出一维的 Constant（常量），并且让它与被赋予颜色的 Constant 3 Vector 一起连接在 Add 上，Add 的另一端连接到 Base Color（基本颜色），如图 3-24 所示。

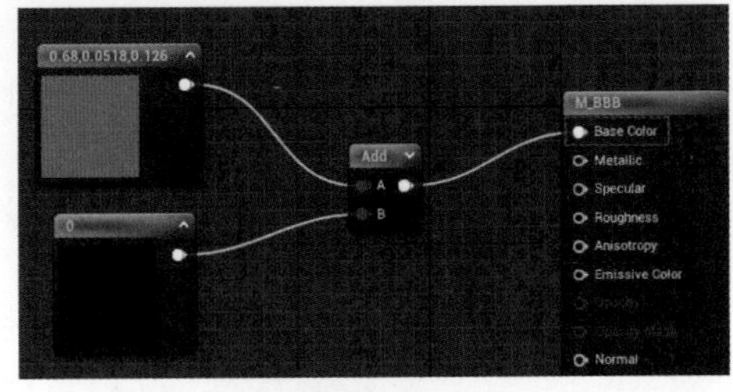

图 3-24

此时观察材质，当 Constant 为 0 时，材质呈现原本的颜色，如图 3-25 所示。

当 Constant 为 1 时，材质球呈现为白色，如图 3-26 所示。

图 3-25

图 3-26

当 Constant 为 -1 时，材质球呈现为黑色，如图 3-27 所示。当 Constant 为 -0.5 时，材质球呈现深红色，如图 3-28 所示。

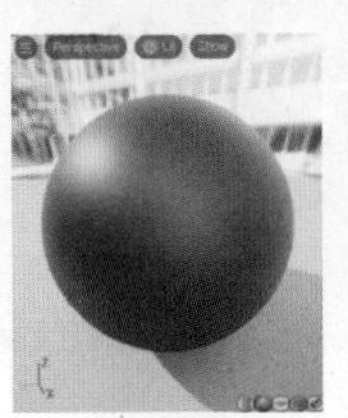

图 3-27

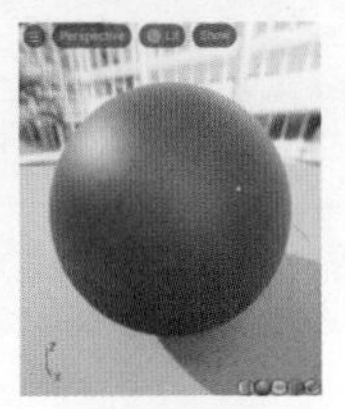

图 3-28

当 Constant 为 0.5 时，材质球呈现为粉红色，即 Varture texture，如图 3-29 所示。

图 3-29

由此可以得出结论，当 Constant 的从 0 越接近 1 时，材质的颜色越浅，直到 1 时为白色；当 Constant 的值从 0 越接近 -1 时，材质的颜色就会越来越深，直到 -1 时为黑色。

这样的结论也适用于 Texture Sample（贴图）和 Constant 之间的连接，在此之前，要先取消 Constant 3 Vector 对材质的连接。按住【Alt】键，选中引线，即可取消 Constant 3 Vector 对 Add 节点的连接，如图 3-30 所示。而后，连接上 Texture Sample（贴图），并给予 Constant 一个数值，如 -0.05，如图 3-31 所示。

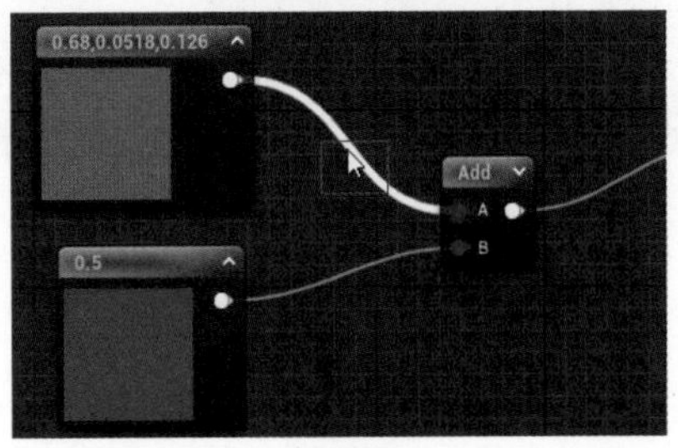

图 3-30

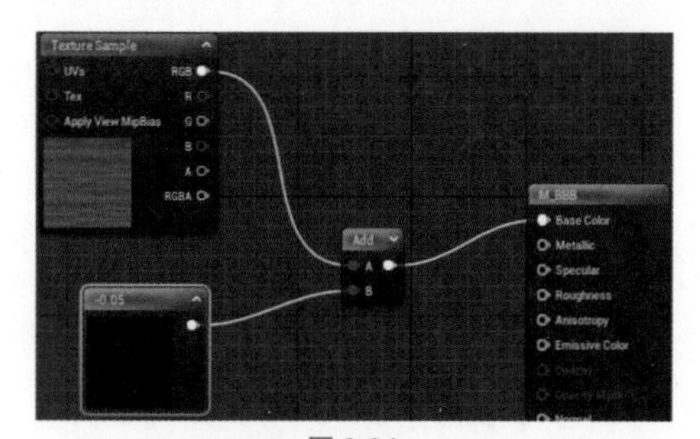

图 3-31

材质球就会产生变化，贴图明显变暗了，如图 3-32 所示。

图 3-32

3.2.4 Multiply 工具

在材质编辑器里输入“*”字符号或输入 Multiply，则可以找到乘法工具，如图 3-33 所示。单击后，就可以得到乘法节点，如图 3-34 所示。

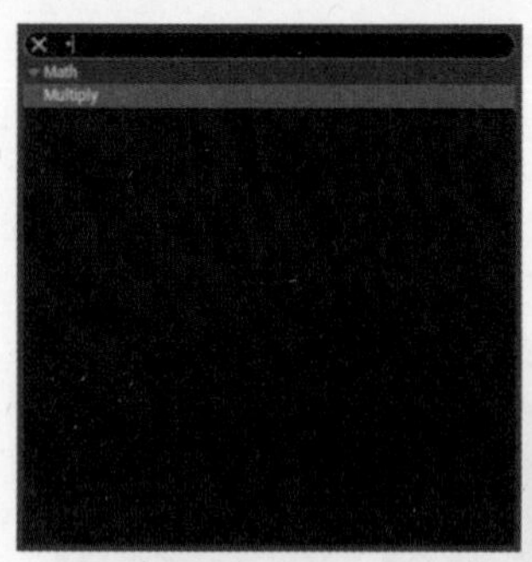

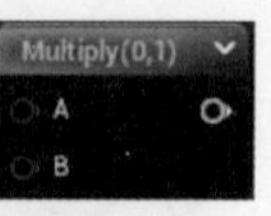

图 3-33　　图 3-34

现在，通过让拥有贴图的材质换个颜色的小案例，来演示一下如何使用乘法工具。材质未换颜色前所呈现的状态如图 3-35 所示。将蓝颜色的 Constant 3 Vector 和乘法工具中的 A 相连接，把 Texture Sample 和乘法工具中的 B 相连，再把乘法工具和材质球的 Base Color 相连，如图 3-36 所示。材质球此时则变换为如图 3-37 所示的样式。

至此，就完成给拥有贴图的材质换颜色的操作了。

图 3-35

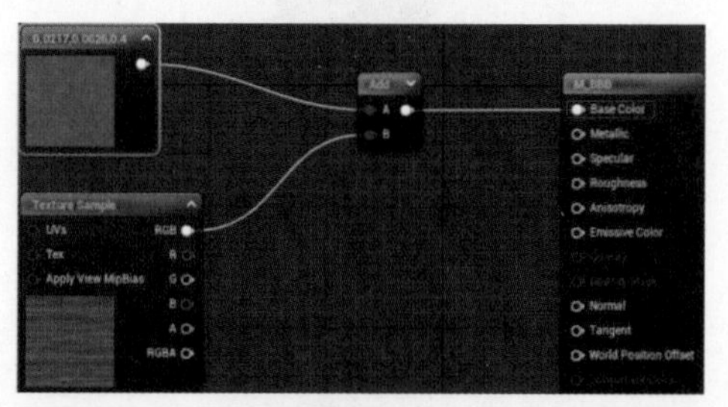

图 3-36

图 3-37

3.3 材质实例及其使用流程

在材质编辑器里所做的编辑都被称为材质逻辑，它所搭建的是材质模板。材质模板在场景里可以直接使用，但如果需要的材质内在逻辑都是基于一套的材质模板的话，那么日常在场景里使用基于材质模板的材质实例会更为方便，本节就来学习材质实例的相关知识。

3.3.1　材质实例与材质模板的区别

材质实例是基于材质模板而生成的材质，它的编辑器比材质模板的编辑器更简单，因为对它的改变都是基于它的材质模板内在逻辑，再去对它进行简单的修改，如图 3-38 所示。

图 3-38

3.3.2　如何增加材质实例的修改权限

基本的材质实例编辑器是无法修改颜色的，但是如果对材质模板进行参数化，也可以进行修改，具体操作如下。打开材质编辑器，在 Graph 里右击 Texture Sample，在弹出的快捷菜单中选择 Convert to Parameter（转换为参数）命令，对贴图进行参数化，如图 3-39 所示。

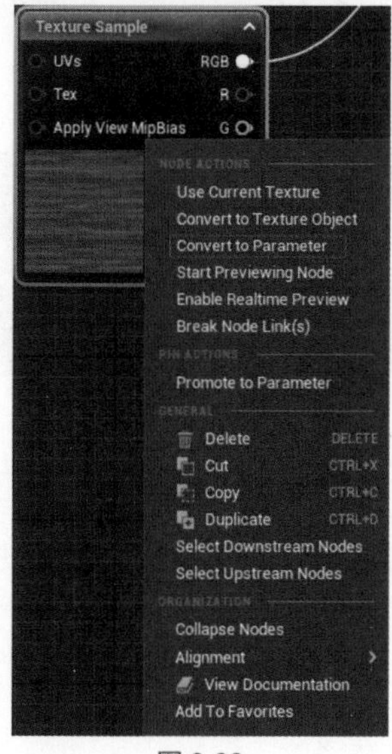

图 3-39

并命名为 Base Color Texture，按【Enter】键确认，就实现了对 Texture Sample（贴图）的参数化，如图 3-40 所示。再右击颜色节点，在弹出的快捷菜单中选择 Convert to Parameter 命令，如图 3-41 所示，并将它取名为 Color Tint，如图 3-42 所示。

图 3-40

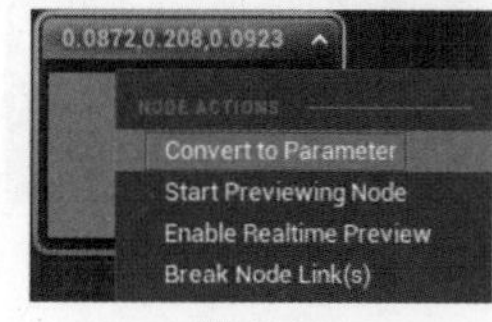

图 3-41

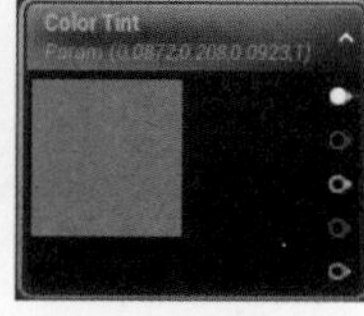

图 3-42

单击 Save 按钮进行保存，就完成了对材质模板的参数化设置，如图 3-43 所示。

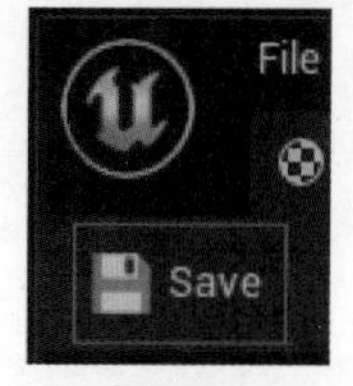

图 3-43

现在再打开材质实例，会发现列表栏里多出了 Parameter Groups（参数组）这个列表栏，如图 3-44 所示。现在要改颜色和贴图，只需要选择列表中对应的复选框，即可进行修改，如图 3-45 所示。

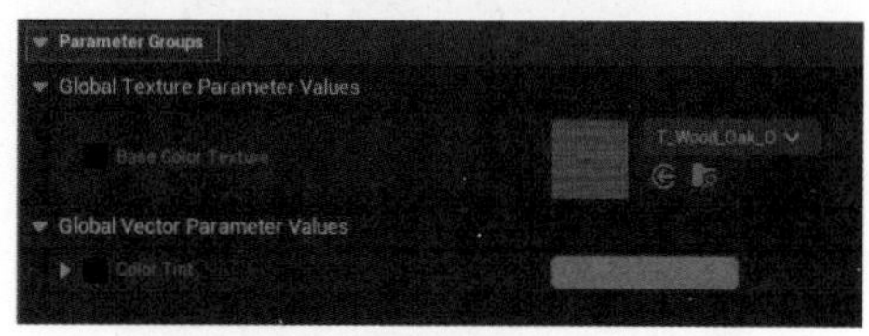

图 3-44

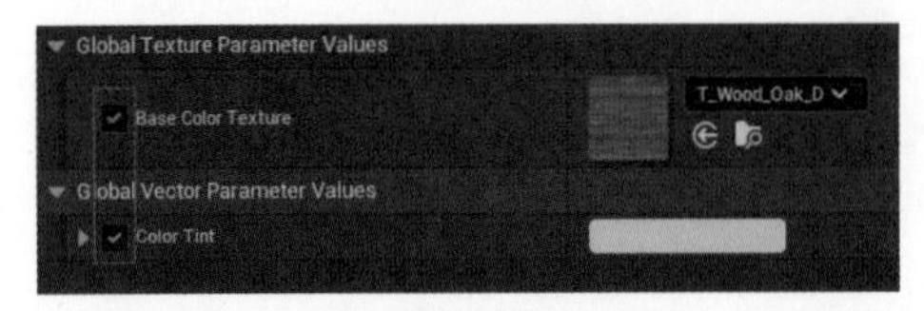

图 3-45

使用材质实例的好处是，无须进行Save（保存）保存编译，而是可以直接从项目列表里调整材质参数，实现对放在场景中材质的实时更新，如图 3-46 所示。

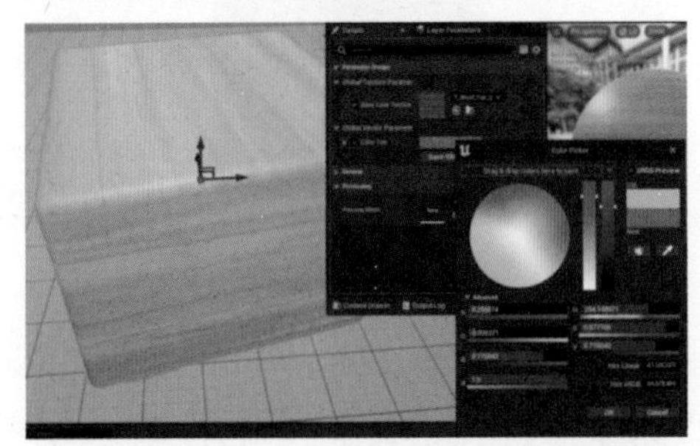

图 3-46

3.3.3 如何快速创建和修改同类材质

当需要同类材质时，可用两种方式创建。一是右击资产管理器中的材质模板，在弹出的快捷菜单中选择 Create Material Instance（创建材质实例）命令，如图 3-47 所示。二是单击材质实例 Duplicate（复制品），对它进行复制，如图 3-48 所示。

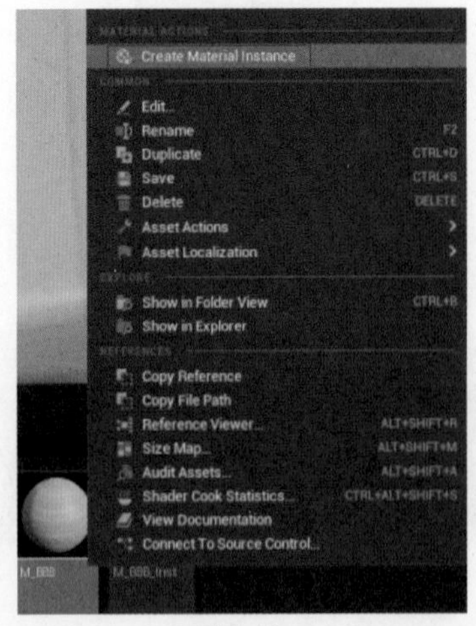

图 3-47

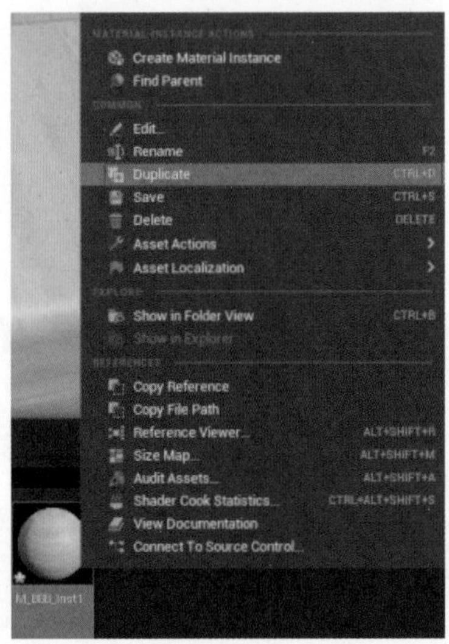

图 3-48

使用材质实例还有一个好处，就是当要给所有同类的材质实例添加同样的新内容时，那么只要修改了材质模板，就可以完成全部材质实例的修改。

例如以下这个例子，需要调整材质模板的 Emissive Color。那么只需要把一个创建出来的 Constant 3 Vector 节点连接到 Emissive Color，如图 3-49 所示。右击颜色节点，在弹出的快捷菜单中选择 Convert to Parameter 命令，将它进行参数化，如图 3-50 所示，并命名参数名称，如图 3-51 所示。

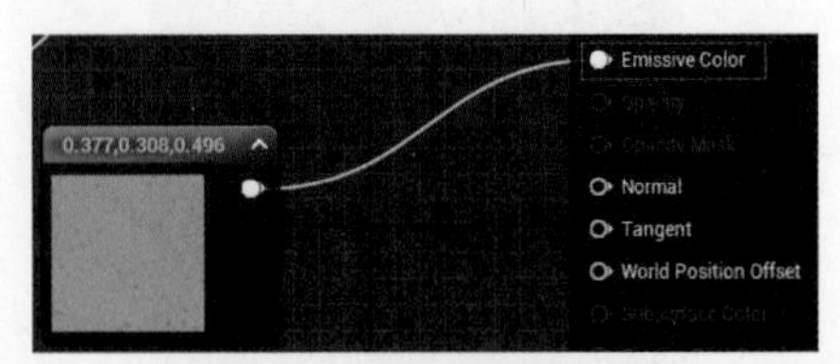

图 3-49

最后单击左上角的 Save 按钮进行保存，修改材质模板的流程就完成了。

现在打开相应的材质实例，就会发现 Parameter Groups 里多了新的参数项，只要选择它，就可以在材质实例里直接调整材质的 Emissive Color 了，如图 3-52 所示。

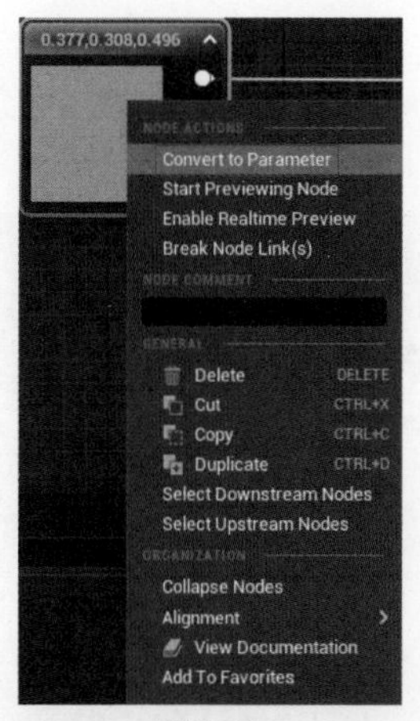

图 3-50

图 3-51

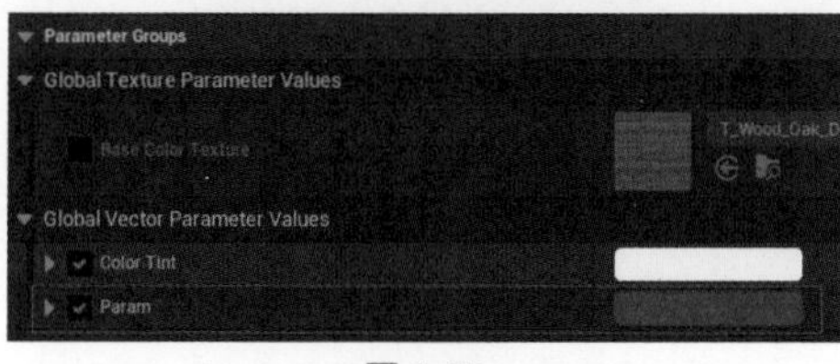

图 3-52

3.4　材质的基本属性

接下来详细讲解材质的基本属性。

3.4.1　材质输入属性

材质输入属性表如图 3-53 所示，对应的中英文对照如下。

Base Color（基本颜色）：底色，Metallic：金属度，Specular：反射度，Roughness：粗糙度，Emissive Color：自发光，Opacity：透明度，Normal：法线，WPO：顶点偏移，Tessellation：细分倍增，AO：AO，Refraction：折射，Pixel Depth Offset：像素深度偏移。

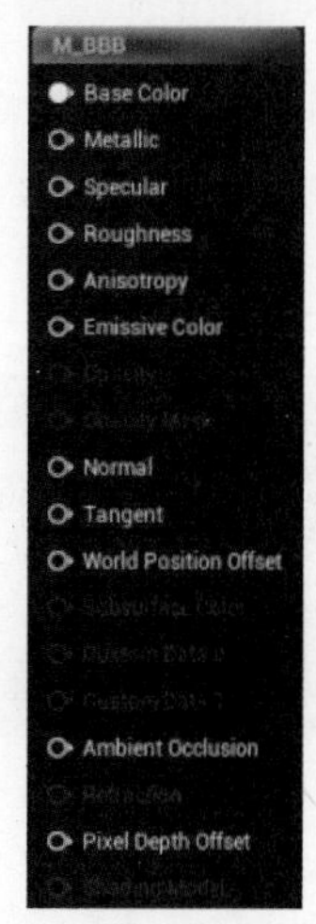

图 3-53

3.4.2　Material（材质）

Material Domain（材质域）出现在材质编辑器左边部分的材质参数列表里，它决定的是材质最终用途，默认选择的是 Surface，如图 3-54 所示。

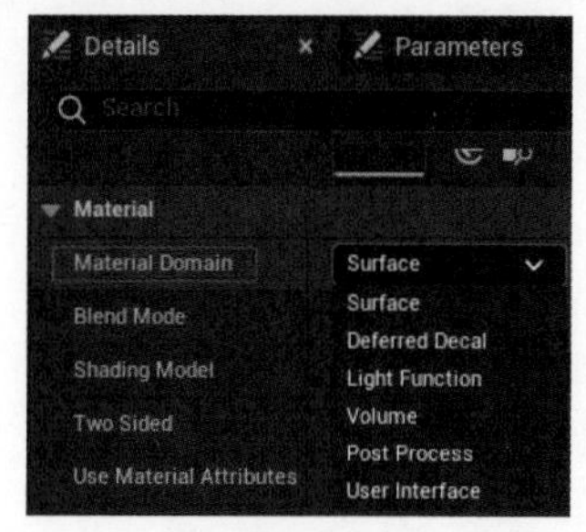

图 3-54

Material Domain 中选项的中英文对照和用途如下。

Surface（物理表面）：用作表面的材质，Deferred Decal（贴花）：给资产做贴花时使用，Light Function（灯光贴图）：可以模拟雾、体积云、云影等效果，Volume（体积材质）：用在有体积的物体里，Post Process（后期材质）：用于为物体做后期调整，User Interface（UI 界面）：用于制作和调整用户界面的 UI 上。

3.4.3 Blend Mode（混合模式）

Material Domain（材质域）下方的列表是 Blend Mode（混合模式），如图 3-55 所示。它的功能类似于 Adobe Photoshop 中图层的混合方式。

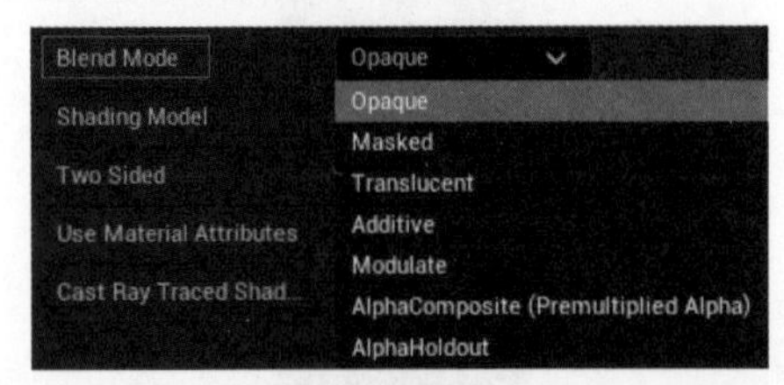

图 3-55

以下是它的选项的中英文对照，以及当 Material Domain（材质域）选择的是 Surface 类的材质时，Blend Mode（混合模式）的各个选项会起到什么作用的说明。

Opaque（不透明）：Surface 材质默认为不透明，选择该选项材质会从头到尾都不透明。

Masked（遮罩）：有点类似 Photoshop 里的蒙版，通过设置，可以把材质中不需要的部分裁切掉，主要应用在树叶、栅栏等物体上面。

Translucent（半透明）：让材质呈现半透明状态。

Additive（叠加）：会在原来的图上将材质颜色叠加上去。

Modulate（调制、正片叠底、乘法）：相当于一个乘法，可以给材质一个染色处理。

Alpha Composite（Alpha 扣底）：抠像使用工具，平时不常用。

Alpha Holdout（Alpha 保留）：抠像使用工具，平时不常用。

3.4.4 Shading Model（着色模型）

Shading Model（着色模型）相当于着色器采用的默认模型，可以表现最基本的质感，不同的透光效果可以模拟出不同的质感，默认情况下使用的是 PBR 所有的最基本效果，如图 3-56 所示。

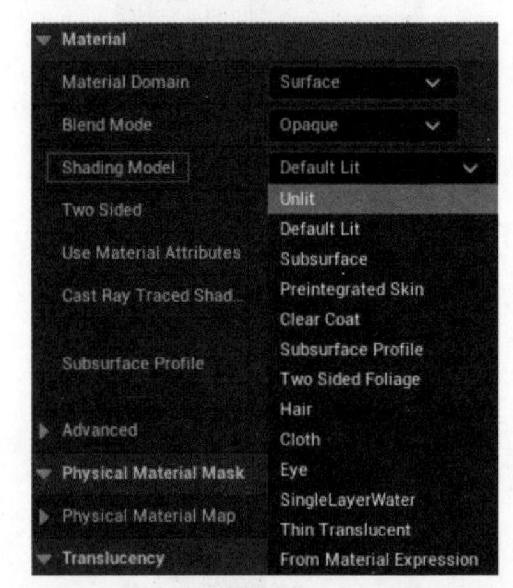

图 3-56

以下是它的选项的中英文对照。

Unlit：无灯光效果，Default Lit：默认点燃，Subsurface：表面下的材质，Preintegrated Skin：皮肤材质，Clear Coat：汽车清漆，Subsurface Profile：双层烤漆，Single LayerWater：单层水效果，Thin Translucent：薄层玻璃效果，From Material Expression：从材料中选可表达。

3.4.5 其余 Material（材质）中常用的功能

Material（材质）里还需要注意的选项是如图 3-57 所示的两个选项。

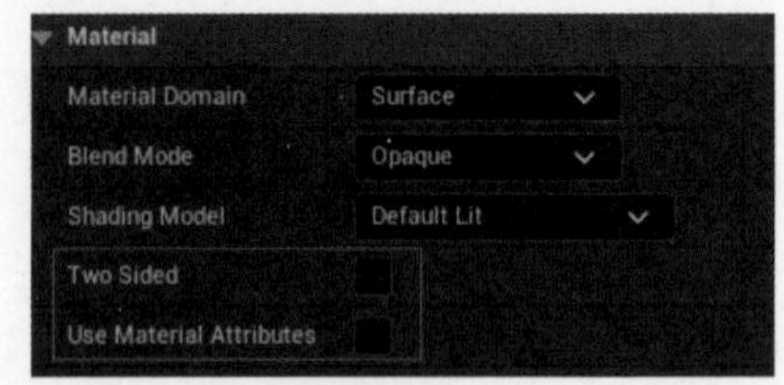

图 3-57

Two Sided（双面）：决定法线那一面是呈现透明状态还是不透明状态。

Use Material Attributes（使用物质属性）：会将所有连接材质输入属性的节点都

压缩成一个节点，通常在制作两个材质混合时使用，如图 3-58 所示。

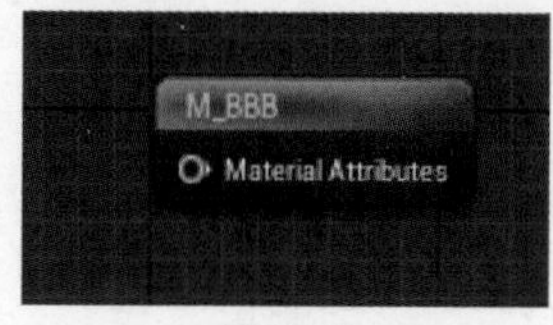

图 3-58

在材质参数栏里，还需要注意的一个地方就是 Usage 选项列表，当指定材质的使用时，如指定材质使用在静态模型上，它就会从列表栏里自动选择 Used with Seletal Mesh（与骨骼网格一起使用）。

但有时会因为 UE5 的 bug（错误）问题，指定了材质使用的资产，但这里并不会自动选择对应的复选框。结果就是指定的效果不生效，此时就该检查一下这部分，若复选框未被选择，就要对它进行选择，如图 3-59 所示。

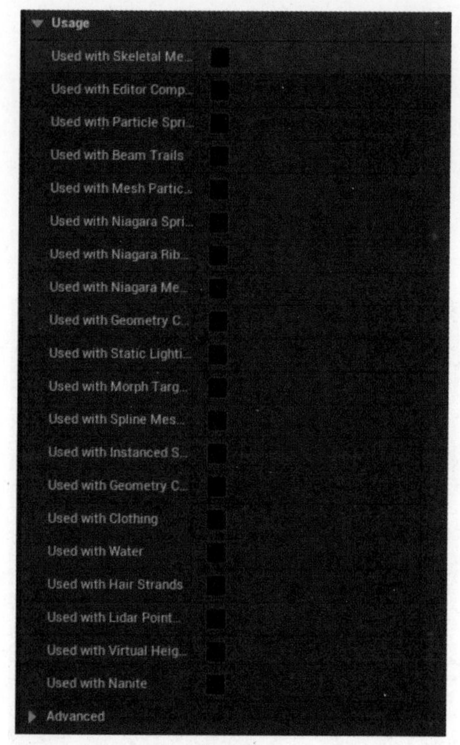

图 3-59

3.5 各类材质的制作

本节将制作各类材质，包括半湿地面材质、镜面材质效果、夜景窗户效果、次表面玉石、透光树叶、半透明玻璃、水面等。

3.5.1 常见材质：半湿地面

在本小节中，将学习常见材质的制作，通过实践这些材质，有助于熟悉虚幻引擎材质制作的常规流程及众多节点的功能。在后续的章节中，将制作以下几种在虚幻引擎中常见的物体材质，从而让大家更好地掌握材质编辑器，这些材质如下。

常见不透明物体：半湿地面、光滑镜面质感、自发光材质和夜景大楼灯光。

透光质感（Subsurface）：玉石、人脸。

遮罩材质：树叶、头发。

半透明物体：玻璃、水面。

详细操作过程请观看教学视频。

3.5.2 常见材质：镜面效果

详细制作过程请观看教学视频。

3.5.3 常见材质：夜景窗户

本节主要内容为学习如何制作夜景窗户。详细操作过程请观看教学视频。

3.5.4 常见材质：次表面玉石

接下来讲解一下 3S 材质，就是所谓次表面透光材质，通常使用它来制作玉石或人物皮肤纹理等效果。要在 UE5 里实现次表面的效果，有 3 种 Shader 可以选择。

Subsurface：次表面。

Preintegrated Skin：预整合皮肤。

Subsurface Profile：次表面轮廓。

接下来通过制作几个小案例，来进一步介绍不同 Shader 间的区别。

1. 普通玉石的制作。

首先在资源管理器中创建材质，如图 3-60 所示。

图 3-60

真实玉石的纹理效果，可以用 Noise 噪波材质来制作，因为它是程序纹理，可以做到纹理间永不重复，模拟出比较合适的玉石纹理。创建 Noise 节点，如图 3-61 所示。

图 3-61

修改它的波动值，让它的取值在 0 ~ 1 之间进行波动，如图 3-62 所示。做好玉石的纹理后，还要给玉石加上颜色，创建 Base Color 1、Base Color 2 两种颜色，一个为白色，一个为青色，如图 3-63 和图 3-64 所示。

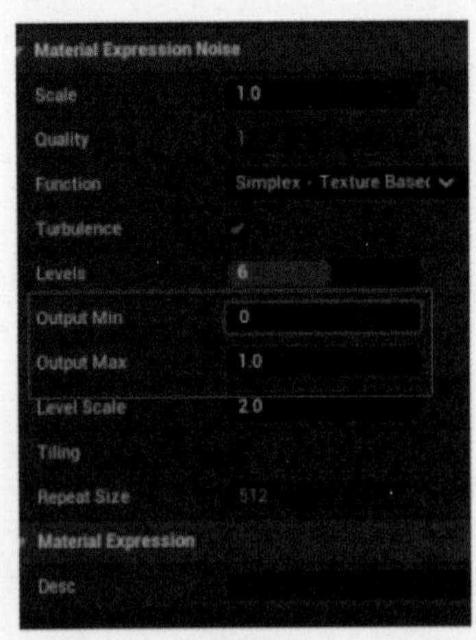

图 3-62

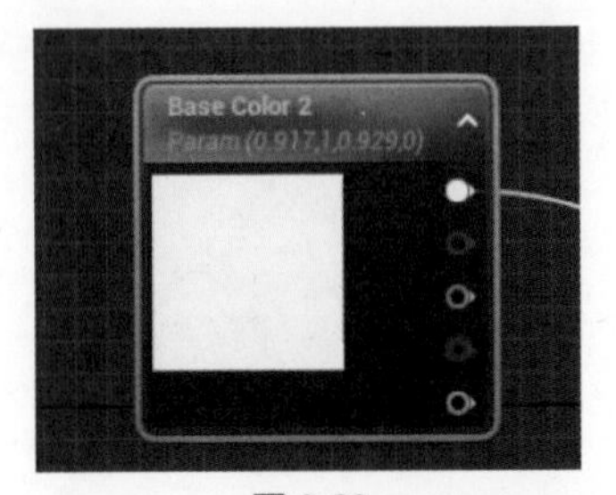

图 3-63

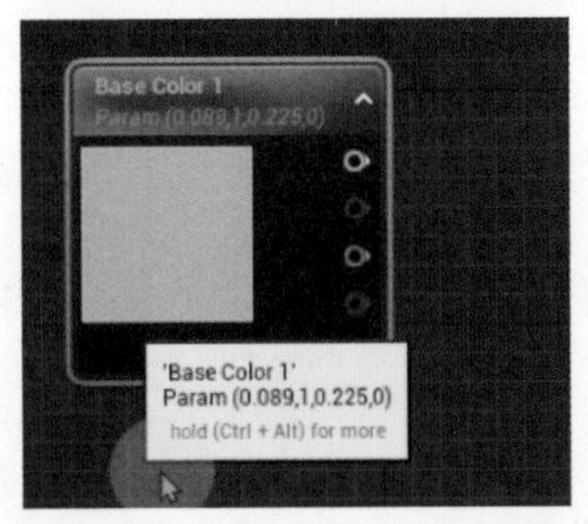

图 3-64

现在，要把纹理和玉石颜色都加在材质上面，所以通过按住 L 键，调出 Lerp 节点，并将颜色节点和 Noise 节点相连接，如图 3-65 所示。连接后发现，噪波点实在是太密集，无法达到玉石想要的那种效果，所以要控制一下噪波的大小。给噪波添加 World Position（世界坐标）的节点，以达到可控制其大小的目的，如图 3-66 所示。

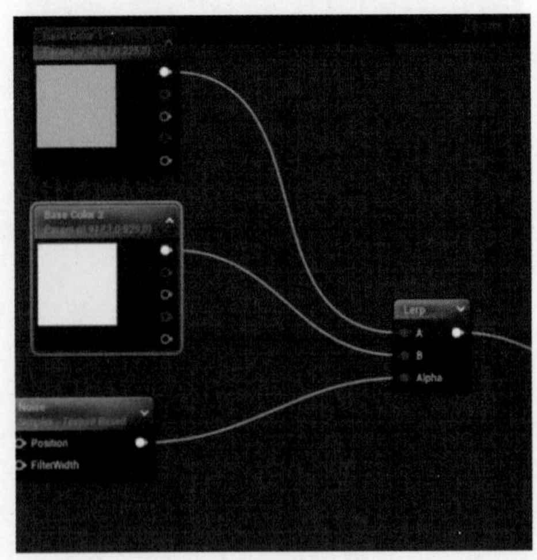

图 3-65

图 3-66

再使用快捷键【/】，添加除法节点（在数值控制里，调整世界坐标用除法会更方便，调整 UV 用乘法会比较方便）和一维数值节点，并相连接，如图 3-67 所示。还要给材质添加一个粗糙度节点，如图 3-68 所示。

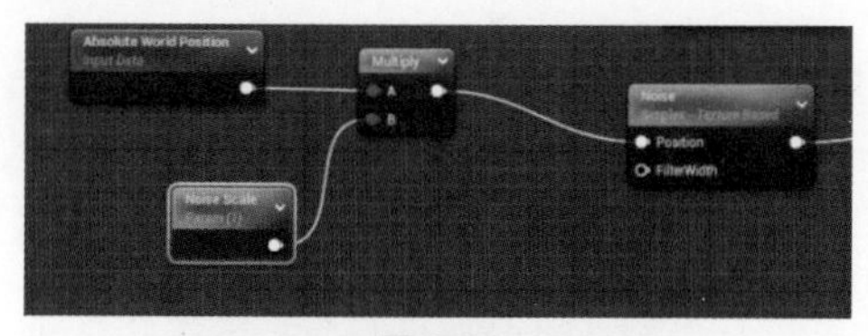

图 3-67

图 3-68

单击 Save 按钮保存，切换到场景中，给物体加上材质后，调整参数，就能制作出一个普通玉石效果的材质了，如图 3-69 所示。

图 3-69

2. 3S 玉石材质的制作

详细操作过程请观看教学视频。

3.5.5　常见材质：透光树叶

详细操作过程请观看教学视频。

3.5.6　常见材质：清透玻璃

清透玻璃的制作过程请观看教学视频。

1. 制作更真实的玻璃

如果要制作玻璃边缘有更深颜色的真实玻璃效果，那么就双击清透玻璃材质，进入材质编辑器模式，将它的 Dteails（细节）→Material（原料）→Shading Model（着色模型）修改为 Thin Translucent（薄片透明），如图 3-70 所示。

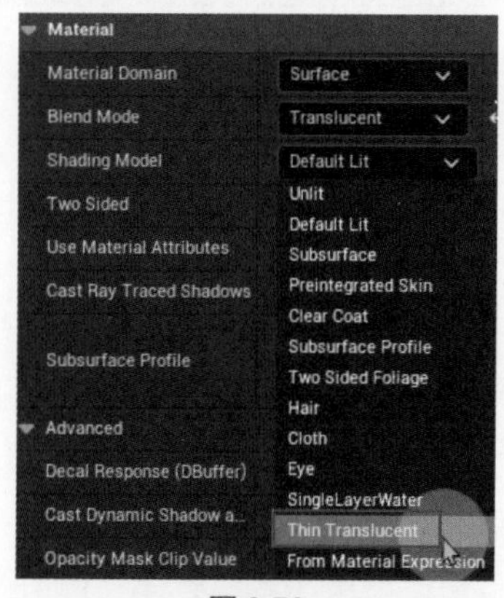

图 3-70

并在材质编辑器里添加节点 Thin Translucent Material（薄半透明材料），如图 3-71 所示。然后用快速添加节点的方法，添加它的颜色节点，如图 3-72 所示。

图 3-71

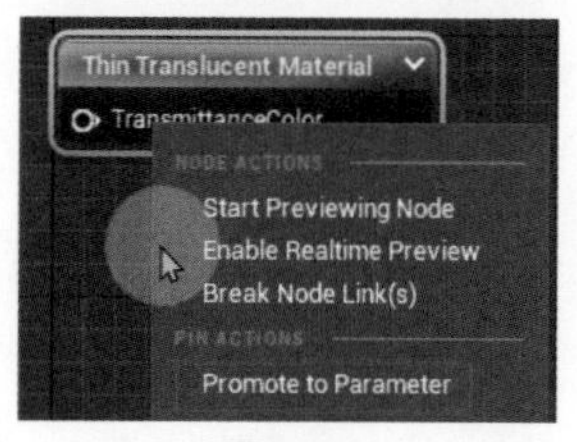

图 3-72

添加完毕后，单击 Save 按钮进行编译保存，回到场景中后，打开它的场景颜色编辑器并设置参数，如图 3-73 所示。至此，真实玻璃的效果就制作完成了，如图 3-74 所示。

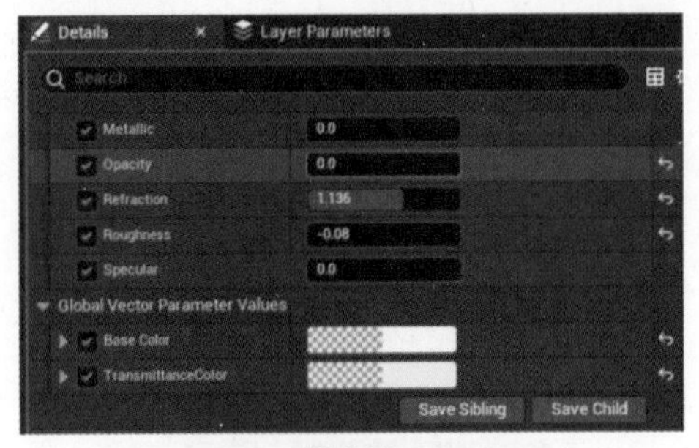

图 3-73

图 3-74

2. 场景渲染中会出现的问题

第 1 个问题：玻璃拉丝问题。在场景中制作清透玻璃效果时发现，金属度值较高时，会出现奇怪的拉丝边效果，如图 3-75 所示。

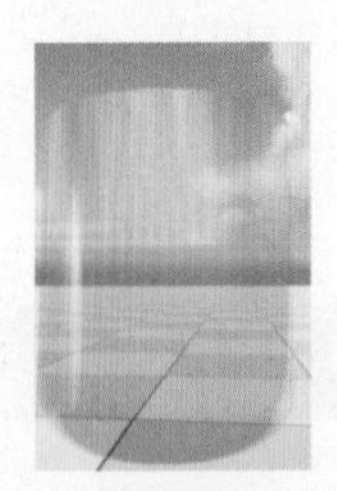

图 3-75

第 2 个问题：遮挡破损问题。在移动两个同为玻璃材质的物体时，发现当它们发生交叠时，场景渲染画面产生了跳动，如图 3-76 所示。

这是由于实时引擎的自身设置问题，为了减少计算，它简化成所有的像素全部以物体的轴心点作为两个物体间是否交叠的标准，只会根据在视图范围内，哪一个的物体轴心更加靠近摄像机视角，实时引擎就先渲染哪一个物体，所以物体 A 在物体 B 之前、物体 A 与物体 B 交叉、物体 A 在物体 B 之后这 3 个过程它的画面是跳脱的，而不是流畅的。

图 3-76

同理，玻璃杯子出现破损，特别是开了双面效果的，更为严重，也是因为这个原因，如图 3-77 所示。两个物体交叠渲染的问题暂时还没有好的解决方法，但杯子的破损问题，可以通过在右侧搜索栏搜索并选择 Sort Triangles（Experimental）复选框暂时解决，如图 3-78 所示。

图 3-77

图 3-78

3.5.7 常见材质：水面

本节制作一下水面的材质效果，以模拟江河湖海的水面效果，制作水面时，用专门的 Shady Model（阴影模型）来制作。

详细操作过程请观看教学视频。

UE 环境照明

在 Unreal Engine 5 的绚丽舞台上，环境照明作为一项核心要素，为游戏或模拟场景注入了生命与活力。它如同一幅画作的点睛之笔，让整个场景焕发出迷人的光彩。

光源的多样性是环境照明的魅力所在。从温暖和煦的方向光，到柔和自然的点光源，再到聚焦明亮的聚光灯，每一种光源都拥有独特的魅力。它们交织在一起，共同构建了一个丰富多彩的光影世界。

光照层级的应用则让场景的照明更加层次分明。通过细致调整不同区域的照明效果，可以赋予场景深度与立体感，使其更加引人入胜。

阴影效果作为环境照明的重要组成部分，为场景增添了真实感。从柔和的软阴影到动态变化的阴影，每一种阴影都为场景增添了细腻的情感与质感。

全局光照技术则让场景的光照效果更加逼真自然。它通过计算场景中所有光源对物体的影响程度，让物体在光照下呈现出更加真实的效果，仿佛与环境融为一体。

此外，HDRI 照明为场景带来了自然的环境光照。通过使用 HDRI 图像，可以模拟出真实环境的光照效果，使场景更加生动逼真。

色彩分级与色温的调整则赋予了场景独特的情感氛围。从冷色调到暖色调，不同的色彩分级与色温能够引发不同的情感共鸣，使场景更具感染力。

反射与折射效果的运用则进一步增强了场景的真实感。它们模拟出水面、玻璃等物质的表面效果，让物体在光照下呈现出逼真的质感，仿佛触手可及。

在 Unreal Engine 5 的舞台上，环境照明不仅仅是技术的展现，更是一场视觉盛宴。它以流畅、通顺、措辞优美的语言，讲述了一个个令人惊叹的故事，为游戏或模拟场景注入了无限魅力。

4.1 基础灯光系统

在开启灯光系统的正式学习之前，要先进行准备工作。

开启距离场。打开 Project Settings（项目设置），搜索 Distance Field（距离场）选择 Generate Mesh Distance Fields（生成网格距离字段）复选框，它的作用为实现像 Lumen 之类的高级设置，如图 4-1 所示。

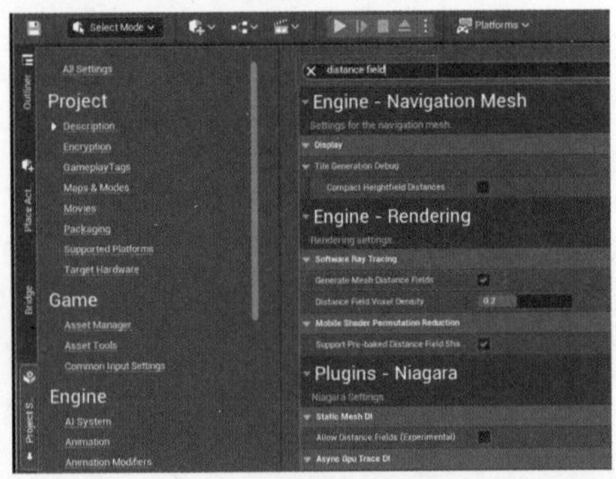

图 4-1

开启光线追踪。该选项供 NV RTX 20X0 系列及以上显卡选择，并且要升级 Windows 系统至 1903 以上。在 Project Settings 中搜索 Raytracing（光线追踪），选择 Support Hardware Ray Tracing（支持硬件光线跟踪）复选框。选择 Use Hardware Ray Tracing When Available（当可用时，使用硬件光线跟踪）复选框，如图 4-2 所示。

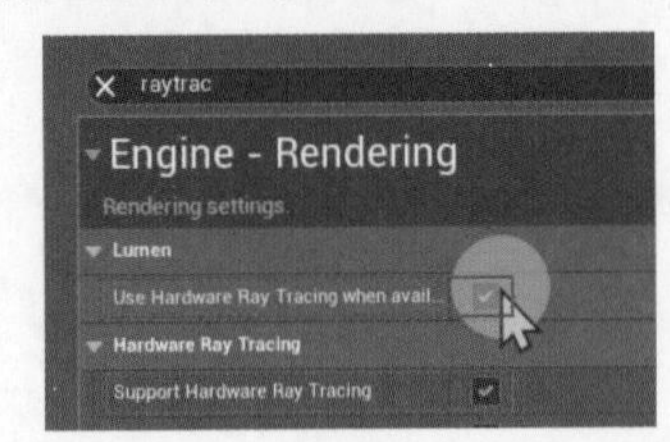

图 4-2

搜索 RHI，选择 DirectX 12，如图 4-3 所示。完成设置后，重启 UE5 项目，等待修改和编译完成。

创建空场景，设置 PP 曝光控制。设置好 PP 曝光控制专门负责虚幻的后期显示，原始图像渲染之后，再进一步通过它进行处理，就会得到更好的效果。从快速创建项目按钮，找到 Volumes-Post Process Volume（PP 曝光控制），如图 4-4 所示。

图 4-3

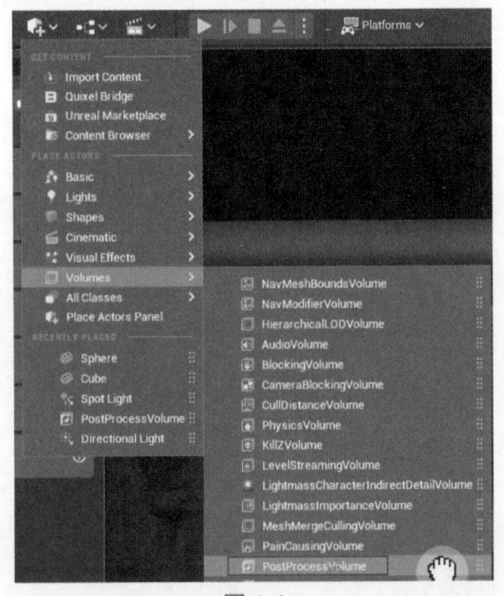

图 4-4

将它放置在场景中，在菜单栏里选择 Infinite Extent（Unbound）（全局可见）复选框，如图 4-5 所示。为了手动控制调色效果，在菜单栏中找到 Exposure→Metering Mode，将选项修改为 Manual（手动曝光），将 Exposure Compensation（曝光补偿）修改为 0，取消选择 Apply Physical Camera Exposure（物理摄像头曝光）复选框，具体操作如图 4-6 所示。

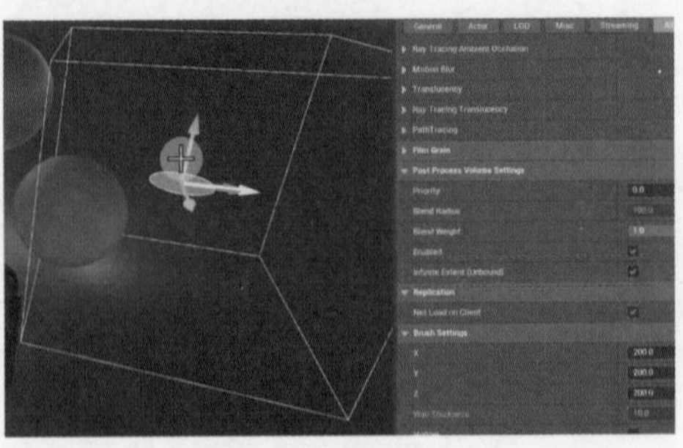

图 4-5

图 4-6

删除光照贴图。删除光照贴图的原因是，它的存在会影响场景中的光照。在顶部工具栏中找到 Window-World Setings（世界设置），如图 4-7 所示。在弹出的菜单中选择 Force No Precomputed Lighting（强制不预先计算照明）复选框，如图 4-8 所示。

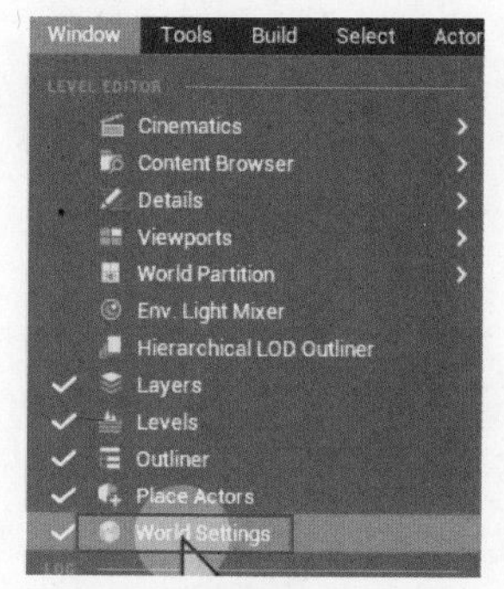

图 4-7

图 4-8

再在顶部工具栏中找到 Build→Build Lighting Only（仅构建照明），此操作会将场景中预先自带烘焙过的光影全部删除干净，这样就不会造成场景中拥有光照的问题，如图 4-9 所示。

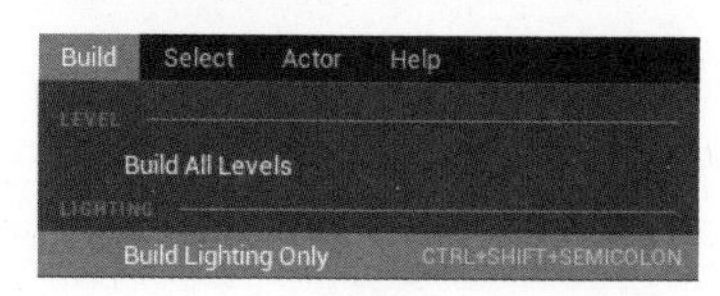

图 4-9

GI 的全称为 Global Illumination（全局照明），GI 是由直接照明、间接照明、自发光组成的。接下来讲解有关直接光、间接光和自发光。

直接光。是指光源直接照射在物体表面，照明效果取决于光源亮度、颜色、材质颜色和观察角度，如图 4-10 所示。

图 4-10

间接光。在物理世界中，光线会通过反射形成照明，即间接光，物体材质越亮，间接光越亮，并且间接光会染上物体材质的颜色，这也被称为异色现象，如图 4-11 所示。

自发光。是指在当前界面没使用任何灯光的情况下，只通过一个自发光物体也能将周围的环境照亮。自发光光源由物体材质 Emissive Color（自发光颜色）发射出，如霓虹灯，并且材质颜色决定了光线颜色，如图 4-12 所示。

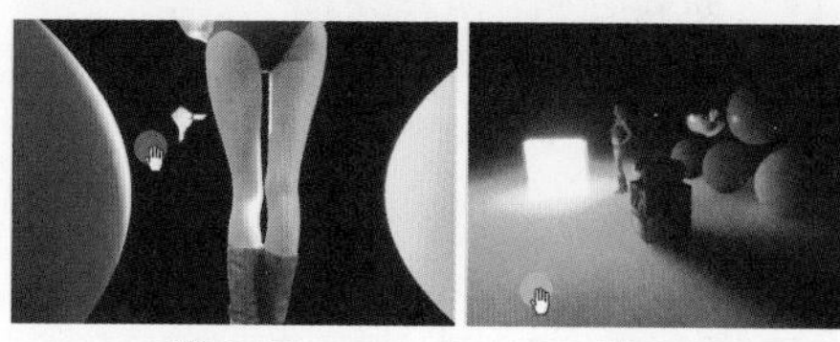

图 4-11　　图 4-12

4.1.1　基本灯光类型与通用参数

本节将介绍基础灯光类型及参数，还有基本用法。

灯光种类。在 UE5 中，基础灯光类型共有 5 种：平行光 Directional Light、点光源 Point Light、聚光灯 Spot Light、矩形灯 Rect Light、天空光 Sky Light。

开启灯光。通过 Place Actors（放置演员）并选中灯光界面，单击相应的灯光类型，放置在场景中开启灯光，如图 4-13 所示。或者通过 Quickly add to the project 快速添加到项目中）→Lights（灯光），找到各种灯光，如图 4-14 所示。

图 4-13

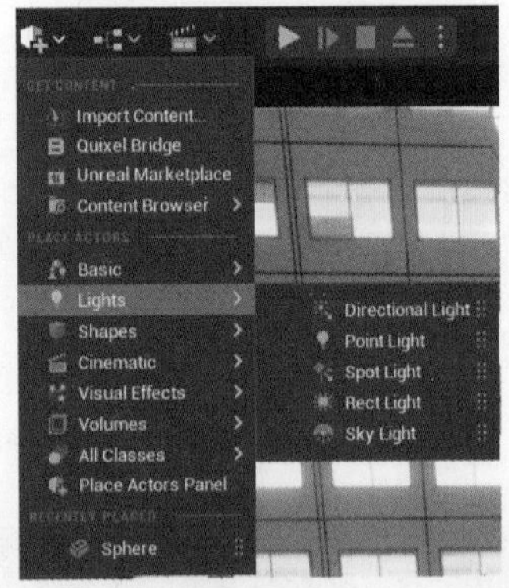

图 4-14

灯光的单位。在 UE5 中，cd 是指灯光的单位，如图 4-15 所示。

图 4-15

在每一个灯光属性菜单栏的 Advanced（高级设置）中找到 Intensity Units（强度单位），可以切换单位选项，其中 Unit less 表示无单位，用 UE5 中实际使用的数值来表示灯光亮度。Candelas 就是以 cd 为灯光数值换算单位，Lumens 则是以 lm 为灯光数值换算单位。当修改灯光亮度时，切换 Intensity Units（强度单位），就可以得到一个数值在不同单位下的换算完的数值结果，如图 4-16 所示。

通用灯光属性。通用灯光属性的选项如图 4-17 所示。

图 4-16

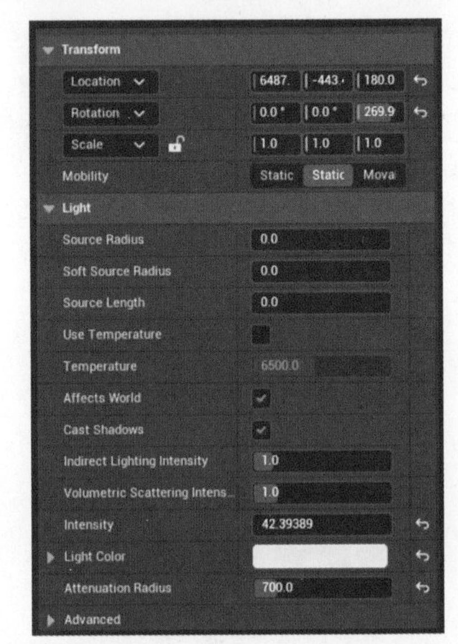

图 4-17

它的属性翻译与简要作用如下。

坐标变换（Transform）：调整灯光位置。

移动性（Mobility）：决定灯光的移动性，有 static（静止）、stationary（静态）、movable（可移动）3 种灯光状态。

衰减半径（Attenuation Radius）：调整灯光衰减距离。

光源半径（Source Radius）调整光源大小。

光源长度（Source Length）：调整光源长度。

光照柔和度（Soft Source Radius）：决定光照的柔和程度。

色温（Temperature）：色温可以简单地理解为在现实社会中，对于一个黑体，它具有不同的温度，则会有不同的颜色变化。6500K 呈现为纯白色；6500K 以下，呈现红色或者暖色；6500K 以上，呈现冷色。色温的作用是，在模拟太阳光时，一般不用色轮直接去调颜色，而是通过调整色温来控制，这样调整出来的色温颜色很正，色相不会太偏。

影响场景（Affect World）：像一个开关灯的按钮，可以用来测试有这灯和没这灯的区别。

投影（Cast Shadows）：可以选择关闭和开启投影。

间接光亮度（Indirect Lighting Intensity）：调整间接光。

体积散射强度（Volumetric Scattering Intensity）：调整体积散射强度。

灯光简单介绍。在 5 种灯光里。使用最多的就是 Directional Light（平行光），它通常作为日光灯来使用，Sky Light 的意思并不是天空光源，而是指用一张 HDR 图片来照亮整个场景的算法。而 Point Light（点光源）、Spot Light（聚光灯）和 Rect Light（矩形灯）的作用非常相似，都是用于为某个场景或角色补光。接下来详细介绍一下这 3 种灯光的不同特性。

点光源（Point Light）。点光源不仅可以呈现为点的形态，也可以是有一定体积的球体，如图 4-18 所示。只要在它的属性栏里把 Source Radius（光源半径）参数调高，它就会变成一个球体，如图 4-19 所示。

图 4-18

图 4-19

变成球体之后，它照射出来的阴影就会变成柔阴影，如图 4-20 所示。调整 Souce Length（光源长度）参数将它变长，就会变成条形灯管，特别适合用来制作灯带，如图 4-21 所示。

但是它拉得越长，亮度会降得越低，如图 4-22 所示。

图 4-20

图 4-21

图 4-22

射灯（聚光灯 Spot Light）。射灯的特点就是它由两个可以控制范围的内圈和外圈所组成，如图 4-23 所示。

图 4-23

Inner Cone Angle（内圈）和 Outer Cone Angle（外圈）越接近，光源边缘越硬，内圈越小就越松，如图 4-24 所示。射灯一般用作人像灯光，如图 4-25 所示。

图 4-24

图 4-25

一般都是通过调整 Soft Source Radius

（软源半径）、Source Length（光源长度）参数对人像进行打光，这两个数值同样能调整光源的大小和光源长度，但是光源会受到圈外和圈内两个投影范围的限制，如图 4-26 所示。

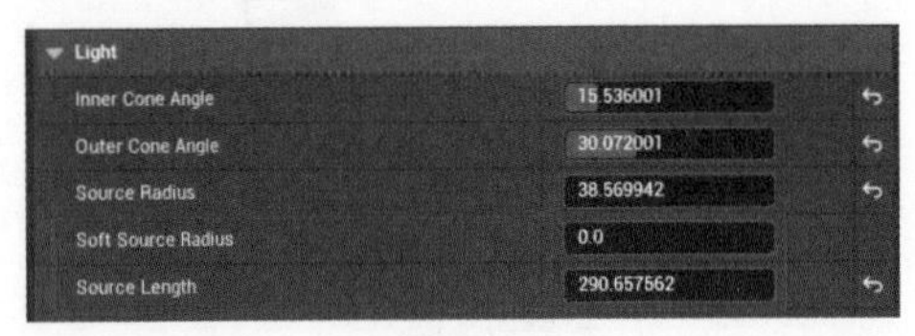

图 4-26

面积光（矩形灯 Rect Light）。矩形灯的光照柔和，因为它的亮度直接取决于灯光的面积，由于它的面积较大，所以会产生柔和的光，如图 4-27 所示。

图 4-27

矩形灯的长方形面积光片可模拟现实世界展览活动和人像打光的灯具。调整它的 Barn Door Angle（挡光板角度）、Barn Door Length（挡光板长度）参数，可以模仿现实生活中的那些叶片板，如图 4-28 所示。这相当于通过控制叶片板的长度和角度来对物体进行打光，如图 4-29 所示。

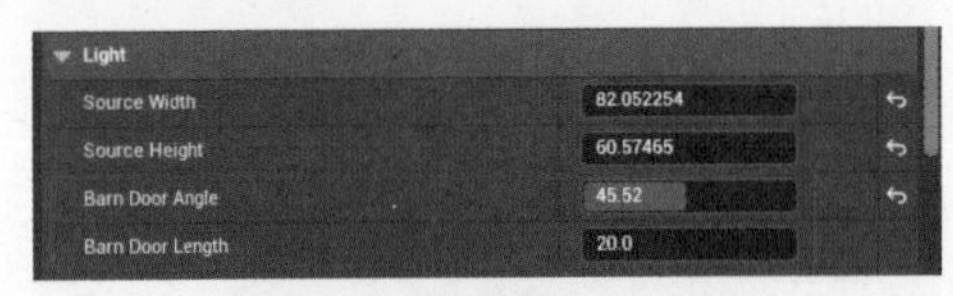

图 4-28

图 4-29

4.1.2 亮度衰减

任何灯光在物理世界中都有一个特性，就是灯光亮度会随着距离的增加而衰减，这种现象被称为平方反比衰减影响，如图 4-30 所示。在 UE5 中，有以下几种关于灯光衰减的概念。

图 4-30

Attenuation Radius（衰减半径）：在灯光属性面板修改 Attenuation Radius（衰减半径）参数，会以一种强制的方式控制灯光照亮范围，但是仍然受到平方反比衰减影响，如图 4-31 所示。

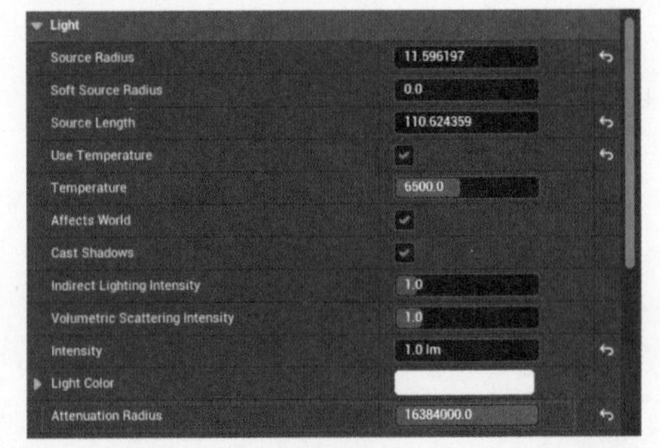

图 4-31

选择 Use Inverse Squared Falloff（使用反平方衰减）复选框，会默认在 UE5 里模拟物理世界的平方反比衰减，但在大场景中会衰减得很快，如图 4-32 所示。

图 4-32

Light Falloff Exponent（光衰减指数）：关闭 Use Inverse Squared Falloff（使用反平方衰减），场景就会切换到使用指数衰减的模式。比起反平方衰减，指数衰减能够更加增大照明范围，如图 4-33 所示。在属性面板里的 Light Fall off Exponent 值越小，衰减越慢，照明范围越广，如图 4-34 所示。

图 4-33

图 4-34

4.1.3　灯光通道

灯光通道的作用是给物体单独进行打光、补光操作。它的原理类似于单独给灯光指定标签或分组，让属于同一通道的灯光和物体能够相互影响。不过天光和体积雾不分通道。

以单独给人物打光为例，当要给场景左边的人物单独打一盏蓝光，当蓝色灯光靠近她时，灯光也会反射到右边的人物，如图 4-35 所示。这时选中左边的人物，并在属性搜索栏里搜索 Lighting Channels，就会发现它包含 3 个 Channel 通道。其中，默认打开的灯光通道和所有灯光默认所在的通道是 Channel 0，如图 4-36 所示。

图 4-35

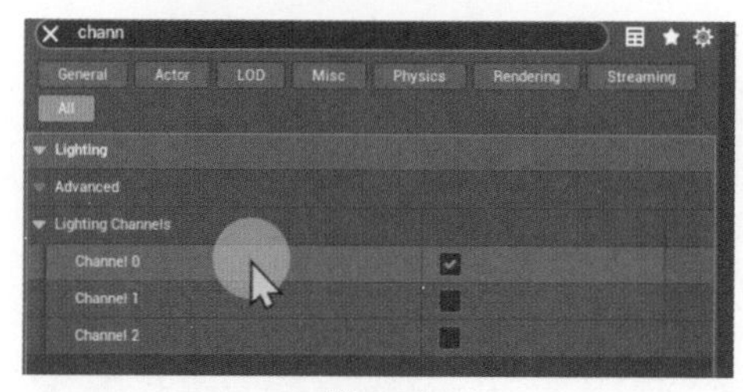

图 4-36

现在，选择 Channel 1 的通道，代表左边的人物既能接受来自处于 Channel 0 通道的灯光，也能接受来自 Channel 1 通道的灯光，如图 4-37 所示。再选择蓝色灯光，在它的 Lighting Channels 里只选择 Channel 1 的灯光，如图 4-38 所示。

图 4-37

图 4-38

此时的蓝色灯光只会对左边的人物起作用，而右边人物不会受到它的影响，如图 4-39 所示。

图 4-39

一般情况下，会指定 Lighting Channels 里的 Channel 0 通道用于全场景默认物体。

Channel 1：用于角色或镜头内角色物体。

Channel 2：用于配角或次要物体。

4.1.4　阴影类型比较

本节介绍一下阴影的 4 种类型。

Shadow map（阴影贴图）：是虚幻引擎最早开发出来的阴影贴图。它从光源“视角”渲染阴影。不过它的分辨率很低，并会伴随锯齿精度极低、大场景容易出斑马纹的现象，现在基本不使用它作为贴图，已经逐渐被 Virtual shadow map （虚拟阴影贴图）替代，如图 4-40 所示。

Virtual shadow map（虚拟阴影贴图）：相当于一个高清无码版的阴影贴图。它的精度很高，还采用了虚拟纹理的技术，甚至能模拟出半影的效果，如图 4-41 所示。

图 4-40

图 4-41

要设置它也非常简单，打开 Project setting（项目设置），在里面搜索 Shadow Map Method，把选项修改为 Virtual Shadow Map（Beta）即可，如图 4-42 所示。

Distance Field Shadow（距离场阴影）：可以追踪生成一个 Mesh Distance Field 模型，此模型能够理解为是一个体素简模的低精度模型，如图 4-43 所示。

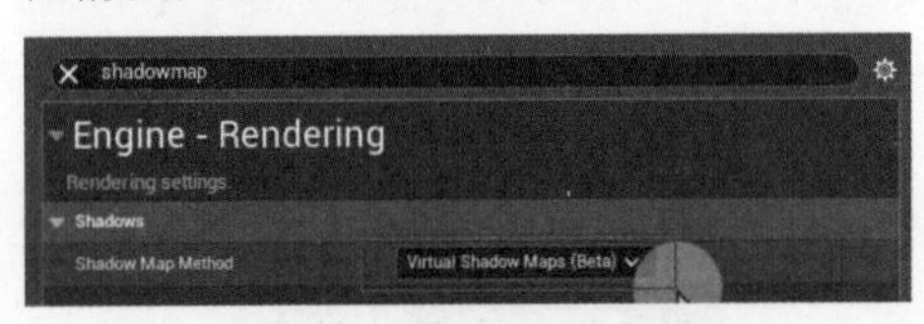

图 4-42

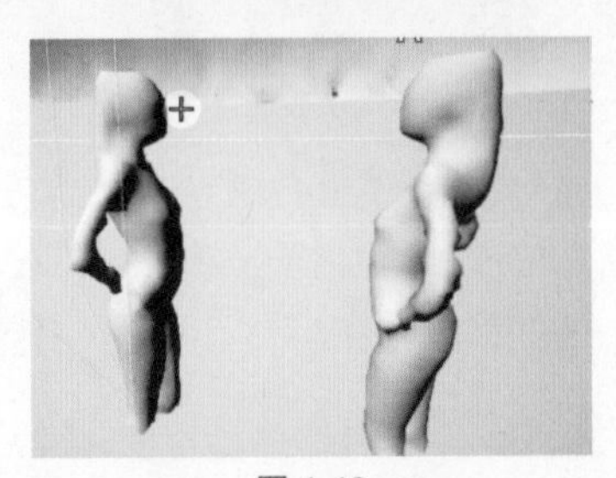
图 4-43

Mesh Distance Field 模型在计算 AO 和全聚光时表达阴影较为精确，但是在计算高精度阴影时表现有所欠缺。因为 Mesh Distance Field 模型与原模型并非完全一致，这也导致阴影外形会有一定程度的变形。在场景中要打开距离场阴影，可以选择灯光后，在属性搜索栏搜索 Distance Field Shadows 并选择，如图 4-44 所示。

距离场阴影的特性是，它无须 RTX 的光线追踪支持，但是可以模拟光线追踪的效果，且速度很快，也可以模拟半影效果，但距离场的阴影有自身的局限性，它的柔和并不是无限的，而是在灯光与它达到一定距离时，阴影就会显得略微生硬，如图 4-45 所示。

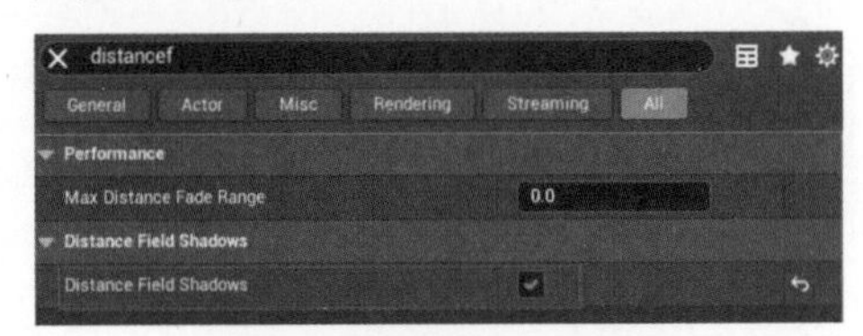

图 4-44

图 4-45

Raytraced Shadow（光线追踪阴影）：如果在显卡支持的情况下，使用 Raytraced Shadow 是最好的，因为它的精度极高，且用的是 Samples Per Pixel（每像素采样点）控制采样数，需要 RTX 支持。打开光线追踪阴影很简单，首先，如果之前已经打开了 Distance Field Shadows（距离场阴影），那么就在属性搜索栏中搜索 Distance Field Shadows，并取消选择，如图 4-46 所示。之后，再在搜索栏中搜索 Cast Ray Traced Shadows（光线跟踪阴影），并选择 Enabled，光线追踪阴影就打开了，如图 4-47 所示。

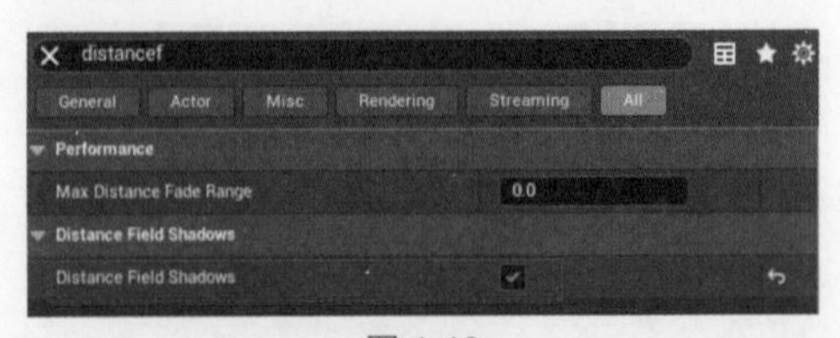

图 4-46

图 4-47

光线追踪的阴影可以做到既有阴影又有柔和的光源，哪怕发现阴影有噪点，也可以通过提高采样值来解决。在属性栏中搜索 Samples Per Pixel 选项，如图 4-48 所示，调整它的参数值。

默认情况下，每一个像素会射出一条射线。往上调整默认值，就可以实现每个像素可以射出多条射线，让阴影更加柔和，柔和阴影设置的默认值范围通常在 4 ～ 5。

支持对单个灯光的射线默认值进行单独设置，在场景里选中灯光，并在属性栏中搜索 Samples Per Pixel，调整数值即可，如图 4-49 所示。

图 4-48

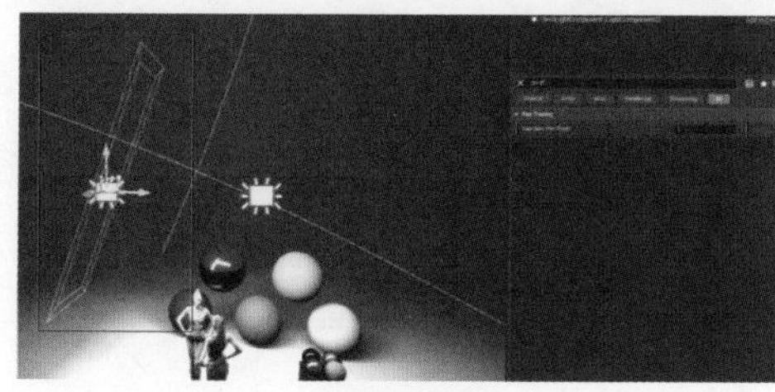

图 4-49

4.1.5　半影和虚影

本节将介绍半影和虚影的概念，它们在打光时会有所涉及。

半影：当不透明体遮住光源时，如果光源是比较大的发光体，所产生的影子就有两部分，完全暗的部分称为本影，半明半暗的部分称为半影。

虚影：它伴随着半影出现，是在阴影边缘会出现的虚影现象。光源越大，阴影边缘越虚；距离物体越远，阴影边缘越虚，如图 4-50 所示。

所以，结合这样的阴影特点，当感觉物体有一种飘忽感，没有落地感时，就可以让物体和阴影产生交接处。此时，阴影、地面、物体三者部分重合，物体就会有一种落地感了，如图 4-51 所示。

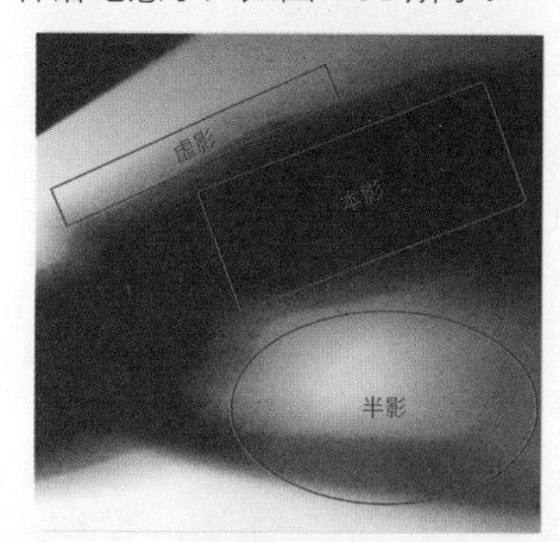

图 4-50

图 4-51

4.1.6　日光设置

日光也被称为平行光，平行光在虚幻引擎里主要有两个用途，一是全场景的补光，如模拟夜景中的月光来照亮场景；二是模拟太阳光。在模拟太阳光时，要在灯光属性面板中进行设置，选中灯光并选择 Atmosphere Sun Light（大气太阳光）复选框。否则，灯光只会被默认为平行光，如图 4-52 所示。

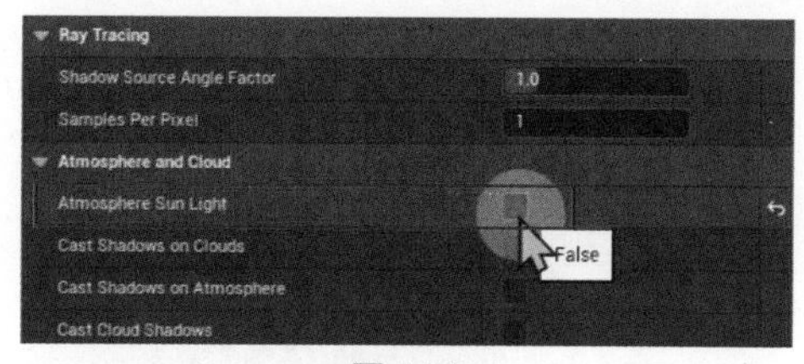

图 4-52

日光对周围环境的影响：认为平行光是太阳光的意义是，它的变化会对周围环境中的云和大气环境等有影响。比如，放置 Sky Atmosphere（天空大气）到场景中，打开侧边栏的 Place Actors，搜索 Sky Atmosphere，并拖动到场景中，如图 4-53 所示。

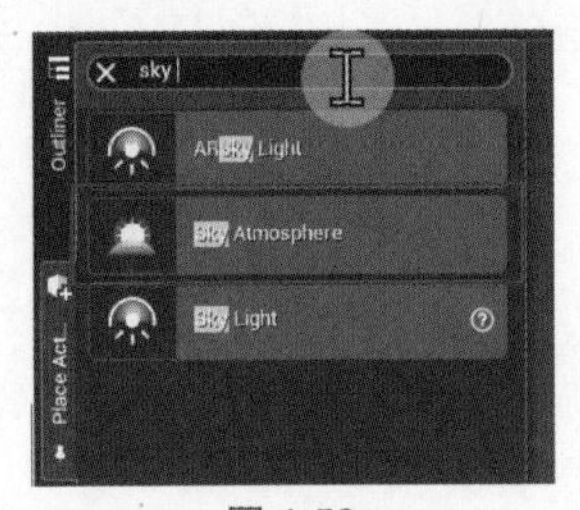

图 4-53

天空中就会多一个太阳，它在天空中的位置变化会随着调整指定灯的旋转角度而变化，可以通过鼠标直接旋转灯光进行控制，也可以按【Ctrl + L】组合键并移动鼠标控制日光角度。天空也会因为太阳位置的变化而进行颜色的转变，相当于模拟了一天中各个时间段太阳与天空的关系，如图 4-54 所示。UE5 中可以存在多个太阳，但是大气层环境的变化只受第一个创建的日光影响，不过新创建的太阳可以有补光的效果，能制作出天空有多个太阳时的光影效果，如图 4-55 所示。

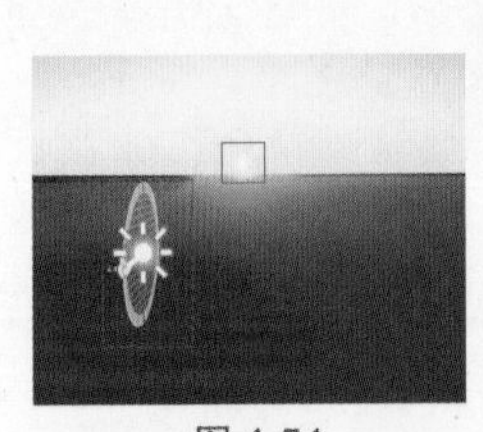

图 4-54

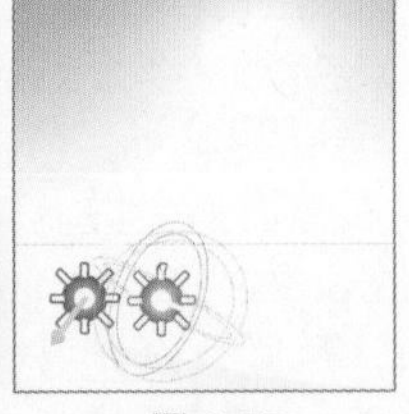

图 4-55

材质访问：在材质编辑器中获取日光角度和颜色，一般是通过 Atmosphere Sun Light Vector 和 Atmosphere Sun Light Illuminance On Ground 两个节点来完成的，如图 4-56 所示。

图 4-56

Source Angle 控制半影：因为日光没有亮度大小，要想控制半影需要通过 Source Angle（源角度）来设置。在灯光的属性面板中找到 Source Angle，如图 4-57 所示。数值越接近 0，影子越锐利，如图 4-58 所示。

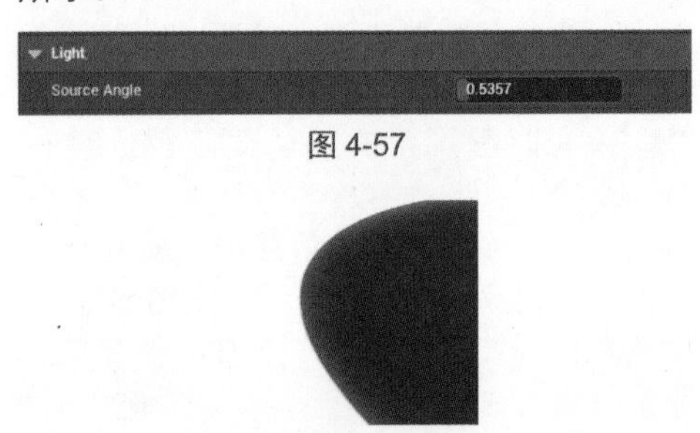

图 4-57

图 4-58

数值越大，半影效果越强，如图 4-59 所示。在灯光属性面板里，使用 Source Soft Angle（源软角度）还能控制阴影边界的柔和程度，如图 4-60 所示。

图 4-59

图 4-60

数值越大，阴影边界越柔和，如图 4-61 所示。若物体有高光，它的反射状态也会根据 Source Angle 和 Source Soft Angle 两个数值的变化而变化，如图 4-62 所示。

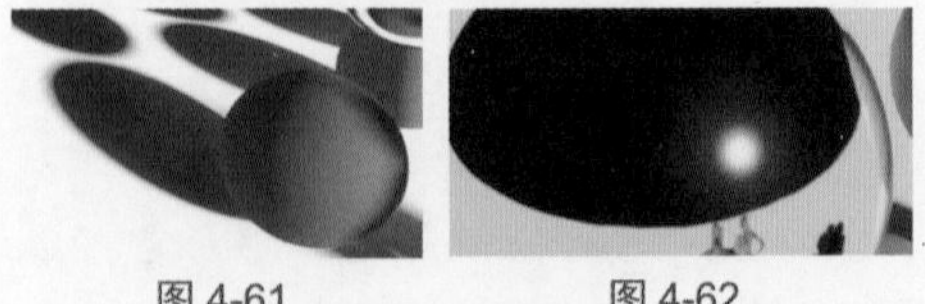

图 4-61　　图 4-62

Light Shaft 模拟直视光晕：Light Shaft 面板模拟的直视光晕，其实是在模拟现实生活中的丁达尔效应，即当一束光线透过胶体，从入射光的垂直方向可以观察到胶体里出现一条光亮的通路。在灯光属性面板的 Light Shaft 中，选择 Light Shaft Occlusion（光轴闭塞）和 Light Shaft Bloom（光轴绽放）复选框，如图 4-63 所示，可以明显感受到光线变亮。当物体和太阳构成遮挡关系时，还会发生渗光现象，不过这个效果只有直视太阳光时才会显现，如图 4-64 所示。

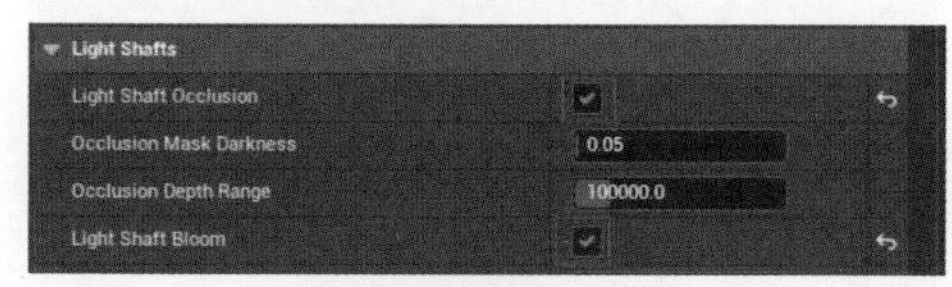

图 4-63

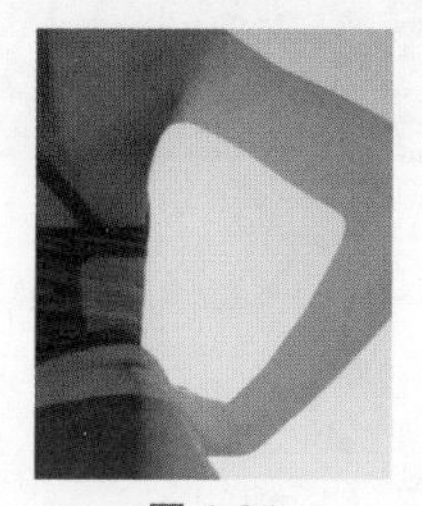

图 4-64

还可以通过调整参数来设置遮罩的大小和光照的强度，如图 4-65 所示，制作出较为强烈的丁达尔效应效果，如图 4-66 所示。

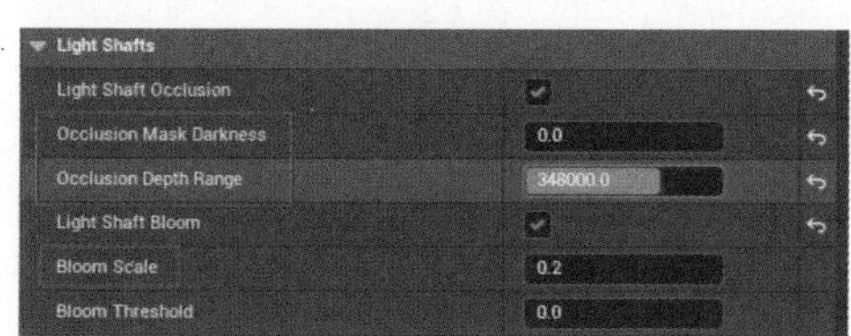

图 4-65

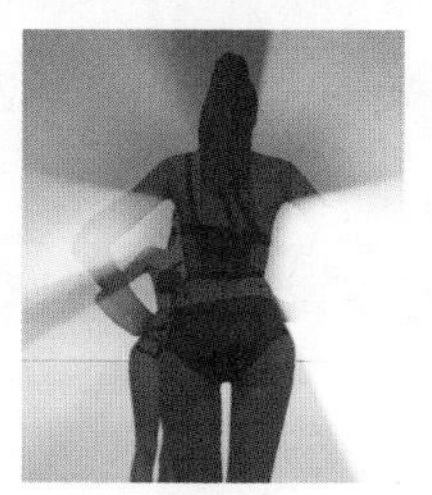

图 4-66

Dynamic Shadow Distance MovableLight（动态阴影距离）：在灯光属性面板直接搜索一些选项，并进行一些设置，将 Mobility 修改为 Movable，如图 4-67 所示。把 Cast Ray Traced Shadows 修改为 Disabled，如图 4-68 所示。

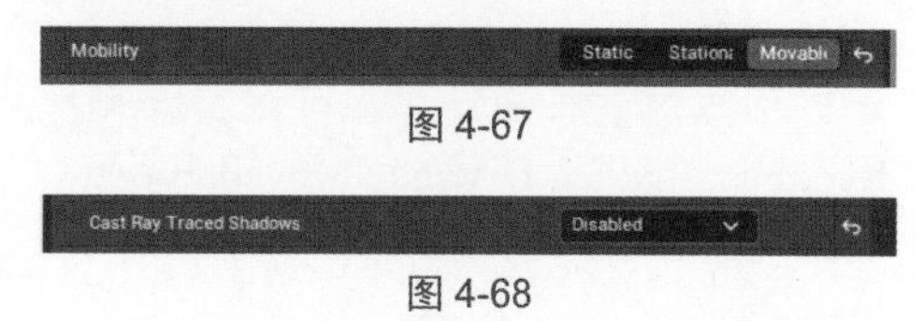

图 4-67

图 4-68

选择 Distance Field Shadows（距离场阴影）复选框，如图 4-69 所示，将 Cascaded Shadow Maps（级联阴影贴图）的 Dynamic Shadow Distance MovableLight（动态阴影距离）值调整为 0，如图 4-70 所示。

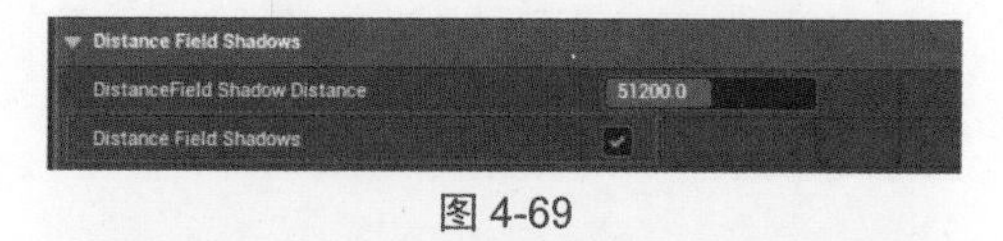

图 4-69

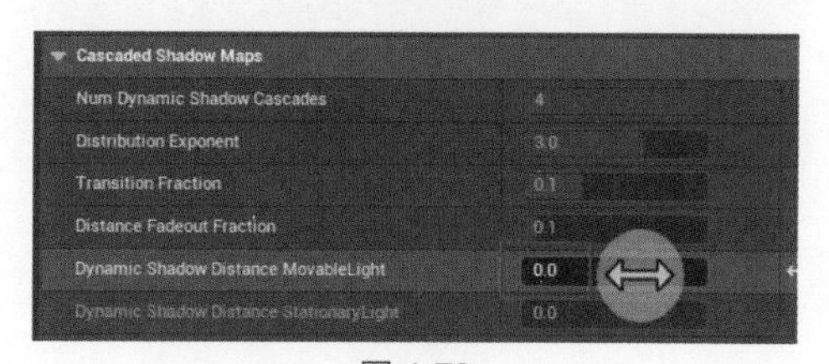

图 4-70

就会发现全场景的灯光全部变成了距离场阴影，如图 4-71 所示。

图 4-71

距离场阴影的精度非常高，在光线追踪技术出来之前，要使用虚幻引擎制作大场景时，它的精度高到可以将远处物体的阴影都描绘得非常实。这是早期的虚幻引擎无法做到的，早期的虚幻引擎仅支持阴影贴图，但现在支持光线追踪后，阴影贴图的质量也有所提高。

调整 Dynamic Shadow Distance MovableLight（动态阴影距离）的值，不大于 500 时，使用距离场阴影；超过 500 时，阴影会切换为阴影贴图/虚拟阴影贴图。但随着技术的进步，已经不再需要使用这种方法进行调节了，可以直接调高 Dynamic Shadow Distance MovableLight，全部使用虚拟阴影贴图，阴影的表现力同样出色，如图 4-72 所示。

图 4-72

4.1.7 天光设置

本节讲一下天光的概念。天光相当于给全场景加了一个自发光，但要与 Lumen 配合才能获得最佳效果，如图 4-73 所示。

图 4-73

添加天光：在右侧边栏的 Place Actors 灯光选项里，找到 Sky Light（天光），如图 4-74 所示。

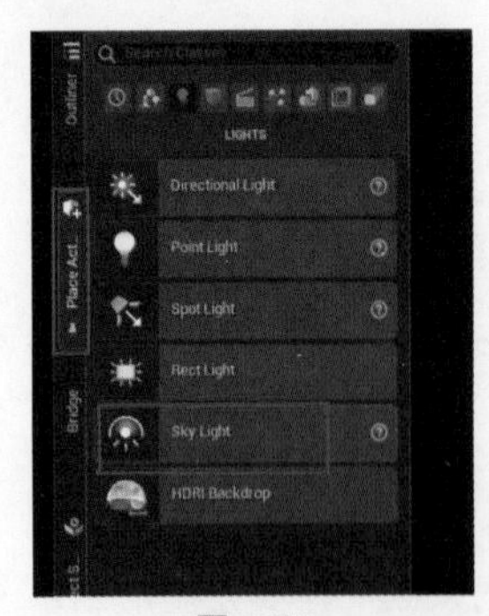

图 4-74

将它拖动到场景中，此时若场景默认环境是黑色，那么天光也会呈现黑色，这是因为天光有两种照明方式，如图 4-75 所示。

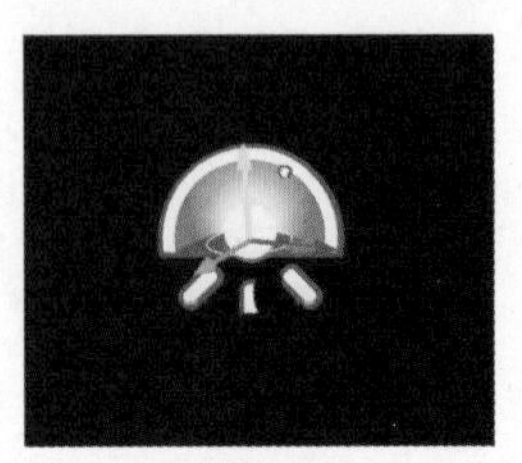

图 4-75

SLS Captured Scene（捕捉场景）：第一种情况下，它会自动捕捉环境，生成 HDR 照明，然后再用这张贴图来照明场景，但一个场景只承认一个天光，如图 4-76 所示。

图 4-76

在这种情况下进行天空捕捉，如果天光和太阳光是同时使用的，天光颜色不对，可以按此纠正天光，它会根据环境生成合适的光照和反射。

SLS Specified Cubemap（指定 HDR 图）：在灯光属性面板的 Source Type 选项中，可以找到 SLS Specified Cubemap，它是以指定的方式添加 HDR 图的，如图 4-77 所示。可以在 Cubemap（多维数据集映射）中使用系统贴图或添加新贴图，来照亮场景，如图 4-78 所示。

图 4-77

图 4-78

此时，所有的反射环境都会变成一张贴图，如图 4-79 所示。在灯光属性面板里，还可以通过 Source Cube map Angle（源多维数据集贴图角度）来旋转贴图的角度，如图 4-80 所示。

图 4-79

图 4-80

此时，贴图对场景中物体的打光，也会根据所旋转的角度产生一定的变化，如图 4-81 所示。这里只是指定反射环境为这张 HDR 图，场景环境可以使用其他的 HDR 贴图作为背景，但如果场景环境和反射环境贴图一致，那么反射光影与背景融合效果就会显得非常自然，如图 4-82 所示。

图 4-81

图 4-82

天空捕捉：如果天光和太阳光是同时使用的，当太阳改变光影时，天光与场景变得不匹配，就可以在它的属性面板中找到 Sky Light（天光）→Recapture Scene（捕捉场景），单击 Recapture（重新捕获）按钮纠正天光，它会根据环境重新生成合适的光照和反射，如图 4-83 所示。但需要天光与场景处于实时改变的状态，可以在属性面板中选择 Light→RealTime Capture（实时捕捉）复选框会实时捕捉天空的变化，并做出对应的天光反射，这个功能适合用来制作模拟日出日落的动画，不过它的捕捉距离是不可调的，如图 4-84 所示。

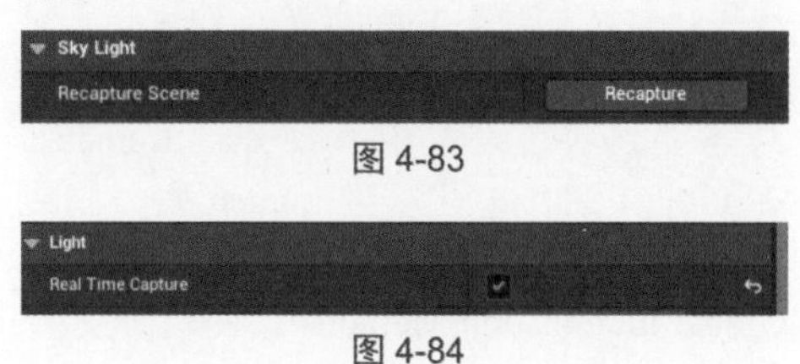

图 4-83

图 4-84

获取贴图：想要获取免费的天空贴图，请访问 polyhaven.com。这是一个提供免费 HDR 和材质模型的网站。在此网站上下载，即可获得免费的 HDRI 贴图，如图 4-85 所示。

图 4-85

4.2　Lumen 灯光技术

本节将探讨 Lumen，它是一种光照与反射的解决方案。Lumen 涵盖两个主要方面：第一，光照方面，它支持全动态的 GI；第二，它同样支持升级后的反射技术。

在 Lumen 的实际使用中，工序复杂度很低，无须展 LMUV；它的画面质量也很高，GI 最终结果可保证近乎完美的光影效果；它的反射效果也很好，并且 Lumen 的效果是实时动态的，对场景做出的实时调整，它都能进行反应。Lumen 的运行效率很高，实时运行时对帧率几乎无损失，并且它支持绝大部分 UE 功能，而不像光线追踪一样有很多限制。Lumen 平常较为适用的场景是：需要较高光影品质的写实场景。

4.2.1 Lumen 的开启方式

可以在项目设置里，对 Lumen 进行全局的默认值设置。如果是在虚幻 5 建立的项目，默认是开启 Lumen 的；如果是在虚幻 4 里建立的文件，在虚幻 5 中打开的，则需要到项目设置中手动开启 Lumen。在 Project Setting 里搜索 Lumen 后，找到 Global Illumination（全局照明）设置 Dynamic Global Illumination Method（动态全局照明方案）为 Lumen，设置 Reflection Method（光影反射方案）为 Lumen，如图 4-86 所示。

在 Project Setting（项目设置）里搜索并选择 Generate Mesh Distance Fields 复选框，如图 4-87 所示。

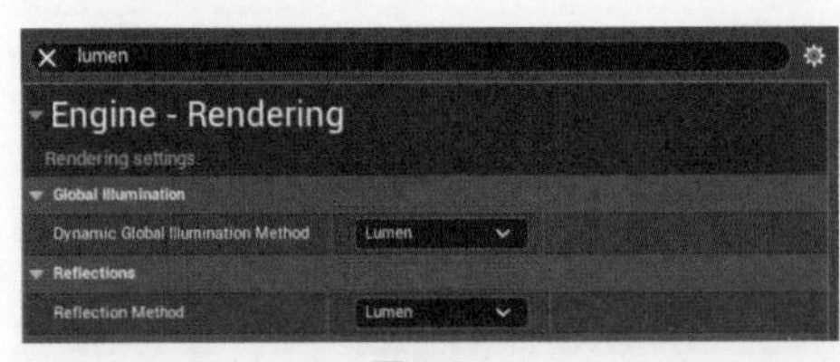

图 4-86

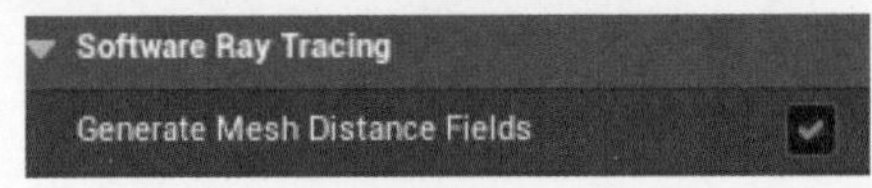

图 4-87

此时 Lumen 才能正常使用。

硬件光线追踪：如果计算机支持硬件光线追踪（显卡是 RTX20 系以上或 RX6000 系以上，都能支持硬件光线追踪的功能），那么可以使用硬件光线追踪进行加速，不过值得注意的是，这个和原生的光线追踪技术是截然不同的两种技术，在 Lumen 里开启光线追踪是为了加速，而原生的 RTX 光线追踪技术是为了渲染场景。

打开使用硬件光线追踪的方法为打开 Project Setting，搜索 Use Hardware Raytracing When Available 并选择，如图 4-88 所示。并设定 Ray Lighting Mode 为 Hit Lighting for Reflections（反射照明），它并不会立即生效，要生效还必须在 Project Setting 中搜索 Support Hardware Ray Tracing（支持硬件光线追踪）并选择，才会生效，如图 4-89 所示。

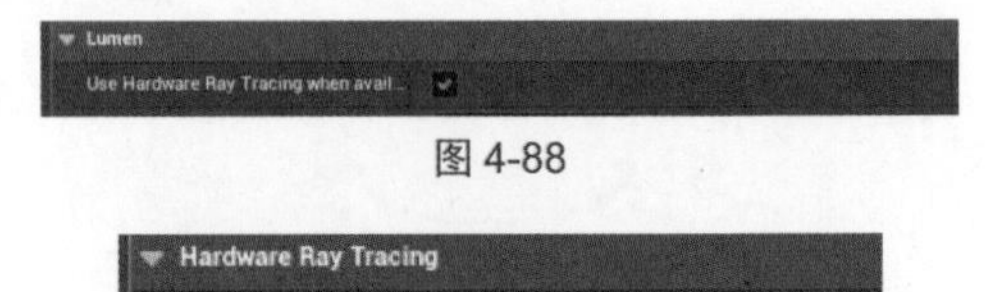

图 4-88

图 4-89

PP 设置：PP 设置可以让在场景中单独分区域选择是否要支持 Lumen。PP 的开启方法为，在 Place Actors 中搜索 Post Process Volume，如图 4-90 所示。

图 4-90

也可以通过顶部工具栏中的快速添加菜单栏找到 Volumes→Post Process Volume，如图 4-91 所示。

把 Post Process Volume 拖动到场景中，如图 4-92 所示。具体详细的 PP 内容会在后面的章节里进行介绍，现在先简单介绍一下 PP 及使用方法。选中 Post Process Volume 后，在右侧属性栏中找到 Global Illumination-Method 选项，将其设置为 Lumen，如图 4-93 所示。

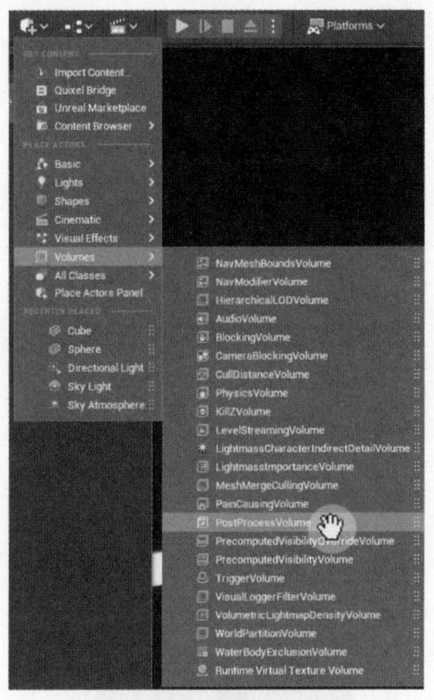

图 4-91

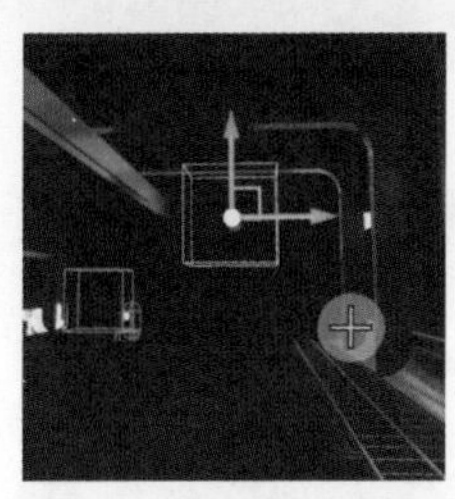
图 4-92

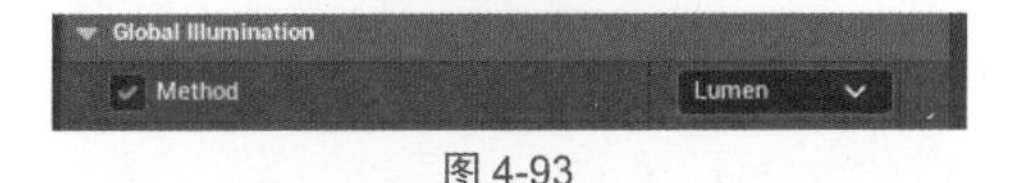

图 4-93

找到 Reflection→Method 选项并将其设置为 Lumen，如图 4-94 所示。

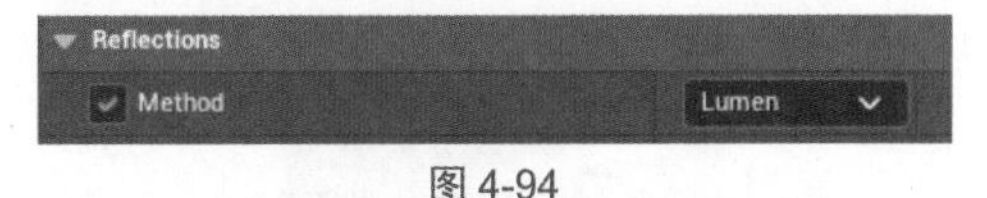

图 4-94

PP 的作用是：此空间具备立体特性，当相机深入其内部时，可体验到在其领域内独设的后期画面变化。然而，当相机移至该立体空间之外时，便无法观察到其范围内所设置的后期画面变化。

所以，若需要将立体空间内的效果拓展到全局，就需要在它的属性栏里找到 Infinite Extent（Unbound）（无限范围）并选择，就可以将效果拓展到整个场景世界了，如图 4-95 所示。

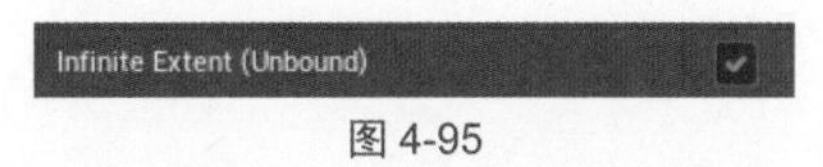

图 4-95

全局光照：在右侧的属性面板里找到 Global Illumination（全局光照），将选项修改为 Lumen，并且选择 Method（方法）复选框，如图 4-96 所示。这时，场景就会有全局光（也就是间接光）的效果，它模拟了现实世界的真实物理光照，可以为场景提供更逼真的画面，如图 4-97 所示。

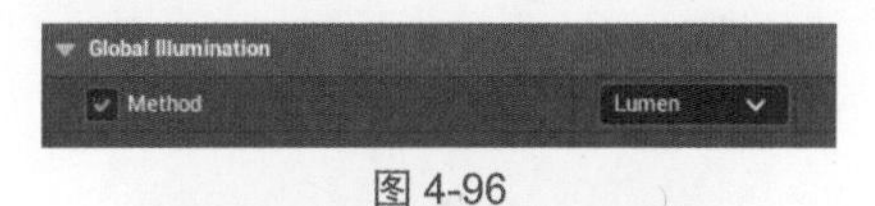

图 4-96

图 4-97

为了更为直观地展现全局光照效果，可以在场景顶部工具栏中找到 View Mode→Lighting Only（仅显示光照）选项。此举会将所有模型呈现为灰度模型，便于观察光照对整个场景的影响。此外，还可以按【Alt+6】组合键进行快速切换，如图 4-98 所示。

图 4-98

Lumen 分为软件模式和硬件模式。

Lumen 软件模式：Lumen 的加速原理是利用 Surface Cache（Cards），将模型简化成带有材质的信息碎片，来加快光线追踪。可以在 UE5 界面的命令行里输入一串命令：.Lumen.Visualize.CardPlacement 1，如图 4-99 所示。按【Enter】键确认，场景就都会转化成带有材质信息的资料片，如图 4-100 所示。此时就步入了 UE5 场景的 Card 模式，该方法能有效地简化场景，提升渲染速度。

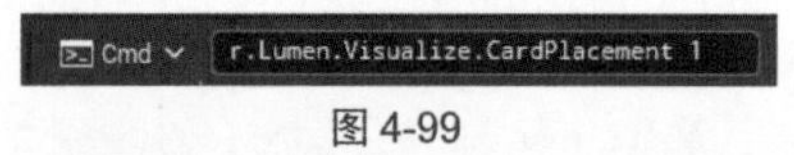

图 4-99

图 4-100

关闭这种模式的方法为，在命令栏中把命令里的参数 1 改为 0，然后按【Enter】键即可，如图 4-101 所示。Surface Cache（表面缓存）还可以和 Mesh Distance Field（网格距离字段）结合，形成 Lumen scene，也就是在 lumen scene 这个引擎里的世界是什么样的。在场景里使用 Lit 找到 Lumen-Lumen Scene 并单击，如图 4-102 所示。

Cmd r.Lumen.Visualize.CardPlacement 0

图 4-101

出现的效果如图 4-103 所示。此场景可视为一种简化模型，Lumen 系统通过该模型对场景中的光影及反射进行计算。对于大部分场景需求，此简化模型已具备充足的应用能力。

在特定场景中，Lumen 会根据距离来选择展示哪种模型以实现更高的显示精度。当距离在 2 米以内时，采用 Mesh Distance Field；而当距离超过 2 米时，则使用 Global Distance Field。然而，Lumen 在实现完美镜面反射方面存在一定的瑕疵，即在镜面反射中，其呈现的世界仅为 Lumen 场景的简化模型，而非其他高精度模型计算的世界，如图 4-104 所示。

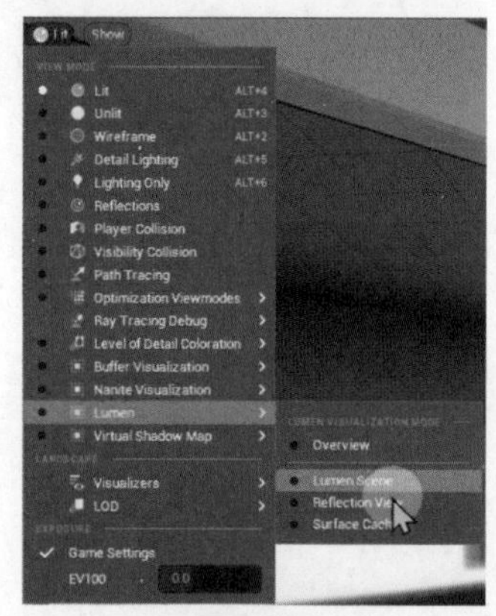

图 4-102

图 4-103

图 4-104

但如果为镜面添加一点模糊效果，让它的反射效果较为模糊，那么 Lumen 渲染出来的效果是可以近乎接近现实的，如图 4-105 所示。

图 4-105

Lumen 软件模式的限制：在 Lumen 软件模式下，其限制主要体现在仅支持静态模型及其派生的静态实例模型与地形。此外，Lumen 还支持植被渲染，但需要手动开启支持 DF Lighting。若未开启此功能，植被将无法参与 Lumen 的渲染过程。

开启方法为：在 Select Mode（选择模式）下选择 Foliage（植物笔刷），之后在它的 Instance Settings（实例设置）里选择 Affect Distance Field Lighting（影响距离场照明）复选框，如图 4-106 所示。

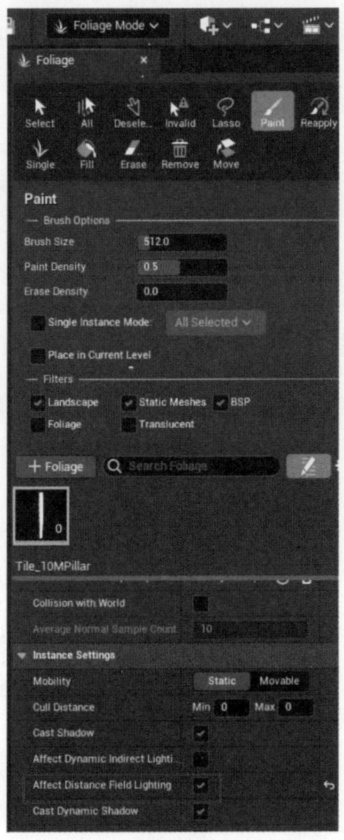

图 4-106

Lumen 软件模式目前暂时不支持 WPO（顶点动画），不支持透明物体。此外，在 3D 建模软件中，对于复杂物体（如房间）的导入，应避免将其塌陷为一个单一物体并在 UE5 中使用 Lumen。否则，其光影计算将显得不够精确。建议在导入时，将其分解为各个独立零件，例如单一房间，将天花板、墙壁、地面及承重柱等分别设定为独立物体。并且，在设置墙壁厚度时，需大于 10 厘米，不然会漏光，如图 4-107 所示。

图 4-107

解决残影问题：在 Lumen 软件模式下，当场景骤然变化时会留下残影。这是因为当光影快速变化时，场景会有滞后反应。但是这个可以通过 PP 设置来改善，单击场景中的 PP 区域操作空间，如图 4-108 所示。确认它的属性栏里 Infinite Extent（Unbound）（无限范围）是选择状态后，如图 4-109 所示。

图 4-108

图 4-109

在右侧边属性栏中找到 Instance Settings（实例设置）→Advanced（高级）中的 Lumen Scene Lighting Update Speed（Lumen 场景的灯光更新速度）和 Final Gather Lighting Update Speed（最后光影的更新速度），均修改为最高值 4，就能解决滞后反应带来的问题，如图 4-110 所示。

尽管此类方法能提升光影突变后 Lumen 的响应速度，但速度改变的代价是所有斑点都存在微小的闪烁。因此，在日常应用中，需要根据需求调整参数。在需要快速调整时，可提高速率；若不再对场景阴影进行大规模调整，将速率调至默认值，可增强场景稳定性。

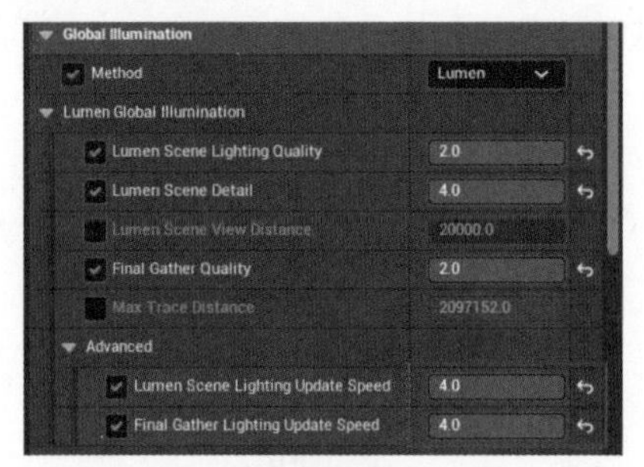

图 4-110

Lumen 硬件光线追踪加速：在运用 Lumen 的过程中，虽然可以通过硬件光追性能对其进行加速，但核心算法依然基于 Lumen，而非硬件光追技术。Lumen 硬件光追加速功能支持骨骼模型等大部分模型，并未采用 Surface Cache 技术，而是直接追踪三角面，以实现更精确的效果和更真实的反射。然而，Lumen 存在一定的局限性，例如不支持 Nanite 技术（可能导致光追阴影出现错误），以及不适用于场景内物体过多（超过 10000）的情况，否则可能导致卡顿现象。

Lumen 的参数设置：Lumen 的参数设置很简单，只需全部调整到最高参数值即可，具体调整参数选项如下。

Global Illumination 部分，在右侧边属性栏的 Global Illumination 部分找到 Lumen Scene Lighting Quality（Lumen 场景照明质量）、Lumen Scene Detail（Lumen 场景细节）和 Final Gather Quality（最终收集质量），调整到最高数值，如图 4-111 所示。

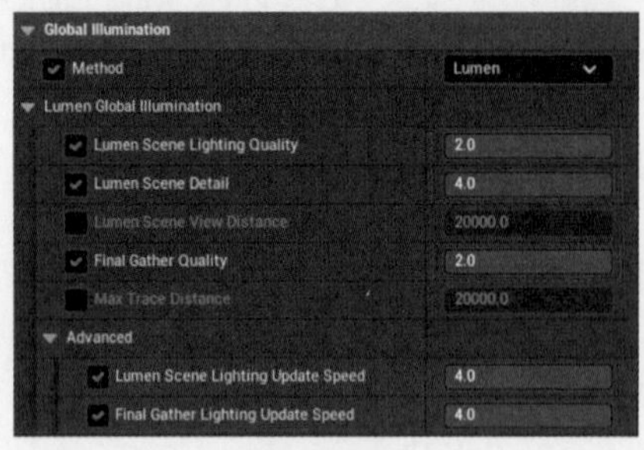

图 4-111

Reflection 部分，在右侧边属性栏里找到 Reflection 部分的 Quality（质量）与 Ray Lighting Mode（射线照明模式）选项，如图 4-112 所示。

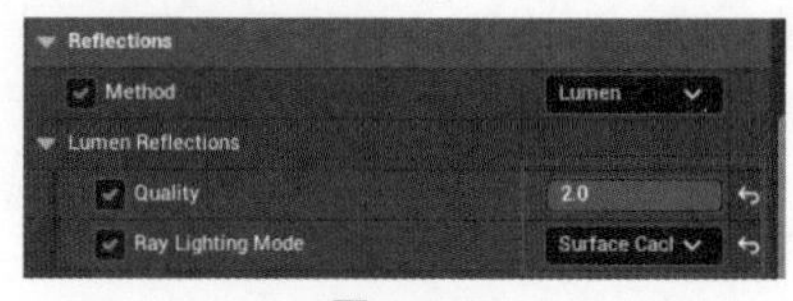

图 4-112

4.2.2 实时光线追踪

本节将探讨实时光线追踪（Real Time Ray Tracing）技术，该技术依托于原生的 RTX 技术，具有较低的工艺复杂度。在计算阴影和反射方面，实时光线追踪能够呈现出较高的画面质量。然而，由于该项技术对系统配置要求较高，因此运行效率相对较低。

适用场景主要包括以下几个。

（1）阴影处理。

（2）加速光亮度计算。

（3）在需要高品质反射效果的场合，如镜面反射、汽车展示等。

需要注意的是，由于逐像素光线追踪的局限性，该技术不适用于全局照明（GI）处理，否则会导致噪点过大。

光线追踪的全局光设置：首先在场景属性栏中找到 Global Illumination，把 Method（方法）的选项修改为 Standalone Ray traced（独立光线追踪），如图 4-113 所示。

图 4-113

在 Reflections（渲染）里把 Method（方法）的选项修改为 Standalone Ray traced，如图 4-114 所示。

图 4-114

修改以后会发现，GI 全局光效果并

未立即呈现。因为在 Global Illumination-Ray Tracing Global Illumination（光线追踪全局照明）的 Type（类型）里，所选选项仍是默认的 Disabled（关闭），所以需要指定 Brute Force（蒙德卡罗算法）或 Final Gather（最终集成）效果，光线追踪才会真正生效，开始计算光追版的全局光，如图 4-115 所示。

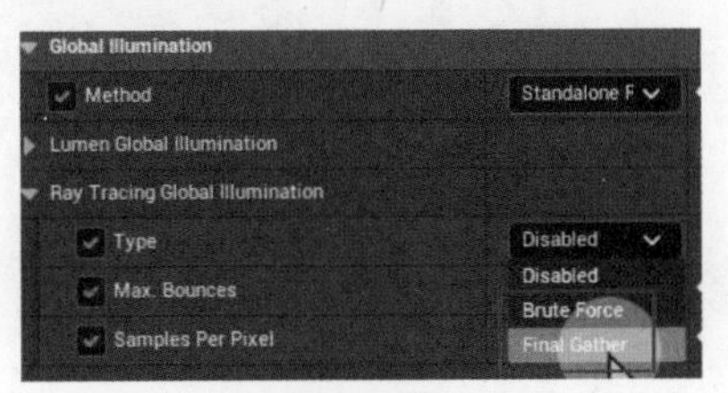

图 4-115

此时，通过场景画面可以观察到，光线追踪在全局光照中的应用效果尚不尽如人意，如图 4-116 所示。

图 4-116

Ray Tracing Global Illumination （光线追踪全局照明）里的另外两个调整数值的选项如图 4-117 所示。

Max.Bounces（最大反射次数）：一般设置为 2 以上数值。

Samples Per Pixel（每像素光线数量）：如果画面中出现噪点，则设置为 4 以上数值。

通过这两个选项，可以稍微提高光线追踪的全局光效果，但实际场景效果还是无法与 Lumen 渲染出的全局光照效果相比，如图 4-118 所示。

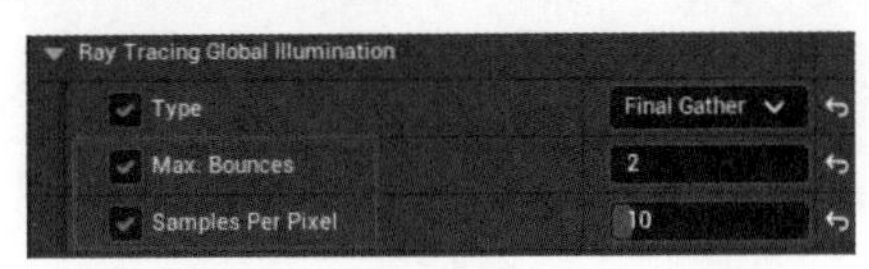

图 4-117

图 4-118

光线追踪的反射效果：用光线追踪渲染物体的反射效果时，要注意它的反射并不会计算全局光，操作方法为：在场景属性栏中找到 Global Illumination，把 Method（方法）的选项修改为 Standalone Ray traced（独立光线追踪），如图 4-119 所示。

在 Reflections 中把 Method 的选项修改为 Standalone Ray traced（独立光线追踪），如图 4-120 所示。

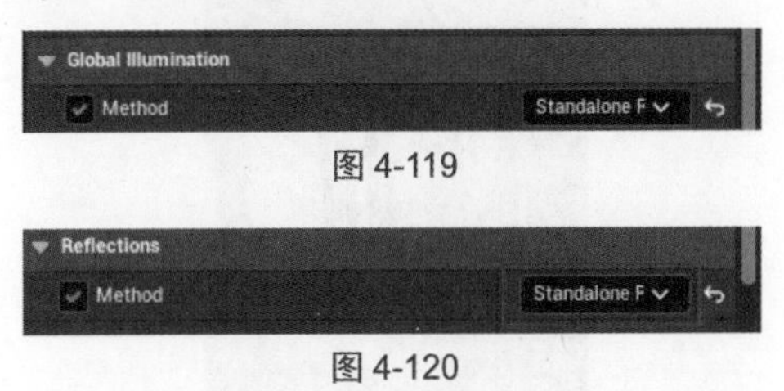

图 4-119

图 4-120

现在，可以使用 UE5 的光线追踪技术来渲染反射效果。

接下来，将通过介绍有关光线追踪反射的选项，以及说明其选项关键参数可得到的效果，来看看光线追踪在渲染反射中的表现。在属性栏中找到 Reflections→Ray Tracing Reflections，如图 4-121 所示。

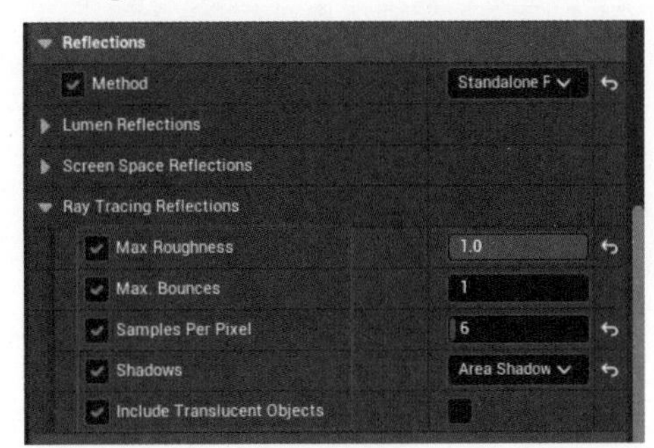

图 4-121

Max Roughness（最大粗糙度）：当使用光追时，为了避免特别模糊的情况，可以调高它的参数，避免噪点，一般设置为 0.6 以上。

在光学反射现象中，Max.Bounces（最大反弹次数）的默认值为 1。当该数值增大时，面对面的两个全黑镜子将呈现出不同程度的反弹效果。这种反弹使得观察者能够看到生活中所有镜子反射的场景。需要注意的是，该数值的设定会影响镜子里反射内容的延伸程度。同时，随着数值的增加，帧率会相应降低。因此，在一般情况下，将 Max.Bounces 设定在 2 ～ 3 较为合适，如图 4-122 所示。

图 4-122

Samples Per Pixel（采样率）：当采样率的值较高时，能解决模型的噪点问题，出现噪点时一般设置为 4 以上数值，但是较高的采样率会让实时场景降低帧率。

Shadows 阴影设置：在探讨阴影选项之前，首先需要确保场景采用光线追踪渲染。在 UE5 中，硬件光线追踪在阴影渲染方面应用广泛。

在 Cast Ray Traced Shadows（光线跟踪阴影）里，默认选项是 Use Project Setting（使用项目设置），如图 4-123 所示。使用 Use Project Setting 的效果体现在，若在 Project Settings 里选择了 Hardware Ray Tracing→Ray Traced Shadows（光线追踪阴影）复选框，则默认所有的灯光都会采用光线追踪阴影。若未选择该复选框，Use Project Setting 处理阴影就会采用虚拟阴影贴图或阴影贴图来表示，如图 4-124 所示。

图 4-123

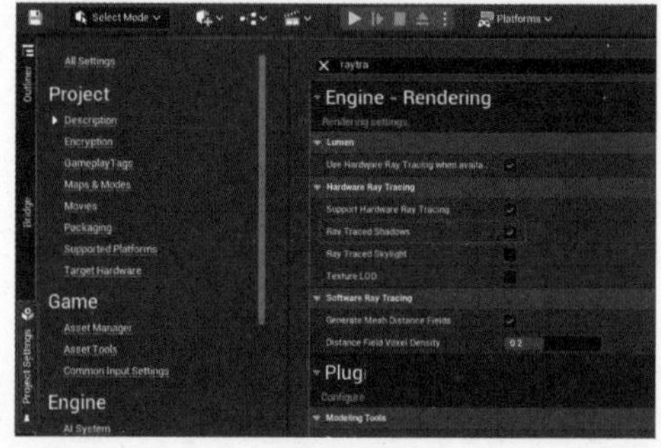

图 4-124

当运用虚拟阴影贴图时，其效果具有一定的局限性。一旦达到某种程度，阴影的柔和程度将不再进一步提升，如图 4-125 所示。全面采用光线追踪技术所带来的优势在于，在采用光线追踪技术生成阴影的过程中，其阴影始终保持柔和特性，尤其在针对人物角色进行精确光照方面发挥着重要作用。Shadows（阴影）中的 3 个选项如图 4-126 所示。

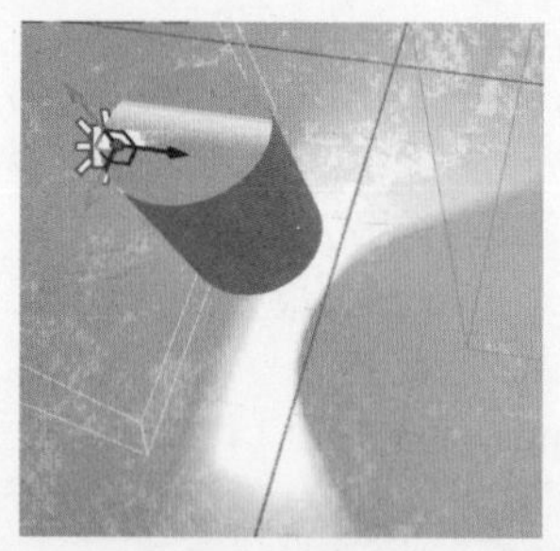

图 4-125

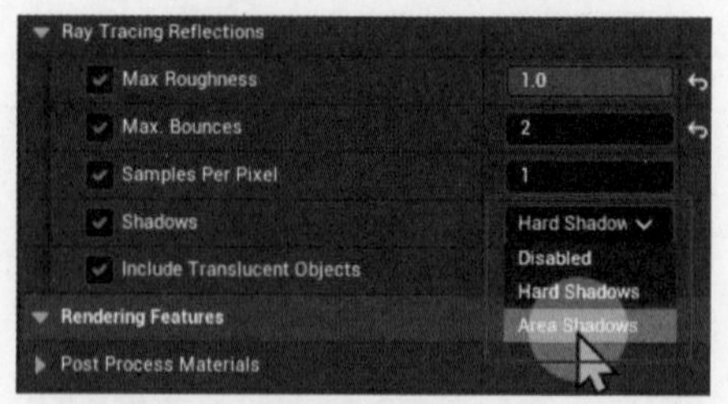

图 4-126

它们的含义分别如下。

No Shadow：反射中不计算阴影。

Hard Shadow：硬边阴影，大部分情况可使用。

Area Shadow：柔阴影，针对高清镜面反射。

Hard Shadow 是默认阴影模式，可以减少计算的工作量。

依据实践经验，针对模糊镜面材质，开启柔阴影并无必要。此举不仅会增加工作负担，同时会导致噪点扩大。因此，采用硬阴影即可满足需求，效果如图 4-127 所示。Include Translucent Objects（包括半透明对象）：可以决定是否渲染半透明对象，如图 4-128 所示。

图 4-127

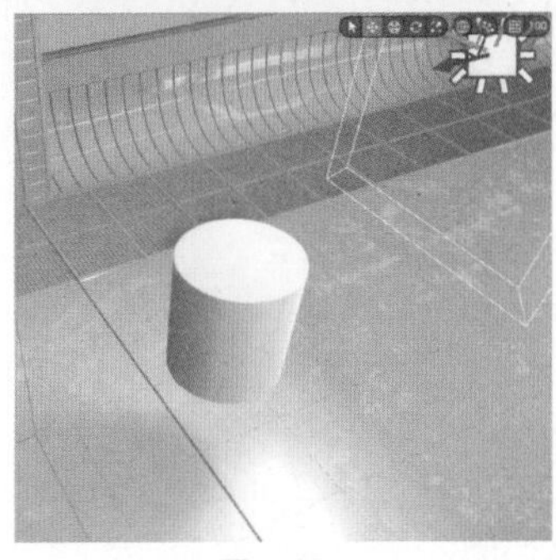

图 4-128

根据对 Lumen 与硬件光线追踪的探讨，可以得出实时光线追踪应用的基本原则：在需要高品质反射与渲染阴影的场景中，开启硬件光线追踪可以带来优异表现；然而，在全局光照渲染（GI）过程中，建议避免使用硬件光线追踪，转而采用 Lumen 进行渲染。

4.3　屏幕空间 GI

本节将阐述一种新的光照方法——屏幕空间 GI（SSGI）。此方法在虚幻引擎 4.0（UE4.0）中已有所体现，并在 UE5 中整合至 Lumen 系统，呈现出更卓越的效果。尽管在 UE5 中，该光照方式已不作为主流应用，但其在必要时可作为 Lumen 光照效果的补充。通过开启此功能，可在 Lumen 暂不计算时，利用其进行 GI 计算。

SSGI 的优势在于其操作简便，通过控制台命令行即可直接激活。此外，其画面质量可达中高等水平。由于屏幕空间外的光源无法纳入 GI 计算，因此提高了运行效率。然而，这也限制了其在复杂场景中的表现。

适用场景：SSGI 的适用范围主要限于无摇头、无平移的镜头场景，同时配合低质量烘焙场景，以实现其性能的优化。这是因为该技术的光照效果取决于屏幕空间的可见光，而在局部光照条件下，若进行摇头或平移镜头操作，部分光线消失在屏幕空间后，将不再计算其对场景的影响，从而可能导致画面光影效果失准。

当场景中的地面上有光线时，墙壁也会受到光线影响，如图 4-129 所示。然而，当将摄像机的视角向上移动时，拍摄到的光线逐渐减少，原本应受到光线照射的墙壁也随之逐渐变暗，如图 4-130 所示。

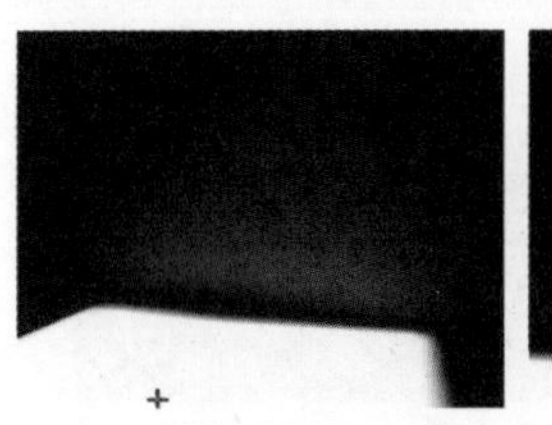

图 4-129

图 4-130

SSGI 启动方式：可以在 Project Settings→Rendering→Lighting 中选择 Screen Space Global Illumination（屏幕空间全向照明）复选框，如图 4-131 所示。或者在命令栏

里输入命令："r.SSGl.Quality n"渲染质量，如图 4-132 所示。其中 n 代表的是参数值，1 是它的默认参数值，n 的范围为：0<n<4（0 即关闭），一般设置为 2 即可，如图 4-132 所示。

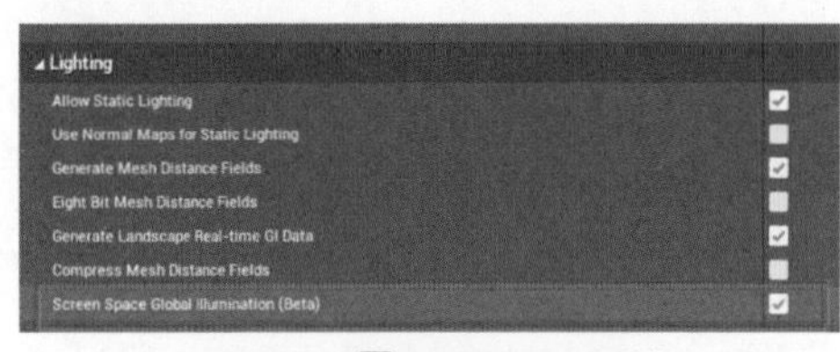

图 4-131

图 4-132

它其余的命令还有以下两个。

命令："r.SSGI.HalfRes 1"，是否使用半精度渲染 GI（提高速度）。

命令："r.SSGl.LeakFreeReprojection 1"，使用上一段的场景颜色来获得更好的质量效果（提高质量）。

4.4 移动性

本节将详细阐述 UE5 中第 4 种光照方案——静态灯光烘焙的方法。尽管在当前环境下，该方案的应用范围有限，但其关键性概念仍具有一定的学习价值。

移动性：在这种照明方案中，从它上面要学的一个属性概念是 Mobility。该属性在 UE5 的灯光和物体的属性面板栏中都可以找到，如图 4-133 所示。

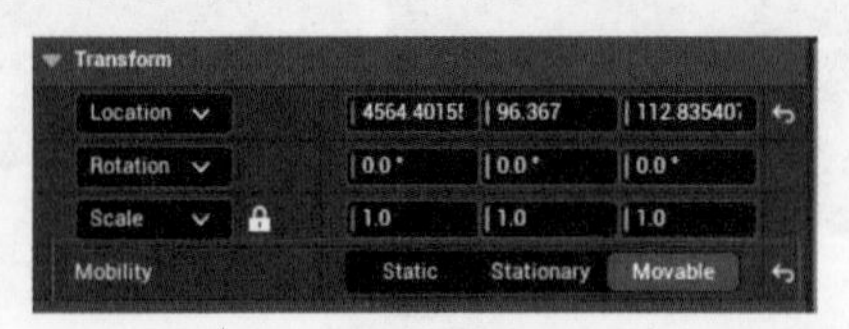

图 4-133

Mobility 里共有 3 种模式：Static（全静态）、Stationary（位置固定）和 Movable（全动态）。

在各类游戏引擎中，全静态（Static）和全动态（Movable）两种照明模式均有所体现。关于这两种照明方式的解释和说明，在其他游戏引擎中同样具有适用性。接下来，对它们的阐述将超越 UE5 灯光范畴，具有普遍意义。

静态照明：静态光照技术能够预先对光影进行计算，并将光照和阴影结果存储在光照贴图（Shadow map）和光照映射（light map）中。在实际运行过程中，无须再次进行光影计算。优势：由于无须重新计算光影，运行时的渲染速度较快，且光照质量较高［尤其是在复杂照明效果如全局光照（GI）等方面］；劣势：在流程上需要为所有模型制作专用的光照贴图（Light map UV），并预先烘焙光影。在大场景下，这一过程可能会显得较慢。其次，光影无法实时更改，且动态物体无法接受静态光照。

动态照明：优点为实时计算所有光照和投影，无须展开 LM UV，无须烘焙，参数可自由调整，实现所见即所得；缺点为运行过程中会占用较多系统资源，可能导致计算机运行缓慢。

UE5 中的灯光 Mobility（移动性）：在 UE5 里，灯光 Mobility 的 3 种模式代表的是 Static（纯静态光源）、Stationary（固定光源）和 Movable（全动态光源）。

其详细解释如下。

Static（纯静态光源）：纯静态的灯光。

Movable（全动态光源）：UE5 里属于纯动态灯光的有 Lumen、Ray tracing 和 Distance field。

固定光源（Stationary）：在 UE4 游戏制作中，该光源类型兼具烘焙与实时光影特点，因此成为最常用的光源。在照明过程中，静态与动态照明效果相结合，最终亮度为两者光亮度各取 1/2 所得。尽管可以在烘焙后调整亮度、颜色等参数，但无法改变光源位置。

4.5 Light mass 灯光烘焙系统

本节将探讨 UE5 中的静态灯光烘焙系统——Light mass。该系统适用于高品质室内和静态场景。虽然其操作流程复杂，包括展开 LMUV、设置 LM 分辨率及多次测试烘焙，甚至在大型场景中需要联机烘焙，但由此带来的优势是画面质量大幅提升，保证了近乎完美的光影效果。同时，其运行效率较高，实时运行时对帧率几乎没有损失。

在对 Light mass 进行烘焙前，首先要进行以下 5 个步骤。

（1）整理 Light map UV。

（2）放置 Light mass Importance Volume。

（3）按需设置每个物体的 Light map 分辨率。

（4）World Settings 设置烘焙参数。

（5）烘焙构建（Build）。

Step 01 整理 Light map UV

整理 Light map UV 时要注意的具体事项与技巧，在 3D 软件里以对一个立方体展 UV 为例子进行说明，如图 4-134 所示。

图 4-134

（1）不要与贴图 UV 共用一个通道（不要用象限）。

（2）UV 图块不可重叠，不要超出象限边界。所以展开立方体时，对它的每一个面都进行平摊处理，并控制它在象限边界内，如图 4-135 所示。

但选择以这种方式平摊 UV 贴图后，就会让贴图 UV 失去顺序，处理方式是单独给 Light map UV 指定一个通道。例如，此案例中的贴图 UV 的 Map Channel 为 1，就可以在立方体的 Unwrap UVW 修改器中指定它的 Map Channel 为 2，并在弹出的选项菜单栏里选择 Move 选项进行确认，如图 4-136 所示。

图 4-135

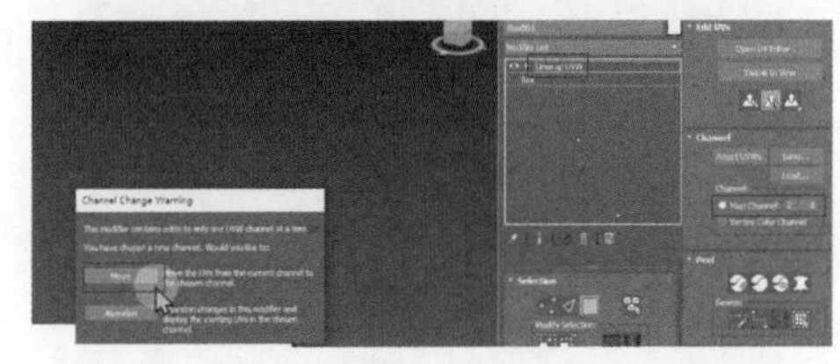

图 4-136

在展开 Light map UV 时还会发现，系统默认的展开方式会造成许多的空间浪费，如图 4-137 所示。为防止空间冗余，需要对 UV 进行手动调整，对其进行重新摆放和拉伸，以使其尽可能均匀地覆盖于一张 UV 贴图上，如图 4-138 所示。

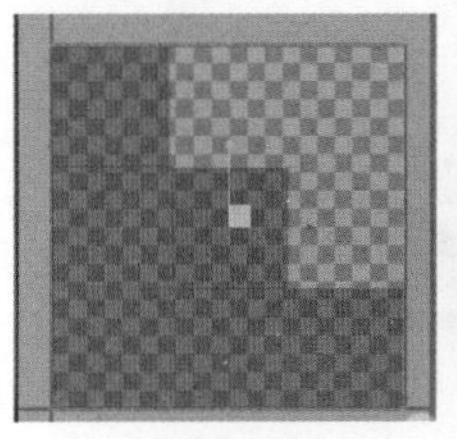

图 4-137

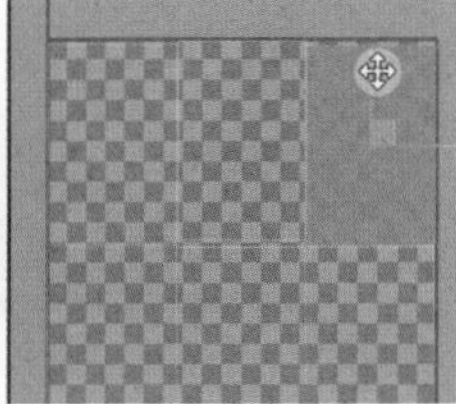

图 4-138

（3）极细小的杆件塌陷成单独物体。

（4）可见的大面积的墙体分配尽可能多的 UV 面积，不可见的尽可能少。

（5）墙体转角尽量连续，不要断开。

（6）尽量占满整个 UV 象限空间，不要留白，可以适当拉伸。

（7）将过于复杂的物体拆分成易于展 UV 的子物体。

Step 02 放置 Light mass Importance Volume

这一步骤是当展开 UV 以后，在 Place Actors 中搜索并找到 Light mass Importance Volume（光质量重要性体积），如图 4-139 所示。

设定场景后，将其调整至适宜尺寸，以覆盖认为重要的区域。在此范围内，物体的烘焙精度将得到提高，如图 4-140 所示。

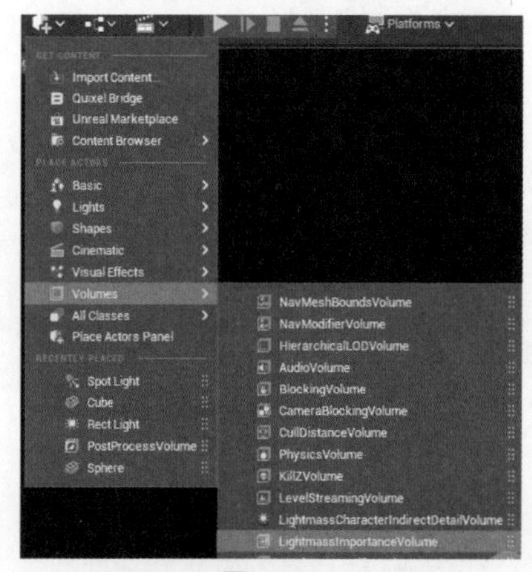

图 4-139

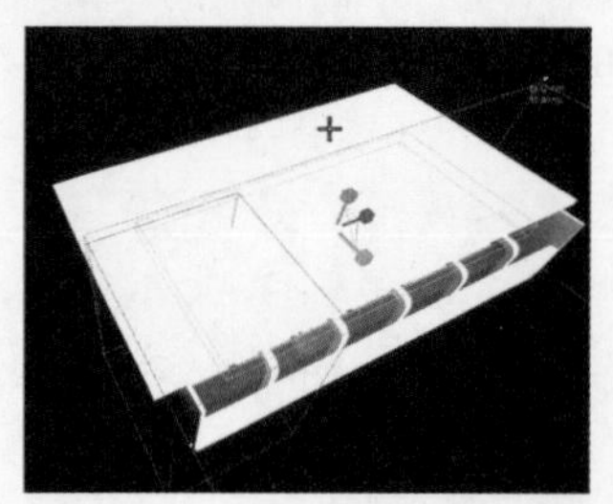
图 4-140

Step 03 按需设置每个物体的 Light map 分辨率

在场景中，针对每个物体可根据需求设定其 Light map 分辨率，或对特定物体进行单独烘焙。并非所有的物体均需调整，主要关注大面积物体（如墙体、天花板、地板等）及精度不足的物体。这些物体在场景中占比较大，若分辨率较低，将影响画面效果。然而，需要注意的是，调整精度值并非无上限，超过 1024 的精度会大幅降低烘焙速度。反之，若分辨率过低，可能导致光影效果出现错误。

针对物体精度的调整方法如下：在场景中选中目标物体，在其属性面板中查找覆盖的灯光映射分辨率（Overridden Light Map Res）并选择，随后调整至合适数值。通常情况下，512 可作为经验值参考，如图 4-141 所示。

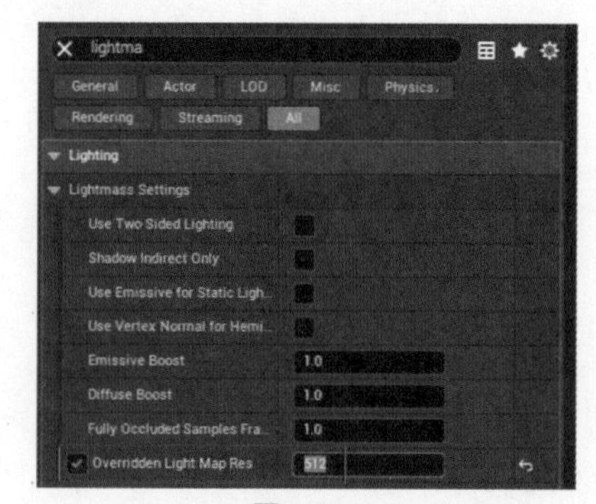

图 4-141

Step 04 World Settings 设置烘焙参数

在顶部工具栏找到 Window→World Settings，可以打开属性面板栏，如图 4-142 所示。

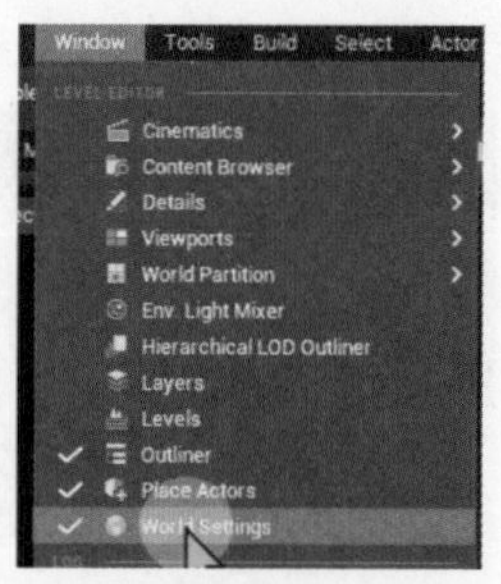

图 4-142

可以在属性面板栏的 Lightmass Settings（光质量设置）中设定烘焙参数，相关参数的说明如下。

Num Indirect Lighting Bounces：反射次数可以将值设置为 50，反射次数尽量设置得高一些，对烘焙速度影响不大，但会让暗部变得更细腻。

Num Sky Lighting Bounces：在室外场

景中，将天光反射次数调到 3 ～ 5 的区间范围内较为合适，如图 4-143 所示。

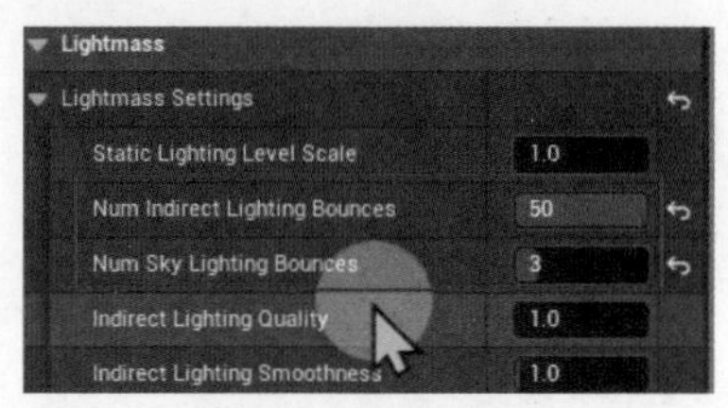

图 4-143

还有一个能让场景物体或角色受光更细腻的方式就是，调小体积光照贴图的 cell size。之所以烘焙过的东西也会影响场景的光照，是因为它在空间布满了体积化的 Light Map，即 cell size 如图 4-144 所示。

图 4-144

调整 cell size 的大小，可以决定空间中体积化的 Light Map 的密度大小。因为体积化的 Light Map 与场景和物体的受光息息相关，所以调整它也会影响到光照的细腻程度。找到它的方式为：选中物体后，在顶部工具栏中找到 Window→World Settings（世界设置），可以打开属性面板栏，接着在属性面板栏的 Lightmass Settings（光质量设置）中找到 Volumetric Light map Detail Cell Size（体积光映射详细信息单元格大小），然后按需求调整参数即可，参数越小，精度越高，如图 4-145 所示。

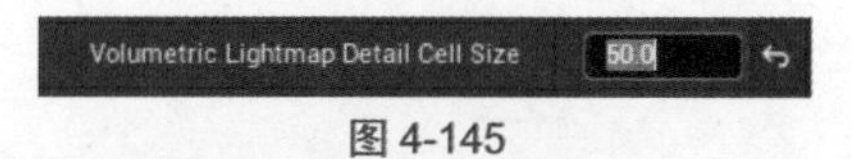

图 4-145

Step 05 烘焙构建（Build）

在启动烘焙过程之前，需在顶部工具栏的 Build-Lighting Quality（灯光质量）选项中设定烘焙所需灯光的品质。该选项共分为 4 个等级：Product（产品级）、High（高等）、Medium（中等）和 Preview（预览）。选择等级越高，烘焙所需的时间相应较长，如图 4-146 所示。当确认了烘焙所需的光照品质后，便可正式启动烘焙流程。单击顶部工具栏中的 Build→Build Lighting Only（仅构建照明）按钮，UE5 将进入自动烘焙状态。在此过程中，用户仍可编辑场景，但建议尽量避免进行大规模修改，如图 4-147 所示。

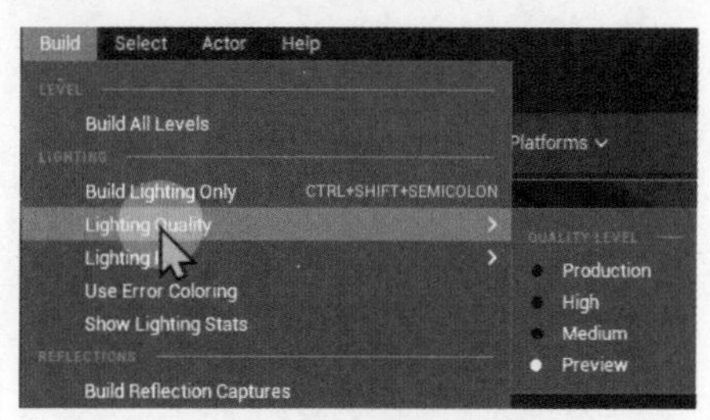

图 4-146

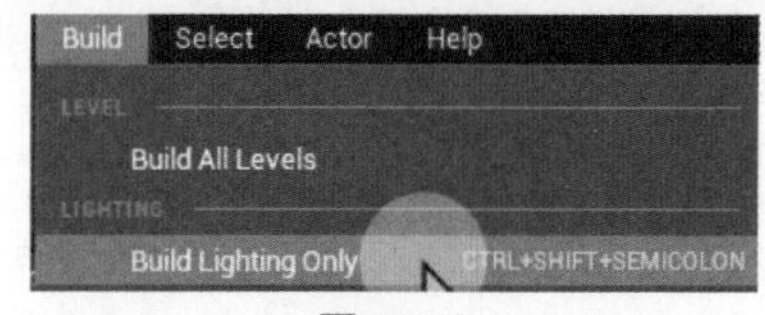

图 4-147

最后，只要等待烘焙结束，UE5 自动更新 Light maps，整个 Light mass（静态灯光烘焙）的流程就完成了。

构建开放世界

在 UE5 的强大助力下，得以一窥开放世界的无尽奥秘。这其中，地形工具发挥着至关重要的作用，成为构建这个广阔世界的基石。它赋予了开发者无与伦比的力量，以创造出层次丰富、细节入微的开放世界场景。

首先，地形编辑器宛如一个强大的画笔，在 UE5 的舞台上尽情挥洒。凭借高度图、坡度图、纹理贴图等工具，可以勾勒出壮丽的山脉、蜿蜒的河流、茂密的森林和广袤的沙漠。每一寸土地都仿佛拥有了生命，为玩家呈现出一个真实而又充满奇幻色彩的世界。

其次，细节层次（LOD）的巧思让这个世界更加鲜活。随着玩家距离的远近，地形呈现不同的细节，既保证了游戏的流畅运行，又给予玩家探索未知的惊喜。每一次缩放、每一次转动视角，都是一次全新的视觉盛宴。

再者，植被和生态系统在 UE5 的地形工具中得到了淋漓尽致的展现。树木、花草、动物等元素融入环境，与地形和谐共生。它们遵循自然规律生长、繁衍，为这个世界增添了勃勃生机。

此外，光照和阴影效果更是在 UE5 的地形工具中得到了完美呈现。实时阴影、全局光照、反射等高级效果，让地形显得更加逼真，仿佛触手可及。每一个角落都沐浴在光影之中，为玩家带来沉浸式的体验。

最后，交互性和可探索性是开放世界的魅力所在。通过地形工具，开发者可以设置各种游戏目标和任务，隐藏珍贵的物品和秘密，引导玩家深入探索这个世界。在这里，每一次探险都是一次全新的冒险，每一次挑战都是一次成长的见证。

综上所述，UE5 的地形工具为开发者提供了一个强大的平台，让开发者能够构建出充满真实感、互动性、优化的开放世界场景。

5.1　地形基础

本节课将探讨虚幻 5 的地形系统。虚幻 5 地形系统的底层架构设计理念在于，在制作室外大场景时，提供一个经过高度优化的平面。该系统的主要特点为，它是一个自细分的系统。随着观察距离的增加，会自动减面以降低复杂度；而当观察距离减小时，地形细分将更为精确。这种设计方法使得在 UE5 中以低成本、高效率的方式构建巨大场景成为可能，如图 5-1 所示。

图 5-1

5.1.1　地形内容示例

在开始学习 UE5 地形系统之前，若想先了解该系统能实现的效果，可通过 UE5 自带的内容示例打开 UE5 地形示例场景进行观摩。登入 Epic 平台后，从虚幻引擎 → 示例中找到内容示例，并单击进入下载界面，如图 5-2 所示。

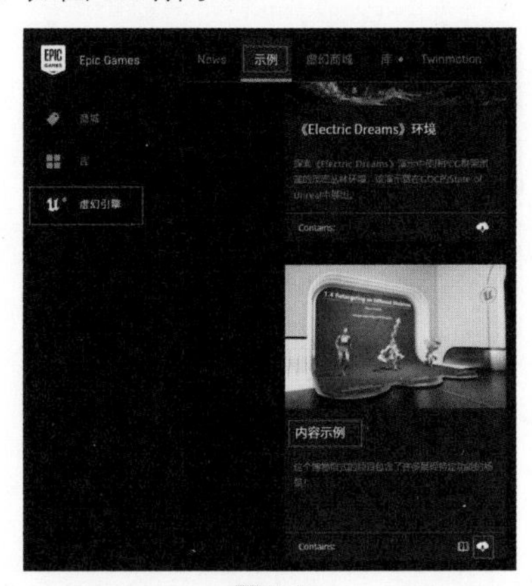

图 5-2

然后在下载界面单击创建工程，就能成功下载内容示例了，如图 5-3 所示。

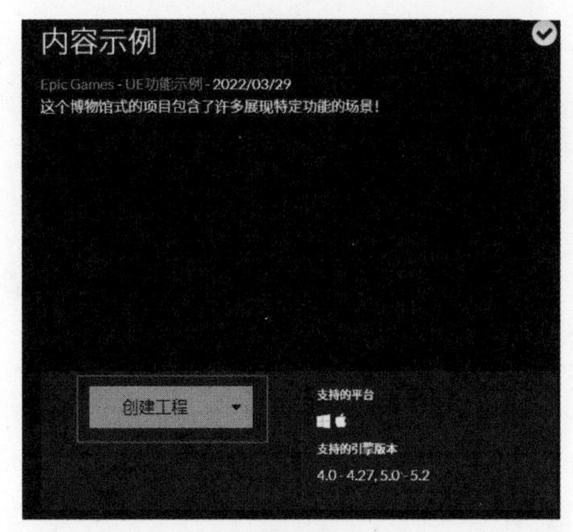

图 5-3

下载完之后，在 UE5 里打开内容示例，如图 5-4 所示。在 UE5 中打开资源管理器，在搜索栏中搜索 Landspaces（土地空间），双击就可以打开已经做好的地形文件，如图 5-5 所示。

图 5-4

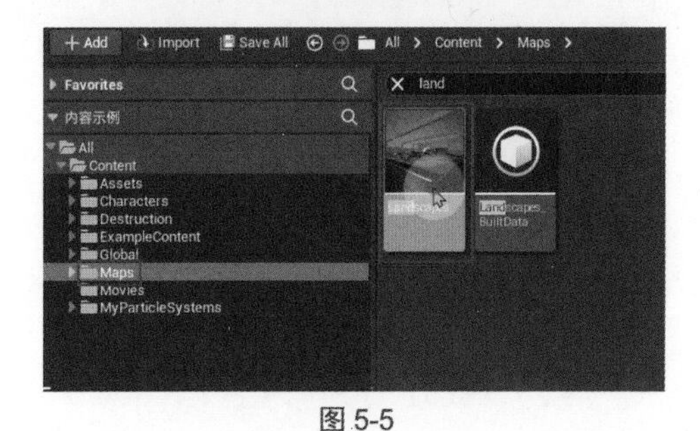

图 5-5

UE5 的地形示例文件如图 5-6 所示。

图 5-6

5.1.2 地形工具面板介绍

打开一个全新的场景，现在来学习一下如何进入地形模式。在场景顶部工具栏中找到并单击 Select Mode（选择模式）→ Landscape（景观模式），即可进入地形创建模式，如图 5-7 所示。与 Landscape（景观模式）相关的模式是 Select Mode（选择模式）下的 Foliage（植被笔刷）模式，它可以在创建好的地形空间上添加植被，具体使用方法会在之后的章节里讲解，如图 5-8 所示。

图 5-7

图 5-8

单击 Select Mode→Landscape 后，UE5 的操作页面就会进入 Landscape 的操作面板，可以利用它对地形进行创建和编辑。Landscape 的 Manage（地形管理）中的功能都是关于如何编辑地形的，如图 5-9 所示。

图 5-9

New（新建）：在地形模式下，New 功能的使用旨在创建地形。此功能不仅能够在当前空白场景中生成初始地形，还可创建任意区域的新地形。在虚幻引擎的场景中，多个地形可以同时存在，并且各地形在支持独立编辑的同时，还具备彼此间的拼接与使用功能。通过 New Landscape（新格局）中的各个选项，可以设定地形的具体内容，从而实现对新格局的定制，如图 5-10 所示。

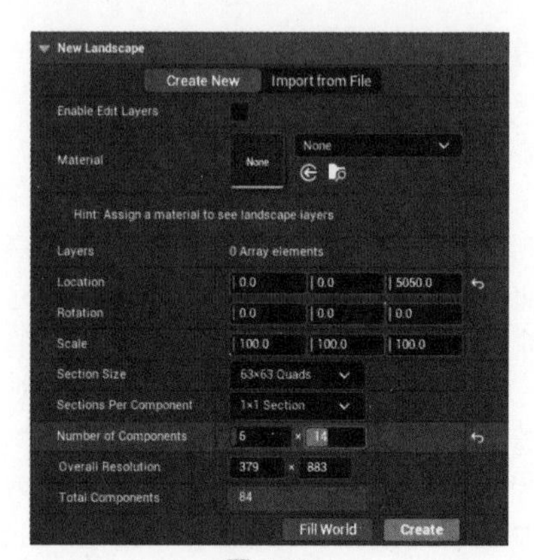

图 5-10

翻译如下：Enable Edit Layers（启动编辑层）、Material（材料）、Layers（层）、Location（地点）、Rotation（旋转）、Scale（缩放）、Section Size（分辨率）、Sections Per Component（精细度）、Number of Components（部件数）、Overall Resolution（总体分辨率）、Total Components（组件总数）。

一般要创建一个基础的初始地形或更多块地形，可以简单地使用如图 5-11 所示的选项，调整预览网络的位置、大小、分辨率等参数。同时，在场景画面里也会出现一个随着改变参数而改变的预览网格画面，它会为用户显示要创建的文件的尺度和精度，如图 5-12 所示。

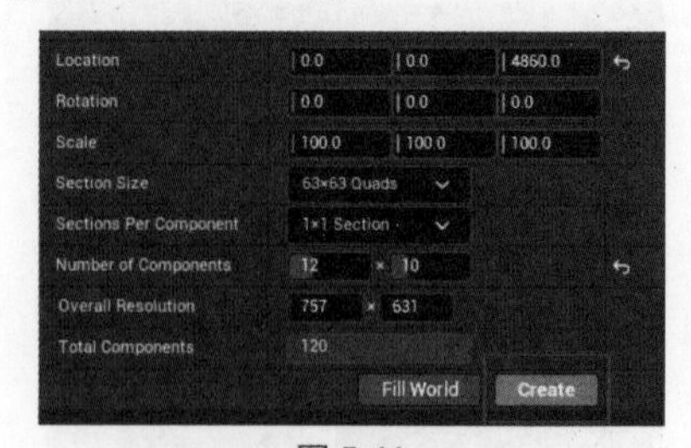

图 5-11

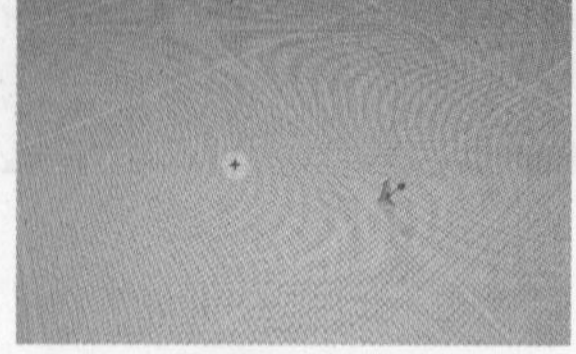

图 5-12

当确定好预览网格的参数后，在 Landscape 面板里找到 Create 按钮并单击，如图 5-13 所示。场景画面里就会新创建一片巨大的可编辑平面，即地形编辑的基础模型，这样一块新建地形就创建好了，如图 5-14 所示。

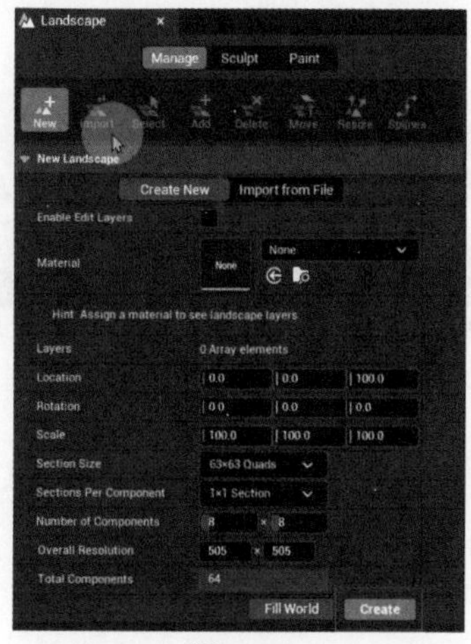

图 5-13

图 5-14

在编辑地形时，除了默认查看的方式，还有一种适合观察它的方式。在顶部工具栏里找到并打开 VIEW MODE（观察方式）→Wire frame（接线框）模式，如图 5-15 所示。

也可以通过直接按【Alt+2】组合键打开它，用它查看时，可以更直观地查看地形细节，如图 5-16 所示。

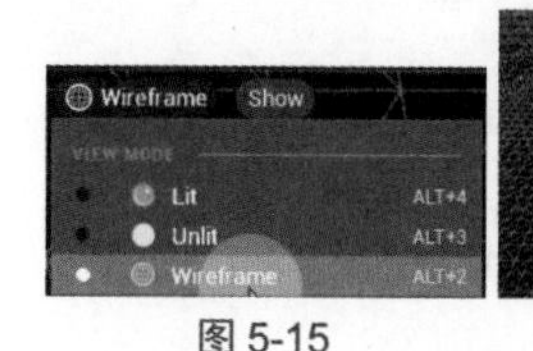

图 5-15

图 5-16

重复以上方法，可以制作多块地形并拼接在一起。填满世界后的尺寸可以达到几平方千米的尺寸，并且，虚幻引擎 5 现在还能支持双精度的世界尺度，用这个尺度足以做几十万平方千米的尺寸，这个尺寸不仅是做开放世界，即使做宇宙航行类游戏也够用了。

Import（导入）：在 Import（导入）选项栏里，可以通过选择 Height map File（高度图文件）复选框来制作地形，如图 5-17 所示。

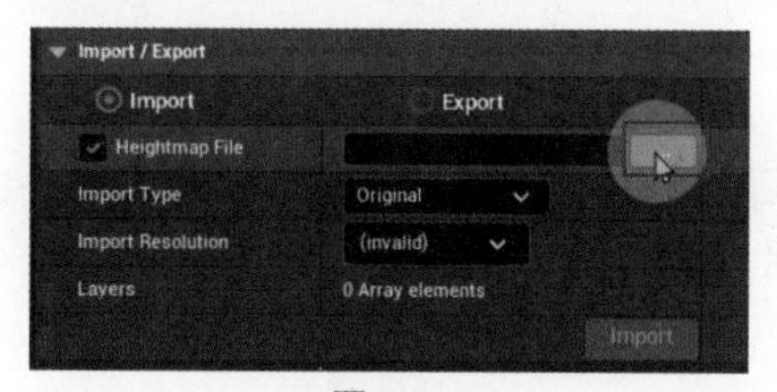

图 5-17

导入高度图文件后，可以在场景中看到被导入的地形模型，如图 5-18 所示。

图 5-18

Select（选择）：通过 Select（选择）功能可以选择每一块的区块，让用户能够单独对某一个区块进行操作，如图 5-19 所示。

Add（添加）：使用 Add（添加）功能可以让用户在原有地形的基础上，添加新的区块，如图 5-20 所示。

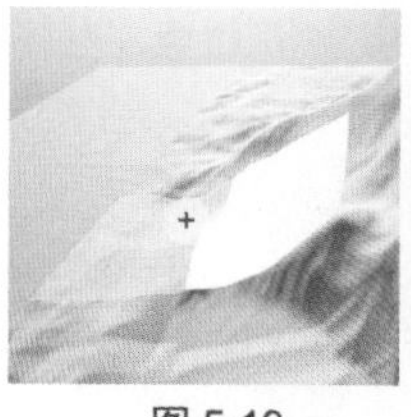

图 5-19

图 5-20

Delete（删除）：Delete（删除）功能能够删除所选中的区块，如图 5-21 所示。

Resize（调整大小）：用 Resize（调整大小）工具可以调整地形的尺度和精度。可以在 Section Size（分辨率）选择想要的精度，并在 Resize Mode（调整模式大小）下选择使用 Resample 重新采样（让它的分辨率变高），或者 Expand 扩大（让地形变得更大）后，单击 Apply（应用）按钮，就可以调整地形大小了，如图 5-22 所示。

图 5-21

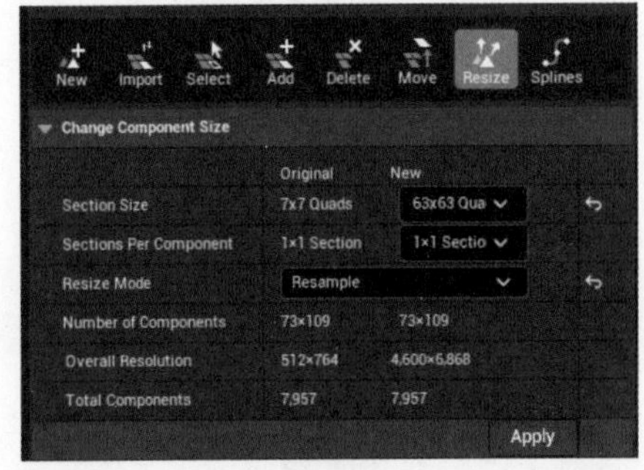

图 5-22

当地图精度不够时，一般会选择 Resample（重新采样）方式来改变分辨率，它能够改善地图的精度。

而 Expand（扩大）则是以扩大整体地形大小的方式来提高精度的。

Splines（道路工具）：可以使用 Splines（道路）工具制作出各种不同的道路，详细内容会在后面的章节中进行介绍，如图 5-23 所示。

图 5-23

5.1.3 地形雕刻

在 Landscape 面板中单击 Sculpt，就会进入雕刻模式，此时，就可以对地形进行改造了。

在雕刻模式下，可以在场景左侧面板中找到并使用许多不同的雕刻工具对地形进行改造，如图 5-24 所示。

图 5-24

Sculpt（雕刻）：使用 Sculpt 工具可以提升地形的高度，如图 5-25 所示。

Tool Strength（工具强度）：可以改变笔刷的强度。

Brush Size（刷子尺寸）：可以改变笔刷大小。

Brush Falloff（刷子衰减）：可以决定笔刷的软硬程度。

Use Clay Brush（使用粘图刷）：可以避免刷地形时因数值不当而造成的失控状态。

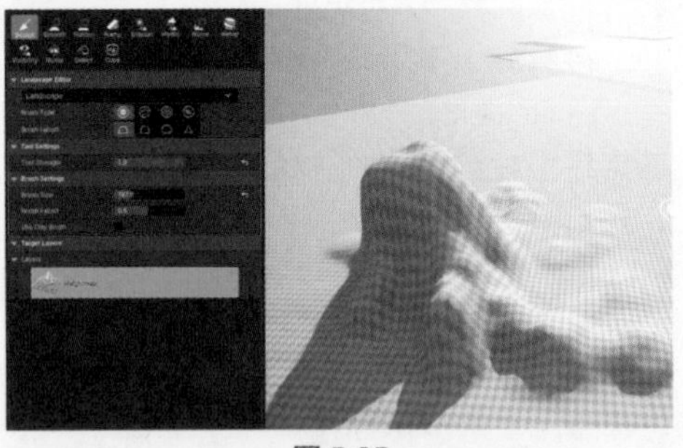

图 5-25

Smooth（平滑）：能使地形变得平滑，如图 5-26 所示。

Flatten（扁平）：适合制作成平坡，通常在制作盘山公路时使用，如图 5-27 所示。

Ramp（斜坡）：用来制作斜坡的工具，使用方法为在场景里指定坡的收尾位置，若觉得自己无法把斜坡工具精准地放置在地形上方，可在按【END】键，斜坡工具就会自动吸附到地形上。

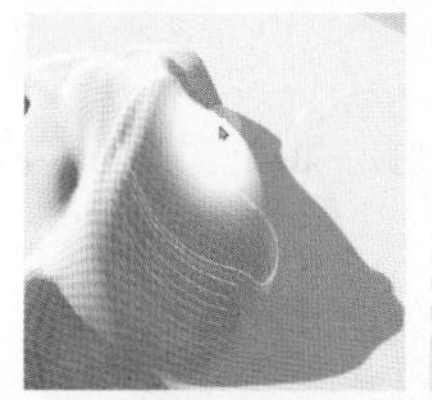
图 5-26

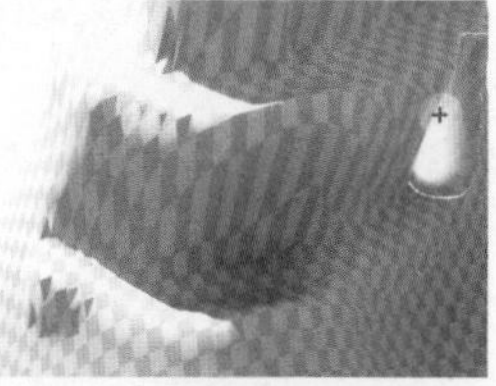
图 5-27

然后，在 Ramp Width（斜坡宽度）选项中调整斜坡的宽度，通过 Side Falloff（内部衰减度）调整斜坡的内部衰减程度后，单击 Add Ramp 按钮，即可在场景内生成斜坡，如图 5-28 所示。

图 5-28

Erosion（侵蚀）：能模拟现实环境中的风化效果，在山状地形上使用它，它可以模拟出类似山脊的效果，很适合造山，如图 5-29 所示。

Hydro（水力）：模拟下雨后，雨水侵蚀山体后所形成的沟壑效果，如图 5-30 所示。

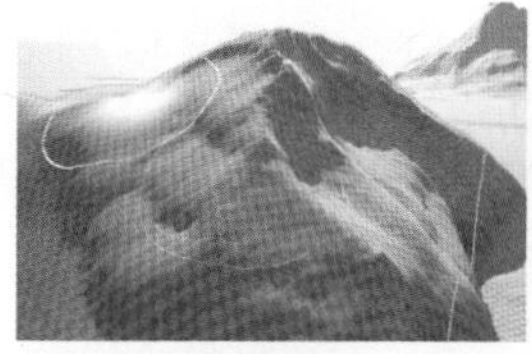
图 5-29

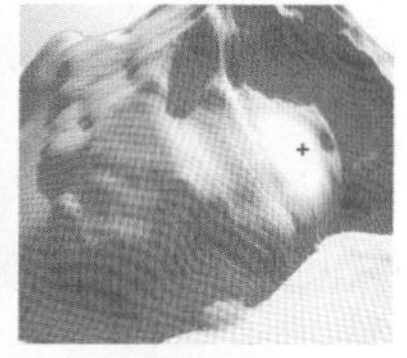
图 5-30

Noise（噪波）能利用噪波的原理快速生成地形，如图 5-31 所示。Noise（噪波）工具中共有 3 种噪波模式（Noise Mode），如图 5-32 所示。

Add（增加）：此时笔刷只会增加地形高度。

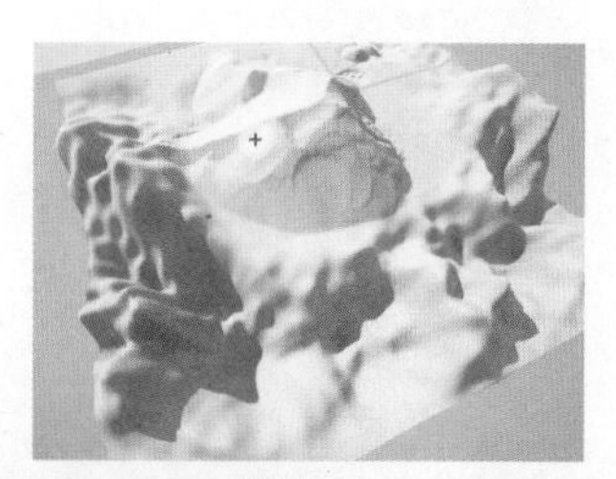
图 5-31

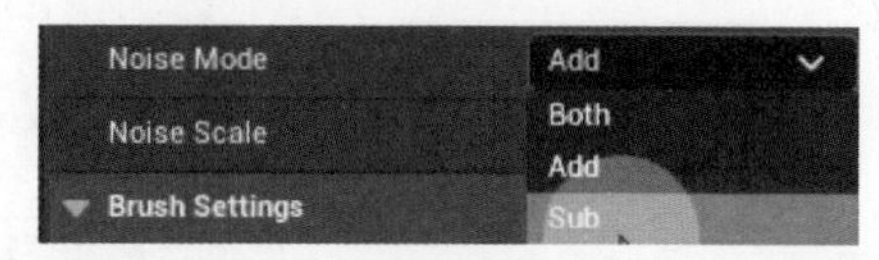

图 5-32

Sub（减去）：此时笔刷只会降低地形高度。

Both（两者都有）：此时笔刷可以让地形做出高低起伏的效果。

本节概述了地形工具与地形雕刻工具的基本应用，旨在帮助读者掌握初始地形的创建方法，以及如何引入新的地形元素；同时，还详细讲解了地形雕刻工具的使用方法，以便于模拟现实世界中的多样地形特征。

5.2　非破坏性地形层

非破坏性地形层的原理与 Photoshop 的图层概念相似，它对地形的修改仅限于其所在的图层，并不会干扰其他图层对地形的改变。此外，在不喜欢当前图层设计时，可直接删除，为地形编辑提供了极大便利。

5.2.1　创建非破坏性地形层

在场景里选中地形，然后在它的属性面板栏里找到 Enable Edit Layers（启动编辑层）并选择，而后在弹出的提醒消息框中选择 YES，即可启动编辑层，如图 5-33 所示。

之后，在 Select Mode（选择模式）中打开 Landscape（地形模式），如图 5-34 所示。

就可以在地形编辑属性栏里看见编辑图层的操作选项栏了，如图 5-35 所示。右击，在弹出的快捷菜单中选择 Create（创建）命令，可以添加新图层，如图 5-36 所示。

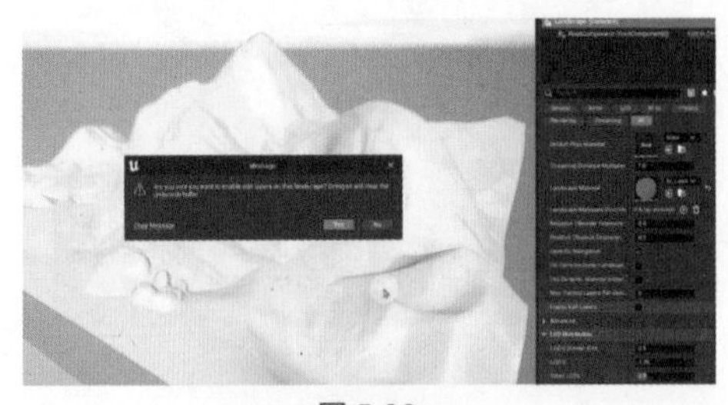

图 5-33

图 5-34

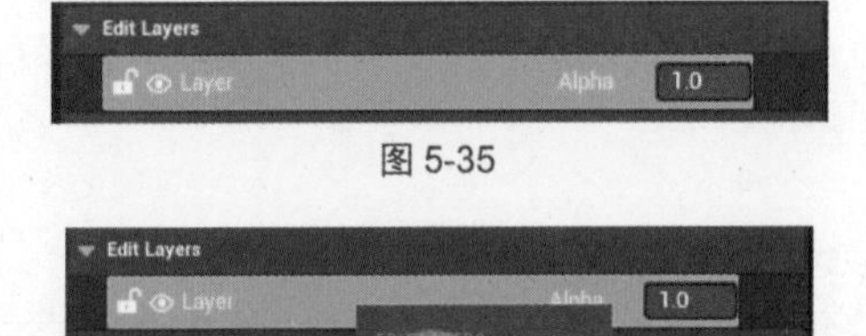

图 5-35

图 5-36

右击图层，在弹出的快捷菜单中选择 Rename（命名）命令，可以修改图层的名称，如图 5-37 所示。这时，就可以和在 Photoshop 里操作图层一样，选中要操作的图层后，选择工具进行操作即可，如图 5-38 所示。

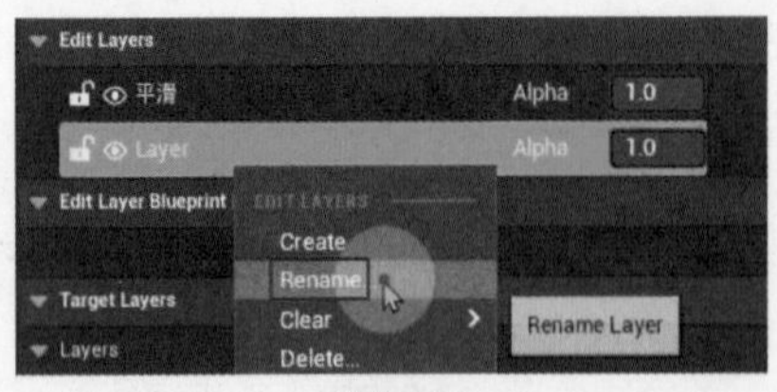

图 5-37

在场景编辑过程中，若多个图层均参与了编辑，可以选择在图层设置中找到隐藏其他图层的按钮。当关闭该按钮后，其余图层的效果将暂时隐藏，从而实现仅查看单一图层对场景编辑的效果，如图 5-39 所示。

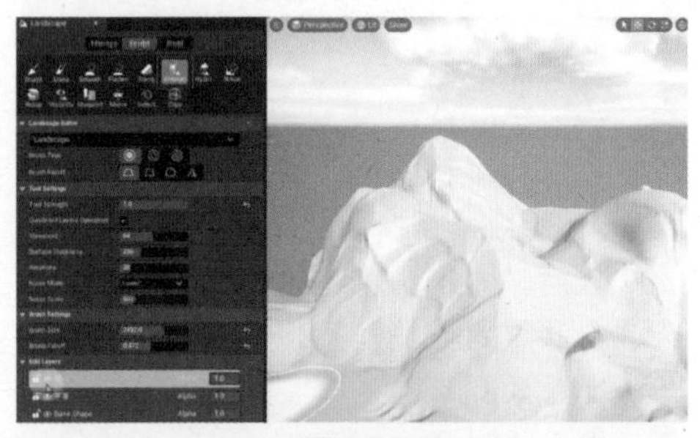

图 5-38

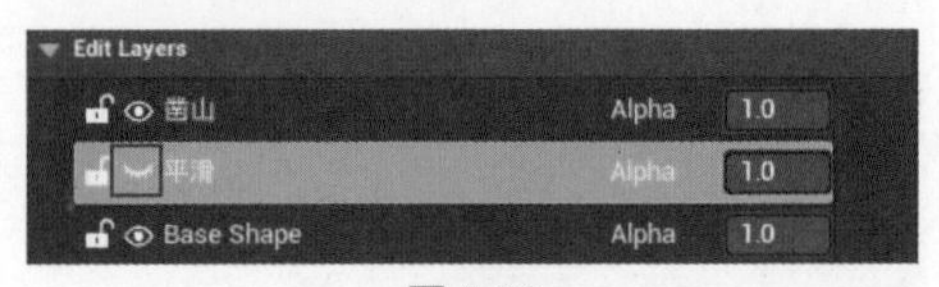

图 5-39

5.2.2 Blueprint（蓝图）

先来制作山脉。使用 Blueprint 工具可以帮助用户程序化地生成山脉，可以在一个新地形中试验一下这个功能。在 Manage→New 工具里选择 Enable Edit Layers（启动编辑层）复选框，然后单击 Create（创建）按钮，即可快速生成一个自带非破坏性地形层的新地形，如图 5-40 所示。在 Edit Layers（编辑层）中创建两个新的图层，并命名为 BP Mountain 和 Base Shape，如图 5-41 所示。

接着选中 BP Mountain，再在 Tool Settings（工具设置）→Blueprint Brush（蓝图刷）的选项中选择 Custom Brush_Landmass 插件，如图 5-42 所示。此时，被添加的插件选项就会显示在选项栏里，如图 5-43 所示。

可以在 Details（细节）里找到，并对它进行重命名，如图 5-44 所示。添加插件之后，在场景里单击地形平面的任意地点，就会出现一个三角形的操作杆和三棱锥体，用鼠标拖动操作点的边缘，可以修改其形状，如图 5-45 所示。

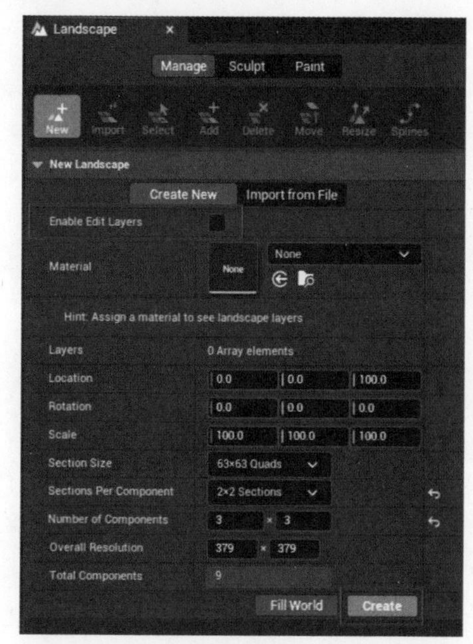

图 5-40

图 5-41

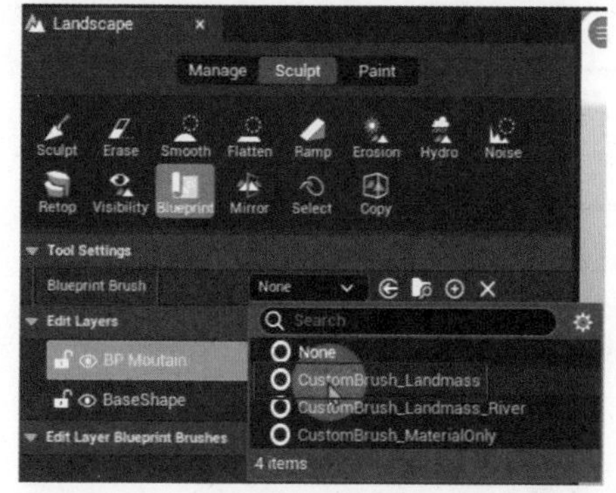

图 5-42

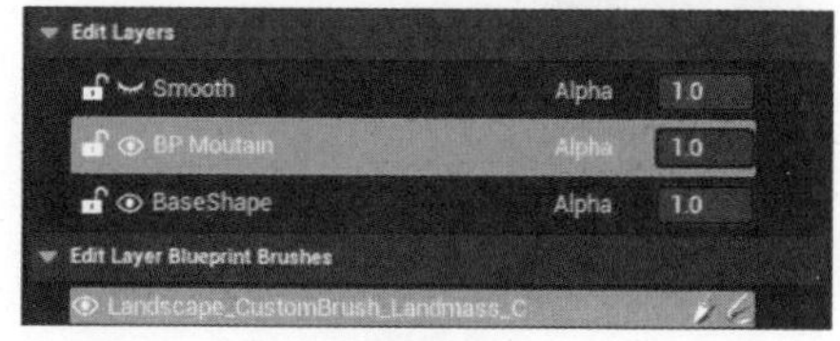

图 5-43

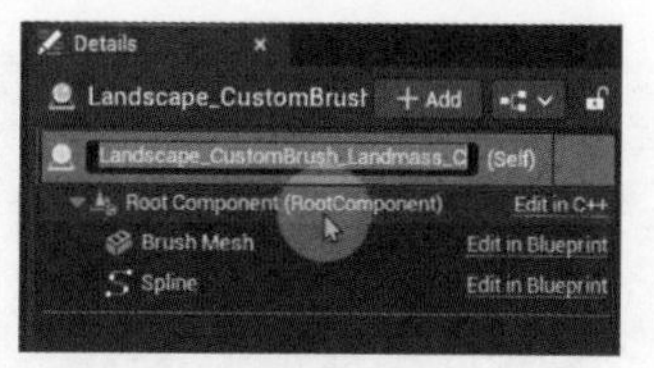

图 5-44

图 5-45

在它的线条中间右击，在弹出的快捷菜单中选择 Add Spline Point Here（在此处添加样条曲线点）命令，就可以对它进行添加控制点的操作，如图 5-46 所示。尝试创建一座山，可以看到，默认情况下所创建的山显得较为生硬，为了使山更具真实感，需对其进行优化，如图 5-47 所示。

图 5-46

图 5-47

选中山所在的图层，如图 5-48 所示。在它的属性面板栏中找到 Falloff，通过里面的操作选项，可以更好地对山进行设计，如图 5-49 所示。

图 5-48

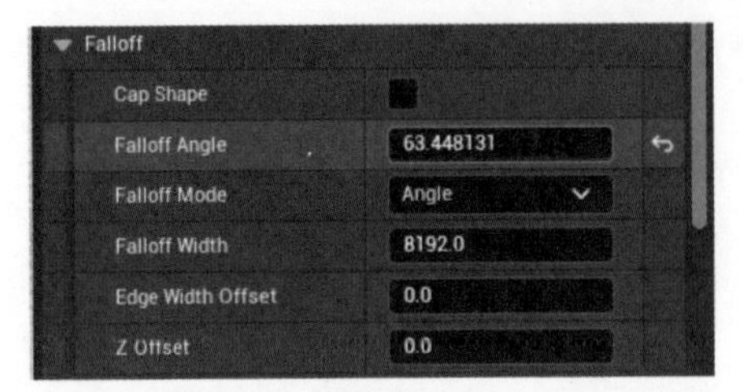

图 5-49

Cap Shape（帽形）：选择该复选框后的山会处于平顶状态。

Falloff Angle（衰减角度）：可以控制山的坡度与高度。

Falloff Mode（衰减模式）：可以通过该选项来决定山到底是选择哪种衰减模式。

Falloff Width（衰减宽度）：控制山坡度的衰减宽度。

Edge Width Offset（边缘宽度偏移）：能够让山边缘宽度产生偏移效果。

Z Offset（Z 偏移）：进行 Z 轴偏移。

此时，通过以上选项仅完成了更为逼真的山的基本形态构建，如图 5-50 所示。要想进一步细化，还可以使用属性面板栏里的 Curl Noise（卷曲噪声），调整其中的 4 个参数即可，如图 5-51 所示。

图 5-50

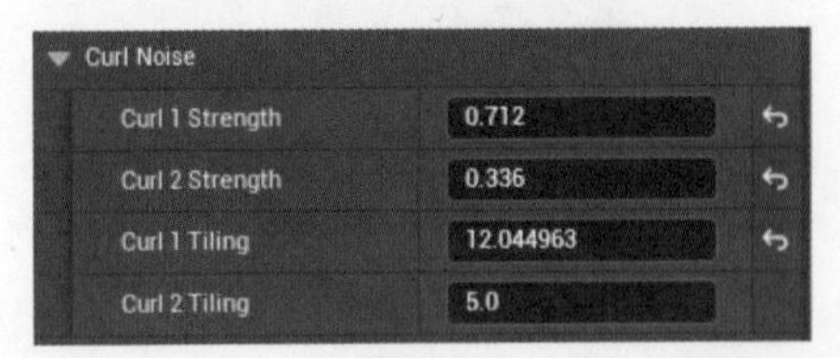

图 5-51

让山的形状随机化，这个时候的山就会更贴近真实，如图 5-52 所示。并且，还可以通过移动轴随意拖动山体，将它放在想要放的地方，如图 5-53 所示。

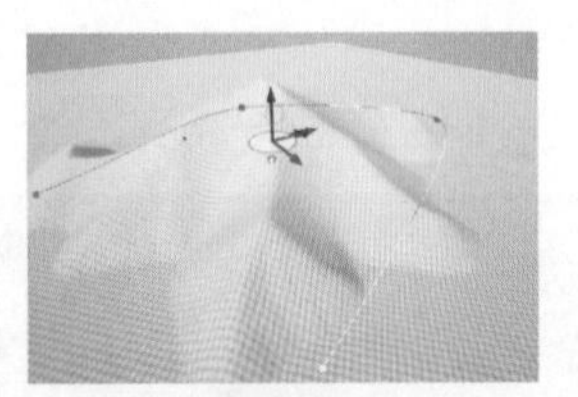

图 5-52

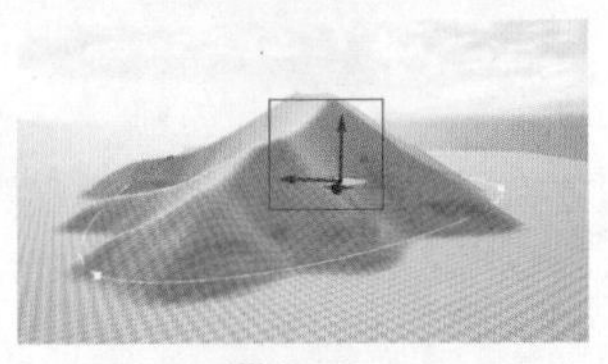

图 5-53

到这一步，山体本身已经很接近现实世界山体的轮廓了，但是，在山和地面的交界处，它的衔接还是不自然，如图 5-54 所示。此时，可以借助图层与地形工具进一步进行优化，共有两种方法。

图 5-54

第一种方法：新建一个非破坏性地形层并选中它，在地形工具里找到 Smooth（光滑）工具，对山与平面的衔接处用笔刷进行涂抹，或者使用其他工具对它进行修整，如图 5-55 所示。

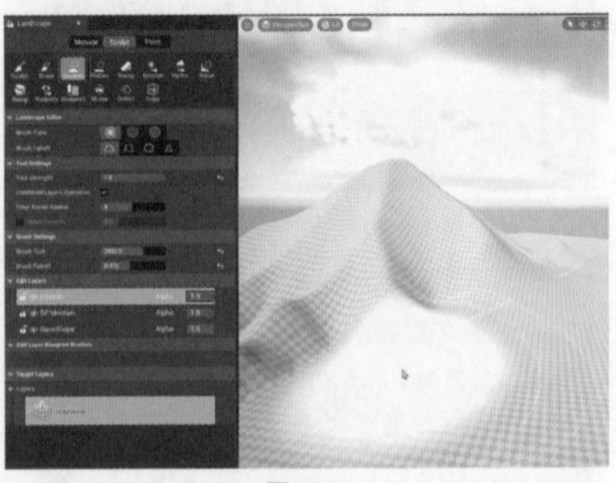

图 5-55

第二种方法：选中要编辑的图层，然后选择先前添加过的 Landscape_Custom Brush_Landmass，如图 5-56 所示。

在右边的状态属性栏里找到 Outer Smooth Threshold（外平滑阈值），将它的参数调大，如图 5-57 所示。

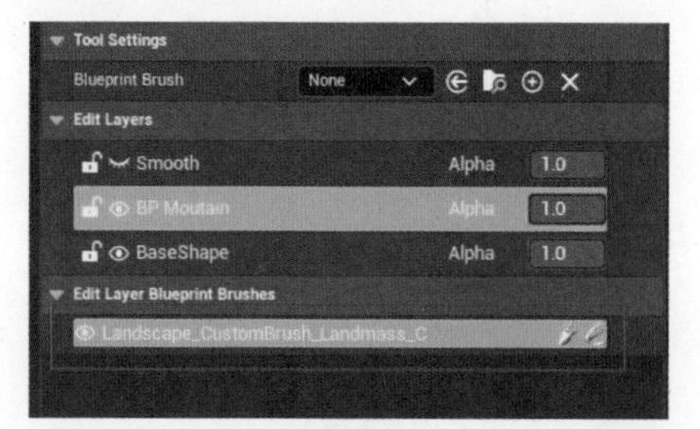

图 5-56

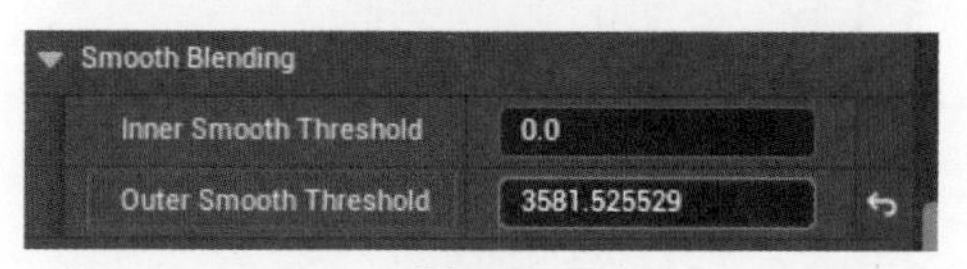

图 5-57

场景中的山脉和平面间的交界处就会通过参数的变化而产生变化，形成较为自然的地形过渡效果，如图 5-58 所示。

图 5-58

再来制作山谷。要制作一个初步的山谷很简单，新建一个用来制作山谷的非破坏性地形层，然后选中它，再在 Tool Settings（工具设置）→Blueprint Brush（蓝图刷）的选项中选择 Custom Brush_Landmass 插件，如图 5-59 所示。在场景中拖动控制点，拖动出大致山谷的大致轮廓，如图 5-60 所示。

在属性面板栏里找到 Cap Shape（帽形）工具并选择，如图 5-61 所示。此时，场景中的山变成了平顶，选中移动轴中的 *Z* 轴并往下移动，一个基础的山谷轮廓就构建完成了，如图 5-62 所示。

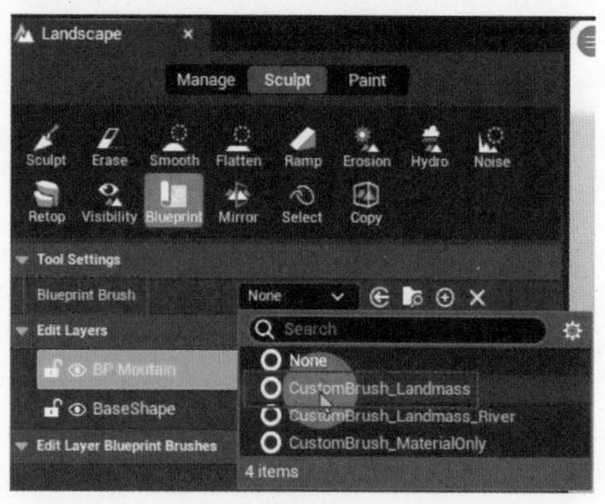

图 5-59

图 5-60

图 5-61

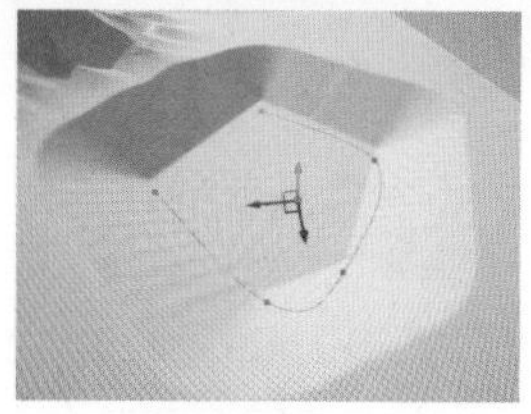

图 5-62

在山谷的属性面板栏里，使用属性面板栏里的 Curl Noise，任意调整里面的 4 个参数，如图 5-63 所示，能让它得到更接近真实的山谷效果，如图 5-64 所示。

图 5-63

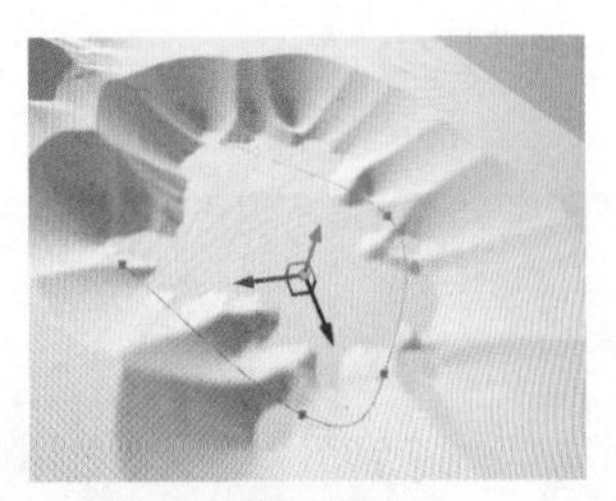

图 5-64

在山谷的属性面板栏里找到 Smooth Blending（平滑混合），并调整 Inner Smooth Threshold（内部平滑阈值）与 Outer Smooth Threshold（外部平滑阈值）两个选项，如图 5-65 所示，可以让山谷的轮廓得到平滑化的效果，会让地形变得更加真实，效果如图 5-66 所示。

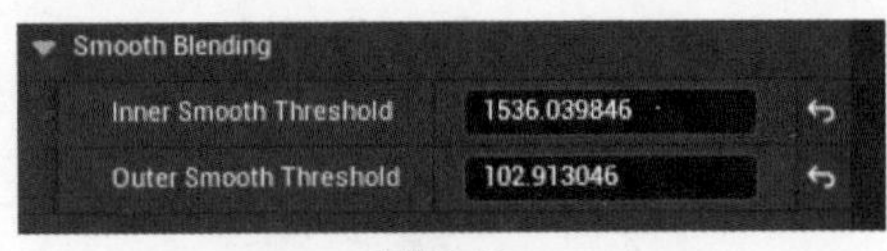

图 5-65

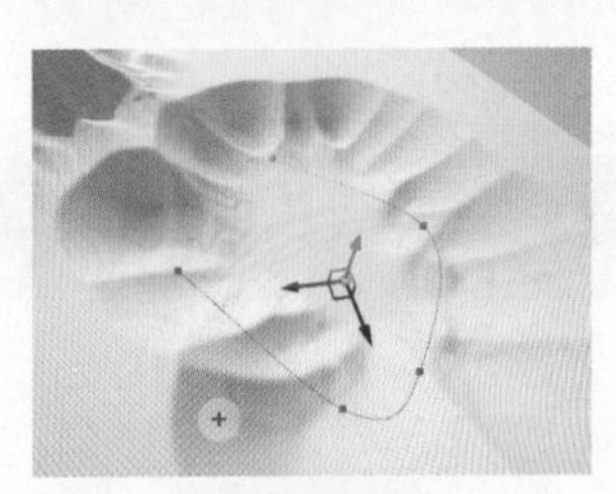

图 5-66

倘若对山谷实施置换设定，那么山谷将呈现出更为丰富的细节。在山谷的属性面板栏里找到 Displacement（置换）板块，在 Displacement Texture（置换贴图）添加贴图后，调整 Displacement Height（置换高度）参数，如图 5-67 所示，就会制作出非常真实的山谷效果，效果如图 5-68 所示。

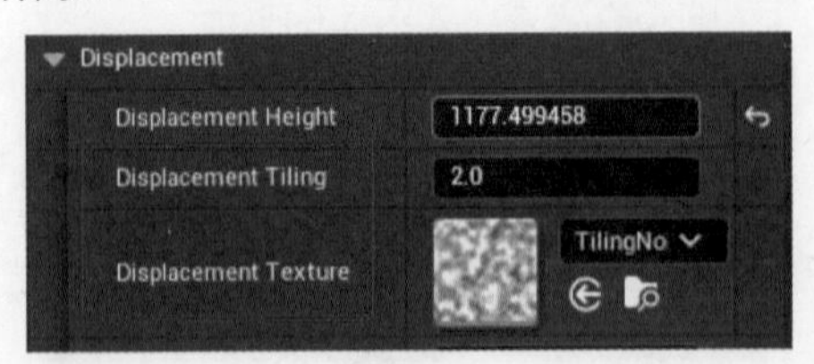

图 5-67

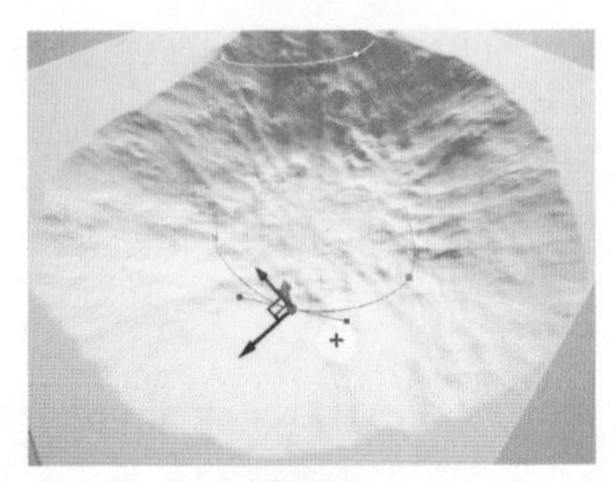

图 5-68

5.3 地形道路系统 1

本节来学一下如何在 UE5 的地形编辑器里添加自定义的道路。

5.3.1 添加道路的步骤

具体操作过程请观看教学视频。

5.3.2 制作道路截面

具体操作过程请观看教学视频。

5.4 地形道路系统 2

本节来学一下建造道路的第二种方法，它的建造步骤是在之前所创建的地形文件中进行演示的。

5.4.1 建造步骤

具体操作过程请观看教学视频。

5.4.2 导入自定义路截面

具体操作过程请观看教学视频。

5.5 植被系统基础

本节将探讨虚幻引擎中的植被系统基础，将学习植物系统的各个面板，掌握如何添加和存储笔刷，并了解植物笔刷在各种地形场景中的灵活应用。

5.5.1　打开植被系统

要在虚幻 5 里打开植被系统，可以单击 Landscape Mode（地形模式），选择 Foliage（植被）系统，即可进入植被系统操作面板，如图 5-69 所示。

图 5-69

添加笔刷：在植被操作面板中，要让面板中的所有工具得到应用，首先要创建笔刷，若还没有相关的植物笔刷资产，可以打开资产管理器，在左上角找到 Add（添加）→Add Feature or Content Pack（添加功能或内容包），如图 5-70 所示。

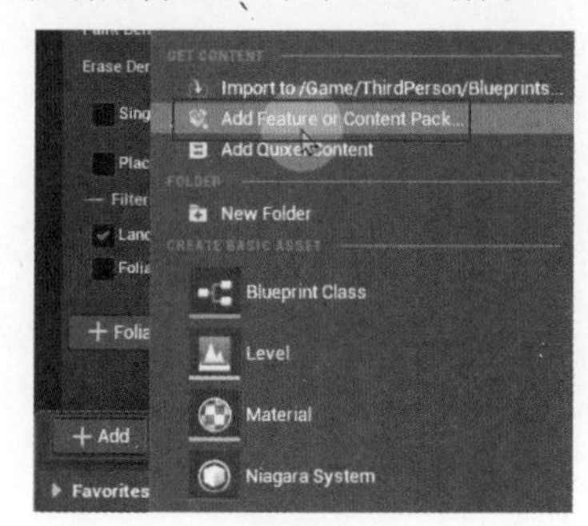

图 5-70

在弹出的面板里单击 Content（内容），然后选中 Starter Content（启动器内容），单击 Add to Project（添加到项目）按钮，如图 5-71 所示。

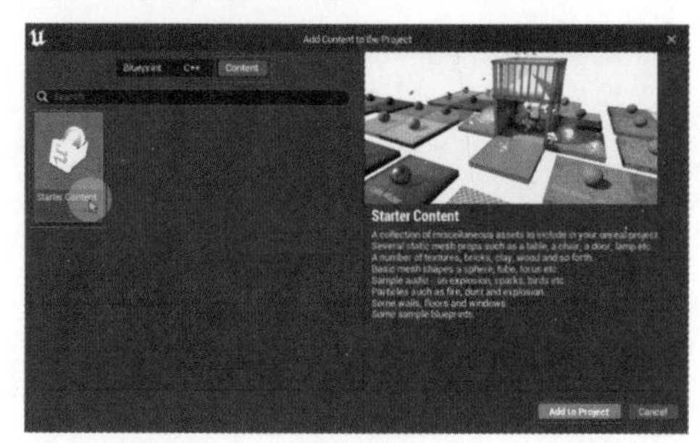

图 5-71

添加后，等待编译片刻，即可在资源管理器中找到新添加的文件 Starter Content（启动器内容），在它的子文件夹 Props 里就能找到植物的模型笔刷，如图 5-72 所示。

图 5-72

选中植物笔刷后，将它拖动到植被系统操作面板中的：+Drop Foliage Here（在此添加植物笔刷），如图 5-73 所示。添加完毕后，就可以选中植物笔刷，然后在场景的地形上进行绘制，即可绘制出植物，如图 5-74 所示。

图 5-73

图 5-74

5.5.2　多笔刷功能

当从资源管理器中再拖曳其他的资产进入 +Drop Foliage Here 区域，并且一次性选中所有笔刷，此笔刷就会变成一次性可刷两种资产的复合笔刷，如图 5-75 所示。

若只选中一种资产，笔刷还是只会在场景里刷出一种资产模型，如图 5-76 所示。

图 5-75

图 5-76

5.5.3 笔刷在普通场景中的应用

还可以对笔刷进行一些自定义设置，在笔刷的属性面板的 Painting 中，能够进一步的设定笔刷，如图 5-77 所示。

Density/1Kuu（密度）：可设定在 10 平方米内的植被密度参数的大小；若参数为 100，代表的含义为：在 10 平方米以内，笔刷会保持在此范围内有 100 棵植被的密度，并且重复刷相同区域也不会改变植被的数量。

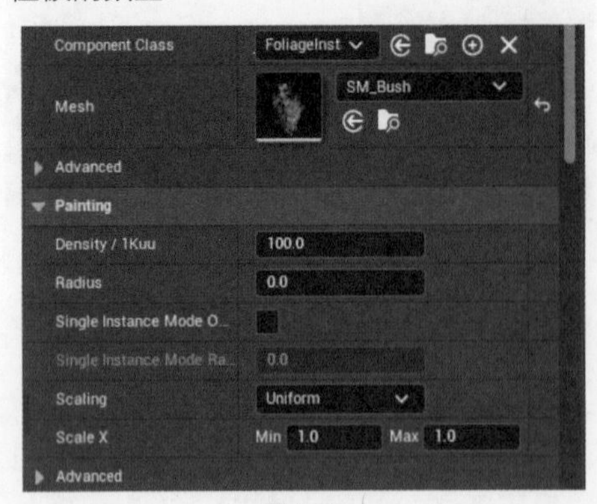

图 5-77

Radius（半径）：指物体碰撞的半径范围，它可以决定笔刷中个体与个体模型间的距离大小。值越高，物体间保持的距离就越远，值越低，它们间的距离就越近；当参数为 50 时，会发现物体与物体间至少都会保持最低 50 米的距离；当参数为 0 时，物体间就会交叠。

Single Instance Mode Override Radius（单实例模式覆盖半径）：在处于单实例模式中，用于检测与其他实例冲突的半径。

Single Instance Mode Radius（单实例模式半径）：设定单实例模式下，冲突半径的参数值，值越高，与其他实例之间的距离越远。

Scaling（缩放）：默认模式下是 Uniform（标配），也就是 *X*、*Y*、*Z* 这 3 个轴等比缩放。

Scale X：当 Scaling（缩放）的模式处于 Uniform 时，Scale X 指定好最大和最小值，笔刷就会在这个区间内通过随机数值生成大小不一的等比缩放树木。

5.5.4 笔刷在有海拔场景中的应用

在现实地形中，植物会因为地形海拔的变化而产生植被种类的变化：在特定的海拔高度区间内，只会有某种特定的植物会生长。若要在 UE5 里模仿这一现实场景，可以通过使用 Height 工具来实现。在属性面板中找到 Placement（安置）→ Height（高度），输入最大与最小的范围参数，即可将植被笔刷的生成范围控制在一定的海拔区间内，如图 5-78 所示。

图 5-78

当发现在山坡上长得树都是以垂直坡面的方式而不是垂直地平线的方式生长，

有些不符合现实生长规律时，可以取消选择 Align to Normal（与正常一致）复选框，从而获得垂直于地平线生长的树木，如图 5-79 所示，效果如图 5-80 所示。

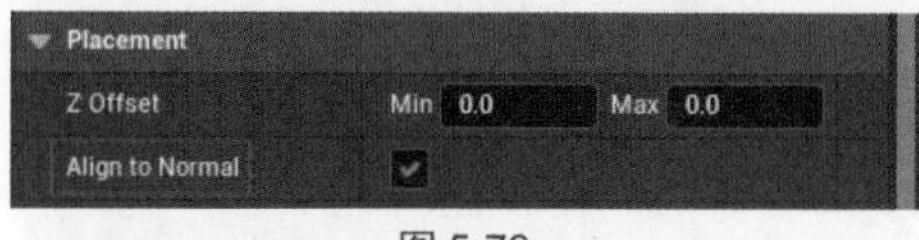

图 5-79

图 5-80

为了制作出现实中植物生长的随机性效果，还可以调整 Placement→Random Pitch Angle（随机俯仰角）参数，让植物在向上生长的同时，带有一定的俯仰角度，如图 5-81 所示。

Placement	
Z Offset	Min 0.0 Max 0.0
Align to Normal	
Average Normal	✓
Average Normal Single...	✓
Random Yaw	✓
Random Pitch Angle	132.112
Ground Slope Angle	Min 0.0 Max 45.0

图 5-81

在绘制高海拔山体地形植被时，有些坡度在现实世界中是无法生长植物的，为了在 UE5 里模拟这一场景与减少工作量，可以在 Placement→Ground Slope Angle（地面坡度角）里进行参数设定，当笔刷经过超过最大坡度的地形时，植被笔刷滑过时也不会生成植被，如图 5-82 所示。

植被细节设定。在植被系统中，除了可以使用笔刷来制定大范围植被场景，还可以对每一棵植被本身进行更高细节的设定。在植被属性栏里找到 Instance Settings（实例设置）菜单栏，通过其中的选项可以进一步对单棵植被进行设定，如图 5-83 所示。

Placement	
Z Offset	Min 0.0 Max 0.0
Align to Normal	
Average Normal	✓
Average Normal Single...	✓
Random Yaw	✓
Random Pitch Angle	25.848
Ground Slope Angle	Min 0.0 Max 217.31999

图 5-82

Instance Settings	
Mobility	Static Movable
Cull Distance	Min 0 Max 0
Cast Shadow	✓
Affect Dynamic Indirect Lighting	
Affect Distance Field Lighting	
Cast Dynamic Shadow	✓
Cast Static Shadow	✓
Cast Contact Shadow	✓
Light Map Resolution	8
Collision Presets	NoCollision
Custom Navigable Geometry	Yes
Translucency Sort Priority	0

图 5-83

Mobility（移动性）：确定要处于 Static（静态）或 Movable（动态）属性。

Cull Distance（Cull 距离）：剔除距离对被分配给边界直径最接近其大小的 Actor。

Cast Shadow（投影）：选择该复选框时，开启投影。

Affect Dynamic Indirect Lighting（影响动态间间接照明）：选择该复选框时，确认要影响动态间间接照明。

Affect Distance Field Lighting（影响距离场照明）：选择该复选框时，确认要影响距离场照明。

Cast Dynamic Shadow（制造动态阴影）：

选择该复选框时，确认要制造动态阴影。

Cast Static Shadow（制造静态阴影）：选择该复选框时，确认要制造静态阴影。

Cast Contact Shadow（制造细节光影）：选择该复选框时，确认要制造细节光影。

Light Map Resolution（光图分辨率）：选择该复选框时，可改变光图分辨率。

Collision Presets（碰撞预设）：植被是否会对接触它的物体产生碰撞。

Custom Navigable Geometry（自定义可导航几何图形）：是否要自定义可导航几何图形。

Translucency Sort Priority（半透明排序优先级）：在此可确定半透明排序的优先级参数，来确认当它与其他种类植被产生交叠时，为先渲染对象，还是为被遮挡对象。

导出笔刷，当在一个场景里对一个笔刷进行高度自定义后，想让它在别的文件里也能够直接使用时，就可以进行笔刷导出操作。在笔刷栏中右击想要导出的笔刷，在弹出的快捷菜单中选择 Save As Foliage Type（另存为文件夹类型）命令，如图 5-84 所示。

图 5-84

然后将它指定到想要保存的资产管理器中的文件夹内，并进行重命名，单击 Save 按钮，即可导入资产管理器中，如图 5-85 所示。

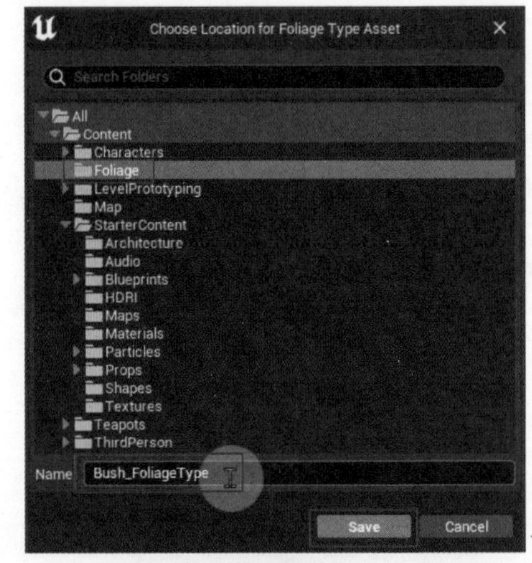

图 5-85

此时它并不是随着文件进行保存，而是跟随资产进行保存，任意新建一个文件，打开植被模式，单击笔刷栏上方的 Foliage（植被）按钮，即可在弹出的选项栏中发现刚刚添加的笔刷，如图 5-86 所示。

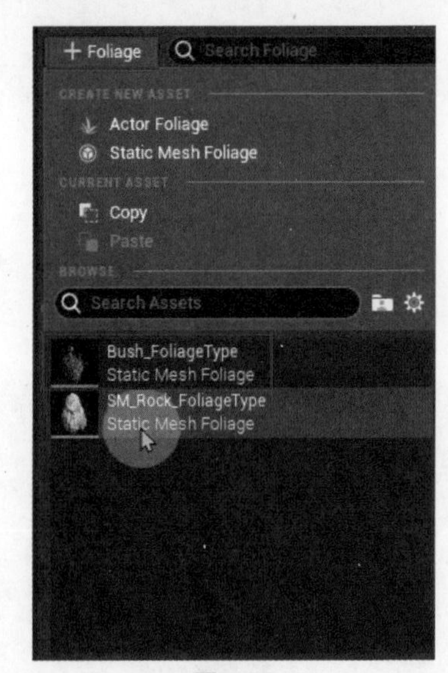

图 5-86

5.5.5 工具控制板

学会如何添加笔刷与在场景中绘制植被后，就可以使用植被系统的工具控制板，来进一步调整在场景中的植被了，如图 5-87 所示。

Select（选择）：选择单独的植被实例，可以按住【Ctrl】键来选择多个植被网格体。

图 5-87

All（全部）：选择所有的植被实例。

Deselection（取消选择）：清除当前选中项。

Invalid（无效）：选择所有无效的植被实例。

Lasso（套索）：当使用的笔刷不同时，选中所有与当前所选植被类型相同的植被实例。

Paint（笔刷）：可绘制植被的笔刷工具，按住【Shift】键可查看所选植被类型的实例。

Reapply（重新申请）：有选择地调整场景中设置被实例化的参数。

按照如下所示进行使用。

（1）选择：重新应用（Reapply）工具，然后在网格体列表中选择想要更改评估的植被类型，如图 5-88 所示。

图 5-88

（2）在植被细节（Foliage Details）的骨架中做出相应的变更，如图 5-89 所示。

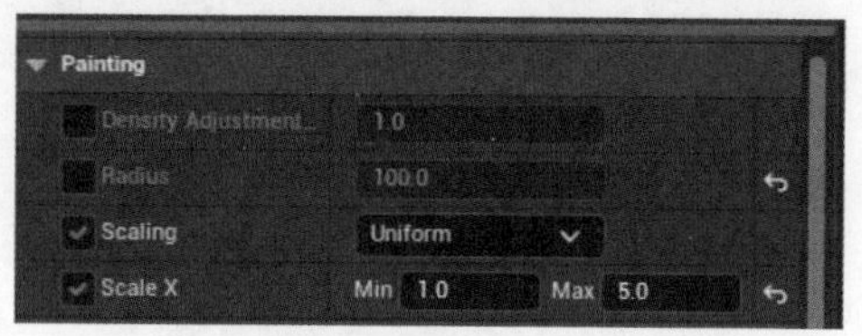

图 5-89

（3）在场景中应用笔刷进行设置，即可更改相关的植被实例，如图 5-90 所示。

图 5-90

Single（单个）：具体选定的单个实例类型。

填充（Fill）：向所选目标填充植被实例化。

擦除（Erase）：在使用笔刷时选定的植被类型。

Remove（清除）：选定植被实例化。

Move（移动）：将选定植被实例移至当前关卡。

UE 动画基础

在虚幻引擎 5（UE5）的世界中，动画制作是赋予角色生命的重要手段。从骨骼网格体的细腻演绎，到根骨骼运动的流畅轨迹，每一帧都凝聚着制作者的匠心独运。混合空间则像一个魔法舞台，将不同的动画状态巧妙地融合在一起，根据输入值的变化，展现出多样的动作与表情。

动画序列，如同故事叙述者一样，将一系列的动画片段串联起来，形成连贯的情节。通过精心设置序列参数，角色的动作和表情得以生动呈现，使得故事更具说服力。而动画蓝图，这个基于节点的编辑器，宛如一座创意工厂，制作者们运用无穷的想象力，通过节点搭建出复杂的动画逻辑和流程，赋予角色鲜活的生命力。

骨骼重定向，这项神奇的技术，打破了角色间的壁垒。它将一个角色的骨骼映射到另一个角色身上，实现了动画资源的共享与复用，大大提高了工作效率。

掌握这些 UE5 动画基础，便能在游戏的世界中尽情挥洒创意，让角色跃然屏上，为玩家带来前所未有的沉浸体验。

6.1　Skeleton Mesh 骨架网格导入流程

本节学习如何将 Skeleton Mesh 骨架网格导入虚幻引擎 5。首先讲解一下具体的导入流程。

下载角色，首先可以在 mixamo.com 里找到自己想要导入的模型，登入或注册账号后，即可进入下载页面，这个网站可以提供免费的低模角色和动作供用户使用，如图 6-1 所示。

图 6-1

在下载页面中选定好人物的角色形象和动画以后，单击“下载”按钮，如图 6-2 所示。

图 6-2

在下载设置中，选择 FBXASCII（.fbx）格式，单击“下载”按钮，如图 6-3 所示。

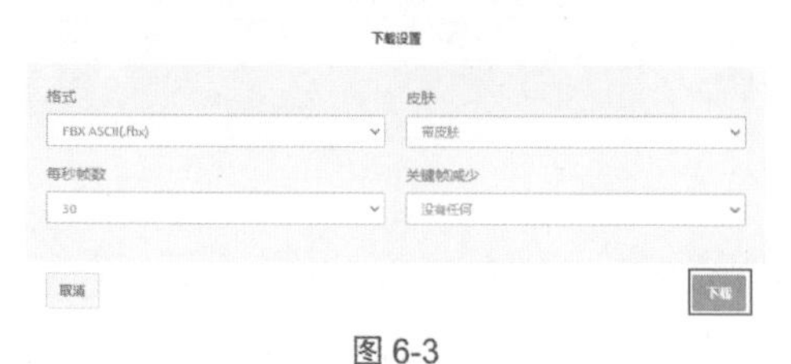

图 6-3

6.1.1　角色部分细分

下面把下载下来的 fbx 文件导入 3ds Max，为它进行材质改名，让模型身体的每一部分都进行好细分。打开 3ds Max 后，在顶部工具栏里找到 File→Import→Import...（导入）命令，如图 6-4 所示。找到刚刚下载好的文件后，对它进行确认导入操作，在弹出的对话框里单击确定按钮，如图 6-5 所示。

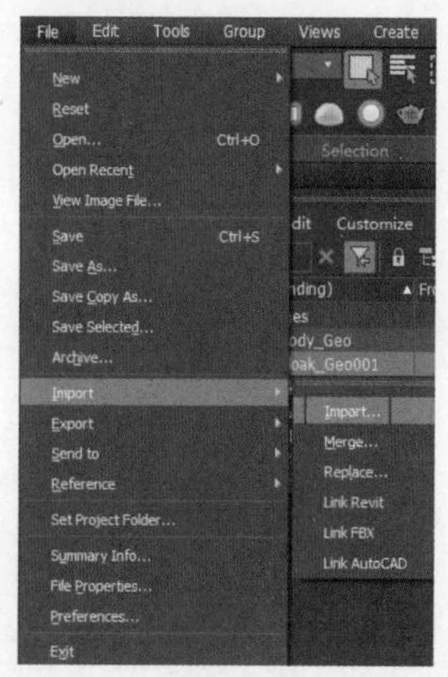

图 6-4

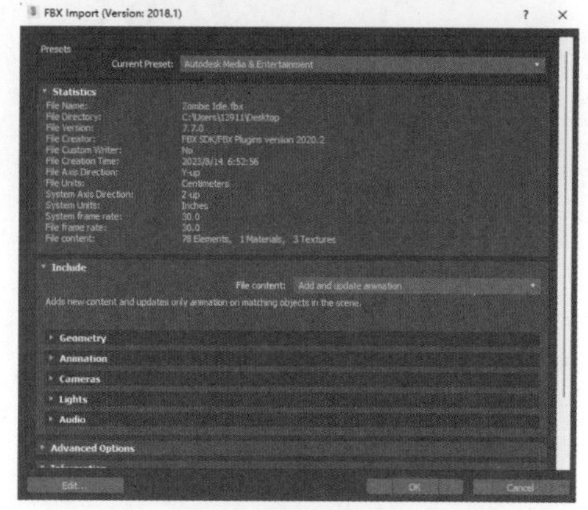

图 6-5

在修改器工具栏里找到 Skin 工具，对角色身体部分进行细分处理。这一步是为了在文件导入 UE5 时如果含有层级绑定并且有 skin 修改器的模型，它就会在导入时自动创建一套新的骨架系统、模型、皮肤等物理资产，以便于操作，如图 6-6 所示。在顶部工具栏中找到材质编辑器。

使用滴管工具吸取角色身上的材质部

分，这里吸取的是角色披风部分，加入材质球中，并命名为 Cape，如图 6-7 所示。

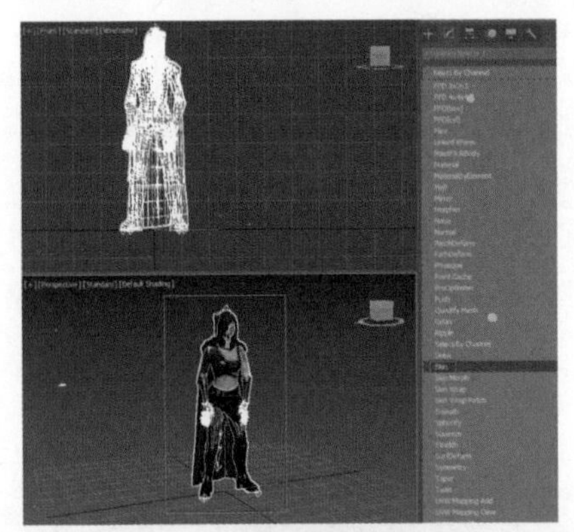

图 6-6

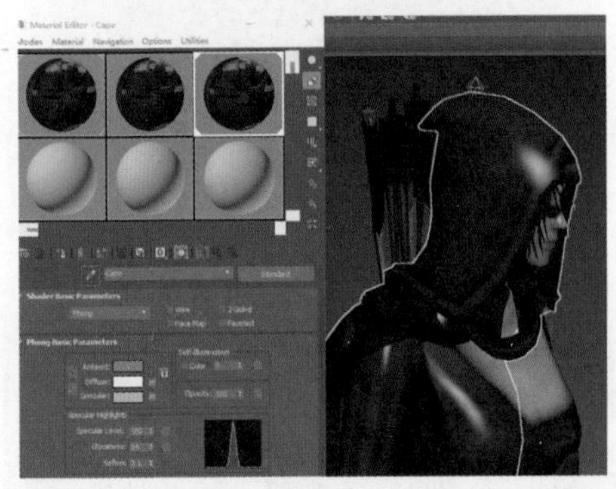

图 6-7

单击材质编辑器里的赋予材质按钮，将命名完的材质赋予在角色身上，如图 6-8 所示。以此类推，完成角色剩余两个部分赋予材质的操作，其中身体部分材质球取名为 body，裙子部分为 skirt。完成后，就可对模型进行导出，在顶部工具栏里找到 File→Export→Export...（导出）命令，如图 6-9 所示。

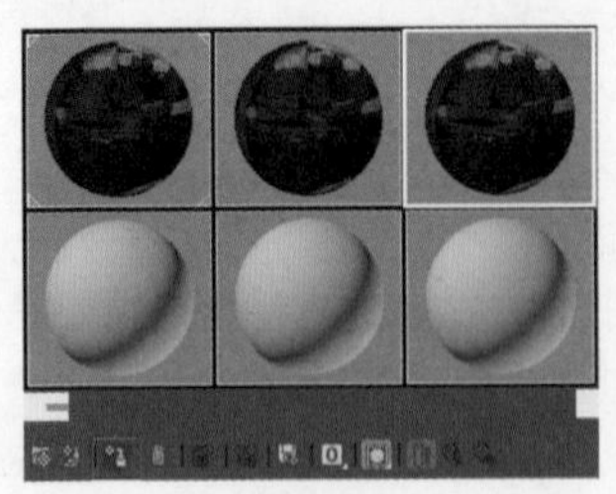

图 6-8

并将文件命名为 SkM Assassin.fbx，选择格式为 FBX，单击 Save 按钮进行保存。在打开的导出界面中选择相应的复选框，再单击 OK 按钮，即可成功导出模型。因为此动画为逐帧动画，所以无须再烘焙，若是先前没有进行烘焙的动画，就可以在导出时把 Bake Animation（烘焙动画）的选项也选择上，如图 6-10 所示。

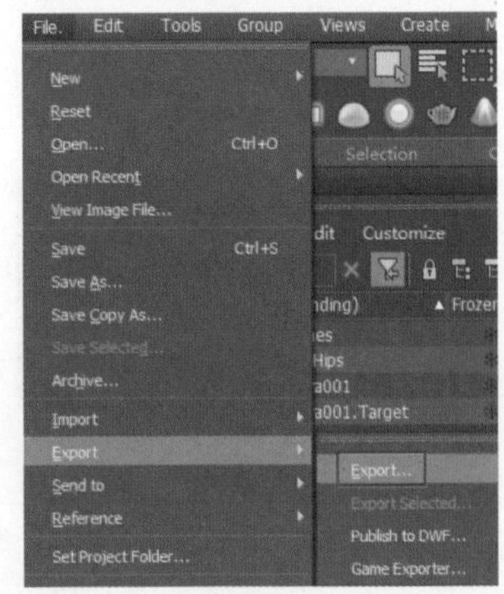

图 6-9

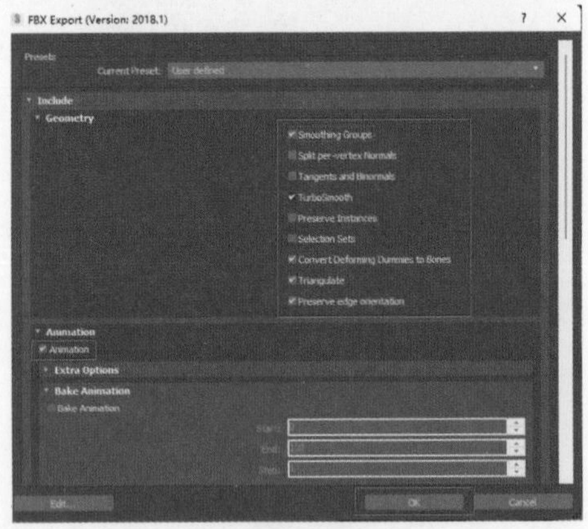

图 6-10

6.1.2　将模型导入 UE5

打开 UE5，在资源管理器中新建一个目录——SkeletonAssets，如图 6-11 所示。在资源管理器中单击 Import 选项，选择刚刚从 3ds Max 中导出的文件进行导入，如图 6-12 所示。

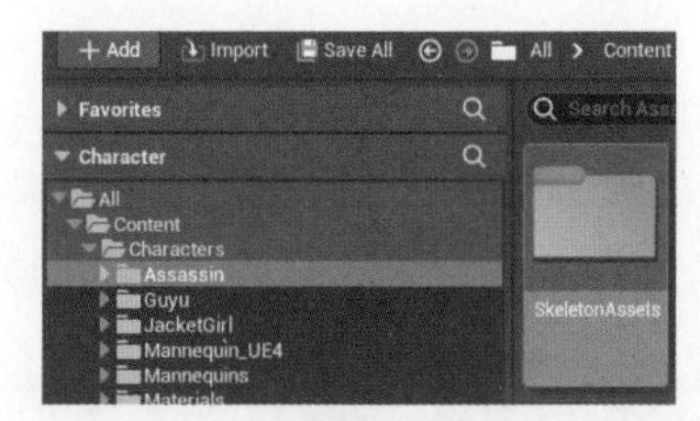

图 6-11

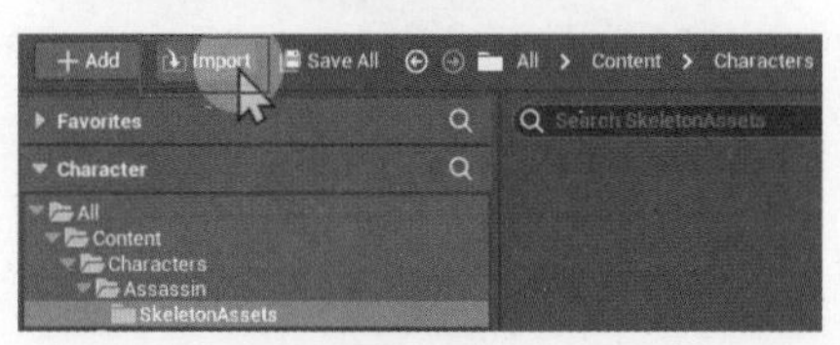

图 6-12

将文件导入 UE5 时，它会自动识别出这是一个骨骼模型。取消选择 Import Animations（导入动画）复选框后，单击 Import 按钮，如图 6-13 所示。导入后，可以看见一堆各种文件，如图 6-14 所示。

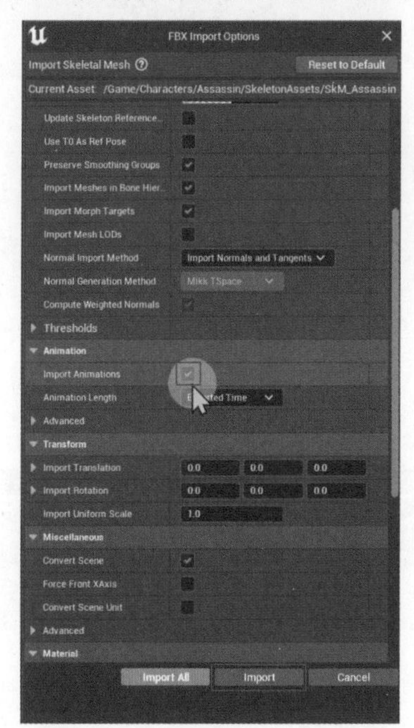

图 6-13

图 6-14

通过整理后可以得到，最核心的资产只有 3 个，如图 6-15 所示。再给资产进行重命名。将物理资产改名为 PA_Assassin，将骨骼改名为 Skeleton Assassin，将皮肤资产改名为 SkM_Assassin，如图 6-16 所示。

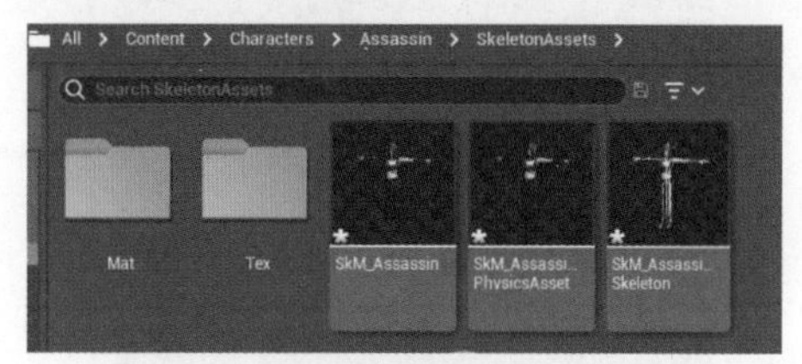

图 6-15

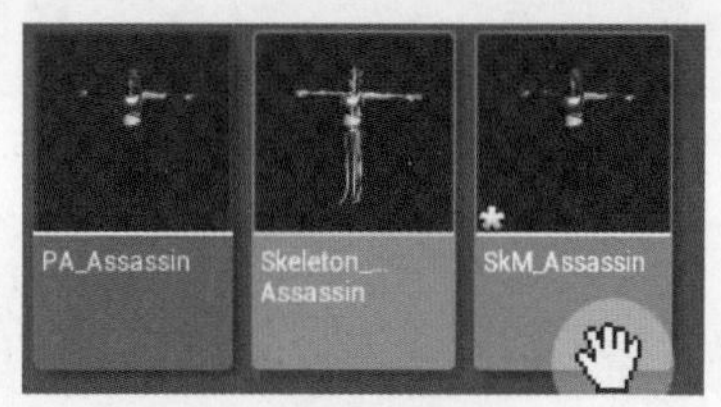

图 6-16

至此，文件的模型资产部分就已经全部导入 UE5 了。

6.1.3　将动画导入 UE5

现在开始导出角色的动画。打开在 3ds Max 里的角色文件，在顶部工具栏里找到 File→Export→Export 命令，单击进行导出。将文件名改为 Anim_Dance，格式为 FBX 格式，单击 Save 按钮，如图 6-17 所示。

图 6-17

在弹出的选项中，确认一下 Animation 选项是否已被选择，若已选择，直接导出即可，如图 6-18 所示。来到 UE5 页面，打开资源管理器的 SkeletonAssets 文件夹，单击 Import 按钮，进行动画导入，如图 6-19 所示。

选中刚刚导出的 Anim_Dance，并单击打开。在弹出的 FBX Import Options 菜单栏里会发现，系统已经自动识别出此动画与之前在 UE5 里导入的模型角色相匹配，所以它会自动将动画导入到模型角色身上，无须再进行相关设置，只需要取消选择 Import Mesh 复选框，单击 Import 按钮，即可成功导入动画，如图 6-20 所示。就可以在资源管理器里面看见它了，如图 6-21 所示。

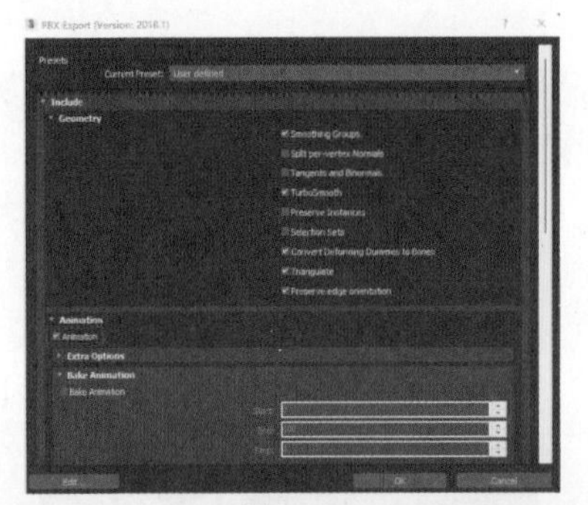

图 6-18

图 6-19

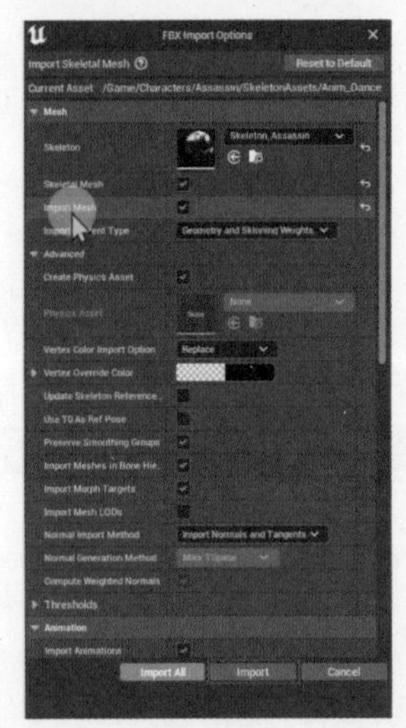

图 6-20

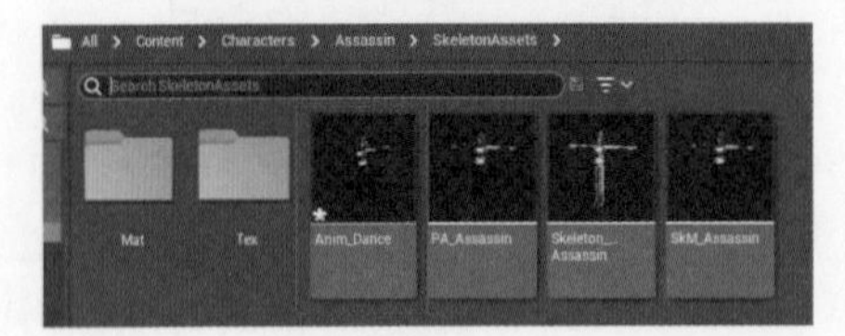

图 6-21

对它进行双击操作，就可以在 UE5 里对它的动画进行预览，如图 6-22 所示。若要在场景中对它进行播放，那就在场景中放置角色的骨骼模型并选中，如图 6-23 所示。

图 6-22

图 6-23

在属性面板栏里找到 Animation（动画）→Animation Mode（动画模式）选项，其中有两个选项，Use Animation Blueprint（使用动画蓝图）：必须要用程序去控制；Use Animation Asset（使用动画资产）：可以自定义动画。

这里选择 Use Animation Asset 选项，如图 6-24 所示。

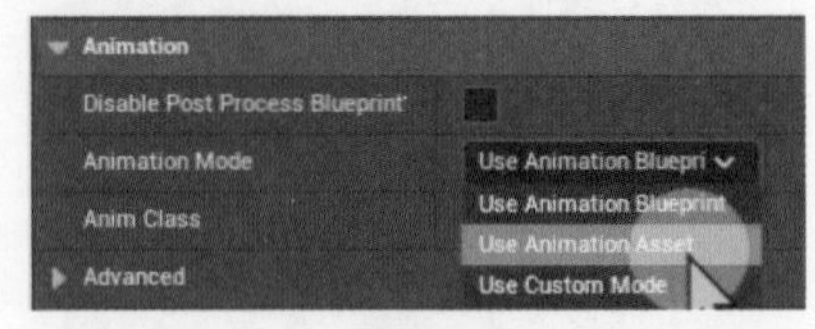

图 6-24

在 Animation to Play（要播放的动画）里选中刚刚导入的动画资产，如图 6-25 所示。

再在页面顶部工具栏中找到播放工具，单击进行播放。角色的动画就会在场景里进行播放了，如图 6-26 所示。在动画播放时，可以通过设置 Initial Position（初始位置）来决定动画从它的哪一帧起进行播放，如图 6-27 所示。

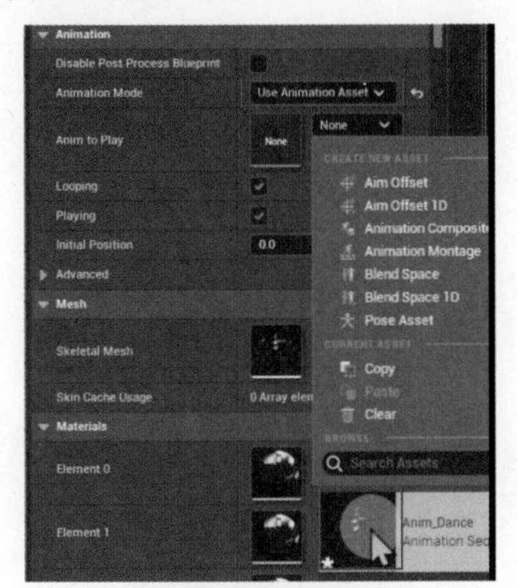

图 6-25

图 6-26

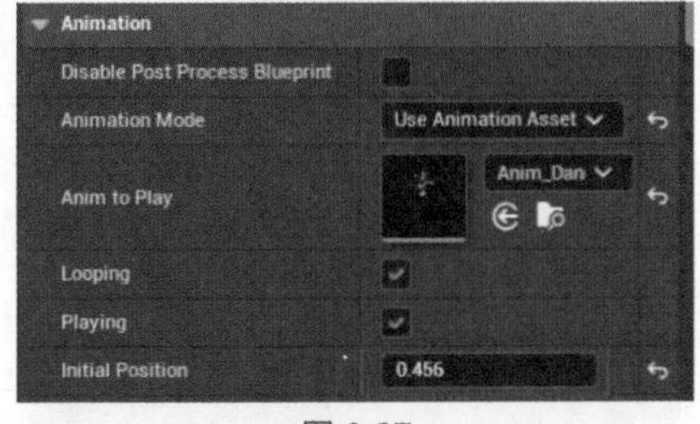

图 6-27

除了前文的导入流程，在导入时还有以下几个注意事项。

（1）对 DCC 内的骨架系统插件没有限制（Biped、CAT 等均可），但导出时需烘焙关键帧。

（2）Bone 不得重名。

（3）场景单位必须统一。

（4）只认 Skin 和 Morpher 修改器，Morpher 必须在 Skin 下方。

（5）段数细分修改器（如 Turbo Smooth 等）无法导入 UE，因此若需提高模型精度，需要修改原始模型，并重刷权重。

（6）应用了同一套骨架的多个 mesh 导入时会自动合并（如头发、衣服、刀剑等）。

（7）一套模型只能有一个根骨骼（Root Bone）。

（8）角色若可更换武器或附件，则为角色武器留出额外的 bone，作为武器的 root。

（9）场景中有多个角色时，每个角色单独输出 SkMesh 及动画 FBX（注意不要漏了任何的相关骨骼，包括 IKnode、Biped 的 Nub 等）。

（10）角色的 T-Pose 模型和动画分别输出不同的 FBX。

（11）尽量在世界原点附近做动画，避免由于太远而出现模型消失、抖动等问题。

（12）在导出时，使用 FBX2018 及以上版本导出。

6.2　实时布料动力学

本节来认识一下布料系统，虚幻 5 中的布料系统并不能做到与现实世界的布料一样精确，它的精度一般适合模拟披风、刘海、头发等效果，但做不到与人体结构或其他物体结构产生物理碰撞的真实感，并且还时常会发生模型与布料有穿插漏洞或者反动力学的奇怪状态。但若使用恰当的话，布料系统在某种程度上能够填补 UE5 中无柔体系统的空白。

6.2.1　制作布料系统

具体操作过程请观看教学视频。

6.2.2　布料笔刷设置

在使用笔刷对布料进行操作时，如图 6-28 所示。将要使用到的按键如下。

绘制：按鼠标左键。

擦除：Shift+ 鼠标左键。

布料预览：快捷键 H。

右侧属性栏有关 Brush（笔刷）的设置如下。

Radius（半径）：以虚幻单位设置画笔的半径，可以按【CTRL + [】组合键减小画笔半径，按【CTRL +]】组合键增大画笔半径。

Strength（强度）：用于设置在启用绘画时每次单击或移动鼠标光标时的绘画强度百分比。此外，如果启用画笔流，则画笔强度的百分比（流量）将应用于表面。

Fall of（衰减）：设置画笔的强度如何随着距离而减弱。衰减值为 1.0 表示画笔中心强度为 100%，并向画笔半径线性衰减。

Enable Brush Flow（启动刷子流）：选择该复选框，会把刷子配置应用到每个渲染帧，即使没有移动鼠标也是如此。它会产生类似于喷枪的结果。

Ignore Back-Facing（忽略背面）：选择该复选框，可忽略背向相机的操作区，它们就不会受到画笔的影响。

根据需要设定好 Brush（笔刷）工具后，就可以正式对布料进行涂抹操作了。在使用 Brush（笔刷）工具时，还会配合着属性栏里的其他工具进行使用。

Tool Settings-Paint Value（画笔值）工具可以决定被笔刷涂抹过的布料，偏离原点的最大距离范围是多少，例如，当它的值为 100 时，说明布料可以在最大值为偏移原点 1 米的区域内活动，如图 6-29 所示。

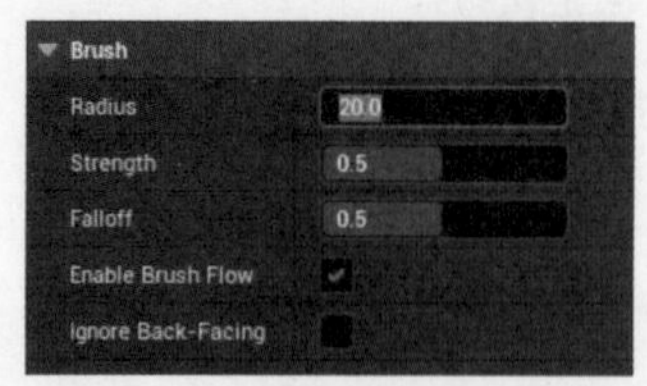

图 6-28

图 6-29

用笔刷对布料进行操作时，操作过的区域就会变色。颜色的变化是从黑色到白色的过程，笔刷操作所赋予布料的值比给定的最大范围值越小，颜色就会越接近黑色；笔刷操作所赋予布料的值与给定的最大范围值越接近，颜色就会越接近白色，如图 6-30 所示。

图 6-30

Paint Value（画笔值）并不是唯一能决定布料上的原点偏移值的选项，若在属性栏里还设定了 View（观察）选项中的 View Min（观察最小值）和 View Max（观察最大值），它们也会影响原点偏移值的大小。例如，当 Paint Value 参数为 300 时，View Max（最大观察值）为 100，那么在布料编辑器里所看到的效果，就仍是参数偏移值为 100 的效果，只有将 View Max（最大观察值）也改为 300，才能看到原点偏移值为 300 时的效果，如图 6-31 所示。

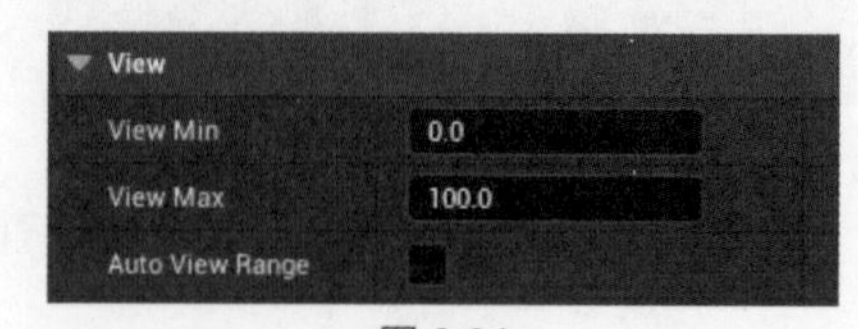

图 6-31

6.2.3 布料碰撞效果

给布料刷完权重并单击 Save 按钮保存后切换到场景里，就可以观察到布料已经在随着人物动作开始抖动了，如图 6-32 所示。

图 6-32

但通过观察可看出，此时的布料飘动略显僵硬，并不自然。这是由于角色的碰撞效果并不是通过布料与角色身体的直接接触制造出来的，而是布料与专门的胶囊体碰撞得出的效果。现在的布料飘动不自然，是因为碰撞胶囊体仍未调整的原因，所以接下来要对角色碰撞胶囊体进行设置。打开资产管理器，双击物理资产 PA_Assassin，进入它的编辑器中，如图 6-33 所示。

图 6-33

进入编辑器后，可以看见系统依照披风和角色身体所创建的胶囊体，这些胶囊体就是布料的碰撞区域，当布料触碰到它们时，就会产生碰撞效果，如图 6-34 所示。

对胶囊体进行以下改造。

（1）删除披风所产生的胶囊体，如图 6-35 所示。

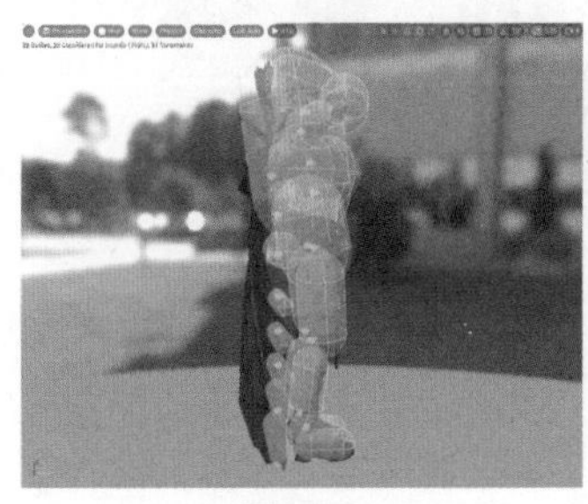

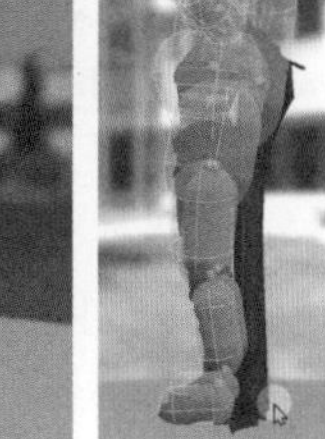

图 6-34　　图 6-35

（2）将角色的胶囊体全都进行缩放和移动调整，将它修改成近似人体骨骼的大小与排列位置的效果，如图 6-36 所示。

达到如图 6-37 所示的效果后，单击 Save 按钮进行编译保存，在场景里再次观察披风的运动形态，就会发现灵动许多了。

图 6-36　　图 6-37

6.2.4　布料配置

布料系统除了能让布料与模型进行运动交互，还可以通过配置（Config）中的属性调整布料的交互方式，以便布料模拟出各种不同类型的材质，如粗麻布、橡胶、皮革等。本节只简单介绍一下 Config 较为常用的几个选项，如图 6-38 所示。

图 6-38

在 Cloth Configs（布料配置）→Chaos Cloth Control→Mass Properties（质量属性）中，Mass Mode（布料重量模式）的默认选项为 Density（密度），根据布料的密度来制作，当布料密度越高时，重量越大，越不容易飘动起来，如图 6-39 所示。

在 Material Properties（材料特性）中，Edge Stiffness（边缘刚度）可以改变布料的拉扯度（弹性），Bending Stiffness（弯曲刚度）是指这个布料能够弯曲折叠的硬度。

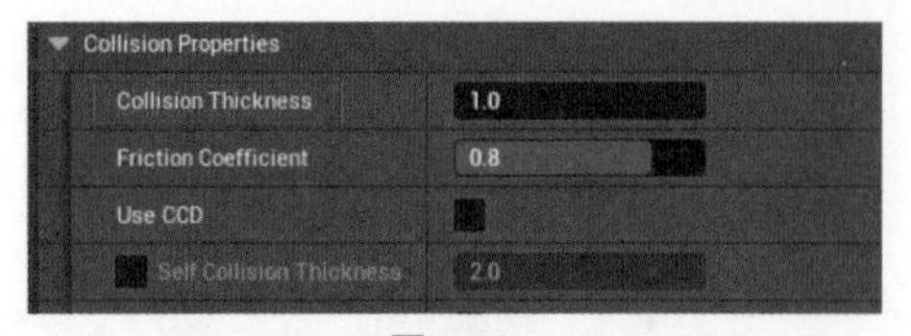

图 6-39

在 Collision Properties（碰撞特性）中，Collision Thickness（碰撞厚度）改变的是布料的默认厚度，这个选项一定程度上可以避免布料与模型角色交互时，会发生的穿插现象，如图 6-40 所示。

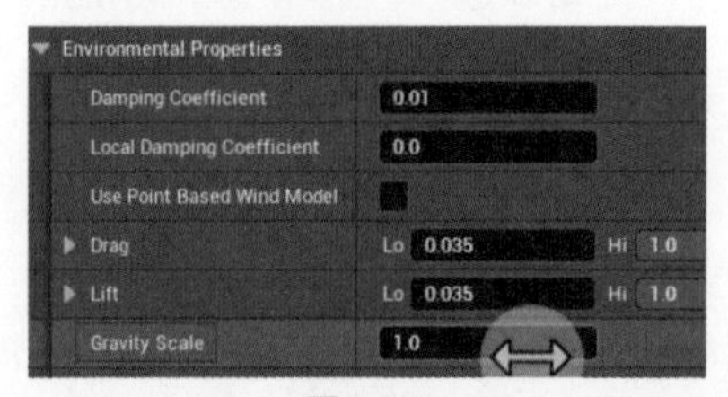

图 6-40

在 Environmental Properties（环境特性）中，Gravity Scale（重力标度）可以决定布料的重力状态，0 是漂浮状态，1 是正常重力，-1 是向上飘。若设置以上参数时，发现效果都不太明显，可能是因为默认的迭代次数只有 1。当迭代次数只有 1 时，所有动力学参数都基本一致，所以，只要在属性面板栏里找到 Simulation→Iteration Count（迭代次数），将迭代次数参数调高即可，如图 6-41 所示。

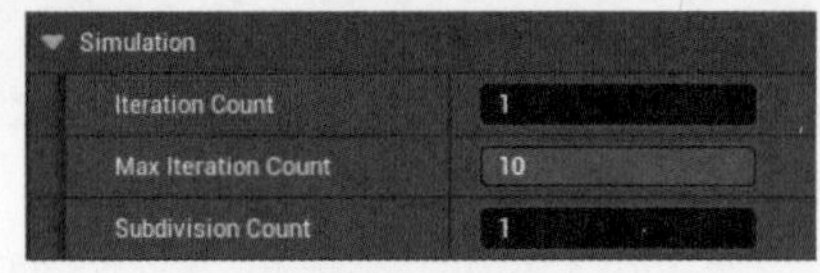

图 6-41

6.2.5 给场景添加风

除了在布料上进行设置，让效果更真实之外，还可以在场景中添加风的效果，通过风吹动布料，让它表现得更加真实、自然。来到场景中，在顶部工具栏里找到快速添加按钮，单击后直接搜索 Wind Directional Source（风向源），如图 6-42 所示。

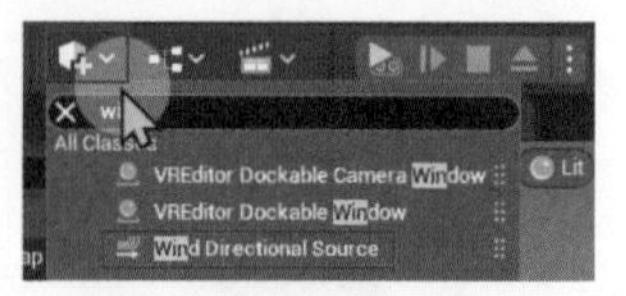

图 6-42

将 Wind Directional Source 拖动到场景中，放置在角色旁边，如图 6-43 所示。

风工具中有一个蓝色箭头，代表的是风向，如图 6-44 所示。选中风后，可以在它的属性面板栏中调整 Speed（速度），用于影响风的大小，如图 6-45 所示。

图 6-43

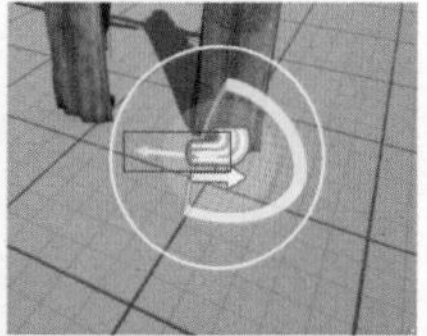

图 6-44

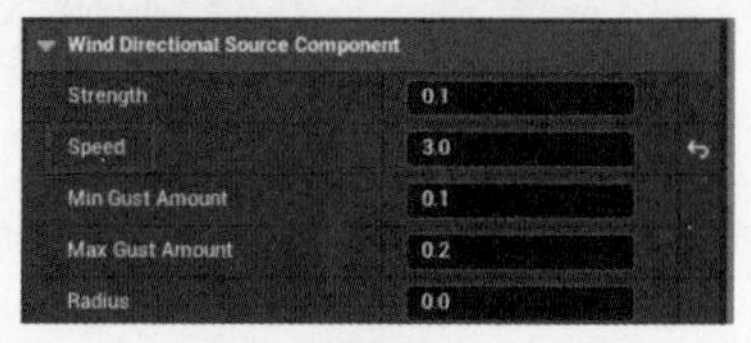

图 6-45

Speed 的参数值越大，越能让披风飘动起来，如图 6-46 所示。

图 6-46

本节学习了如何给模型建立布料系统，以及让赋予布料特性的模型与它的物理模型能模拟现实生活中布料接触外界该有的碰撞效果，并且还学习了如何进一步设定布料本身，让布料拥有不同的材质特性，以及如何在场景中添加风效果，让布料表现得更自然。

6.3　MorphTarget 表情变形

本节来介绍一下 Morph Target 变形对象，它的主要用途就是用来做表情或者在一些不改变模型拓扑结构的情况下的动画。它导入 UE5 的方法为通过 Morpher 修改器（3ds Max）或 Blend Shape（Maya）导入，并且 Morph Target（变形目标）是随 Skeleton Mesh（骨骼网）导入的，与骨架系统无关，属于皮肤系统。

需要注意的是：动画若涉及变形相关操作，Skeleton Mesh 必须在导入时就包含 Morph Targets，在导入动画时仍可以编辑 Morph Target。

接下来讲解导入 UE5 的具体操作流程。

6.3.1　导出 3ds Max

在 3ds Max 软件里，打开事先准备好的演示模型后，在修改器中给它添加修改器 Morpher。添加完后，可以看到在 Morpher 里有许多表情槽，如图 6-47 所示。现在，在操作视图中选中有表情的模型 Smile 和 Sad，右击表情槽，在弹出的快捷菜单中选择 Pick from Scene（从场景中选择）命令，导入模型，按照此方法依次添加表情：Smile 和 Sad，如图 6-48 所示。

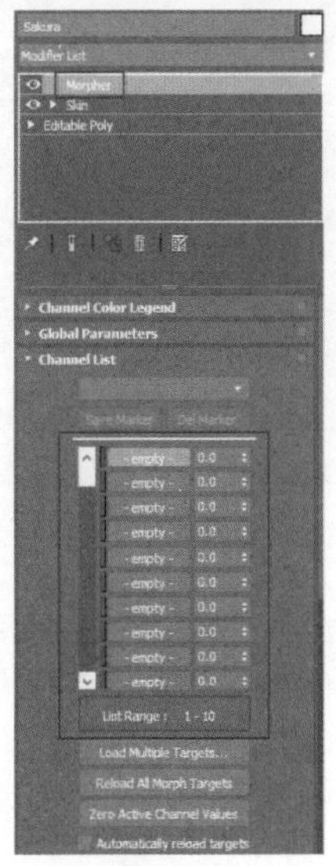

图 6-47

图 6-48

现在，就要开始制作她做出表情的动画了。选中模型 Sakura 后，将时间轴拖到 50 帧，如图 6-49 所示。然后在表情槽处修改角色模型的表情参数，如图 6-50 所示。

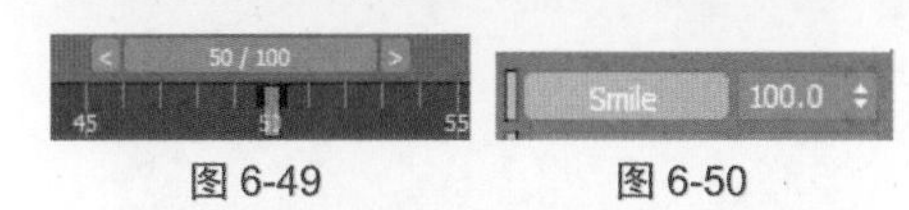

图 6-49　　　　图 6-50

再在时间轴工具栏里找到 Time Configuration（时间配置）按钮并单击，如图 6-51 所示。打开 Time Configuration（时间配置）菜单栏，将 End Time（结束时长）的参数修改为 50，所以这段动画的总长度就是 50 帧，如图 6-52 所示。

图 6-51

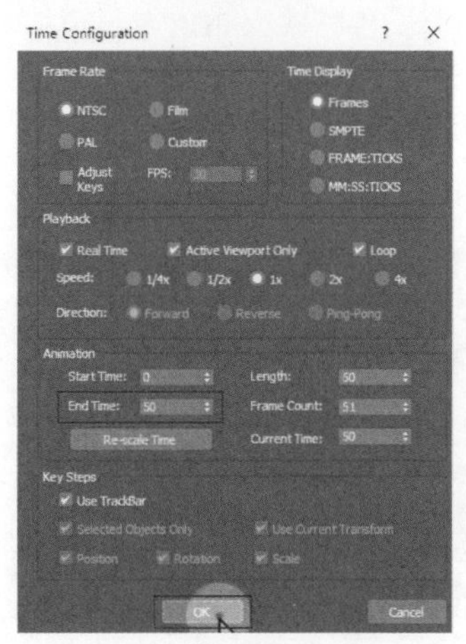

图 6-52

先暂时删除 Smile 和 Sad 的表情模型，以便于导出完整的骨骼模型，如图 6-53 所示。对文件进行导出操作，在顶部工具栏里找到 File（文件）→Export→Export...（导出）命令，如图 6-54 所示。

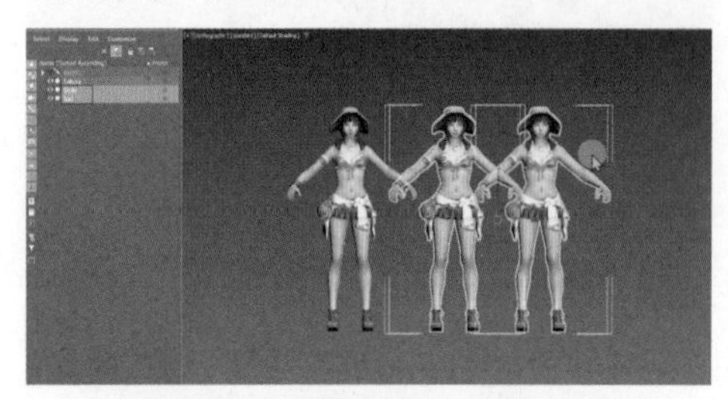

图 6-53

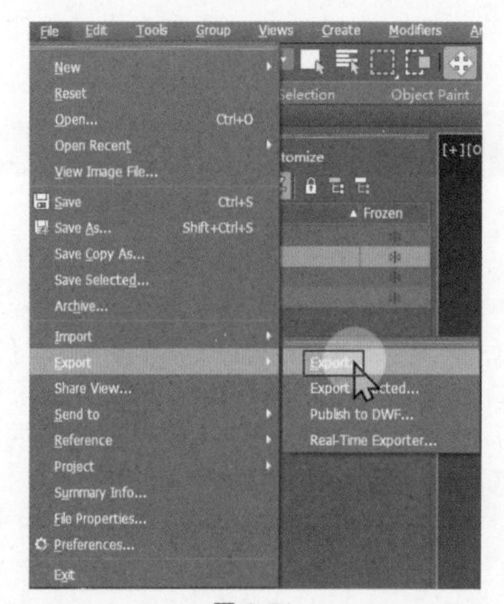

图 6-54

选择文件格式为 FBX 格式，并命名为 SkM_Sakura.fbx，单击 Save 按钮保存。给 FBX Export 设定的选项如图 6-55 和图 6-56 所示。

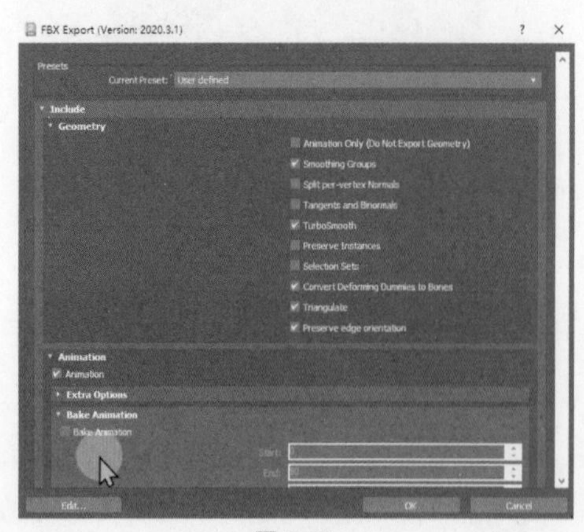

图 6-55

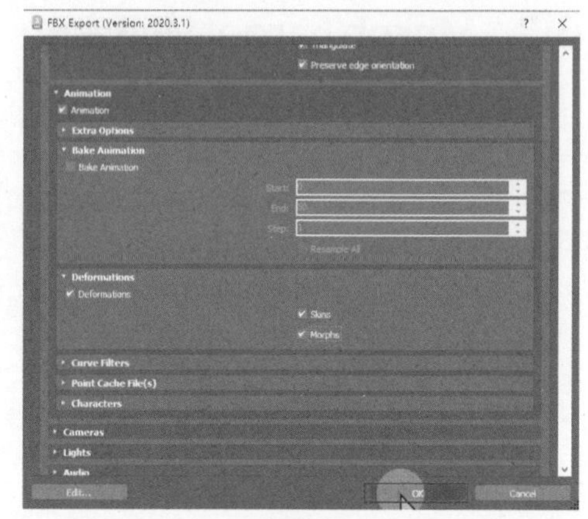

图 6-56

设定好后，单击 OK 按钮即可成功导出。

6.3.2 导入 UE5

打开 UE5，打开资产管理器，在空白的地方右击，在弹出的快捷菜单中选择 New Folder（新文件夹）命令，创建新文件夹并命名为 Sakura，如图 6-57 所示。进入 Sakura 文件夹内，单击 Import 按钮，如图 6-58 所示。

图 6-57

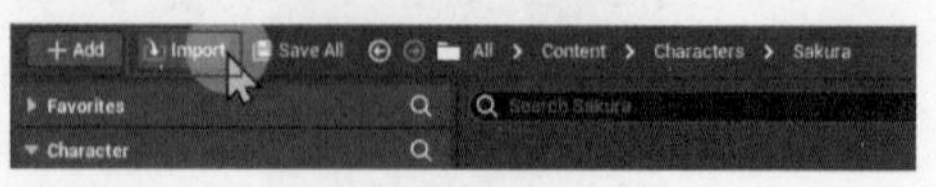

图 6-58

找到刚刚从 3ds Max 中导出的 FBX 文件 SkM Sakura.fbx，单击打开，如图 6-59

所示。在 FBX Import Options（FBX 文件导入设置）里检查一下选项 Import Morph Targets（导入变形目标）是否处于选择状态，若确认是的话，单击 Import（导入）按钮，若不是，请选择后再单击 Import（导入）按钮，如图 6-60 所示。

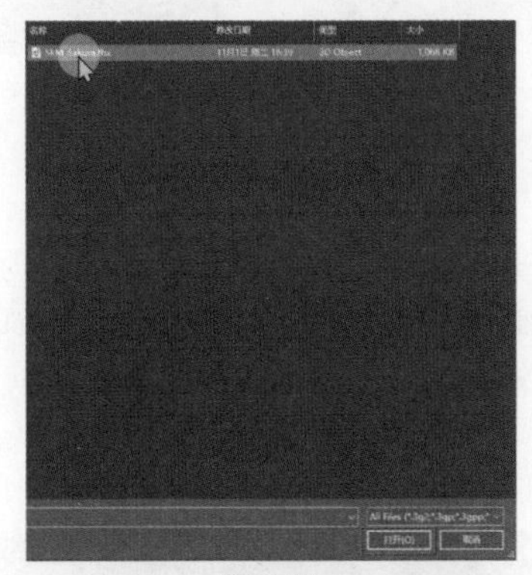

图 6-59

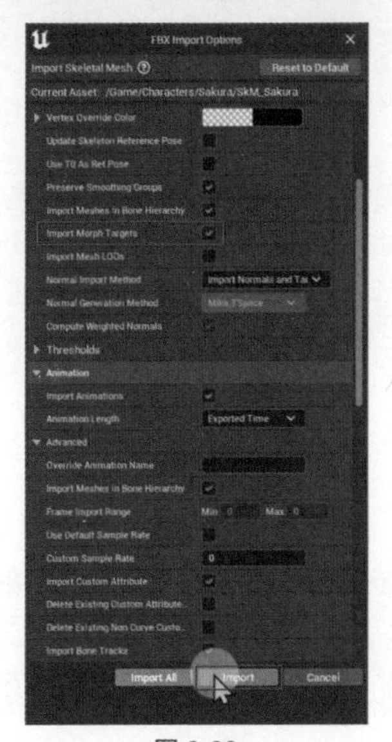

图 6-60

这样就能把文件全都成功导入资产管理器了，如图 6-61 所示。再整理一下导入的文件，新建一个文件夹 Mat，将 M_Sakura、Sakura_sum_d 和 Sakura_sum_n 全都放置在 Mat 中，如图 6-62 所示。

在资产管理器里选中 SkM_Sakura...Anim，进入动画编辑器，如图 6-63 所示。

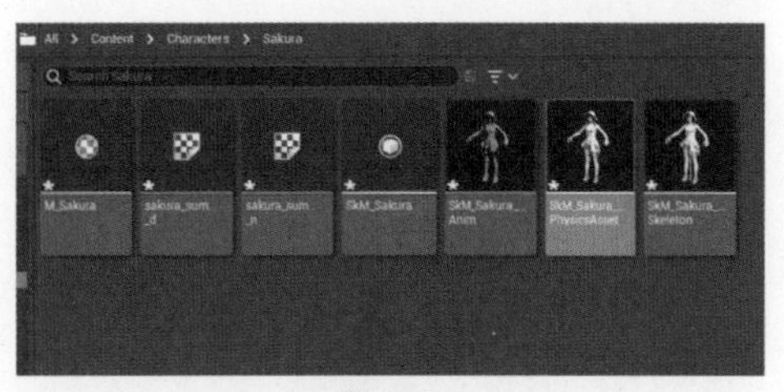

图 6-61

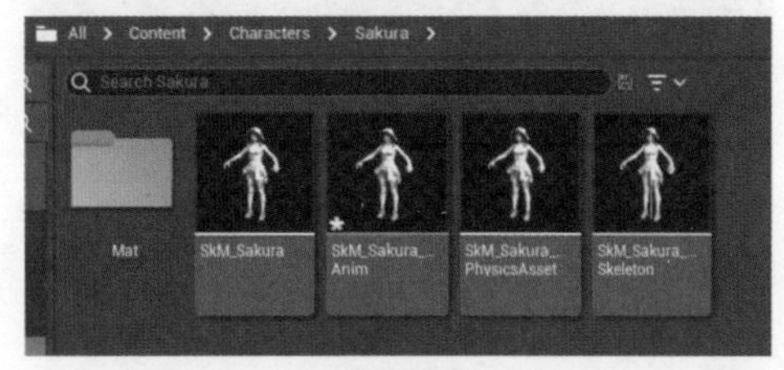

图 6-62

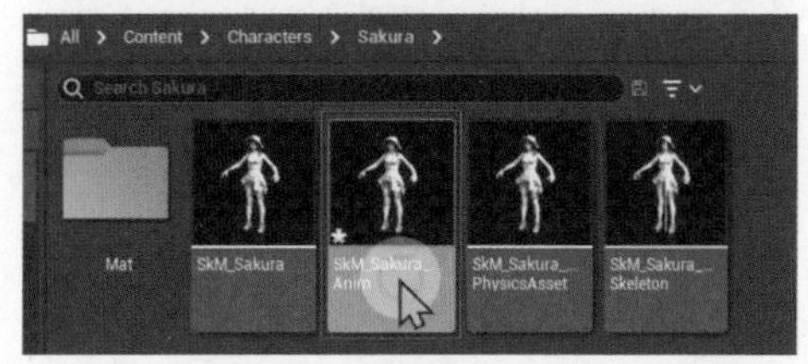

图 6-63

6.3.3　简单应用变形目标预览器

在变形目标预览器里，可以通过视图来查看正在播放的人物表情动画，它的播放进度可以靠调整视图窗口正下方的时间轴来改变，如图 6-64 所示。

图 6-64

在 SkM_Sakura...Anim 的详细信息里，可以看到 Smile 表情的动画曲线，如图 6-65 所示。

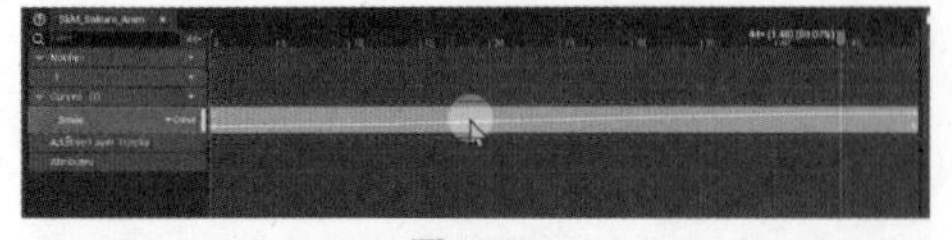
图 6-65

双击它，进入曲线编辑器，在其中可以编辑 Smile 曲线，如图 6-66 所示。

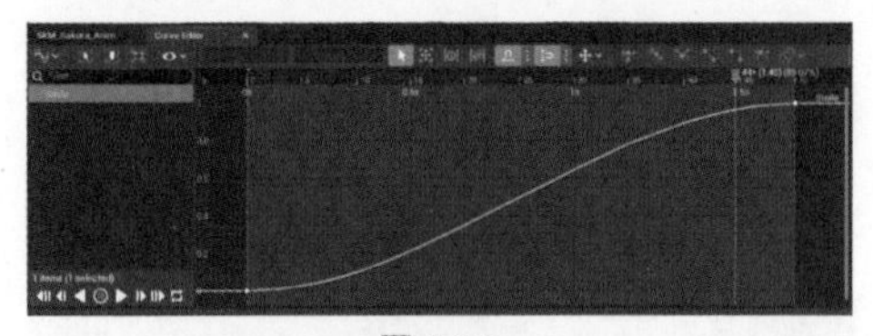
图 6-66

在变形目标预览器里，不仅可以编辑表情，还可以添加表情。在变形目标预览器的右上角单击 Skeletal Mesh 按钮，进入 Skeletal Mesh 面板，如图 6-67 所示。切换到 Morph Target Preview（变形目标预览）面板，就能看到事先在 3ds Max 中添加过的 Sad 表情通道，它在 3ds Max 里并没有被指定制作动画，它的动画制作将在 UE5 内完成，如图 6-68 所示。

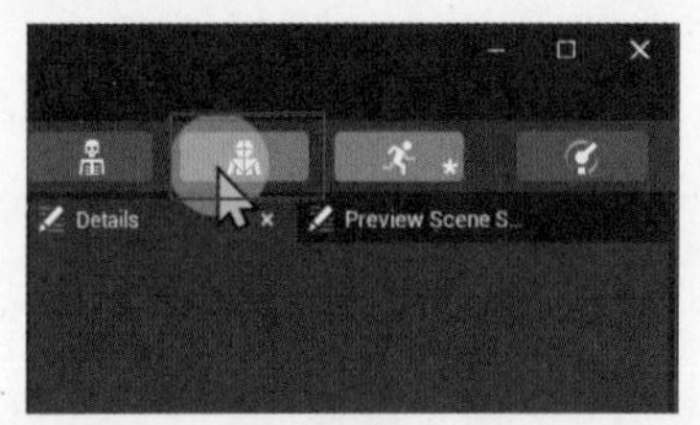

图 6-67

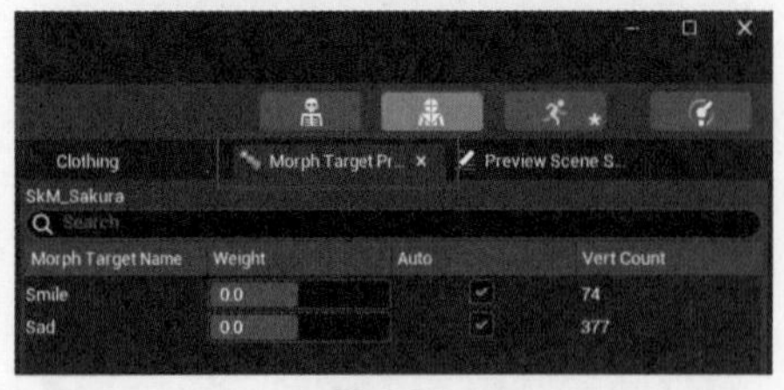

图 6-68

可以在此调整 Sad 表情的参数，在里面预览 Sad 如果被制作成动画后将产生的效果，它的功能是供预览以便于动画制作参考使用，如图 6-69 所示。

图 6-69

6.3.4 制作动画

现在，回到变性目标预览器，在 SkM_Sakura...Anim 的详细信息里找到 Curves（曲线），单击 Curves 选项栏，找到 Add Curve...（添加曲线）→Create Curve（创建曲线）选项，如图 6-70 所示。

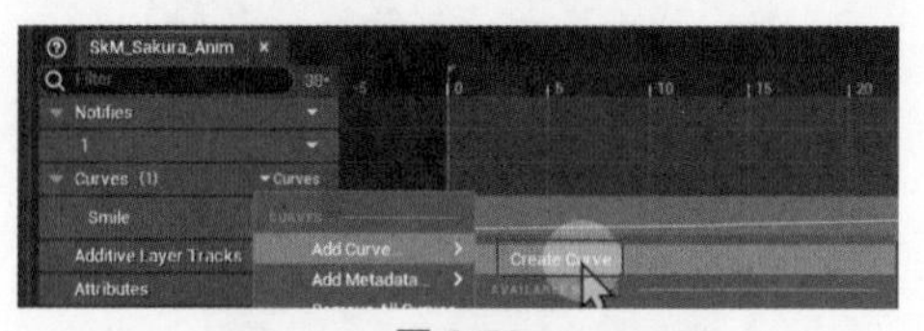

图 6-70

在弹出的 Curve Name（曲线名称）列表里，命名曲线名称为 Sad，如图 6-71 所示。双击 Sad 曲线，进入它的曲线编辑器内，如图 6-72 所示。

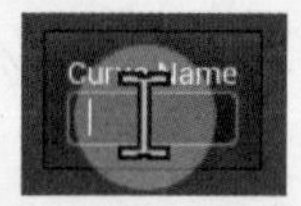
图 6-71

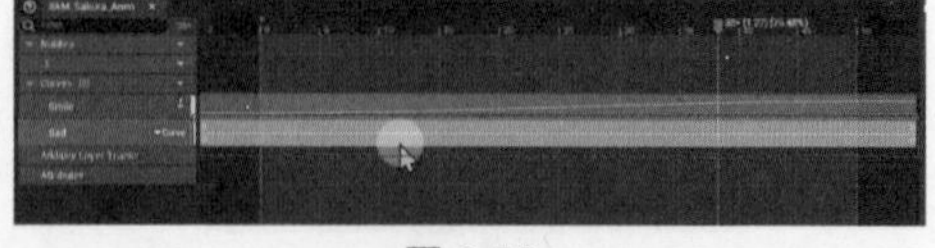
图 6-72

使用鼠标中键给它添加关键帧，并把它拖动成如图 6-73 所示效果。也可以右击关键帧，进一步修改曲线，或者对曲线类型进行改变，如图 6-74 所示。

本节学习了如何通过 3ds Max 将角色表情动画模型导入 UE5 中，并在 UE5 中的变形目标浏览器里进一步对表情动画进行编辑与创作。

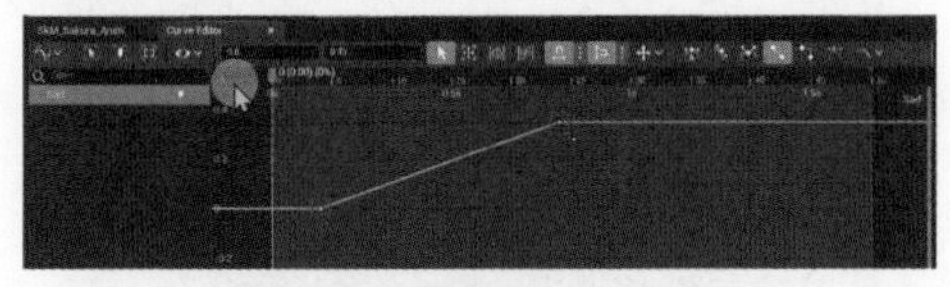

图 6-73

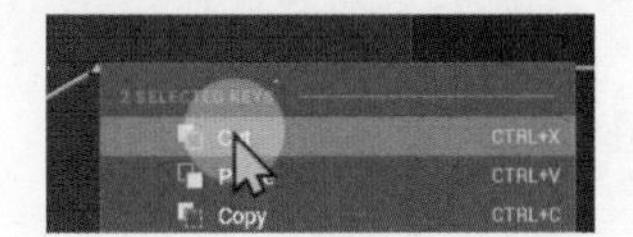

图 6-74

6.4 Alembic 模型缓存

本节来学习一种导入模型序列的方法，这是因为在 UE5 里制作的流体动画效果并不是很好，所以通常会选择在 3ds Max 或 Maya 里进行流体的制作。制作完流体模型后，就要将它们从 3ds Max 或 Maya 导入到 UE5 里进行使用了。本节将使用液体模型进行演示操作，如图 6-75 所示。

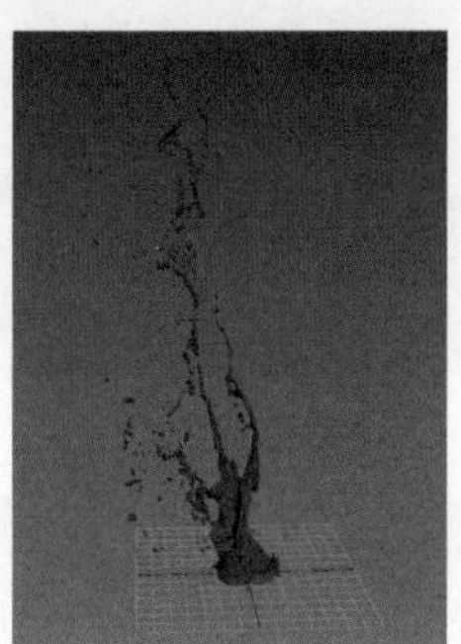

图 6-75

6.4.1 3ds Max 导出流程

在 3ds Max 里打开所需的文件，在顶部工具栏中找到 File→Export→Export...（导出）命令，如图 6-76 所示。

在 Save as type（另存为类型）中找到 Alembic（*.abc）格式，并在 File name 中命名后，指定保存位置后，单击 Save 按钮保存，如图 6-77 所示。

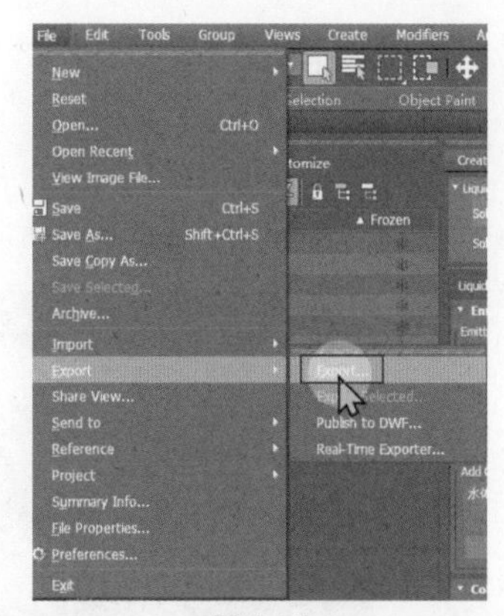

图 6-76

图 6-77

在 Alembic Export Options（Alembic 导出选项）中，Coordinate System（坐标系）可以设定导入时是 X 轴朝向还是 Y 轴朝向，Active Time Segments（活动时间段）可设定导入动画的起始帧和结束帧。这些选项都可以根据个人需求进行自定义，然后单击 Export 按钮即可，如图 6-78 所示。

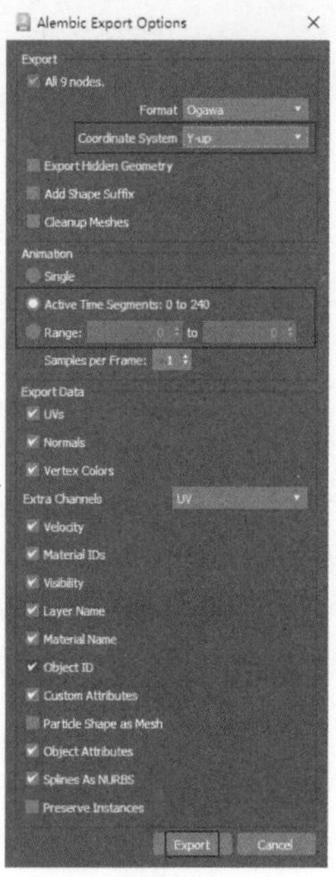

图 6-78

6.4.2 导入 UE5

进入 UE5 后，打开资产管理器，找到一个合适的文件夹，便可将文件拖动放入资产管理器里进行导入，如图 6-79 所示。

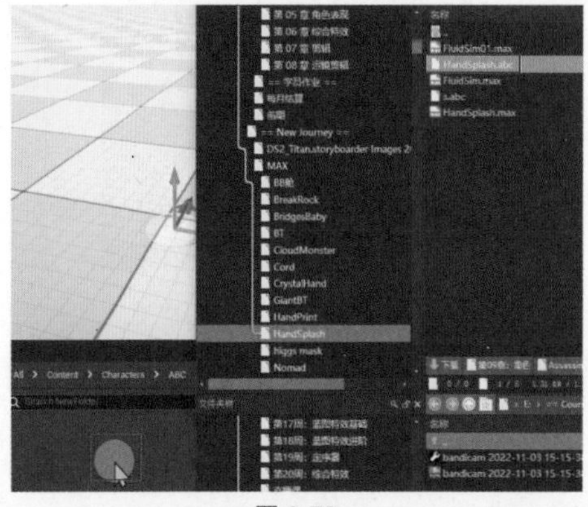

图 6-79

在 Alembic Cache Import Options（Alembic 缓存导入选项）的 Alembic→Import Type（导入类型）中，共有 3 个选项可供选择。

Static Mesh（静态模型）：以模型的第 0 帧作为静态模型起始选项。

Geometry Cache（模型序列）：模型缓存，它会将每一帧存储成一个独立的模型。

Skeletal（骨骼）：一般作为角色的复杂表情使用，这个选项不支持拓扑、晶格等格式，但此模式下的每一帧都是固定的，不能在 UE5 里再对它有所改变，如图 6-80 所示。

在本案例里，采用的是流动的液体模型，所以选择的是 Geometry Cache（模型序列）选项。选择好以后，可以在 Frame Start（起始帧）和 Frame End（结束帧）中设定需要的片段，如图 6-81 所示。

在 Conversion（转复）→Preset（预先调整）中指定导入文件的来源软件，UE5 会遵循该软件的轴向设置进行导入，然后单击 Import 按钮进行导入，如图 6-82 所示。

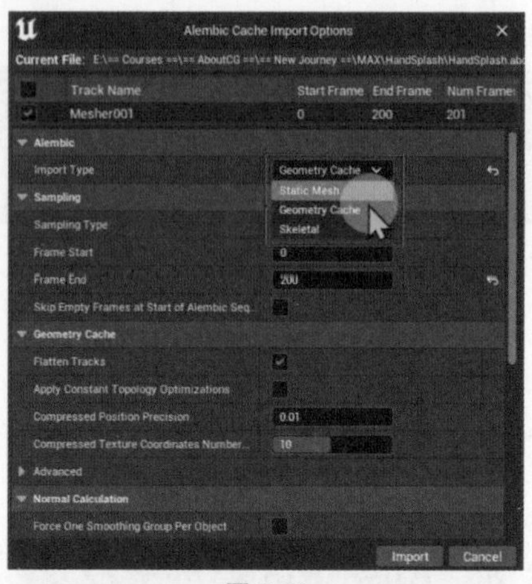

图 6-80

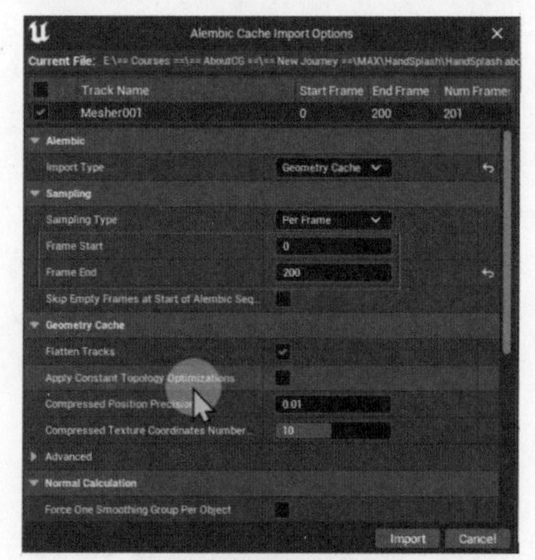

图 6-81

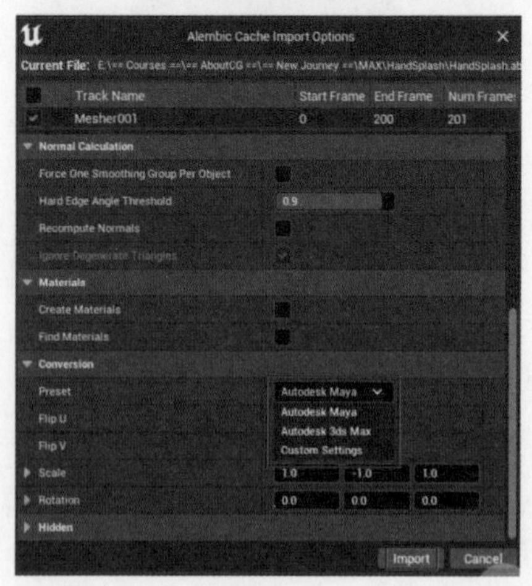

图 6-82

6.4.3　使用模型

导入模型后，可以根据自己的需求来使用模型。在资产管理器中将模型拖入场景中，就可以近距离进行模型改变观察，如图 6-83 所示。

图 6-83

在场景中选中模型后，可以在右侧的属性面板里看到较为常用的两个选项如下。

Start Time Offset（开始时间）：设定从第几帧开始播放。

Playback Speed（播放速度）：设定模型动画的播放速度，如图 6-84 所示。

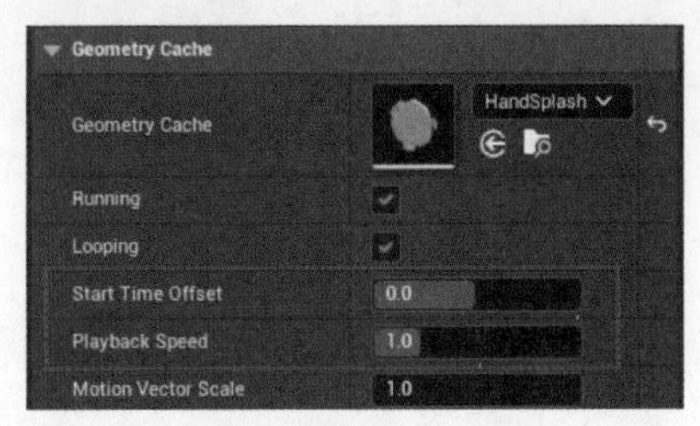

图 6-84

若要将模型添加到 Sequence（序列）中，可以在左上角找到 Add Level Sequence（添加级别序列），如图 6-85 所示。

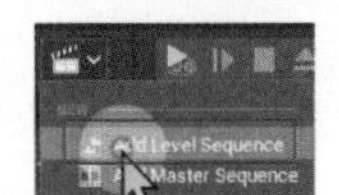

图 6-85

在列表里找到模型，将它用鼠标拖动到序列轨道处并松开，即可成功添加，如图 6-86 所示。选中刚添加到序列轨道中的模型，右击，在弹出的快捷菜单中选择 Geometry Cache（几何图形缓存）命令，如图 6-87 所示。

图 6-86

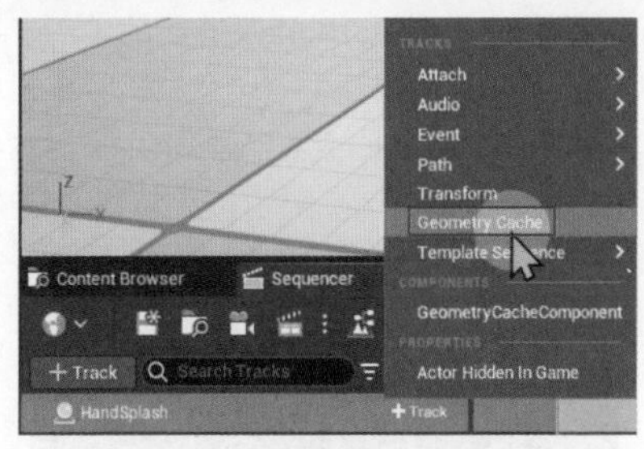

图 6-87

一个动画序列帧就制作完成了，在序列轨道中拖动时间轴，即可对模型动画进行预览，如图 6-88 所示。若要进行播放，可以在顶部工具栏里找到播放按钮，动画模型就会在场景里进行播放了，如图 6-89 所示。

图 6-88

图 6-89

6.5 MetaHuman 工具的使用

MetaHuman 是一款云端在线工具，专注于超写实人物模型及动画制作。该工具具备跨平台特性，不仅支持 PC 端编辑与操作，还提供移动端 app，以便用户捕捉人脸信息并创建模型。制作完成的模型可直接导入至 UE5 游戏引擎，实现高效应用。下面将简要介绍如何运用 MetaHuman 创建和导入模型。

6.5.1 创建模型

在浏览器中搜索 https://www.unrealengine.com，即可进入 MetaHuman 的官方网站，找到启动应用程序按钮并单击，如图 6-90 所示。由于 MetaHuman 属于 EPIC 平台，所以当单击启动应用程序后，要先登入 EPIC 账号才能继续使用。所以，首先登入一下 EPIC 账号，如图 6-91 所示。

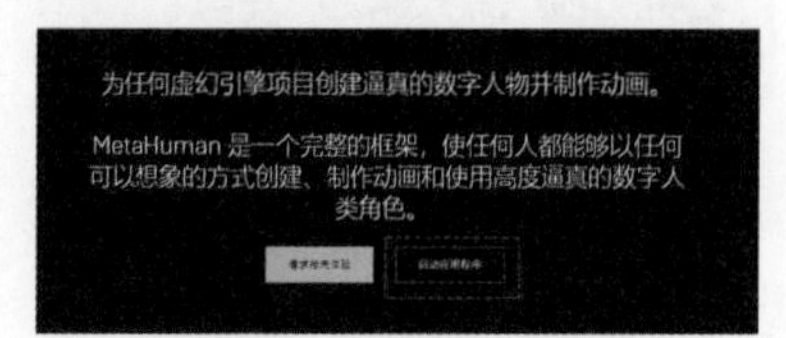

图 6-90

图 6-91

登入 Epic 账号之前若没注册过 MetaHuman 账号，页面就会跳转到 MetaHuman 的注册页面，需要先注册一个 MetaHuman 账号，如图 6-92 所示。

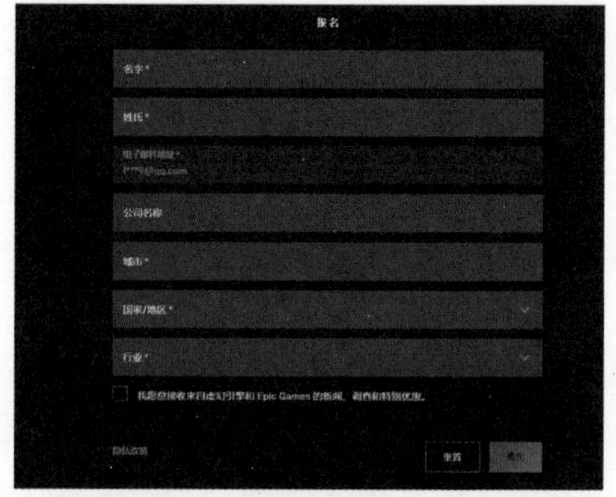

图 6-92

输入相关信息并提交，可以获得一个 MetaHuman 账号，就可以正式开始使用它了。在它的使用页面选择“运行最新版本的 MetaHuman Creator”选项，如图 6-93 所示。

图 6-93

只要等待官方连接至 MetaHuman 的服务器，就可以正式进入 MetaHuman 的工作台了，如图 6-94 所示。在 MetaHuman 的工作台里，会发现它由操作界面和预览界面两部分构成，如图 6-95 所示。

如果要创建新的角色模型，可以在左

侧的操作界面单击“创建”按钮，进行新人物创建，如图 6-96 所示。

图 6-94

图 6-95

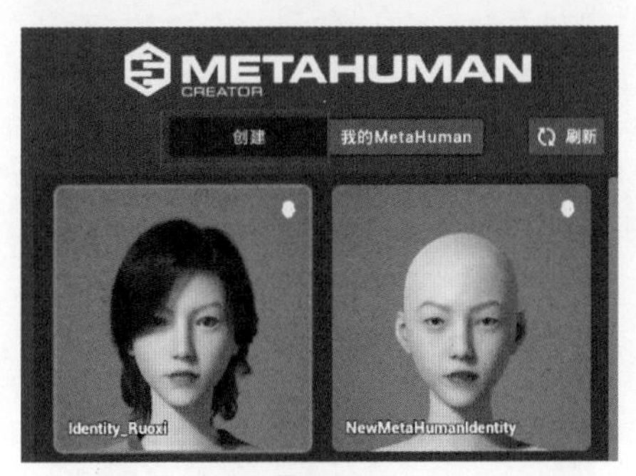

图 6-96

进入 MetaHuman 的创建控制台后，可以在预设中选择人物进行混合，创建新人物。因为 MetaHuman 的创建逻辑并不是从 0 开始创造人物，而是给多种人类模型进行选择，一开始的时候，可以选择与想要创建的角色最相近的角色作为参照。

可以在预设库里选择一个最接近所想要创造的模型，作为主要角色。

使用左侧列表，对模型角色的每一个部位都挑选 3 个所想象的角色模型模板，如图 6-97 所示。

挑选完毕后，在右侧视图操作栏里拖动要修改的区域，就会出现一个控制器，控制器在 3 个不同的方向上均带有一个圆点，其对应的就是刚刚所挑选的 3 个角色模板。当对人物模型进行修改时，想要人物部位与哪一个角色模型更为相似，就将鼠标向哪一个方向上的圆点进行拖曳即可，如图 6-98 所示。

图 6-97

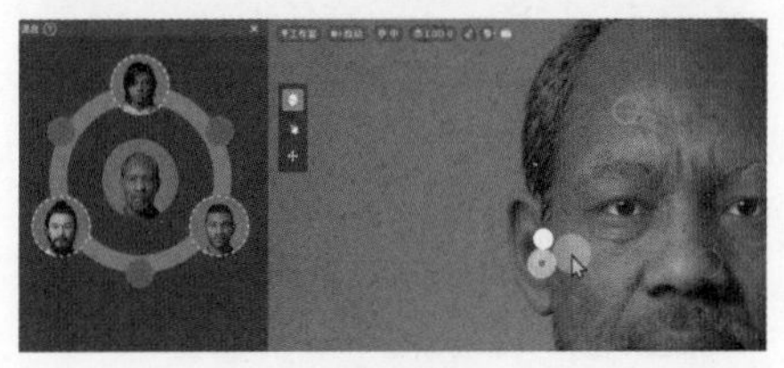

图 6-98

除了这样的调整方式，还可以通过调节各个参数来调整角色的模样，如图 6-99 所示。

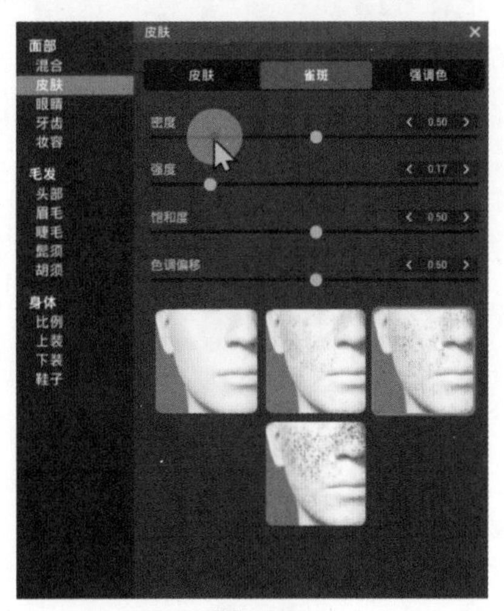

图 6-99

6.5.2 导入 UE5

在 MetaHuman 中进行的操作都是云端自动保存的，所以当要导入 UE5 时，只需要找到 Bridge 里的账户中的 My MetaHumans 选项并单击即可，如图 6-100 所示。

图 6-100

等待系统反应过来后，就可以看到刚刚在 MetaHuman 官网所创建出的模拟角色模型了，如图 6-101 所示。选中需要导入到 UE5 场景中的角色模型后，可以在下载栏选择需要下载的质量，如图 6-102 所示，共有以下 3 个品质。

Low Quality（低级质量）。

Medium Quality（中级质量）。

Highest Quality（高级质量）。

图 6-101

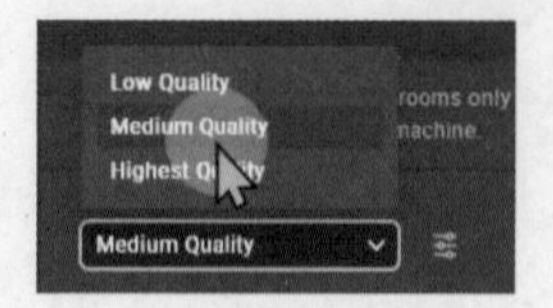

图 6-102

选好需要下载的质量品质后，单击 Download 按钮进行下载即可，如图 6-103 所示。

图 6-103

下载完毕后，就可以在 UE5 里面进行使用了。

6.5.3 自定义角色

在本节中，将学习如何将现有模型转化为 MetaHuman 模型，并对其进行相应的制作。

捕获原始模型数据。首先打开事先准备好的模型，如果模型是一个骨骼模型，还要将它先转化为静态模型，在资产管理器中找到静态模型的皮肤资产，双击进入它的编辑面板，如图 6-104 所示。然后在编辑面板的顶部工具栏中单击 Make Static Mesh（制作静态网格）按钮，如图 6-105 所示。

图 6-104

图 6-105

对模型进行重命名后，单击 Save 按钮保存到指定文件夹中，如图 6-106 所示。保存完后关闭模型的皮肤资产，回到 UE5 主界面，在顶部工具栏中找到 Edit→

Plugins（插件）命令，如图 6-107 所示。

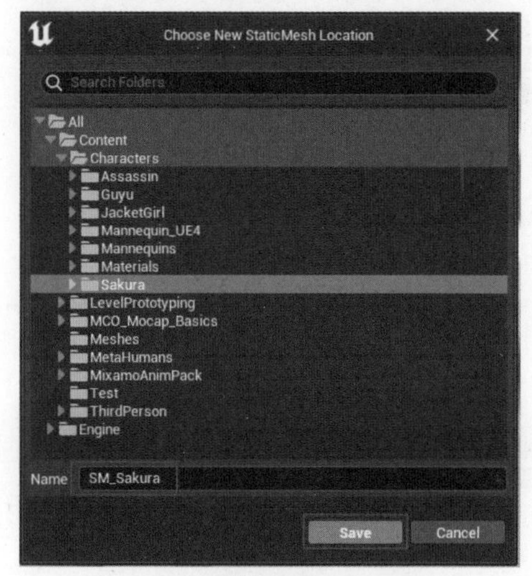

图 6-106

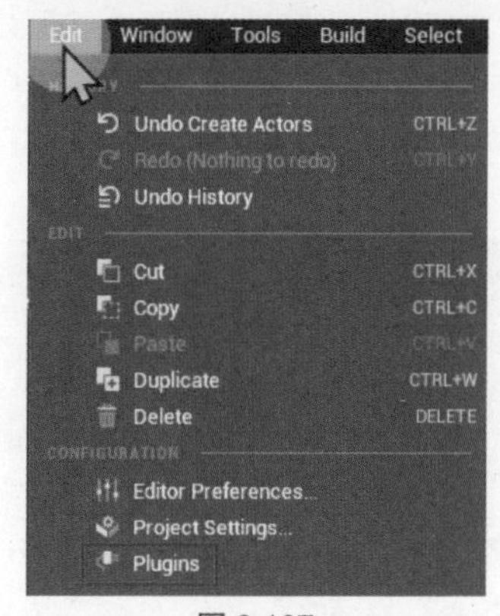

图 6-107

在插件搜索栏里找到 MetaHuman, 进行选择。然后重启项目，就可正式使用了，如图 6-108 所示。

图 6-108

在资产管理器的空白处右击，就会发现一个 MetaHuman 菜单，要利用它先捕获模型的数据。在 MetaHuman 的子菜单里选择 Capture Data（Mesh）（捕获数据）（网格）命令，如图 6-109 所示。创建好并重命名为 MeshCaptureData_Sakura，如图 6-110 所示。

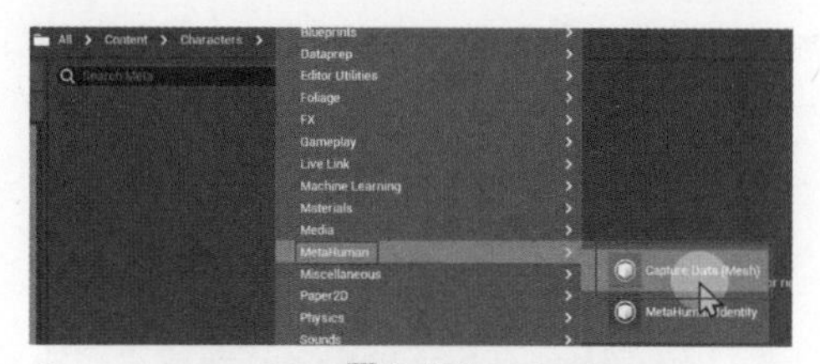

图 6-109

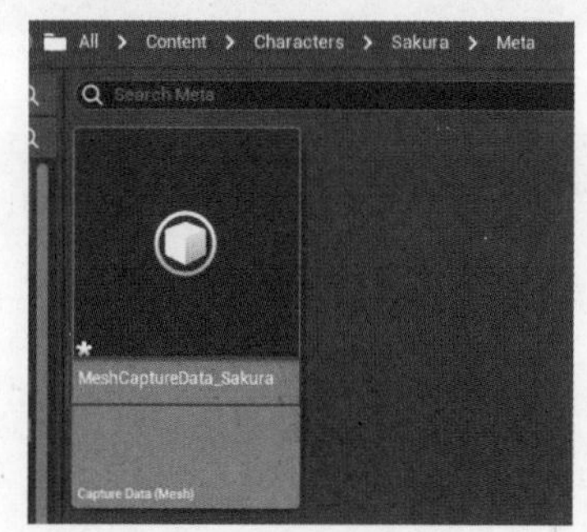

图 6-110

双击打开它，给它指定一个静态模型，拖动 SM_Sakura 的模型示例在它的 Target Mesh 选项框中，如图 6-111 所示。再单击左上角的 Save 按钮进行保存，模型数据就捕获完成了，如图 6-112 所示。

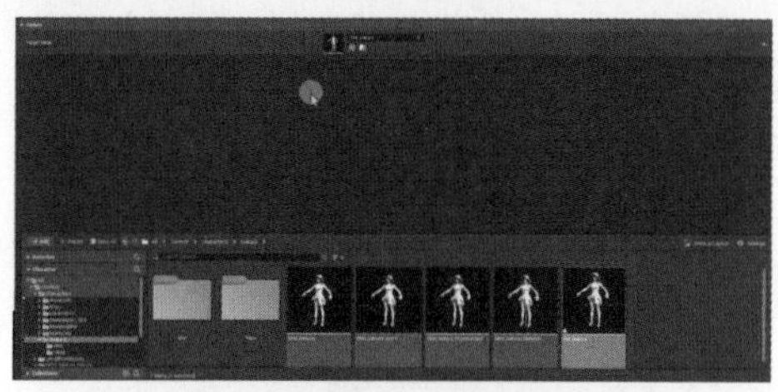

图 6-111

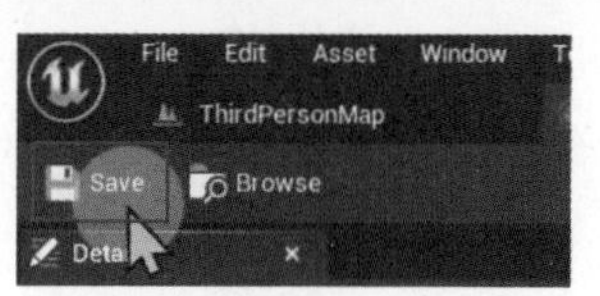

图 6-112

6.5.4　制作 MetaHuman 原始模型

关闭 Capture Data 窗口，回到 UE5 主界面，在资产管理器空白处右击，在弹出的快捷菜单中选择 MetaHuman-MetaHuman Identity 命令，如图 6-113 所示。并重命名为 MetaHumanIdentity_Sakura，如图 6-114 所示。

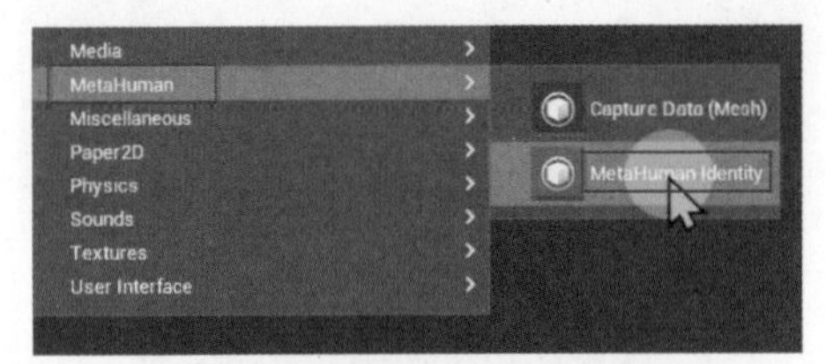

图 6-113

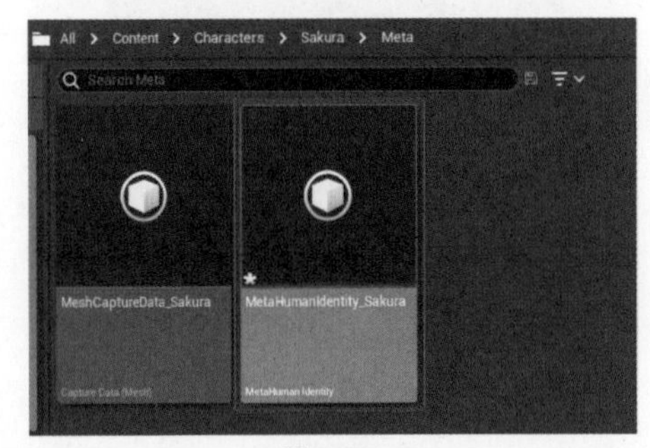

图 6-114

双击 MetaHumanIdentity_Sakura，进入一个脸部编辑器中，如图 6-115 所示。在顶部左侧找到 Add 选项，添加 Add Part（添加部分）→Add Face（添加脸），如图 6-116 所示。

图 6-115

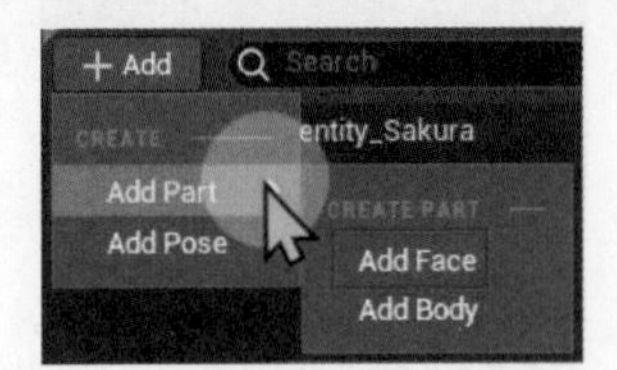

图 6-116

选中新添加的模型脸选项，单击切换为视图 B 后再按【F】键，如图 6-117 所示。

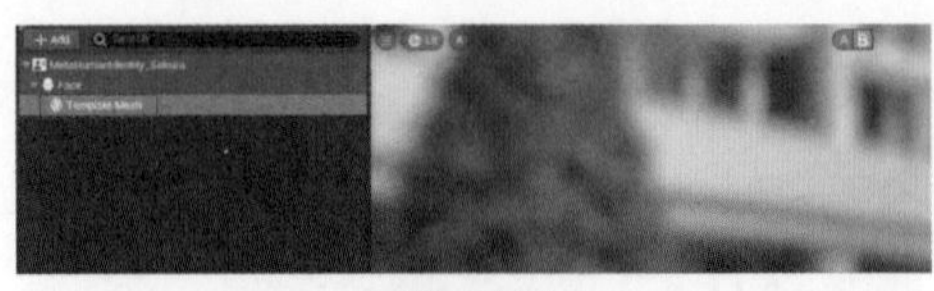

图 6-117

就会得到标准的 MetaHuman 脸模型模板，接下来要做的就是把这个模板转变成所需的模型脸，如图 6-118 所示。所以继续在左上侧按钮处单击 Add-Add Pose-Add Neutral（添加空档），如图 6-119 所示。

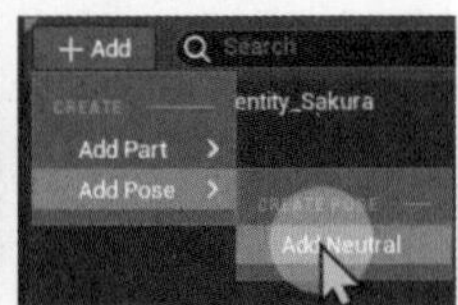

图 6-118　　图 6-119

添加完以后，在详细面板中找到 Target-Capture Data（捕获数据），选择 Mesh Capture Data_Sakura Capture Dta（Mesh）选项，如图 6-120 所示。

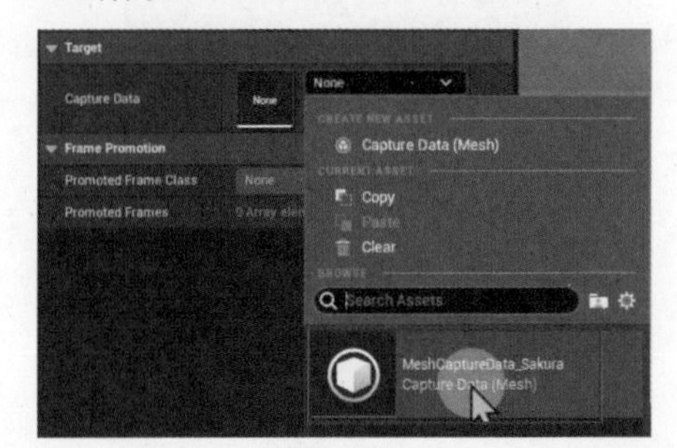

图 6-120

在视图中切换到 A 面，就会发现模型已被导入出来了，如图 6-121 所示。现在可以任意切换 A 或 B 面，可以做到将该模型与将要生成的 MetaHuman 模板形成对比参照。

图 6-121

接下来要做的就是单击如图 6-122 所示的框选的加号，创建动画帧。将视图对准模型角色的正脸，如图 6-123 所示。

图 6-122

图 6-123

再在视图下方右击，在弹出的快捷菜单中选择 Autotracking On 命令，给模型脸部拍摄不同角度的帧画面，对 MetaHuman 的模型进行进一步的生成，如图 6-124 所示。拍摄完毕后，在模型角色脸上就会出现扫描捕捉点，表示捕捉识别成功，如图 6-125 所示。

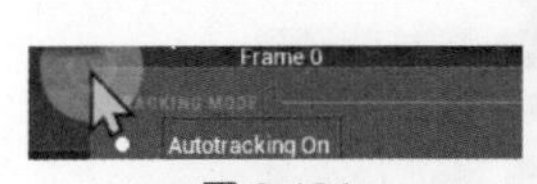

图 6-124

图 6-125

单击 Frame 0 的锁定按钮，将帧进行锁定。再单击添加帧按钮，添加 Frame 1。

在视图中给模型角色换一个角度，再重复制作 Frame 0 时的步骤，右击 Frame 1，选择 Autotracking On 按钮进行模型采集。采集完毕后，按锁定键，效果如图 6-126 所示。

图 6-126

接下来，不停重复以上步骤，从模型的左侧面、右侧面、下侧面、上侧面等角度进行采集识别。也可以不限于这几个角度，进行更细致的采集。采集的越多，模型就会越精确。

除了多采集角度能够提高模型精度，还可以在选中的帧画面中直接对扫描点进行操作编辑，让它们更切合模型。并根据需要在右边的选项里选择相应的选项，扩大识别头部类型的范围，让模型显示更多的扫描点，就能有更多可调整的模型细节部分，使模型更加精确，如图 6-127 所示。

图 6-127

这一步完成后，在视图的顶部选项栏中单击 MetaHuman Identity Solve（Meta Human 身份解决），即可进行扫描点与 B 视图模板模型的配对工作，如图 6-128 所示。

图 6-128

等待系统计算完成后，B 端的模板就已经扭曲成模型角色的样子了，如图 6-129 所示。创建完脸部模型后，接下来就要给模型创建身体了，在左上侧单击 Add-Add Part-Add Body（添加身体），如图 6-130 所示。

图 6-129

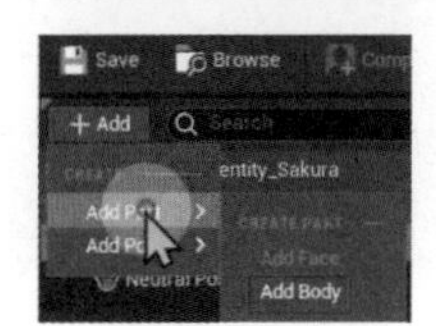

图 6-130

在 Body 菜单栏里给模型角色挑选一个合适的体型，如图 6-131 所示。

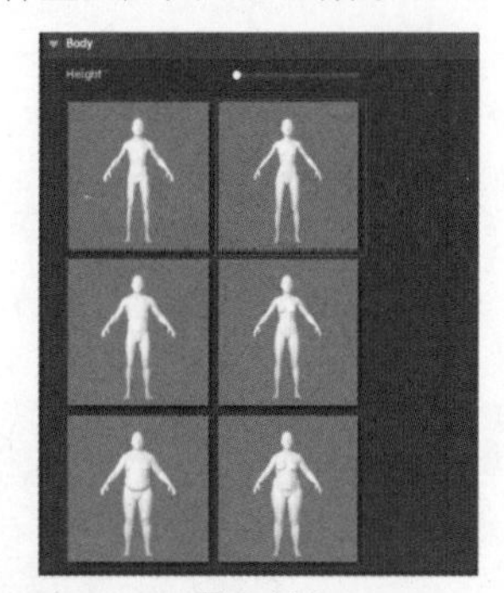

图 6-131

挑选完以后单击 Mesh to MetaHuman（网格到 MetaHuman）按钮，进行身体生成，如图 6-132 所示。

图 6-132

若是生成成功，系统就会弹出提示框，单击 OK 按钮即可，如图 6-133 所示。

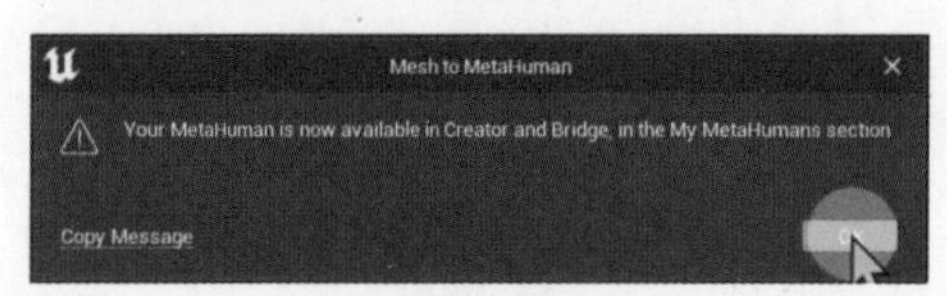

图 6-133

6.5.5 在 MetaHuman 官网细化模型

现在，再打开 Bridge- 账户 →My Meta Humans，如图 6-134 所示。在里面可以找到刚刚制作好的人物模型，单击它，在弹出的选项栏里选择 START MHIC（启动 MHIC），如图 6-135 所示。

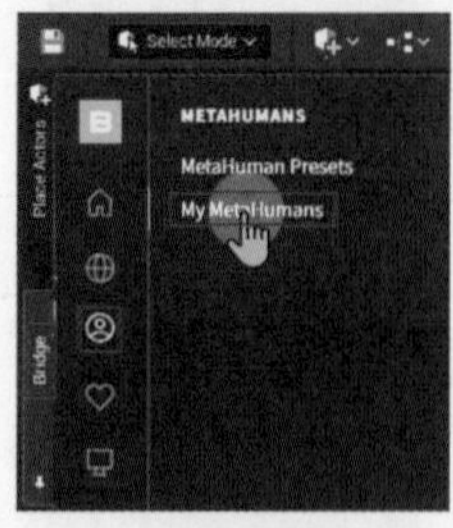

图 6-134

图 6-135

系统就会自动跳转和连接至 Meta Human 编辑器，此时只要等待它编辑加载完成即可，如图 6-136 所示。

图 6-136

进入操作编辑台并选中导入的模型，单击编辑已选项，对它进行编辑操作，如图 6-137 所示。首先自定义网格体，选中模型角色的各个部位，进行调整与编辑，如图 6-138 所示。

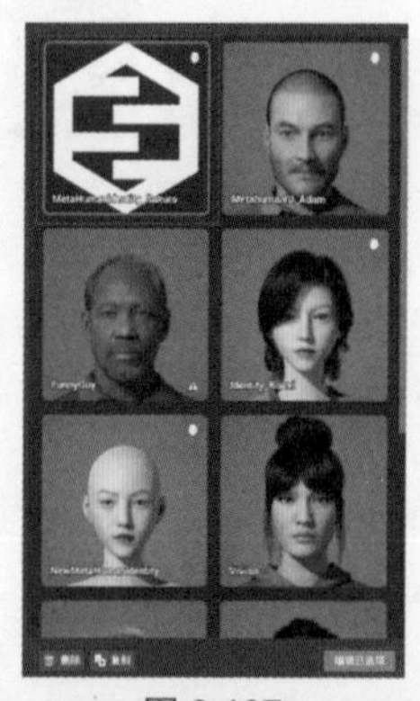

图 6-137

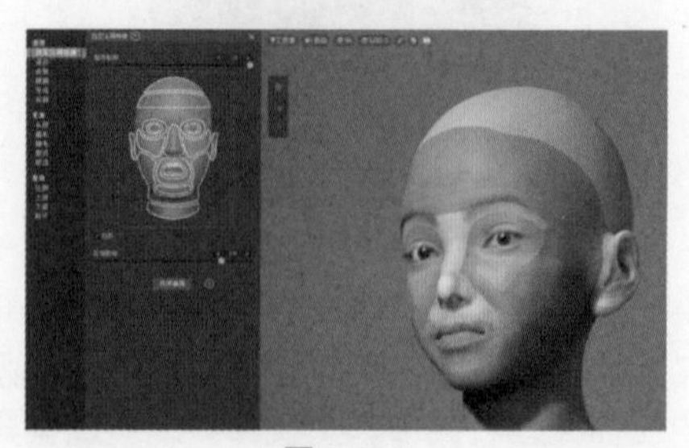

图 6-138

打开各个面板，逐一添加角色各个部位所需的细节，如图 6-139 所示。

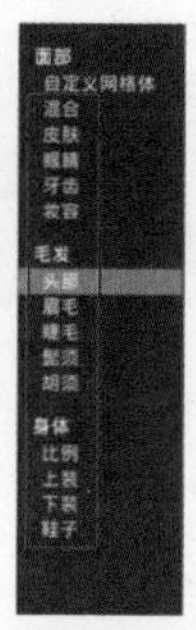

图 6-139

设定完毕并对模型进行重命名后，直接关闭网页，即可完成对模型的 MetaHuman 化，如图 6-140 所示。

我的MetaHuman / Sakura

图 6-140

导入 UE5。在 UE5 中再打开 Bridge- 账户 →My MetaHumans，如图 6-141 所示。选中刚刚编辑的模型，在右下角确定了要加载的精度后，单击下载按钮，如图 6-142 所示。

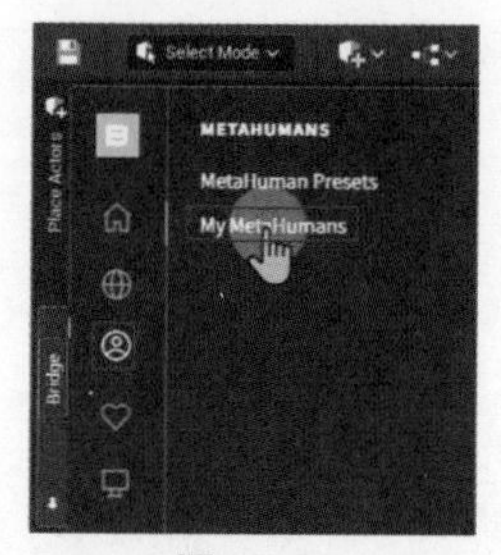

图 6-141

图 6-142

等待下载完毕后，先退出此项目进行重启。重启完毕后，再回到 My MetaHuman 界面找到模型，单击 Add（添加）按钮，将模型添加到资产管理器的指定文件夹中，模型就成功导入进 UE5 的资产管理器中了，如图 6-143 所示。

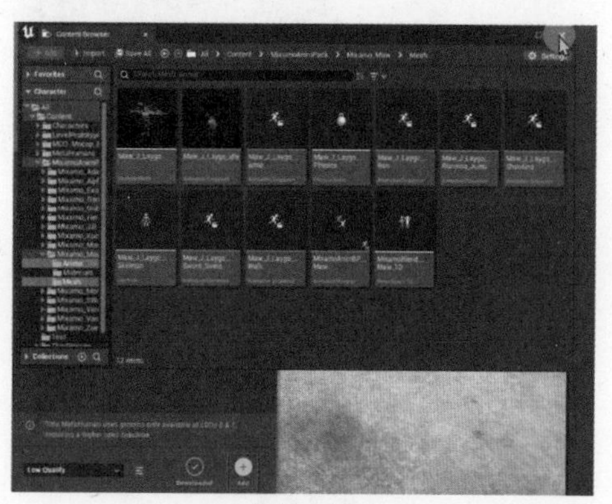

图 6-143

在资产管理器中找到模型文件的文件夹，导入角色模型系统会帮助创建关于它的一整套资产文件。如果要把角色模型放入到场景中进行使用的话，那么就选择其中的 BP_Sakura 文件，将它拖动到视图场景中，就可以对角色进行使用了，如图 6-144 所示。

图 6-144

导入角色模型到场景中后，若与角色模型有距离，发现她的头发就会消失的 Bug，如图 6-145 所示。出现这种情况的解决方法就是双击角色模型，进入它的 BP 编辑器中，如图 6-146 所示。

在右上角的列表菜单栏中选择 LOD Sync，如图 6-147 所示。在右侧属性栏里找到 LOD-Forced LOD（强制 LOD），把数值改为 1，即可解决这个问题，如图 6-148 所示。

图 6-145

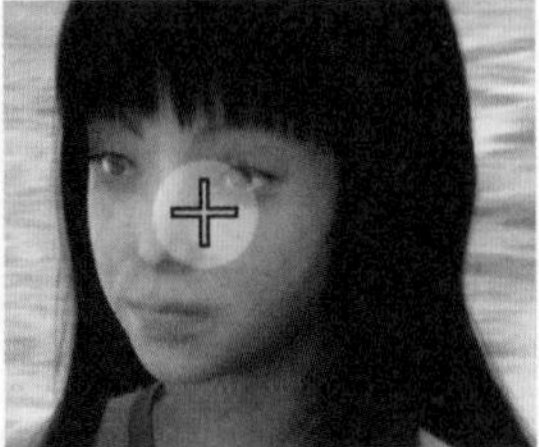
图 6-146

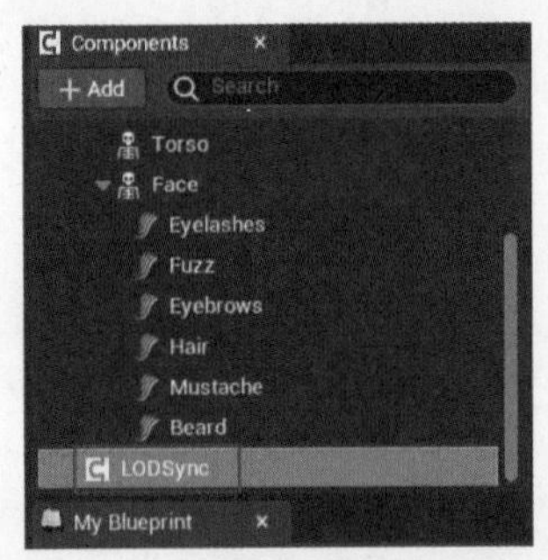

图 6-147

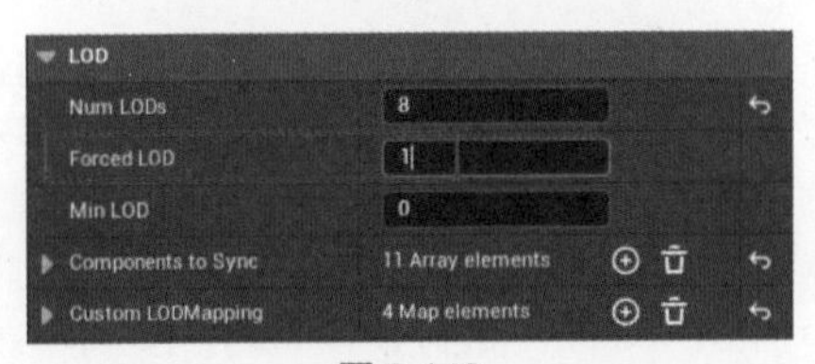

图 6-148

本节学习了如何将一个骨骼模型变成静态模型，再对静态模型进行编辑处理，让它成为一个 MetaHuman 模型后，再导入 UE5 进行使用。

6.5.6　MetaHuman 表情捕捉与录制

本节来学习一下如何使用 MetaHuman 实现实时的表情捕捉，并对它进行应用。

学习这个的前提是需要准备一台 iPhone 12 以及比其更高型号的手机或者支持这个软件的安卓手机，在 Appstore 里搜索并下载软件 Live Link Face，才能继续接下来的学习，如图 6-149 所示。准备好软件后，还需要准备的就是自己计算机的端口名称。查询计算机端口名称的方法为，按【Win+R】组合键，即可调出运行栏，如图 6-150 所示。

图 6-149

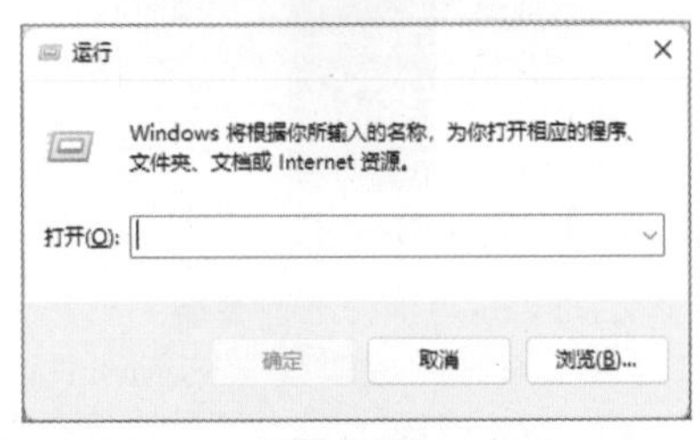

图 6-150

在运行栏的“打开”文本框中输入命令 cmd，单击“确定”按钮，打开 DOS 的命令状态，如图 6-151 所示。输入命令 ipconfig，再按【Enter】键，如图 6-152 所示。

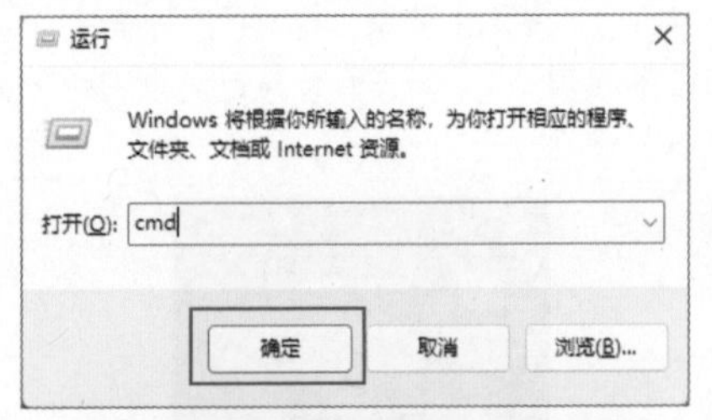

图 6-151

图 6-152

命令行就会帮助查找到 IPv4 地址，将 IP 地址复制记录下来，等待备用，如图 6-153 所示。

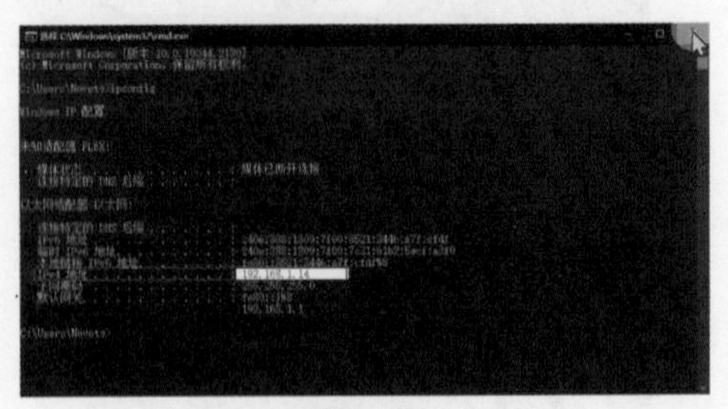
图 6-153

接下来讲解具体的步骤流程。

Step 01 给设备重命名

下载完 Live Link Face 后在手机端打开它，在左上角找到设置面板，如图 6-154 所示。首先开启让头部旋转的按钮，如图 6-155 所示。

图 6-154

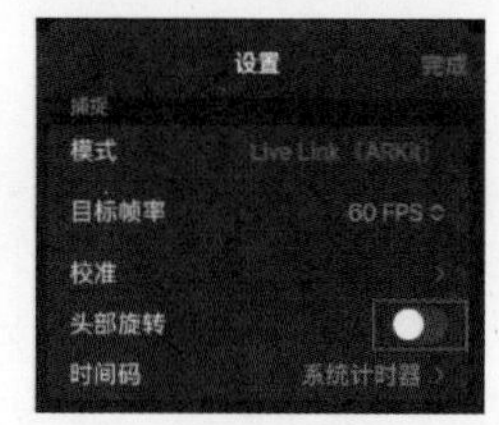

图 6-155

单击进入 Live Link，如图 6-156 所示。在 Live Link 选项设置里，单击主体名称选项进行重命名，将它命名为所需的名称，如图 6-157 所示。

图 6-156

图 6-157

单击目标选项里的“添加目标”按钮，如图 6-158 所示。在添加目标中输入之前记录下的 IPv4 地址，端口可以输入 11111，也可以不输入。添加完毕后，单击“添加”按钮，在手机端的设置就已经完成了，如图 6-159 所示。

图 6-158

图 6-159

Step 02 打开插件

在顶部工具栏里打开 Edit-Plugins（插件），如图 6-160 所示。在搜索栏里搜索并打开 Live Link、Live Link Control Rig、Apple ARKit、Apple ARKit Face Support 这 4 个插件，重启项目，插件就能够使用了，如图 6-161 所示。

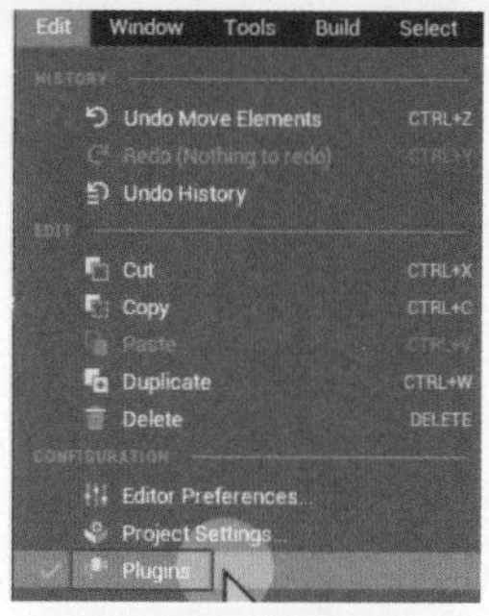

图 6-160

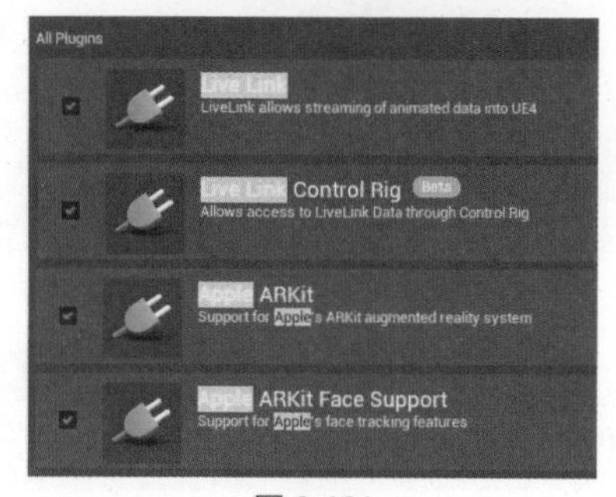

图 6-161

Step 03 人物实时捕捉

重启项目后，再在 UE5 的顶部工具栏里找到 Window-Virtual Production（虚拟生产）→Live Link（实时链接），如图 6-162 所示。

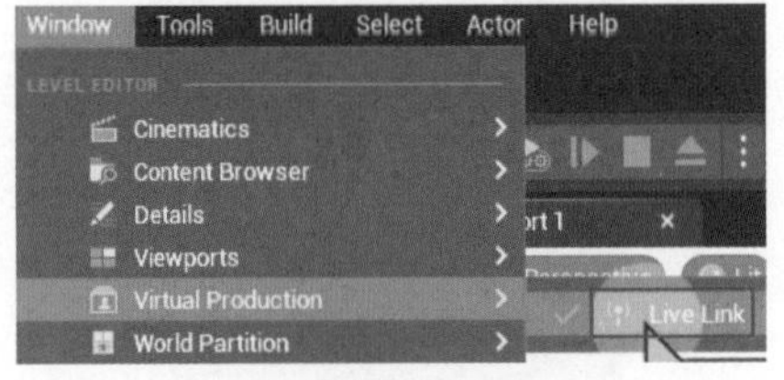

图 6-162

如果之前的手机软件设置都正确的话，就会发现链接设备名称，说明连接成功，可以继续之后的步骤，如图 6-163 所示。

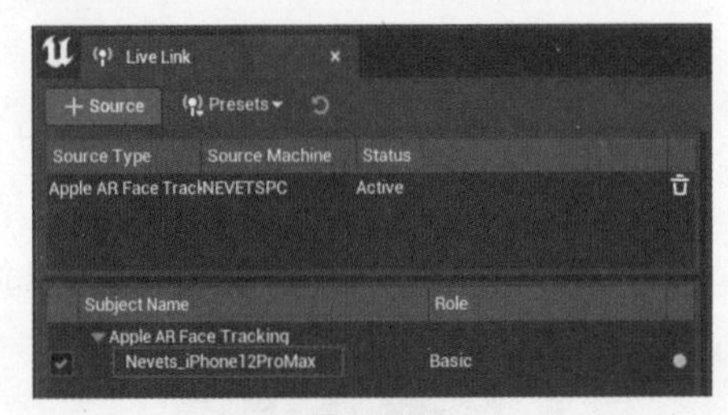

图 6-163

关闭 Live Link 页面，在场景视图里选中角色模型后，在右侧 Live Link 属性列表栏中找到 ARKit Face Subj，在其中找到手机设备名称并单击选中，如图 6-164 所示。再在 Live Link 中选择 Use ARKit Face（使用 ARKit 面）复选框，现在角色模型就能够实时捕捉现实中的头部动作表情了，如图 6-165 所示。

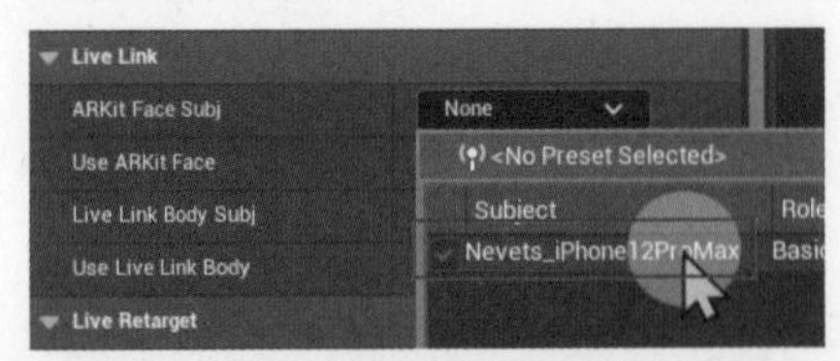

图 6-164

图 6-165

同理，若有相关的摄影设备，在对它进行上文所做的操作后，在 Live Link Body Subj 选中它，再选择 Use Live Link Body 复选框，模型角色也可以做到实时捕捉现实中身体所做的动作，如图 6-166 所示。

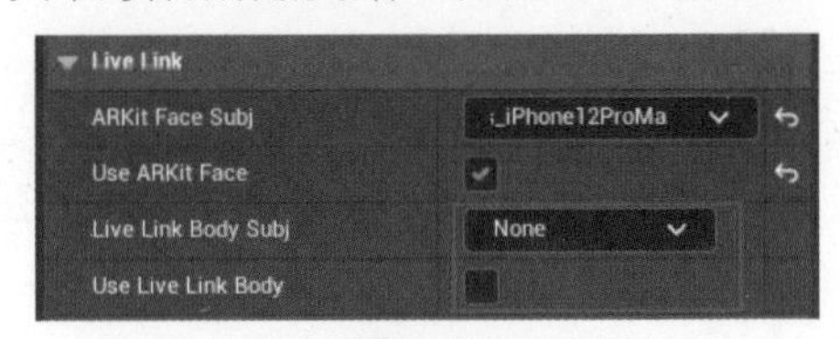

图 6-166

Step 04 人物虚拟动画

可以根据人物实时捕捉的方法制作一个实时的虚拟主播，但如果要依靠虚拟人物录制一个虚拟动画，就可以根据以下方法进行。

首先在顶部工具栏中找到动画工具，选择 Add Level Sequence（添加级别序列）选项，如图 6-167 所示。

图 6-167

指定动画保存文件夹，单击 Save 按钮进行确定，如图 6-168 所示。

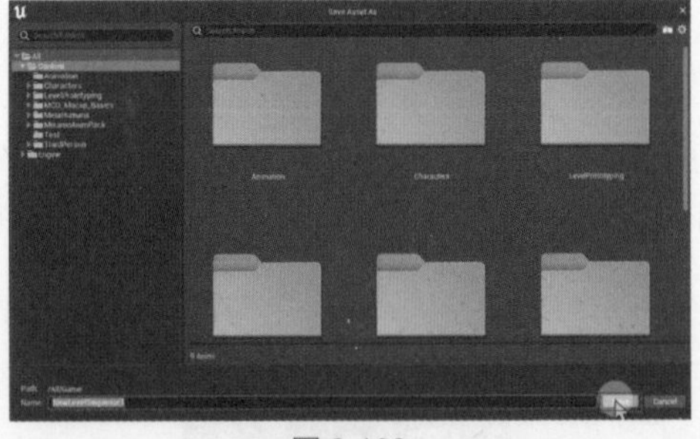

图 6-168

进入动画编辑器后，在模型列表框中找到模型名称 BP_Sakura，将它拖动到轨道层内，如图 6-169 所示。

由于并没有制作身体部分，所以把 Body 的轨道层进行删除，如图 6-170 所示。直接单击底部的录制按钮，进行录制，如图 6-171 所示。

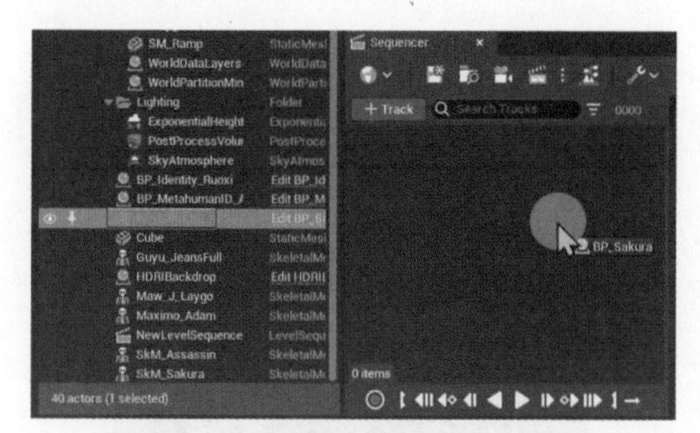

图 6-169

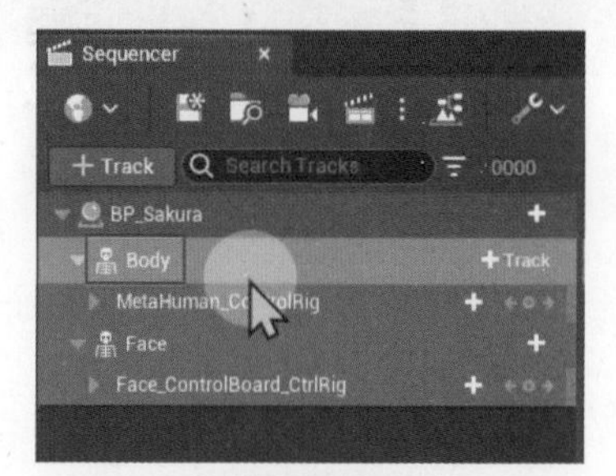

图 6-170

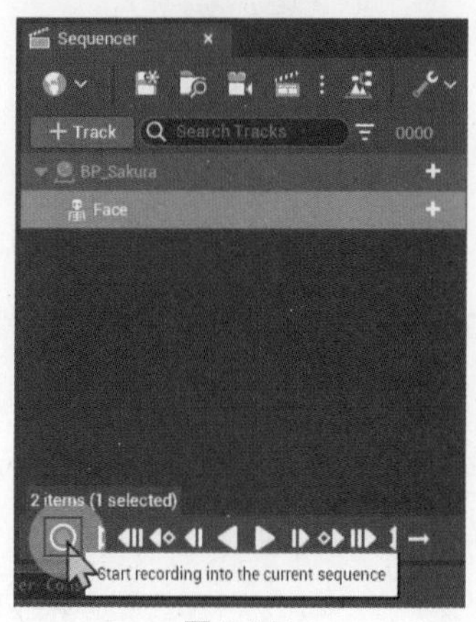

图 6-171

UE5 会弹出提示框，询问是否开始录制，单击 Record（记录）按钮，录制就会正式开始，如图 6-172 所示。录制完毕后，可以将不需要的轨道删除，这是因为 UE5 录制时会预先创建模型角色身上可能出现的组件部分，但若实际上角色并没有那个组件，则那个轨道就是空的。为了便于管理，将不需要的轨道删除后，仅保留需要的部分即可。其中最重要的就是 Take 文件，记住这个文件不可误删，如图 6-173 所示。

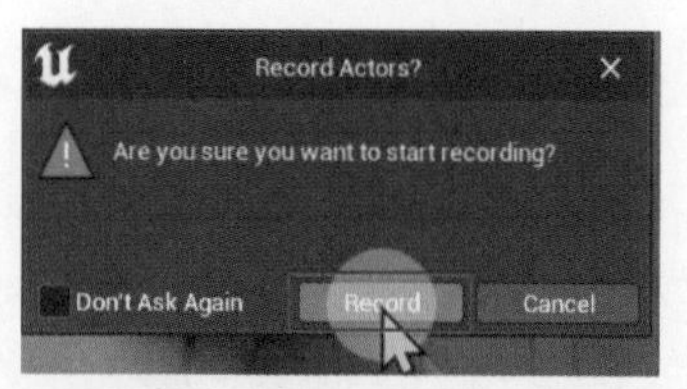

图 6-172

图 6-173

Step 05 引用资产

模型角色动画录制好保存完成后，就可以作为一个资产来进行使用了。当创建一个新动画时，在轨道层选中需要调动资产的轨道，单击它的加号，如图 6-174 所示。然后在打开的列表菜单栏里找到 Animation（动画），在其中找到资产的名字选项后单击，即可引用，如图 6-175 所示。

图 6-174

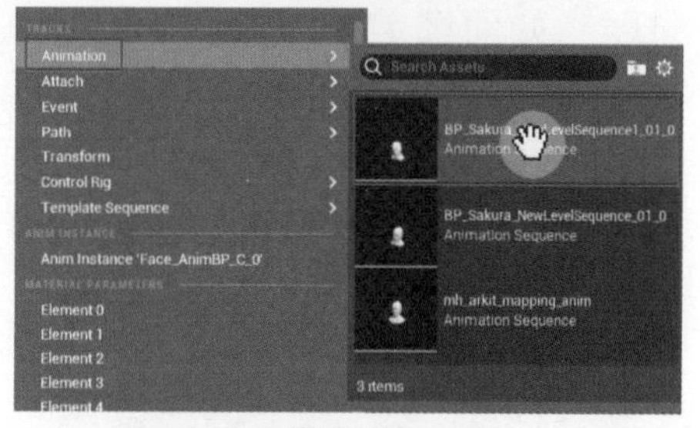

图 6-175

若引用时，在 Live Link 中还开启着 ARKit Face Subj，并选择了 Use ARKit Face 复选框，UE5 还会结合动画资产及做出的实时动作与表情，做出混合的效果，如图 6-176 所示。

图 6-176

6.6 IK Retarget 动画重定向

本节来学如何进行 IK Retarget 动画重定向。虚幻推出的骨骼绑定系统 IK Retarget，可让为具有不同骨骼层次结构的任何类型的角色制作强大的重定向设置，只要确定了 IK goal（IK 目标），虚幻引擎就会自动帮助计算整条 IK 链要怎么运动，从而达到角色模型都可以使用一套骨骼进行活动的效果。

需要 IK Retarget 动画重定向，是因为骨骼模型有一个很大的特点，当不同的模型使用的是同一套骨骼时，它的动画是能进行互动的，但是从网上下载下来的角色文件，它往往并不是按照一套标准的骨骼来做。所以会导致要在不同的骨骼间进行切换与操作，并且若想要它们共享一套动作的话，是不可能的。

对此，虚幻引擎专门提供了 Animation Retargeting（重定向动画），能够帮助用于在不同但是相似的骨骼间使用同一套动画，做到互通效果。

下面通过让 Sakura 的模型与原始模型的动画进行匹配作为案例，给大家演示一遍 IK Retarget 动画重定向制作的全流程。

6.6.1 如何绑定 IK

首先，打开资产管理器，找到需要绑定骨骼的模型，右击，在弹出的快捷菜单中选择 Animation→IK Rig 命令，如图 6-177 所示。选择相对应的皮肤骨骼，如图 6-178 所示。

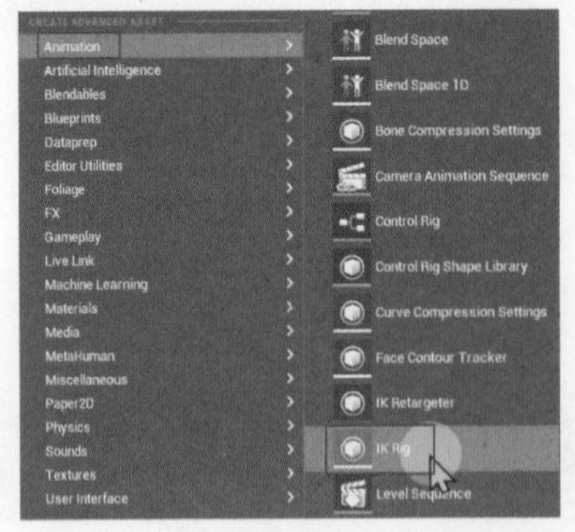

图 6-177

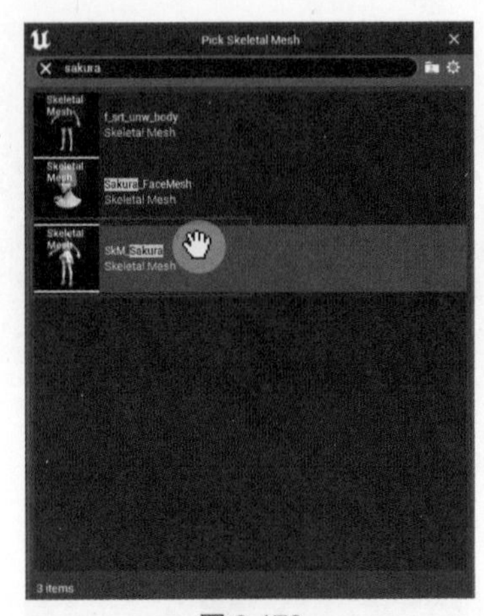

图 6-178

将其命名为 KRig_Sakura2，如图 6-179 所示。双击 KRig_Sakura2，进入它的骨骼编辑模式中，如图 6-180 所示。

图 6-179

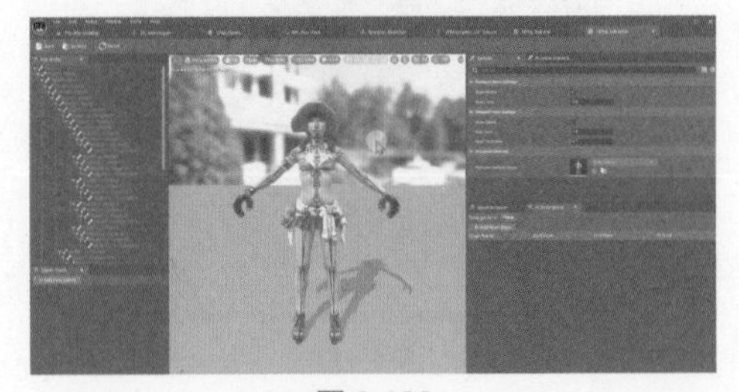

图 6-180

对于一个人体而言，要定义的共有 7 条 IK 链条，分别是两条手臂、两条腿部、一条脊椎、一条放置于脑袋，还有一条定义为根物体。

首先要定义的是她的左臂，开始定义时（不要选择肩膀），在左边的 Hierarchy（层级）列表里找到对应骨骼名称 Bip001-L-UpperArm、Bip001-L-Forearm 和 Bip001-L-Hand，按住【Ctrl】键依次选中，如图 6-181

所示。再右击，在弹出的快捷菜单中选择 New Retarget Chain from Selected Bones（选定骨骼的新加速链）命令，如图 6-182 所示。

图 6-181

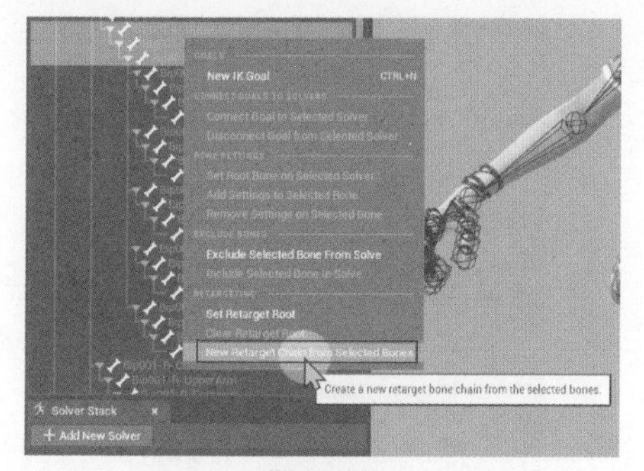

图 6-182

将其命名为 Left Arm（左臂），单击 OK 按钮进行确认，如图 6-183 所示。创建好后，IK Retargeting（IK 重定向）列表就会出现它的名称，如图 6-184 所示。

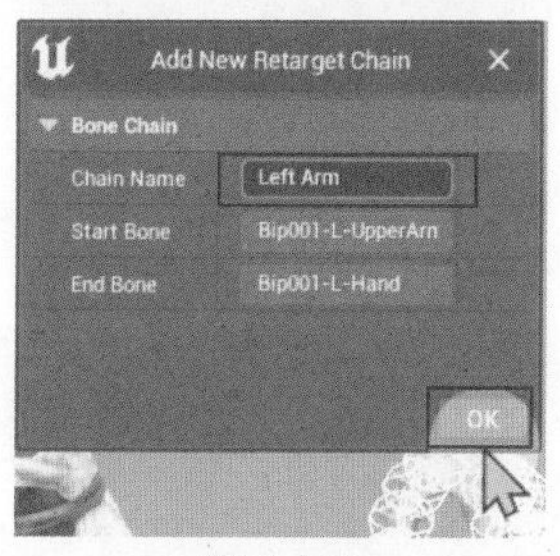

图 6-183

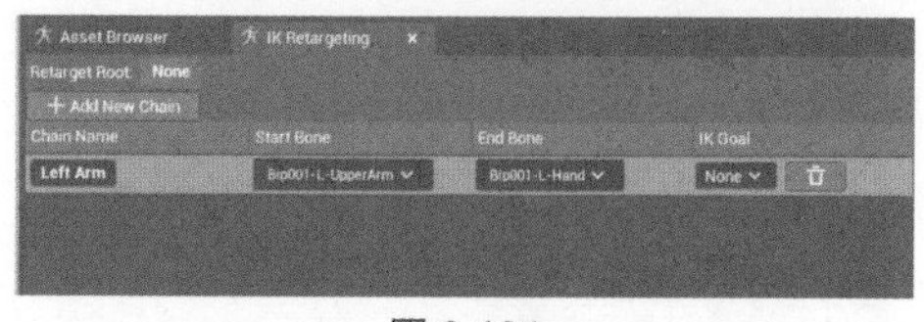

图 6-184

现在创建一下模型的右臂，在左边的 Hierarchy（层级）列表里找到对应的骨骼名称：Bip001-R-UpperArm、Brp001-R-Forearm 和 Bip001-R-Hand，按住【Ctrl】键依次选中，如图 6-185 所示。再右击，在弹出的快捷菜单中选择 New Retarget Chain from Selected Bones（选定骨骼的新加速链）命令，如图 6-186 所示。

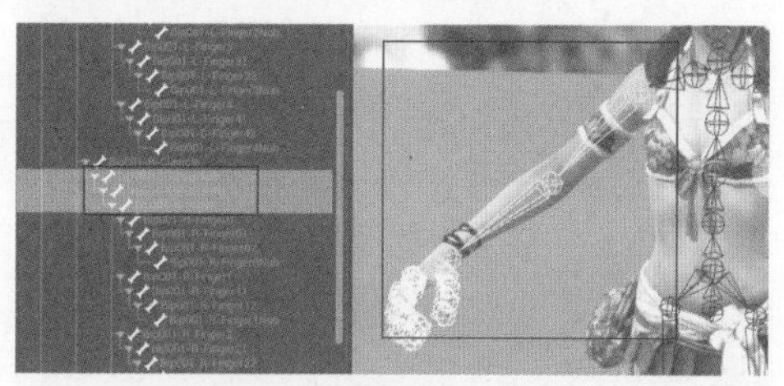

图 6-185

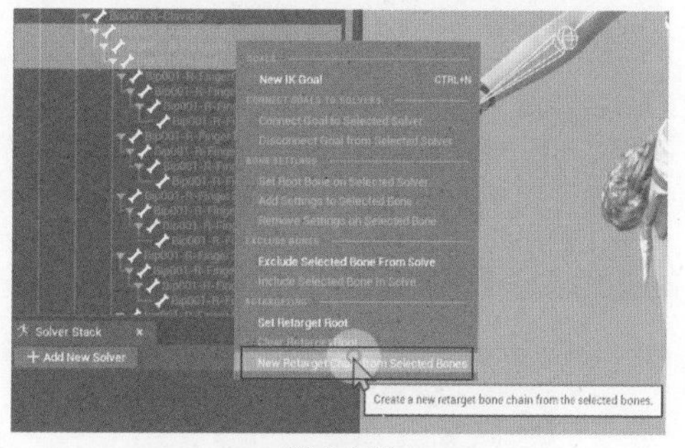

图 6-186

将其命名为 R Arm（右臂），单击 OK 按钮进行确认，如图 6-187 所示。创建模型的右腿，在左边的 Hierarchy 列表里找到对应骨骼名称 Bip001-R-Thigh、Bip001-R-Calf 和 BIp001-R-Foot，按住【Ctrl】键依次选中，如图 6-188 所示。

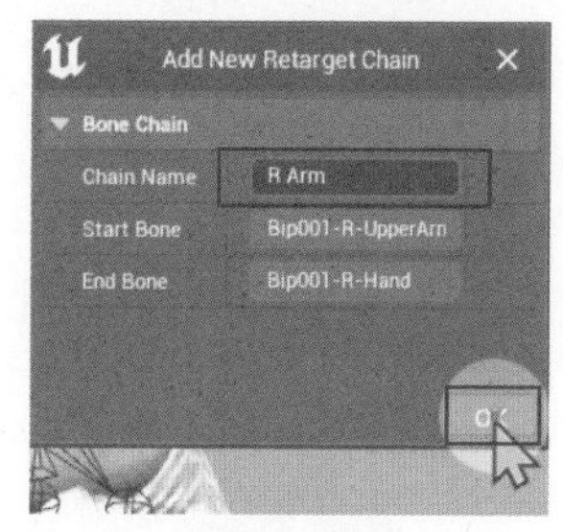

图 6-187

再右击，在弹出的快捷菜单中选择 New Retarget Chain from Selected Bones

（选定骨骼的新加速链）命令，如图 6-189 所示。将其命名为 R Leg（右腿），单击 OK 按钮进行确认，如图 6-190 所示。

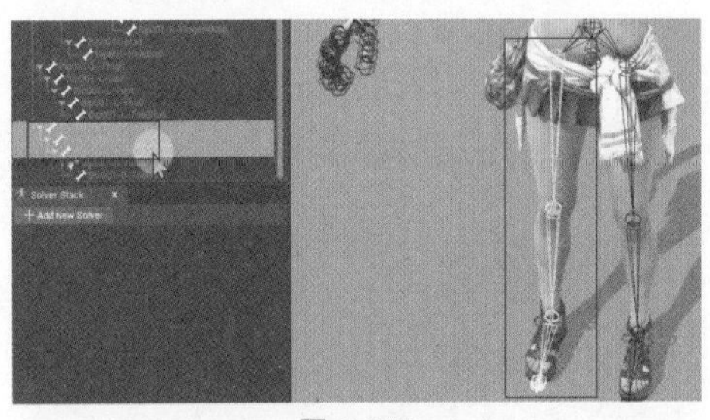

图 6-188

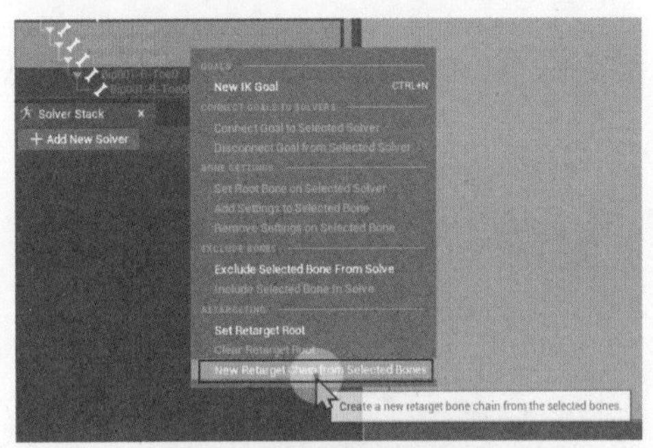

图 6-189

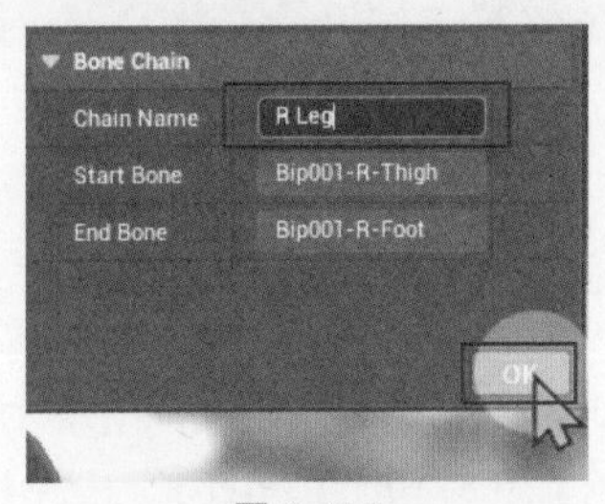

图 6-190

创建模型时，在左边的 Hierarchy（层级）列表里找到对应骨骼名称 Bip00I-L-Thigh、Bip001-L-Calf 和 Bip001-L-Foot，按住【Ctrl】键依次选中，如图 6-191 所示。再右击，在弹出的快捷菜单中选择 New Retarget Chain from Selected Bones（选定骨骼的新加速链）命令，如图 6-192 所示。

将其命名为 L Leg（左腿），单击 OK 按钮进行确认，如图 6-193 所示。

创建模型时，在左边的 Hierarchy（层级）列表里找到对应骨骼名称 Bip001-Spine、Bip001-Spinel、Bip001-Spine2 和 Bip001-Spine3，按住【Ctrl】键依次选中，如图 6-194 所示。

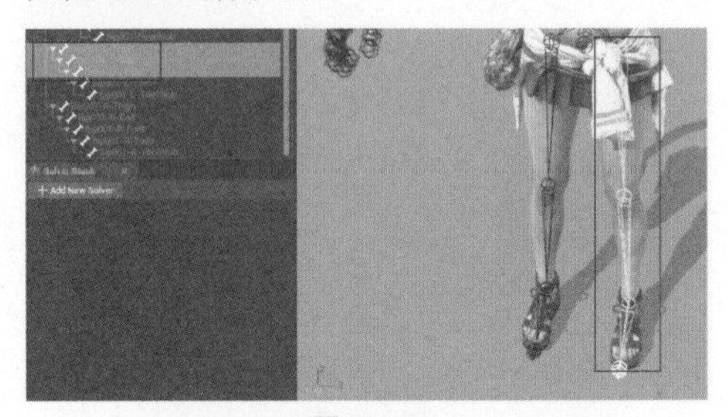

图 6-191

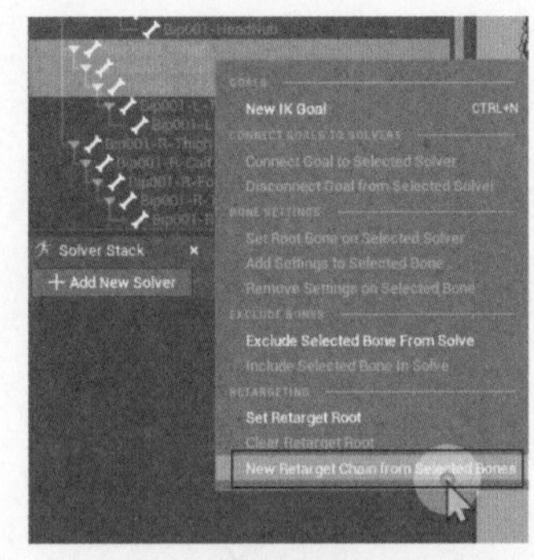

图 6-192

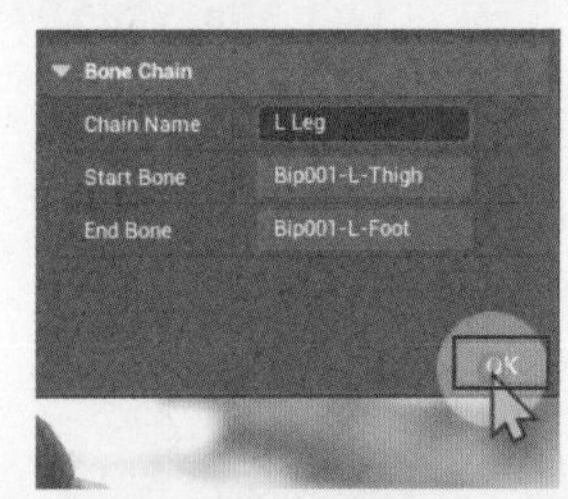

图 6-193

图 6-194

再右击，在弹出的快捷菜单中选择 New Retarget Chain from Selected Bones（选定骨骼的新加速链）命令，如图 6-195 所示。将其命名为 Spine（脊椎），单击 OK 按钮进行确认，如图 6-196 所示。

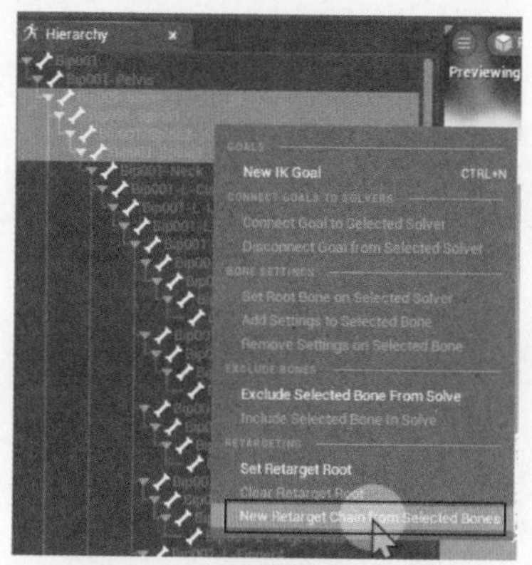

图 6-195

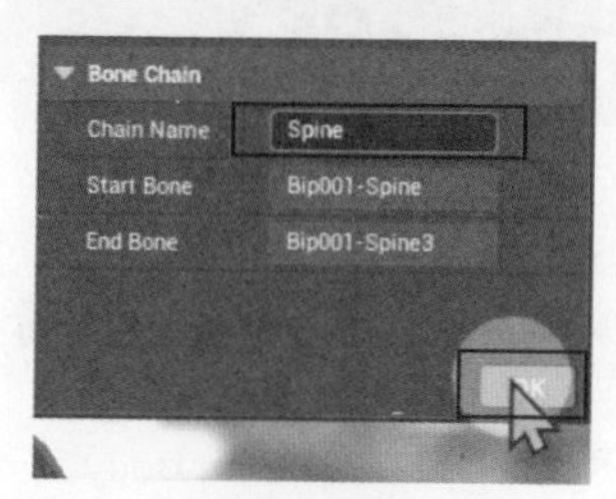

图 6-196

创建模型时，在左边的 Hierarchy（层级）列表里找到对应骨骼名称 BIp0001-Neck，如图 6-197 所示。

图 6-197

再往下翻，找到 Bip001-Head，按住【Ctrl】键依次选中。再右击，在弹出的快捷菜单中选择 New Retarget Chain from Selected Bones（选定骨骼的新加速链）命令，如图 6-198 所示。将其命名为 Head（头部），单击 OK 按钮进行确认，如图 6-199 所示。

还要创建一条根物体，作为骨骼绑定模型的中心位置。在左边的 Hierarchy（层级）列表里找到对应骨骼名称 Bip001，再右击，在弹出的快捷菜单中选择 New Retarget Chain from Selected Bones 命令，如图 6-200 所示。将其命名为 Left Arm（左臂），单击 OK 按钮进行确认，如图 6-201 所示。

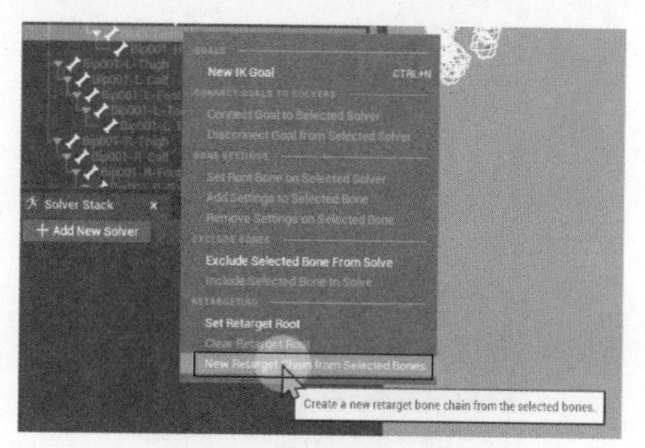

图 6-198

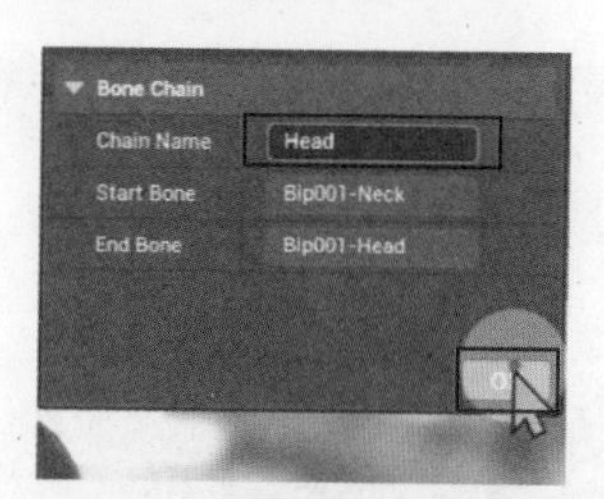

图 6-199

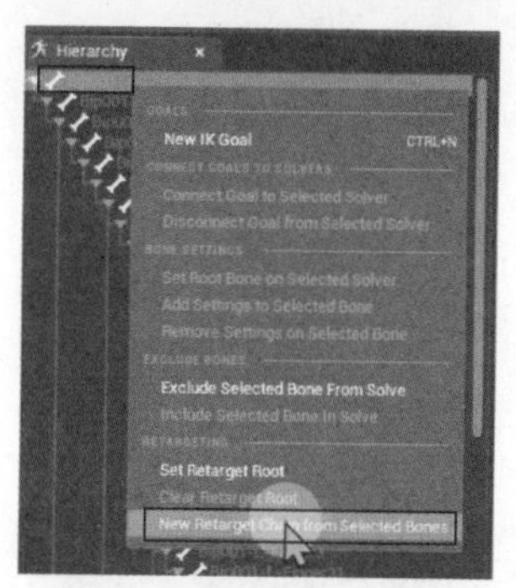

图 6-200

图 6-201

将其命名为 Root（根部），单击 OK 按钮进行确认，如图 6-202 所示。现在，骨骼一共有 7 条 IK 链了，在 IK Retargeting（IK 重定向）列表空白处右击，在弹出的快捷菜单中选择 Sort Chains（排序链）命令，让它们按名称进行排序，如图 6-203 所示。

图 6-202

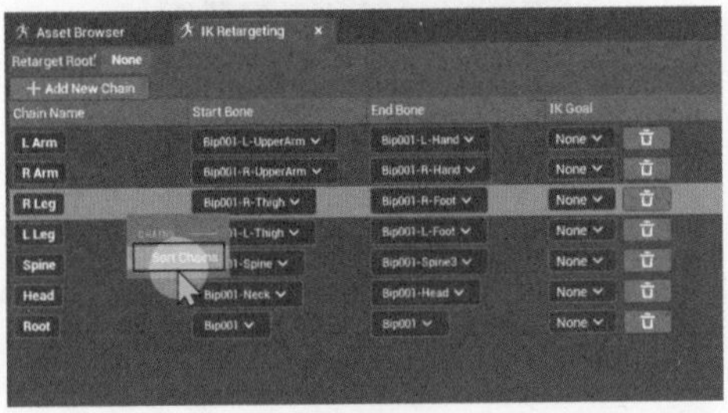

图 6-203

指定根骨骼。接下来，要添加一个全身骨骼 IK 链。当移动身体某一个 IK 链时，其他的 IK 链也会跟着计算做出连带的反应。在左下角找到 Solver Stack（解算器堆栈）栏，单击 Add New Solver（添加新的解决方案）按钮，选择 Full Body IK（全身 IK）选项，如图 6-204 所示。

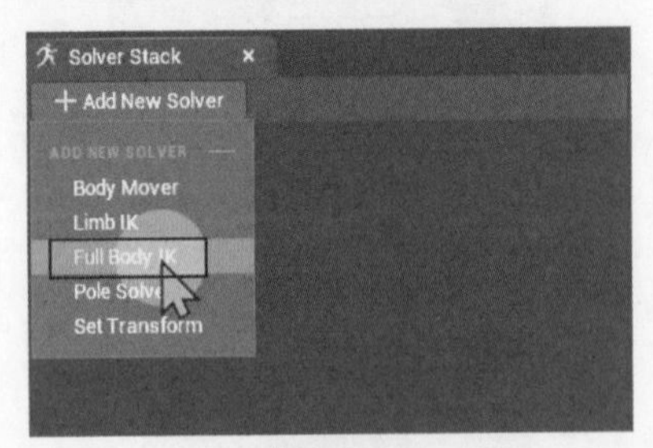

图 6-204

刚添加的全身骨骼 IK 链就呈现出报错状态，这是因为少了一个全身的根骨骼。可以在 Hierarchy（层级）列表中找到根骨骼 Bip001-Pelvis 选项，右击，在弹出的快捷菜单中选择 Set Root Bone on Selected Solver（在选定的求解器上设置根骨骼）命令，如图 6-205 所示。

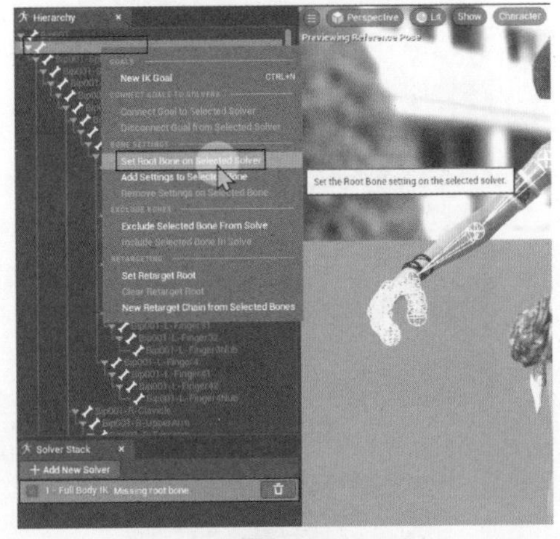

图 6-205

设置完根骨骼后，还要指定一下手部与腿部的 4 条链的目标节点控制器。需要注意的是，这些都要在选中 Solver Stack（解算器堆栈）栏的 1-Full Body IK 选项的前提下进行创建，因为若 Solver Stack（解算器堆栈）栏不止一个选项时，未指明目标节点控制器具体要添加到哪一个选项，就容易出现添加错选项的情况，如图 6-206 所示。

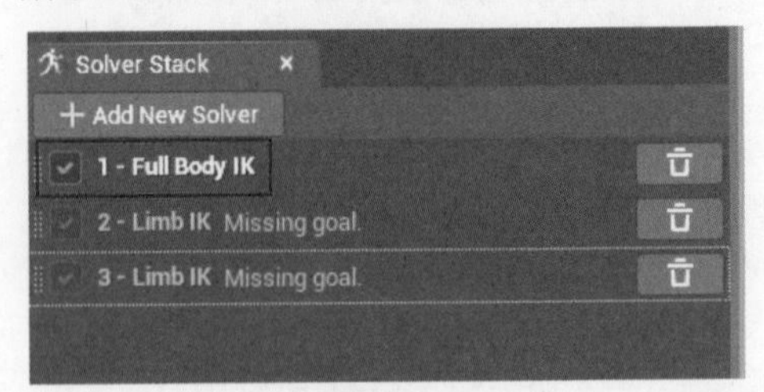

图 6-206

在 Hierarchy（层级）里找到右手根部骨骼 Bip001-R-Hand 选项，右击，在弹出的快捷菜单中选择 New IK Goal（新的 IK 目标）命令，如图 6-207 所示。

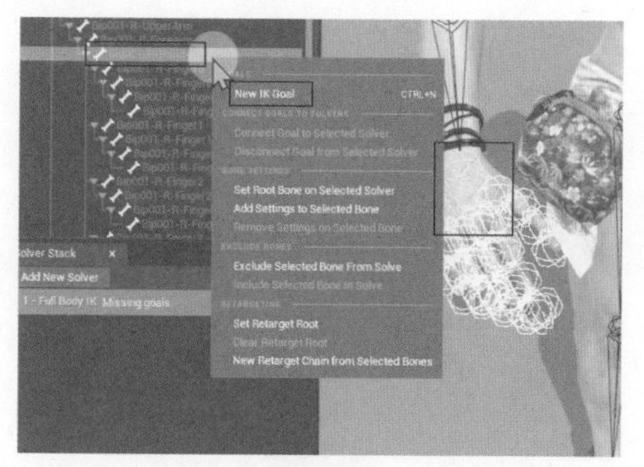

图 6-207

在 Hierarchy（层级）里找到左手根部骨骼 Bip001-L-Hand 选项，按【Ctrl+N】组合键快速给它创建 New IK Goal（新的 IK 目标），如图 6-208 所示。在 Hierarchy（层级）里找到右腿根部骨骼 Bip001-R-Foot 选项，按【Ctrl+N】组合键快速给它创建 New IK Goal（新的 IK 目标），如图 6-209 所示。

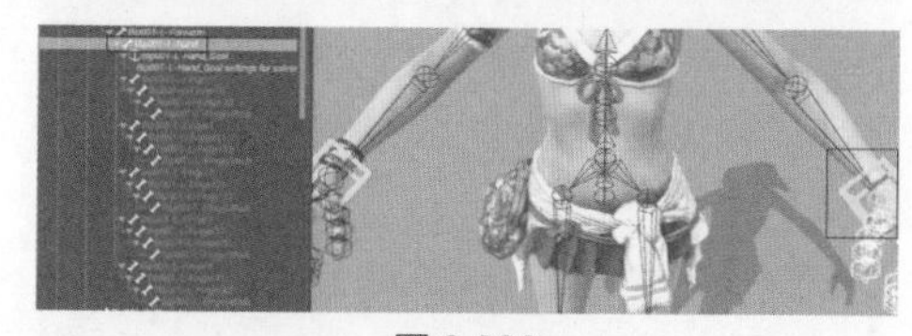

图 6-208

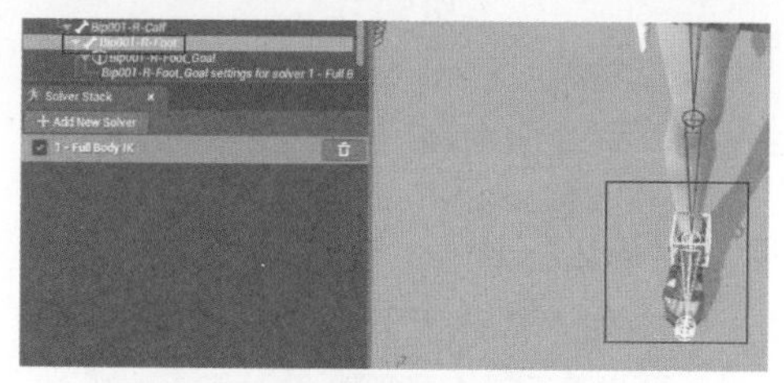

图 6-209

在 Hierarchy（层级）里找到左腿根部骨骼 Bip001-L-Foot 选项，按【Ctrl+N】组合键快速给它创建 New IK Goal（新的 IK 目标），如图 6-210 所示。

调整 Stiffness（刚度）。现在，还要给模型硬化一下骨骼模型中的一些部位，让它们更具有刚度。因为身体中的一些部位在人体正常活动时是不会跟着随意活动的，这就会让模型显得既奇怪又僵硬，如图 6-211 所示。

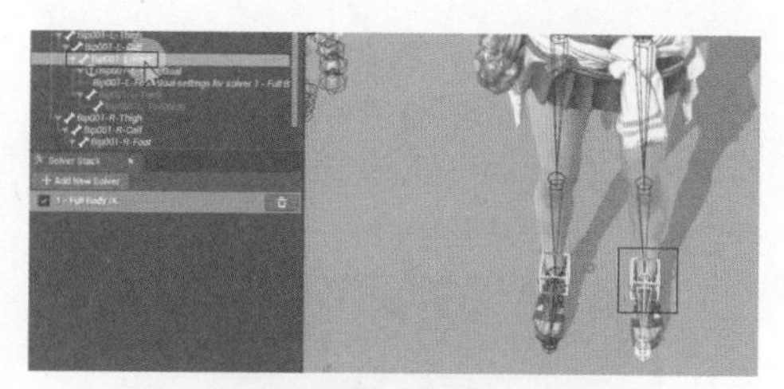

图 6-210

图 6-211

根部。先对根部骨骼进行增加 Stiffness（刚度）处理。在 Hierarchy（层级）中找到根部骨骼名称 Bip001-Pelvis，右击，在弹出的快捷菜单中选择 Add Settings to Selected Bone（向选定的骨骼中添加设置）命令，如图 6-212 所示。再选择新创建的设置选项，如图 6-213 所示。

图 6-212

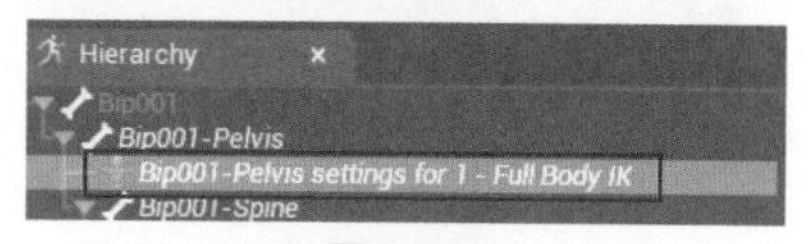

图 6-213

在它的 Details（细节）栏中找到 Stiffness（刚度）→Rotation Stiffness（旋转刚度）选项，将参数改为 0.9，如图 6-214 所示。

脊椎部分。再来设置一下脊椎部分骨

骼。在 Hierarchy（层级）里按住【Ctrl】键并单击所找到的脊椎相关的骨骼选项，如 Bip001-Spine、Bip001-Spine1、Bip001-Spine2 和 Bip001-Spine3，如图 6-215 所示。

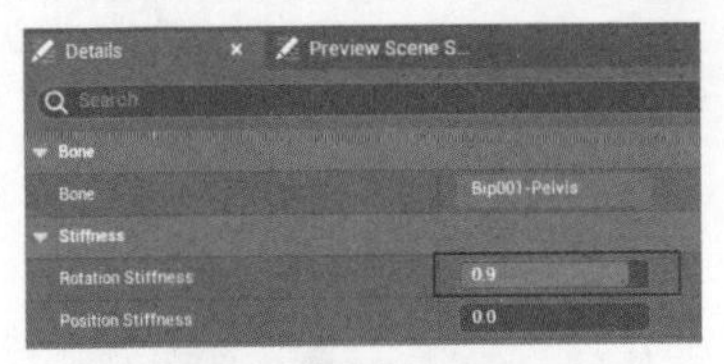

图 6-214

图 6-215

再右击，在弹出的快捷菜单中选择 Add Settings to Selected Bone（向选定的骨骼中添加设置）命令，如图 6-216 所示。再依次选择新创建的设置选项，如图 6-217 所示。

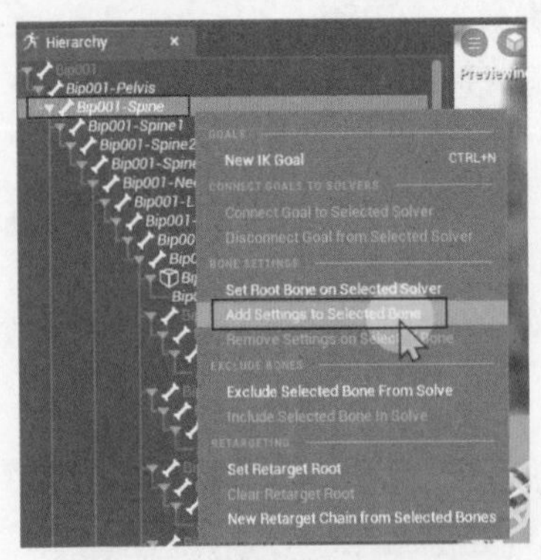

图 6-216

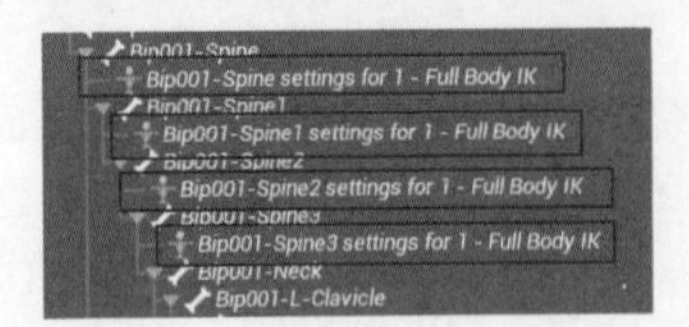

图 6-217

在它们的 Details（细节）栏中找到 Stiffness（刚度）→Rotation Stiffness（旋转刚度）选项，将参数改为 0.9，如图 6-218 所示。

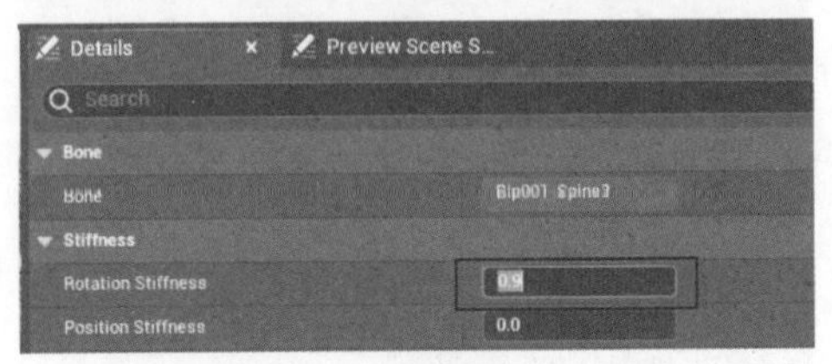

图 6-218

肩膀。再对肩部骨骼进行增加 Stiffness（刚度）处理。在 Hierarchy（层级）中找到肩部骨骼名称 Bip00T-R-Clavicle，右击，在弹出的快捷菜单中选择 Add Settings to Selected Bone 命令，如图 6-219 所示。

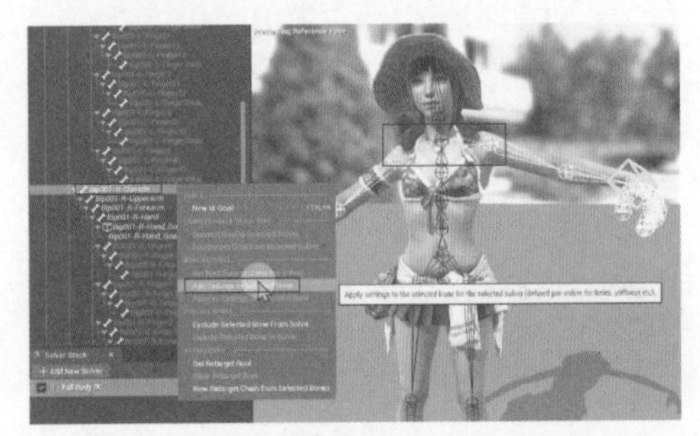

图 6-219

再选择新创建的设置选项，如图 6-220 所示。在它的 Details 栏中找到 Stiffness（刚度）→Rotation Stiffness（旋转刚度）选项，将参数改为 0.8，如图 6-221 所示。

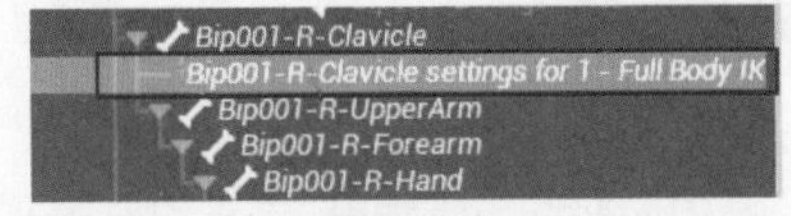

图 6-220

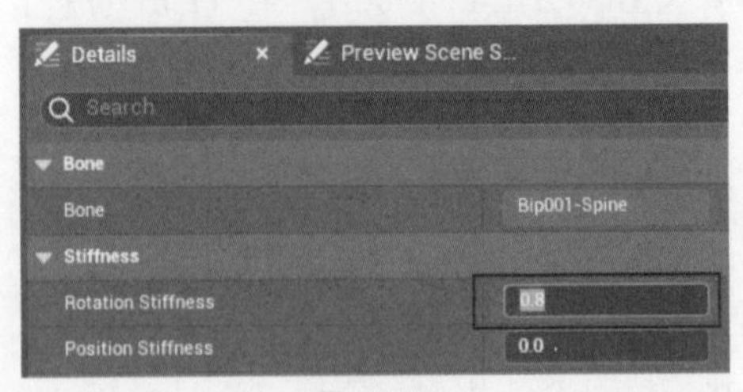

图 6-221

限制腿部旋转度。在进一步调整测试骨骼时发现，腿部骨骼会因为腿部的移动做出超出人体正常活动范围的动作，所以要限制一下腿部的旋转度，将它控制在合理范围内。

现在处理的是左腿部分。在 Hierarchy（层级）找到肩部骨骼名称 Bip001-L-Calf，右击，在弹出的快捷菜单中选择 Add Settings to Selected Bone（向选定的骨骼中添加设置）命令，如图 6-222 所示。再选中刚创建的选项，如图 6-223 所示。

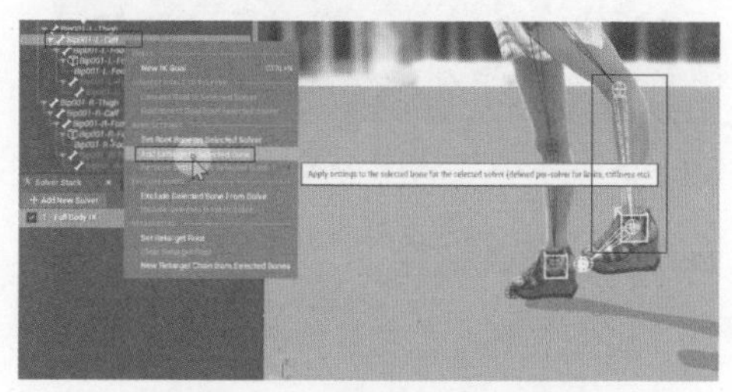

图 6-222

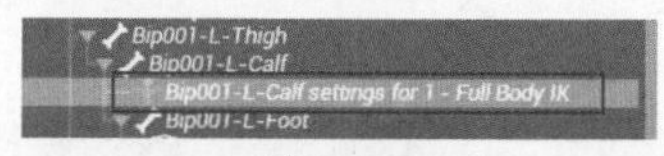

图 6-223

在它的 Details（细节）栏中找到 Limits（限制）→X（*X* 轴），将它的选项修改为 Locked（不可移动）；找到 Limits（限制）→Y（*Y* 轴），将它的选项修改为 Locked（不可移动），找到 Limits（限制）→Z（*Z* 轴），将它的选项修改为 Limited（被限制的），将它的 Max Z（最大 *Z* 轴值）设置为 180°，如图 6-224 所示。同理，对模型的右腿也进行同样的设置。在 Hierarchy（层级）中找到肩部骨骼名称 Bip001-R-Calf，右击，在弹出的快捷菜单中选择 Add Settings to Selected Bone（向选定的骨骼中添加设置）命令，如图 6-225 所示。

再选中刚创建的选项，如图 6-226 所示。在它的 Details（细节）栏中找到 Limits（限制）→X（*X* 轴），将它的选项修改为 Locked（不可移动）；找到 Limits→Y（*Y* 轴），将它的选项修改为 Locked（不可移动），找到 Limits→Z（*Z* 轴），将它的选项修改为 Limited（被限制的），将它的 Max Z（最大 *Z* 轴值）设置为 180°，如图 6-227 所示。

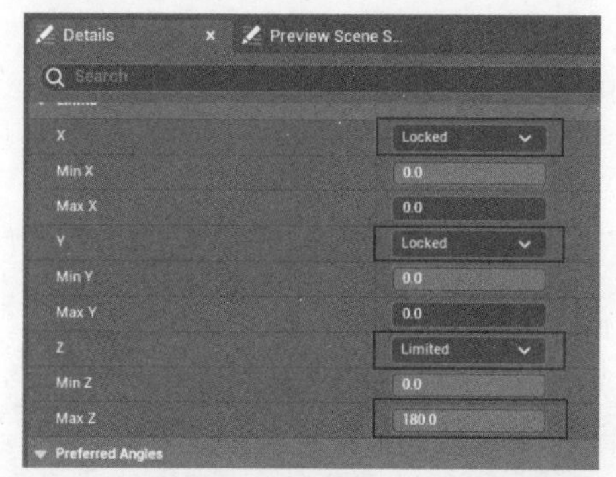

图 6-224

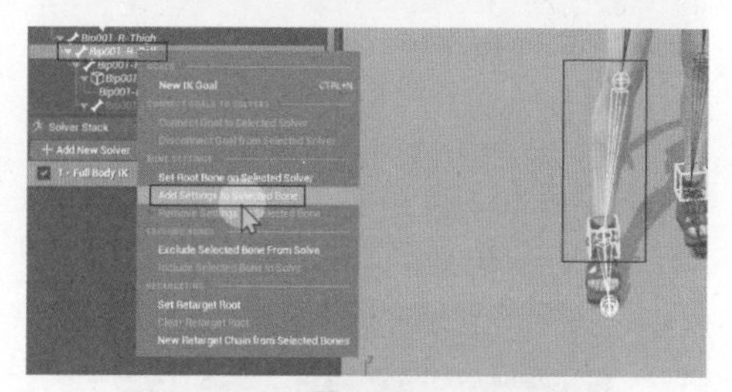

图 6-225

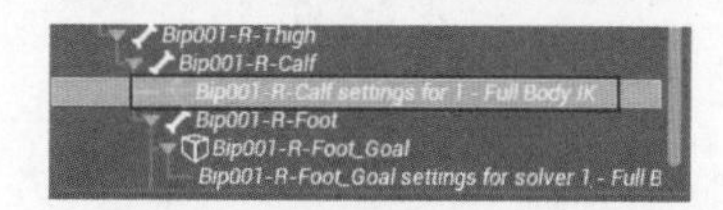

图 6-226

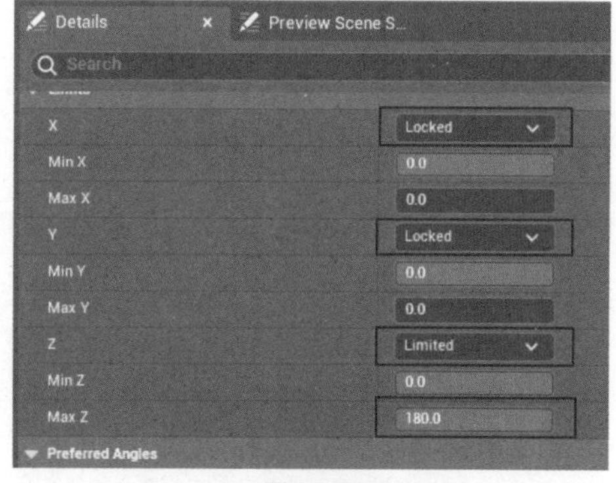

图 6-227

指定根骨骼。当调整完骨骼后，就要指定整个 IK 重定向的 Retarget Root（根骨骼）是哪一部分了，如图 6-228 所示。

图 6-228

在 Hierarchy 中找到根部骨骼名称 Bip001-Pelvis，右击，在弹出的快捷菜单中选择 Set Retarget Root（设置重新定位根目录）命令，如图 6-229 所示。

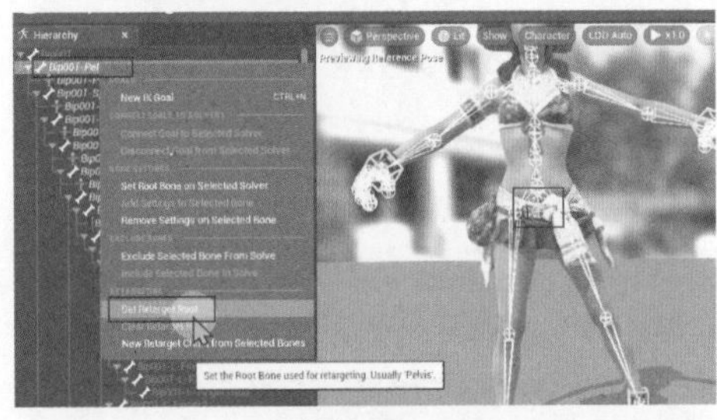

图 6-229

这样，就指定好整个 IK 重定向的 Retarget Root（根骨骼）为 Bip001-Pelvis 了，如图 6-230 所示。

图 6-230

指定 IK Goal。现在，还要给四肢指定 IK Goal，方便它们的运动。指定方法为在 IK Retargeting（IK 重定向）列表中找到 IK Goal 栏，单击 L Arm（左臂）的 IK Goal 下拉列表，找到 Bip001-L-Hand_Goal 选项单击进行指定即可，如图 6-231 所示。

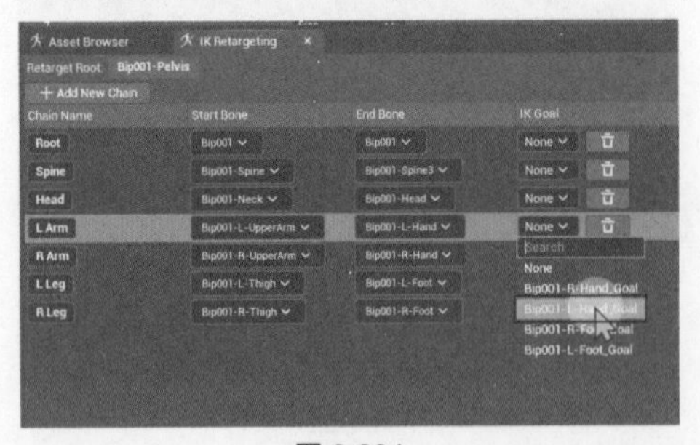

图 6-231

再用相同的方法，依次给 R Arm（右臂）、L Leg（左腿）、R Leg（右腿）指定好 IK Goal，如图 6-232 所示。

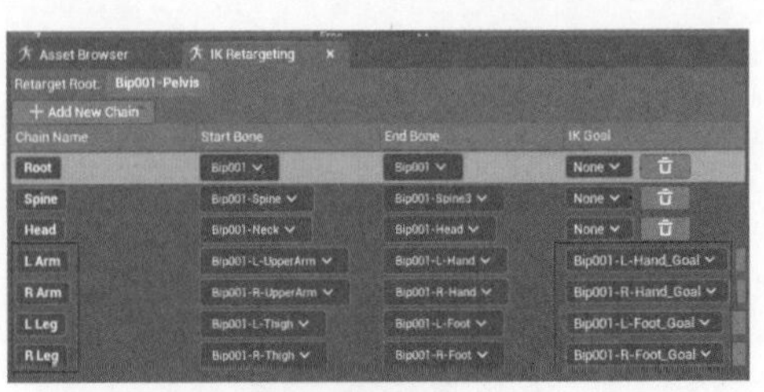

图 6-232

保存。现在，单击左上角的 Save 按钮，对编辑器进行保存，对模型的骨骼绑定就完成了，如图 6-233 所示。

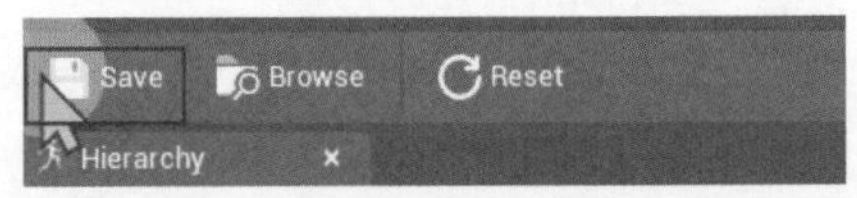

图 6-233

6.6.2 移植动作

现在，要将人物奔跑的动作移植到刚刚所制作的骨骼模型上。在 Content Drawer 中创建一个新文件夹，重命名为 Retargeter（重定向者），如图 6-234 所示。

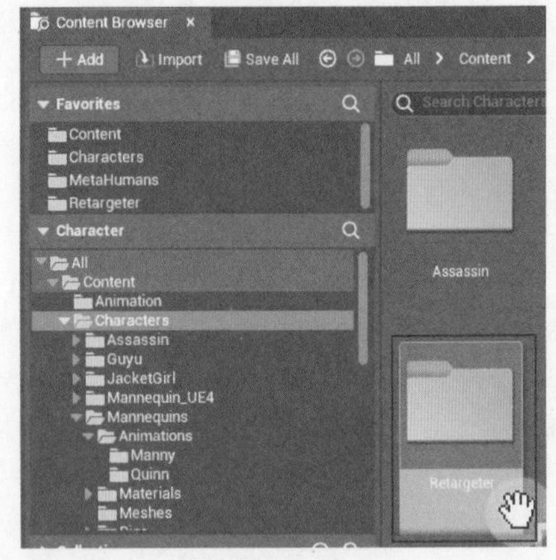

图 6-234

单击进入这个文件夹，在此将动画从原骨骼复制到定向骨骼。现在，先建立一个重定向器。在 Content Drawer 的空白区域右击，在弹出的快捷菜单中选择 Animation→IK Retargeter（IK 重定向者）命令，如图 6-235 所示。

图 6-235

在里面找到需要绑定的动画原骨骼，如图 6-236 所示。

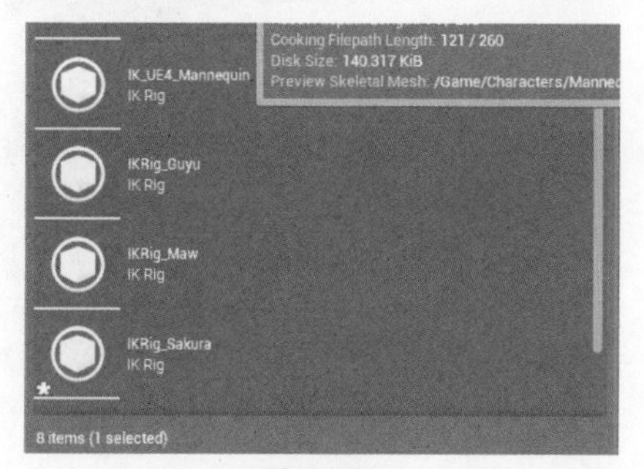

图 6-236

创建好后，将它重命名为 IKRetargeter_UE5-Sakura，如图 6-237 所示。双击 IKRetargeter_UE5-Sakura 文件，打开编辑界面，在编辑界面视图中出现的模型就是原始模型，如图 6-238 所示。

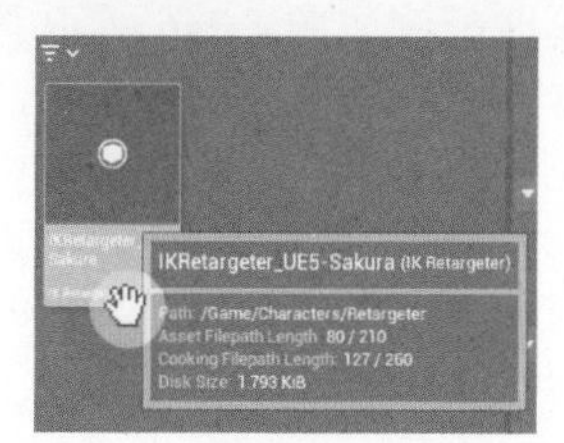

图 6-237

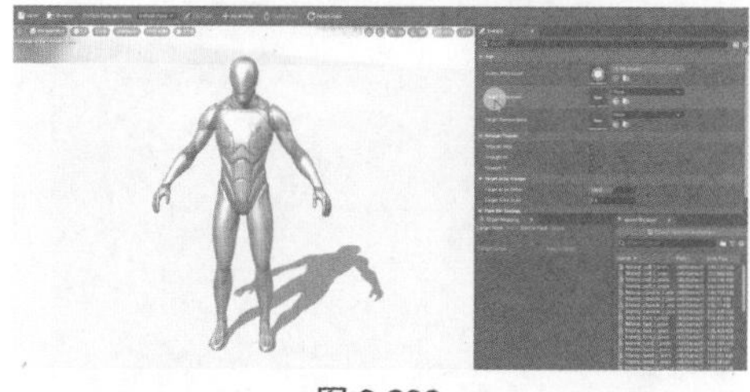

图 6-238

在 Details→Rigs→Target IK Rig Asset（目标 IK Rig 骨骼资产）中搜索并选择 IKRig_Sakura2，导入所指定的模型，如图 6-239 所示。

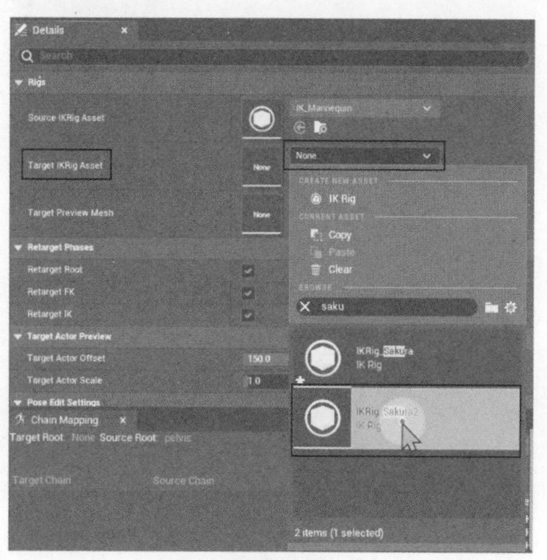

图 6-239

6.6.3　准备工作

在正式进行动画移植前，为了让移植更顺利，需要将 Sakura 的模型与原始模型进行重合，以便于观察模型所做动作是否变化一致，如图 6-240 所示。在 Details 栏找到 Target Actor Preview（目标演员预览）选项栏，将 Target Actor Offset（目标参与者偏移量）参数修改为 0.0；将 Target Actor Scale（目标参与者比例）参数修改为 1.15，让 Sakura 的模型与原始模型在视图中基本重合，如图 6-241 所示。

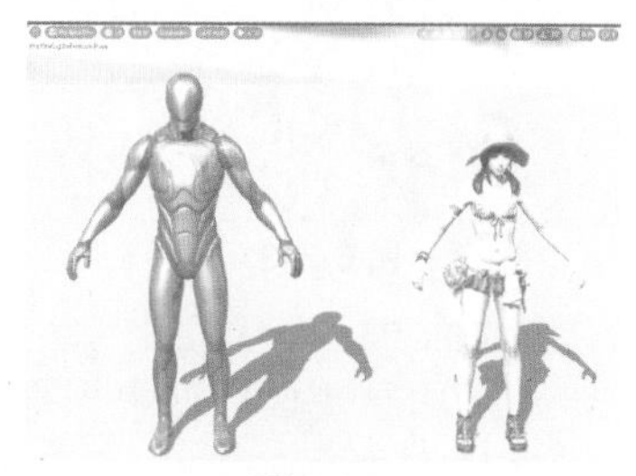

图 6-240

现在，Sakura 模型还是有局部细节与原始模型不匹配，如图 6-242 所示。此时，可以单击顶部的 Edit Pose（编辑姿势）工具，对模型进行微调，如图 6-243 所示。

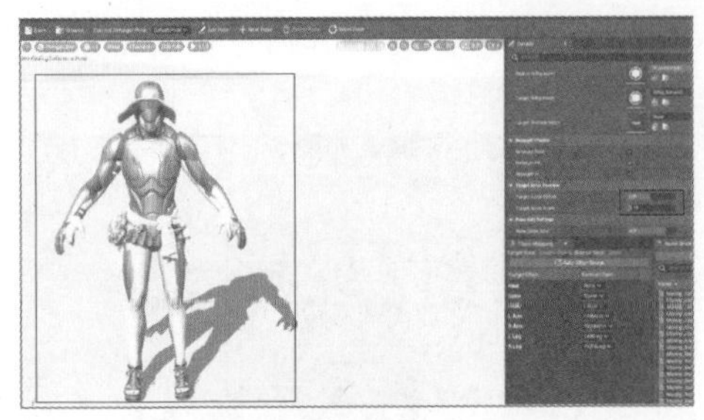

图 6-241

图 6-242

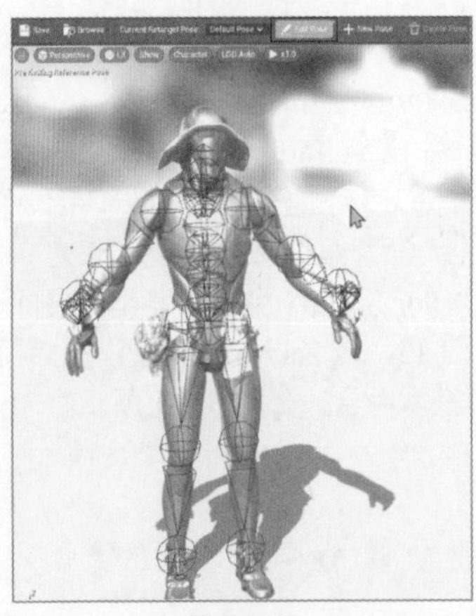

图 6-243

当使用 Edit Pose（编辑姿势）工具把 Sakura 模型和原始模型调整到高度匹配时，如图 6-244 所示，就可以在 Details（细节）栏找到 Target Actor Preview（目标演员预览）选项栏，将 Target Actor Offset（目标参与者偏移量）选项的参数修改为 100.0，让两个模型并列，准备工作就完成了，如图 6-245 所示。

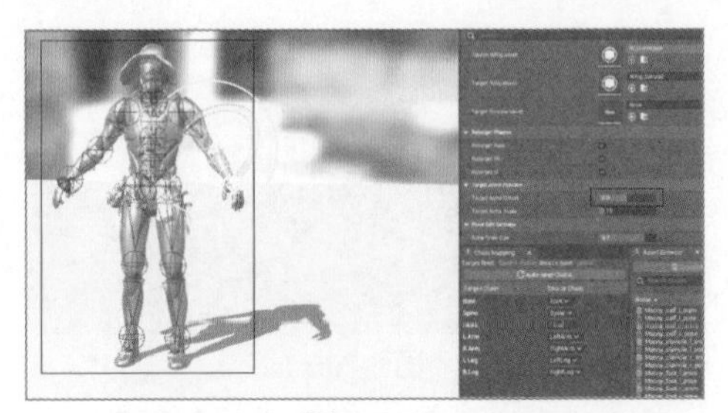

图 6-244

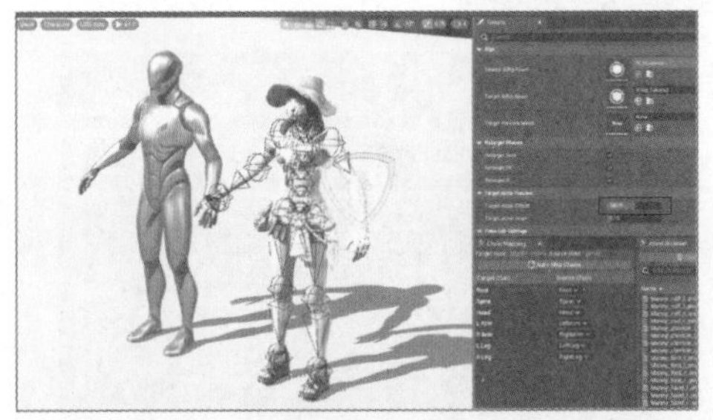

图 6-245

6.6.4 匹配链条

接下来，正式匹配 Sakura 的模型和原始模型的链条，这一项工作在右下角的 Chain Mapping（链映射）菜单栏中进行。如果一开始命名比较准确的话，系统会自动识别匹配，如图 6-246 所示。如果没有，列表显示是 None（无）的话，那么就需要手动匹配一下，匹配方法为找到显示为 None 的选项，打开下拉列表框，找到对应链条后进行单击，即可添加成功，如图 6-247 所示。

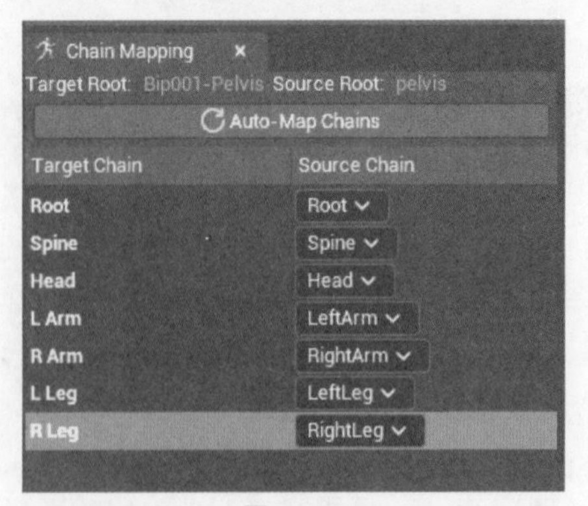

图 6-246

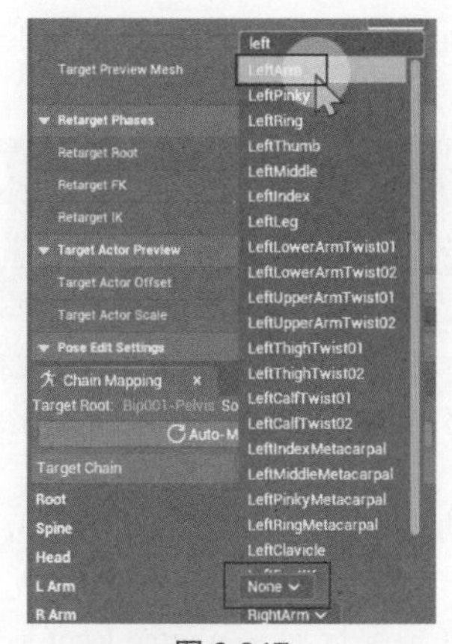

图 6-247

6.6.5　指定动画

在 Asset Browser（资产浏览器）中找到想要匹配的动画文件名并单击。这里选择 MF_Run_Fwd 文件，也就是可以让 Sakura 的模型奔跑的动画，如图 6-248 所示。选择完后，视图中的 Sakura 的模型与原始模型就开始同步进行奔跑的动作动画，如图 6-249 所示。

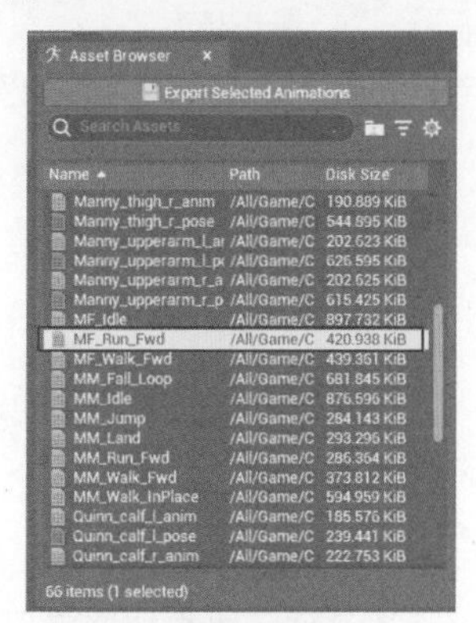

图 6-248

图 6-249

在视图的左上角，还有控制动画播放速度的 PLAYBACK SPEED（播放速度）工具，可供调整动画播放的速率快慢，如图 6-250 所示。也可以在这时继续观察 Sakura 的模型的体态是否匹配动画，然后回到骨骼编辑器里对其进行深度优化与调整，让她与原始模型的动画匹配度更加精确。

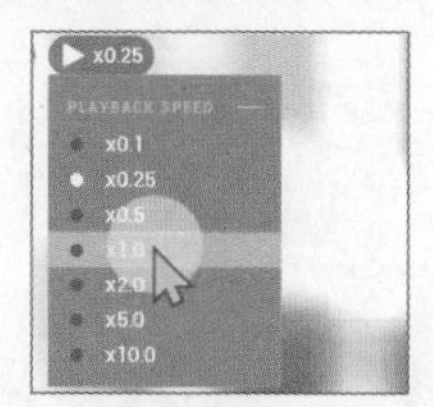

图 6-250

单击左上角的 Save（保存）按钮对设置进行保存，动画移植就已经成功了，如图 6-251 所示。

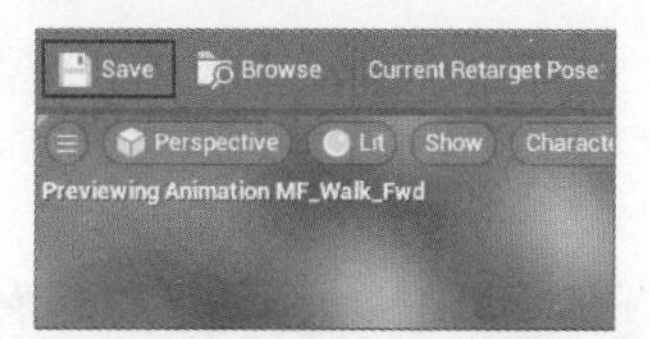

图 6-251

6.6.6　补充说明

导出与使用。若要导出动画时，可以选择 Asset Browser 中的 Export Selected Animations（导出选定的动画）选项，如图 6-252 所示。

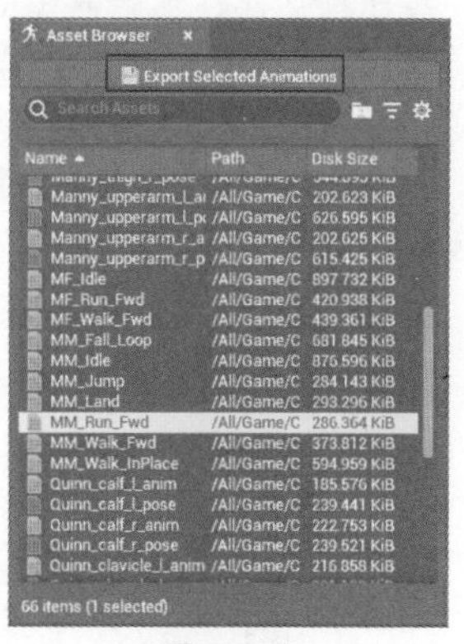

图 6-252

在弹出的 Select Export Path（选择导出路径）菜单栏中指定想要保存的文件地址，单击 OK 按钮确认即可，如图 6-253 所示。

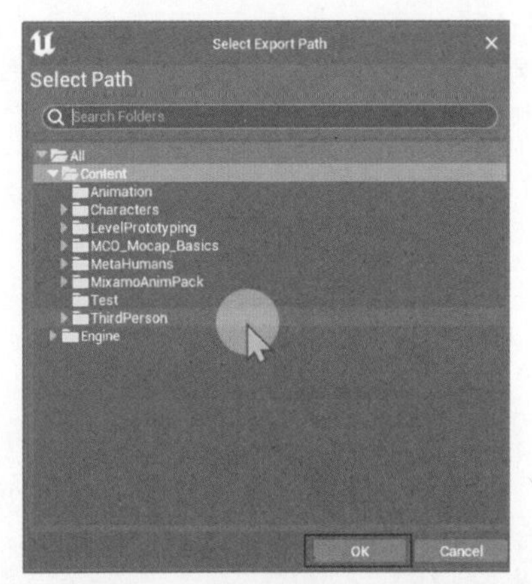

图 6-253

在 Content Drawer 里找到刚刚保存的动画文件，将它拖曳到场景中就可以进行使用了，如图 6-254 所示。

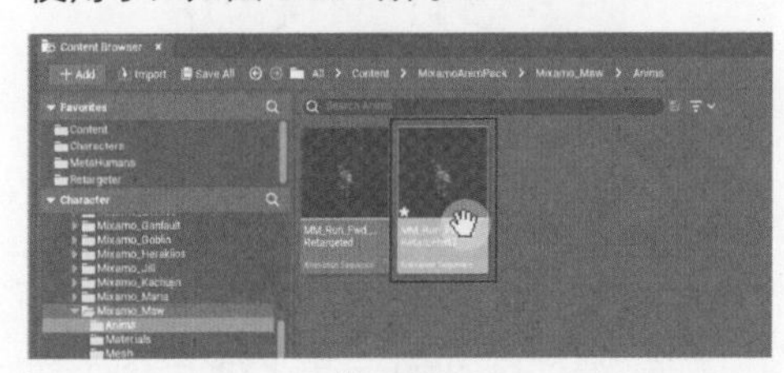

图 6-254

解决动画 Root（根部）不匹配问题。

有一些动画文件在编辑器里时还是正常的，但当需要使用它时，就会发现它的动作变得有些奇怪，这是因为它的 Root（根部）不匹配所导致的，所以要帮助它重新匹配 Root，如图 6-255 所示。

图 6-255

在 Content Drawer 中双击不匹配 Root 的动画文件，进入它的编辑器内，如图 6-256 所示。

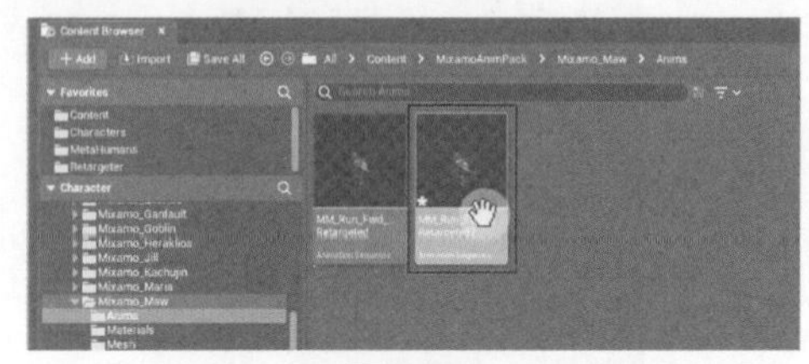

图 6-256

在编辑器的左上角找到 Asset Details（资产详细信息）栏，搜索并找到 Root Motion（根部运动）→Force Root Lock（强制根锁）选项，取消选择该复选框，如图 6-257 所示。

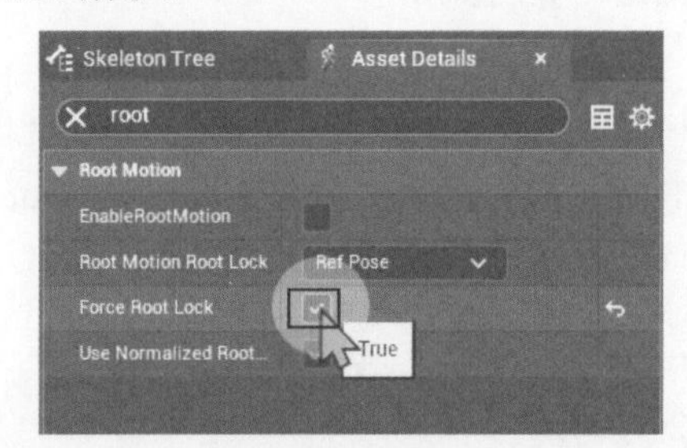

图 6-257

角色姿势就会变得正常了，如图 6-258 所示。

图 6-258

快速移植动作。要想快速将原始模型动画移植到指定模型身上，还有另一种方法。

在 Content Drawer 中找到模型所复制的原始骨骼模型动画文件，选择后右击，在弹出的快捷菜单中选择 Retarget Anmation Assets（缓存信息资产）→Duplicate and Retarget Animation Assets（复制和恢复动画资产）命令，如图 6-259 所示。

图 6-259

以此进入一个重定向的工具栏，然后在框选位置搜索刚刚所导入的模型名称进行 Duplicate and Retarget Animation Assets 操作，如图 6-260 所示。

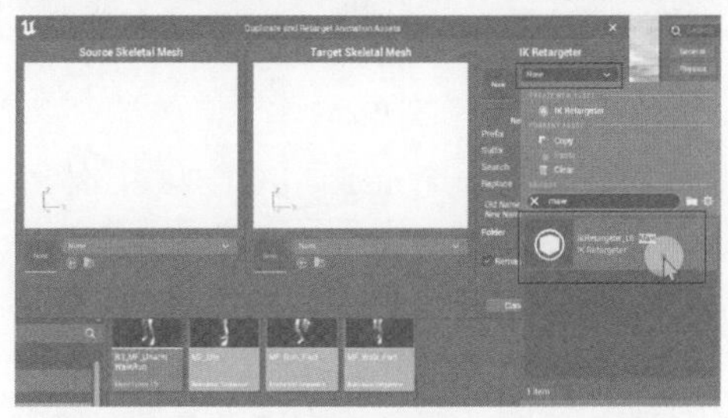

图 6-260

再单击 Change（变化）按钮，如图 6-261 所示。指定保存路径或新建文件夹，单击 OK 按钮进行确认，如图 6-262 所示。

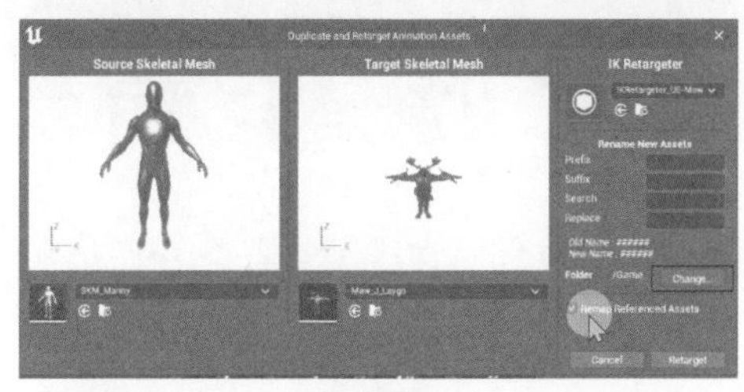

图 6-261

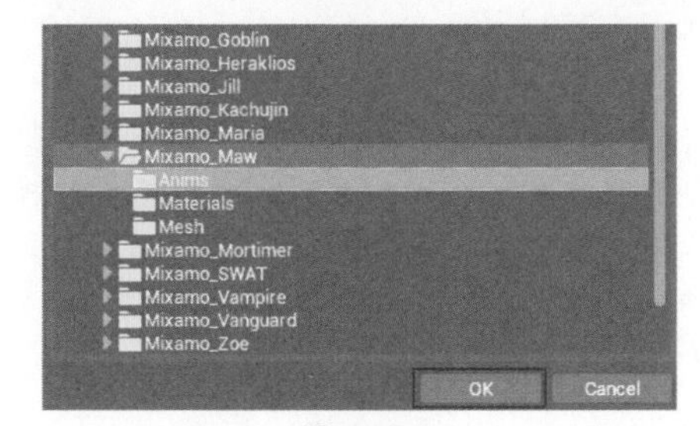

图 6-262

单击 Retarget（指定为新目标）按钮进行确认，如图 6-263 所示。

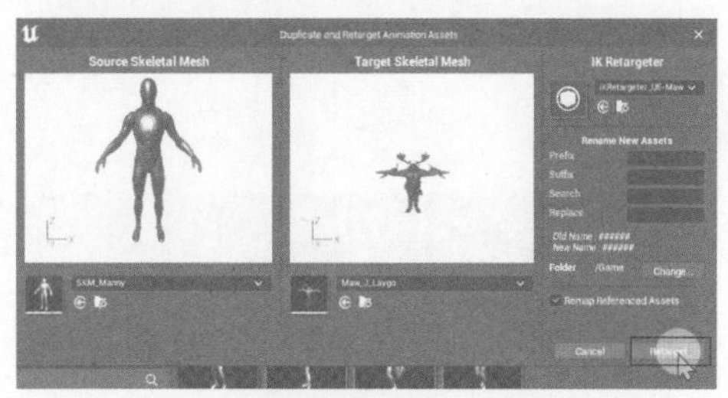

图 6-263

文件夹即被添加 3 个指定动画的资产。但由于这样移植的资产并没有经过细致的调整，所以在动作上可能会有些奇怪，要解决这一问题，还需要在移植完成后进入它们的编辑器内进行细节再调整，如图 6-264 所示。

图 6-264

游玩角色。如果需要在游玩模式下，将场景中的游玩角色改为导入的模型角色，需要借助切换角色和修改动画蓝图等一系列操作来实现。

首先在 Content Drawer 中找到原始模型的 BP 文件，将它拖曳进场景视图内，如图 6-265 所示。选中后，在 Details 栏中找到 Mesh（网格）→Skeletal Mesh（骨骼网格）选项，搜索并添加指定模型文件名称，并单击添加，如图 6-266 所示。

将指定模型与原始模型替换完，添加到场景中后，在它的 Details 栏→Pawn 选项栏中，将 Auto Possess Player（自动拥有玩家）选项修改为 Player 0，就可以在游玩模式下，在视图中操纵它的移动了，如图 6-267 所示。但此时的指定模型还未被指定行为动画，所以在游玩模式下是没任何动作的，这个时候要做的就是对导入模型的动画蓝图进行重定向，如图 6-268 所示。

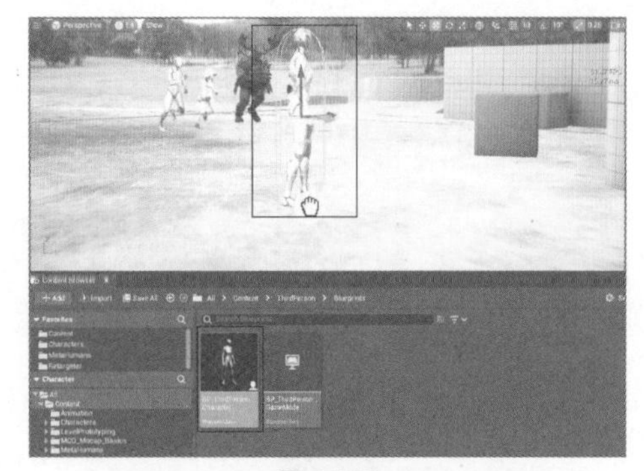

图 6-265

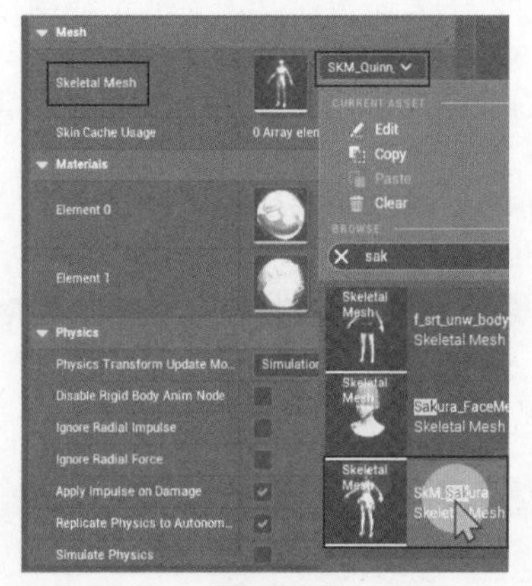

图 6-266

图 6-267

图 6-268

在 Content Drawer 里找到原始模型 ABP_Quinn 文件（也就是 Animation Blueprint 动画蓝图文件），选中后右击，在弹出的快捷菜单中选择 Retarget Anmation Assets（缓存信息资产）→Duplicate and Retarget Animation Assets（复制和恢复动画资产）命令，如图 6-269 所示。

图 6-269

以此进入一个重定向的工具栏，然后在框选位置搜索刚刚所导入的模型名称进行 Duplicate and Retarget Animation Assets 操作，如图 6-270 所示。

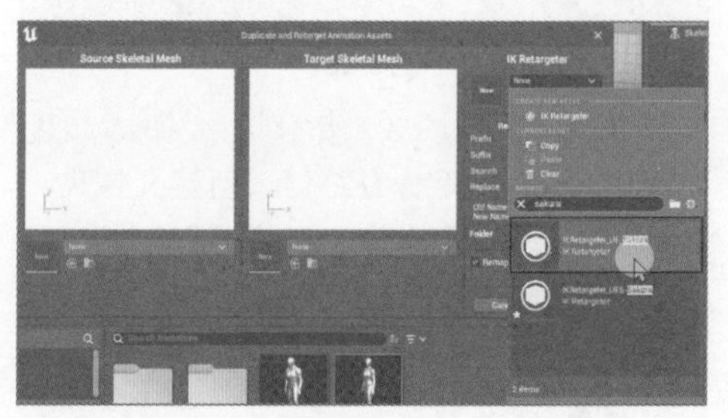

图 6-270

再单击 Change（变化）按钮，指定保存路径或新建文件夹，单击 OK 按钮进行确认，如图 6-271 所示。最后，单击 Retarget（指定为新目标）按钮进行确认，如图 6-272 所示。

接着在 Content Drawer 中就会发现许多复制进去的重定向动画，在其中找到 ABP_Quinn 文件，如图 6-273 所示。将它重命名为 ABP_Sakura1，这就是 Sakura 模型文件的整个动画蓝图，如图 6-274 所示。

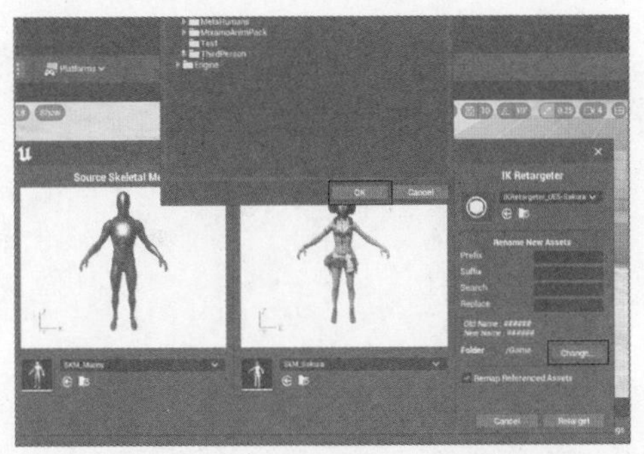

图 6-271

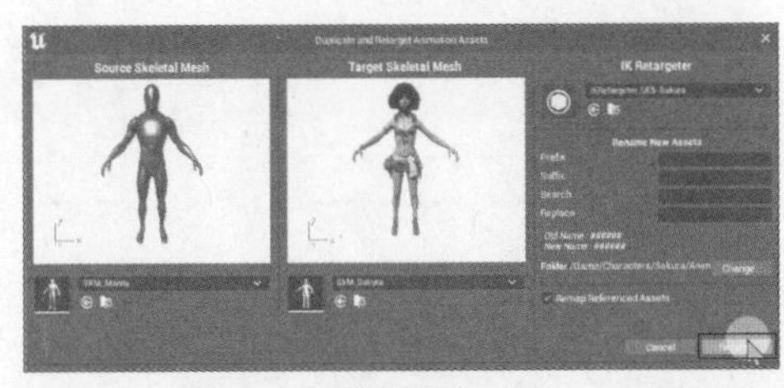

图 6-272

图 6-273

图 6-274

在视图中找到并选中 Sakura 模型，也就是指定模型，切换到它的 Details 里，如图 6-275 所示。

图 6-275

找到 Animation 选项栏里的 Anim Class 选项，在下拉列表框中搜索并添加 ABP Sakura 1 文件，如图 6-276 所示。

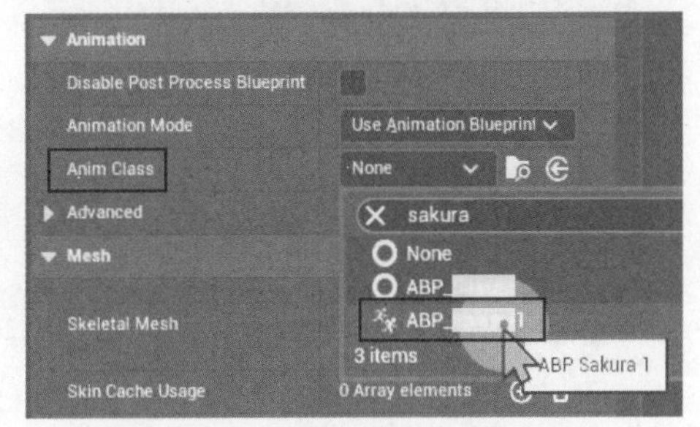

图 6-276

现在再进入游玩模式，就会发现 Sakura 模型，也就是指定模型在场景中和原始模型游玩角色一样，在场景中有动画，能够做出各种动作变化，如图 6-277 所示。

图 6-277

Niagara 粒子特效

在开始制作特效之前，需要先在 Unreal Engine 中创建相应的发射器，并将其添加到场景中。接下来，可以开始添加粒子系统的属性，如颜色、速度、生命周期等。这些属性可以根据用户的需要进行调整，以实现所需的视觉效果。

如果想要在粒子系统中添加一些动态效果，如随时间变化的颜色或形状，可以使用 Niagara 的编程功能。通过编写表达式或脚本来控制粒子的属性，能够创建出非常逼真的动态效果。

除了基本的粒子属性，Niagara 还提供了许多高级功能，如碰撞检测、物理模拟和交互性等。这些功能可以让粒子系统显得更加真实和动态。

总的来说，Niagara 粒子系统是一个非常强大的工具，它可以让用户轻松地创建出令人惊叹的视觉效果。无论是专业的游戏开发者还是初学者，都可以通过 Niagara 实现自己的创意和想法。

7.1　Niagara 基础

Niagara 粒子系统是 Unreal Engine 中新一代的特效解决方案，它具有强大的可编程性，使得艺术家们能够更加自由地发挥创造力。通过 Niagara 可以为游戏或应用程序添加壮观的视觉效果，如火、烟雾、爆炸等。

7.1.1　Niagara 的概念

本节来学习一下 Niagara 的基础概念。Niagara System 是一套完整封装的粒子系统，它会将许多功能部分封装在一套系统里，最终应用于场景中。Niagara 细分到部分，是由一个个 Emitter（粒子发射器）组成的，它不能直接拖动到场景里使用，它存在于粒子系统之中。

粒子发射器是存在于粒子系统内的一组独立的粒子，每一个发射器都有特定的定义、外观、行为与渲染方式等。每一个粒子发射器和粒子发射器之间可以通过 Events（事件），实现互相传递数据，这是制作粒子拖尾和碰撞行为的一个基础。

每一个 Emitter 都包含以下几部分。

Attributes（属性）：描述粒子的参数，改变参数即可改变粒子行为。

Module（行为模块）：通过“里世界”（Niagara 蓝图）编制封装的程序，能改变粒子的属性及行为。

Value 值：在行为模块里包括了 Value 值，以“套娃”的形式进行简单的数值计算，功能强大。

Parameters（参数）：将某些属性转为参数，可逐个编辑粒子实例，或通过程序控制参数。

Render（渲染模式）：将粒子采用不同方式显示，不同渲染方式对粒子的要求也不同。

Niagara 界面介绍。Niagara 共有 5 个板块，如图 7-1 所示。

图 7-1

效果预览：效果预览会根据用户的设置，实时进行效果播放。

参数：包括整个粒子系统的属性参数，也包括每一个粒子发射器的属性。

粒子系统图表：在粒子系统图表里，蓝色的图表代表整个粒子系统的设置，橙色图表代表粒子发射器，如图 7-2 所示。

图 7-2

选择面板：当选择发射器节点或系统节点时，选择面板将显示整个组的内容：单击组右侧的“+”图标，将显示该组可用模块列表，单击其中任意模块即可添加到组中。

曲线与时间线：曲线与时间线的主要作用就是用来调整粒子的生命周期的，用户可以在这决定它的开始与结束。

下面通过一个实例来演示一下，如何创建最基本的粒子。

首先在资产管理器里右击 Niagara System，如图 7-3 所示。

此后，会出现 4 种选项。

New system from selected emitter（s）：从当前选中的发射器来创建一个粒子系统。

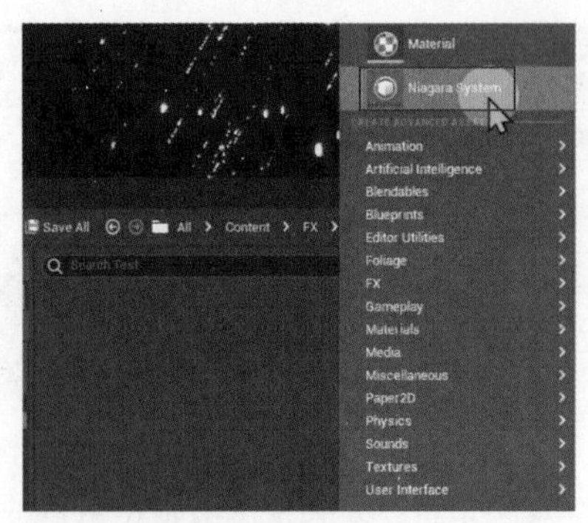

图 7-3

New system from a template or behavior example：根据系统自带的模板或者本身就具有的系统来创建。

Copy existing system：根据现有系统进行复制。

Create empty system：创建一个完全空白的新系统。

此案例中选择 New system from a template or behavior example（根据系统自带的模板或本身就具有的系统来创建）来创建，选中后单击 Next 按钮继续，如图 7-4 所示。可以选择模板，若是没显示的话，取消选择 Library Only 复选框即可看到预设。选择 Radial Burst（径向爆发）的粒子预设，并单击 Finish（完成）按钮，如图 7-5 所示。

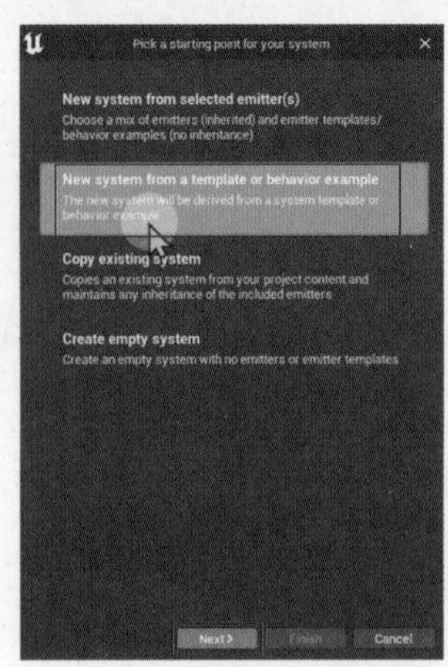

图 7-4

创建完成后，在资产管理器里找到它并重命名为：FX_Radial Burst。粒子资产在命名时前缀用 NS、N system、FX 均可，但影视方面一般用 FX 作为前缀，如图 7-6 所示。双击资产就可以进入粒子系统的操作页面了，如图 7-7 所示。

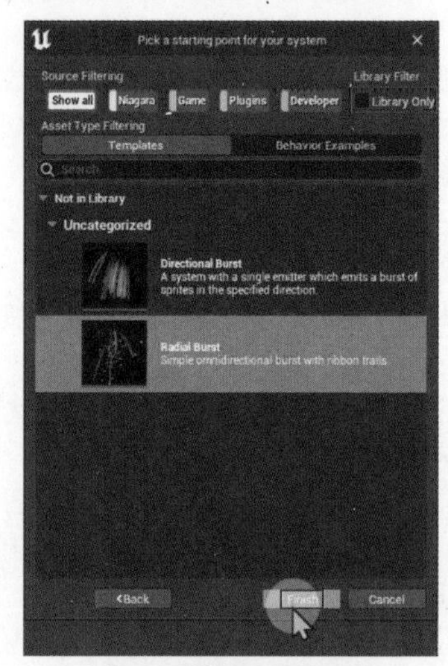

图 7-5

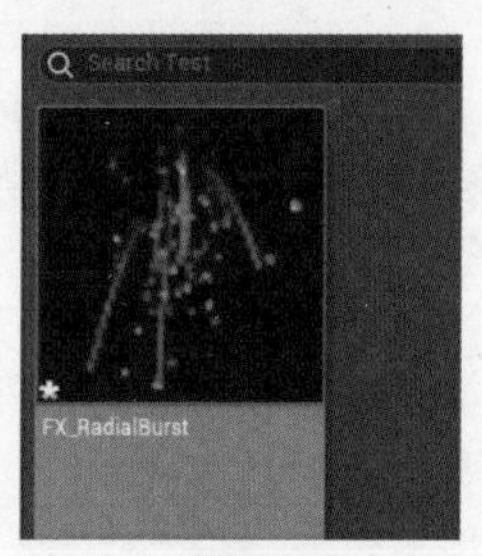

图 7-6

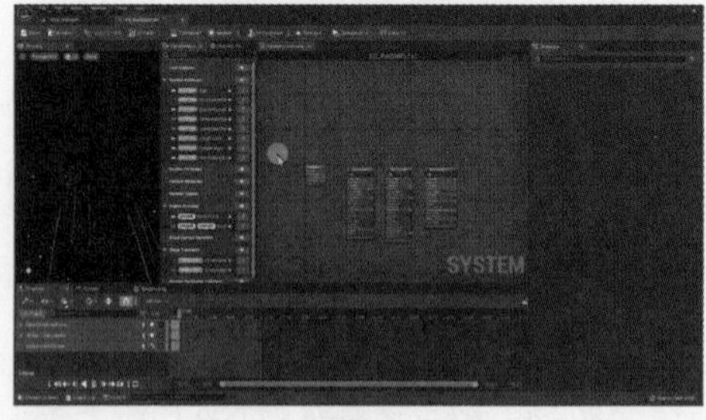

图 7-7

7.1.2 Niagara 基本参数

本节学习一下如何制作一个完整的 Niagara。创建 Empty（空模板）发射器。在 Content Drawer 的空白处右击，在弹出的快捷菜单中选择 Niagara System（Niagara 系统）命令，如图 7-8 所示。选择 Create empty system（创建空系统）选项，单击 Finish 按钮进行确定，如图 7-9 所示。

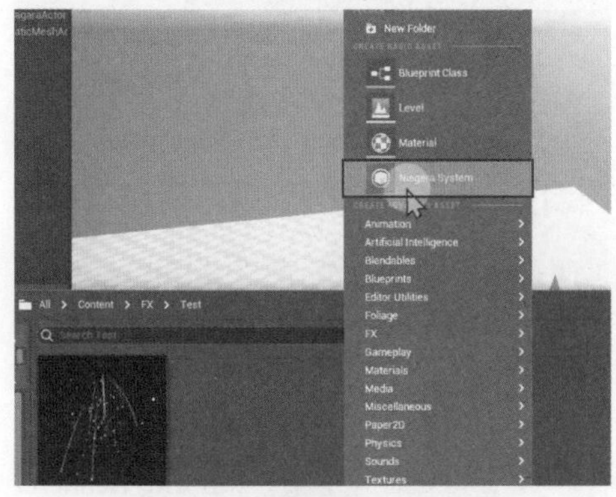

图 7-8

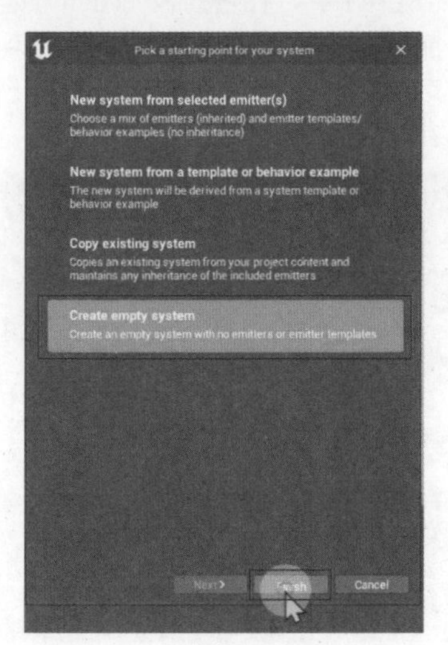

图 7-9

并将它命名为 fx_Dust，双击进入它的编辑器内，如图 7-10 所示。进入粒子编辑器后，按【E】键调出 Source Filtering（源过滤）菜单栏，在此可以找到各种各样的模板，此处选择的是 Empty，如图 7-11 所示。

Empty（空模板）是最常用的模板，将它添加到粒子编辑器后重命名为 Dust，如图 7-12 所示。现在，简单介绍一下 Dust 里的一些常用选项。

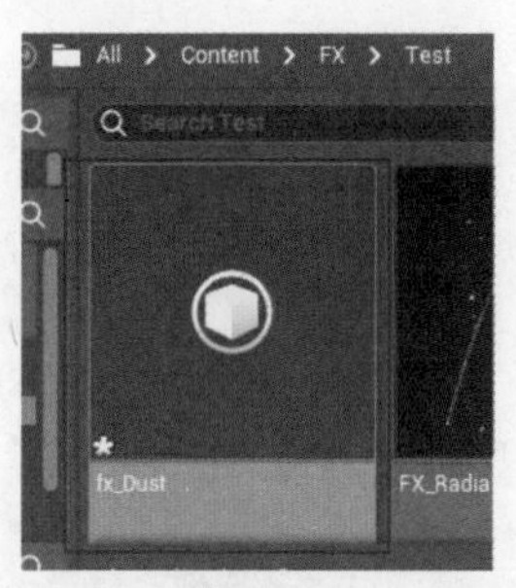

图 7-10

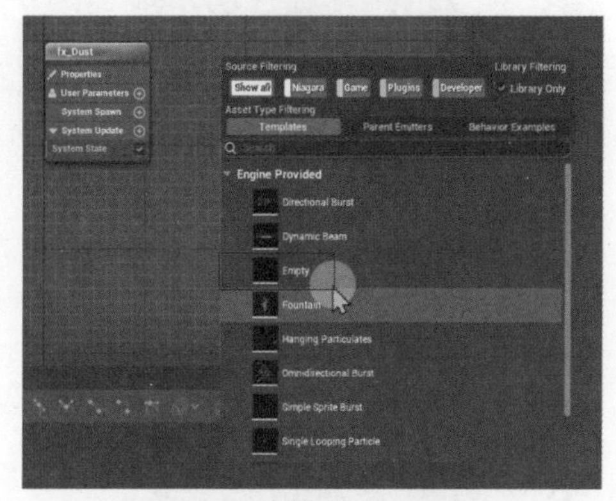

图 7-11

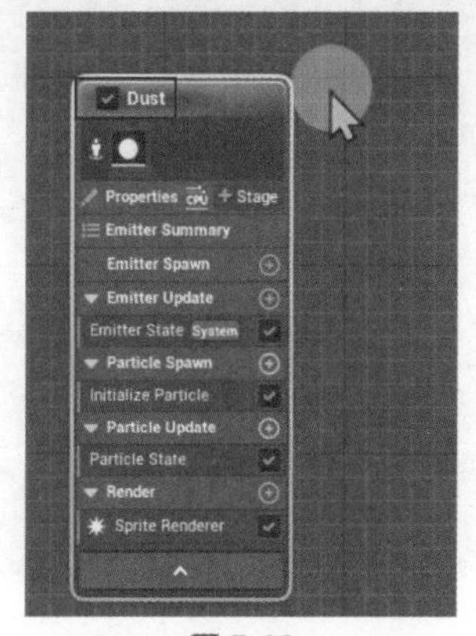

图 7-12

1. Emitter State（发射器状态）

选中 Emitter Update（发射器更新）→Emitter State（发射器状态）时，可以在它的 Selection（选择）栏里找到 Life Cycle（生命周期）→Life Cycle Mode（生命周期模式），在此可选择粒子的生命周期要遵循 System（系统）还是 Self（自我指定），如图 7-13 所示。

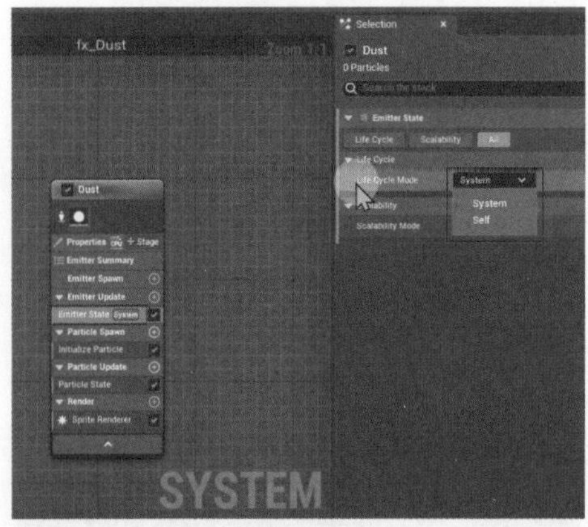

图 7-13

2. Initialize Particle（初始化粒子）

选中 Particle Spawn（生产粒子）→Initialize Particle（初始化粒子），可以在它的 Selection（选择）栏里看到关于初始化粒子的板块内容，在这里可以设定粒子初始化的大小等，如图 7-14 所示。

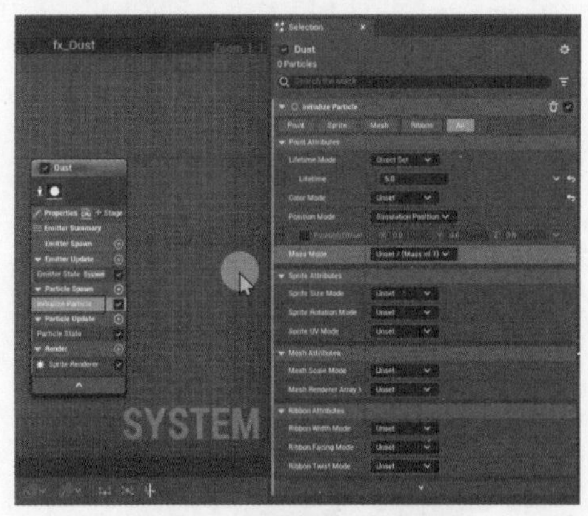

图 7-14

3. Particle State（粒子状态）

在 Particle Update（粒子更新）→Particle State 中，其 Selection 栏所呈现的操作选项相对较少。这并非因为其功能不够丰富，而是因为其主要功能实则体现在蓝图编辑器中。Particle State 的核心作用在于 Empty 选项，它悄然计算先前添加至节点中的数据，如粒子更新年龄、数据存储等，如图 7-15 所示。

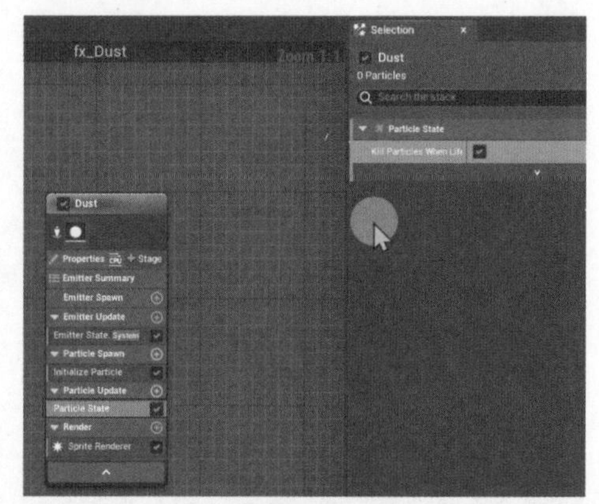

图 7-15

4. Sprite Renderer（粒子渲染器）

选中 Render（渲染）→Sprite Renderer（粒子渲染器），在它的 Selection（选择）栏中能看到一系列关于 Render（渲染）的操作选项，这在后面的章节制作粒子效果时都会被引用到，如图 7-16 所示。

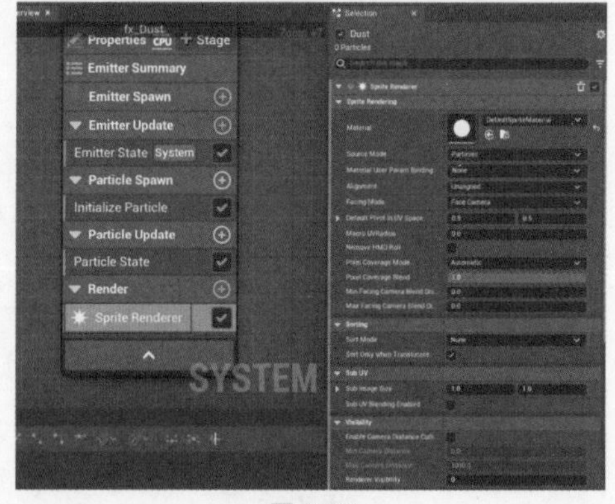

图 7-16

7.1.3 粒子模块思路

本节来介绍一下粒子模块思路。粒子本身是有一个生命周期的，所以在设置粒子时会被分为生成（Spawn）和更新（Update）两个阶段。

一般要在粒子的生成（Spawn）阶段就要设置好粒子的生成速率与初始状态。

在具体操作过程中这些选项的特征体现为，名称前缀会有 Initial（初始）字样，粒子的初始状态一般是指初始位置、速度、颜色、大小等内容。当粒子设定完生成（Spawn）阶段正式出生后，就进入了更新（Update）阶段。在这个阶段可以控制粒子在运行过程中的属性变化，在具体操作过程中这些选项的特征体现为，名称后缀会有 Over Life（结束生命）字样。当粒子进入更新（Update）阶段时，除了设定为恒定不变的几个特征，其他特征都是会随着粒子生命周期的阶段变化产生相对应的变化。

粒子的生命阶段：虚幻引擎 5 一般会把粒子阶段具体分为系统设置阶段和发射器设置阶段。系统阶段的生成和更新通常不会做太多的操作，一般的操作都体现在发射器设置上。发射器设置这一选项里所做的设置，相当于粒子自身特征，通常情况下，这是无法依靠其他参数和粒子生命周期的改变而改变的。

系统设置（System）：在系统设置阶段，设置的是整个粒子系统的设置，一般涉及 Properties（系统属性）、User Parameters（用户参数）、System Spawn（系统生成）、System Update（系统更新）等内容，如图 7-17 所示。

1. 发射器（Emitter）

粒子发射器阶段的每一个发射器也都有它的生成和更新阶段，一般有 Emitter Summary（参数概要）、Emitter Spawn（粒子生成）、Emitter Update（粒子更新）等内容。其中 Emitter Summary（参数概要）的作用是，由于整个粒子系统的参数过于庞大，而有时只需要设置部分功能，所以虚幻引擎将重点参数集合在 Emitter Summary（参数概要）中以方便操作，如图 7-18 所示。

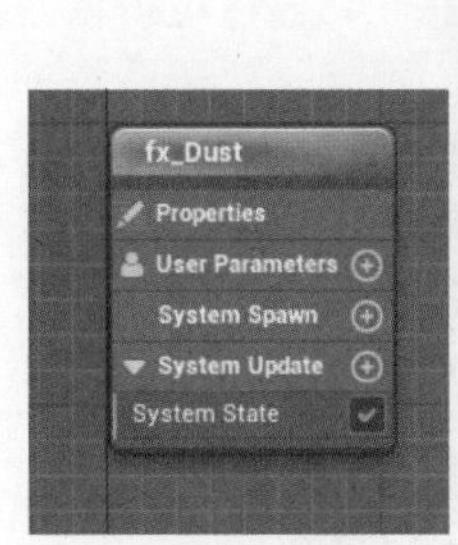

图 7-17

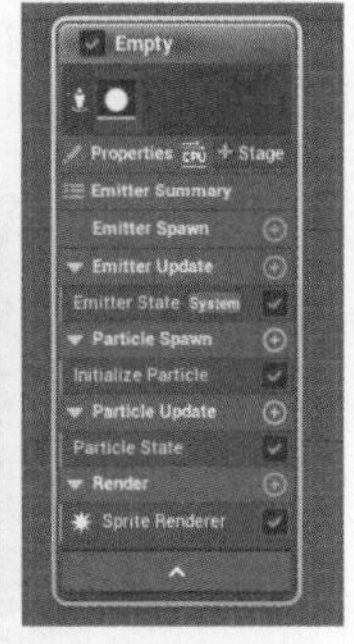

图 7-18

2. 粒子（Particle）

粒子阶段分为粒子生成和更新两个部分，粒子阶段的设置才是真正设置粒子生成后各种行为的设置。严格来说，渲染并不能算是一个阶段，它只是一个从头至尾的属性。

3. 粒子生成次序

一般情况下，设置一个粒子的生成次序如下。

System（系统设置类）：设置系统基本单位。

Spawn（出生类）：设置粒子的出生方式。

Initialize（初始化类）：给予粒子一个初始化参数。

Update（更新类）：设定粒子的每一帧是否更新。

Render（渲染类）：设定渲染类型。

Events（事件）：设定粒子发射器之间是否存在数据交换。

以上就是整个粒子特效制作的大致思路，在接下来的章节中，会详细介绍每个模块里有哪些常用的功能与选项。

7.1.4　系统设置模块：粒子系统生命周期

本节将详细介绍粒子系统中的生命周期设置，这是新手玩家往往忽视的关键环节。实际上，熟练掌握生命周期设置对于创造出独特且富有创意的粒子效果至关重要。

系统设置模块位于粒子编辑器中，创建每一个粒子效果时，都会在粒子系统图表中出现蓝色列表，那就是粒子系统的设置表。本节所要了解的粒子系统生命周期的设置，就在蓝色图表的 System State（系统状态）中，如图 7-19 所示。

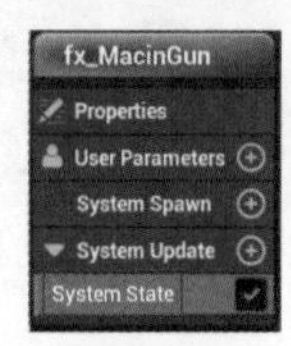

图 7-19

选中 System State 选项，即可在右边的参数编辑栏看到它的完整菜单栏了，如图 7-20 所示。

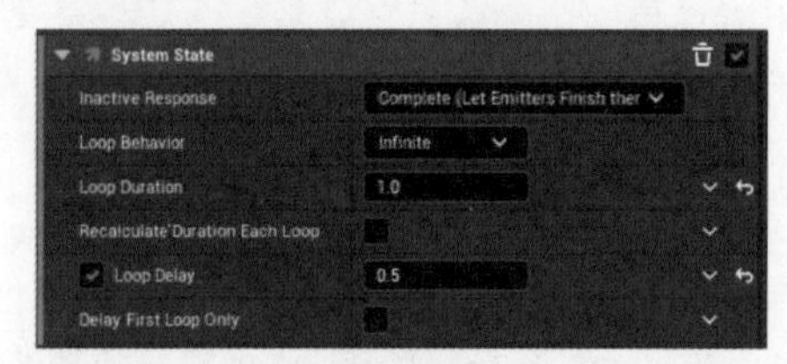

图 7-20

1. Loop Behavior 循环行为

在 System State（系统状态）的 Loop Behavior（循环行为）中可以设定粒子的生命周期，通过它也能让粒子达成不同的效果，如图 7-21 所示。

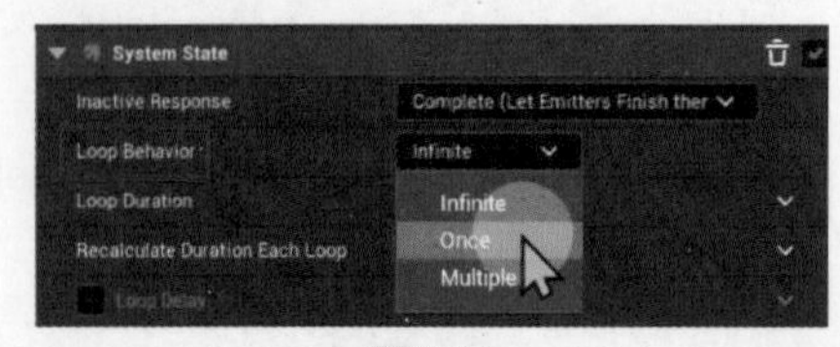

图 7-21

Loop Behavior（循环行为）中的选项如下。

Infinite（无限）：无限循环。

Once（一次）：执行单次。

Multiple（多次）：执行多次粒子效果。

2. Loop Duration 循环时长

当每次选择一个 Loop Behavior 时，它都会有自己的 Loop Duration（循环时长），设置循环时长可以决定粒子效果的播放时间，如图 7-22 所示。

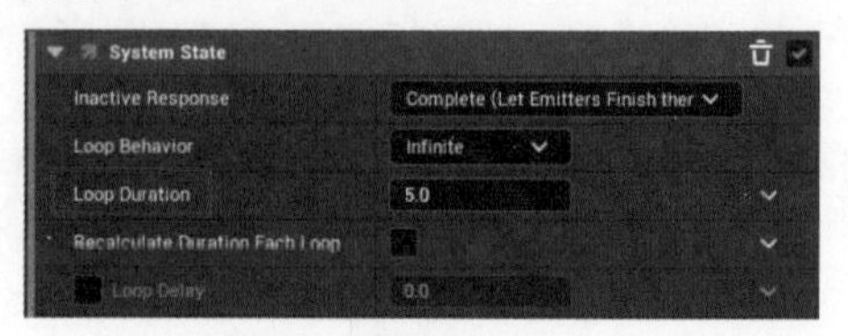

图 7-22

若觉得修改参数值所得到的效果太过简单，还可以单击右边的箭头，展开列表，选择较为复杂的数学运算，制作出其他效果，如图 7-23 所示。

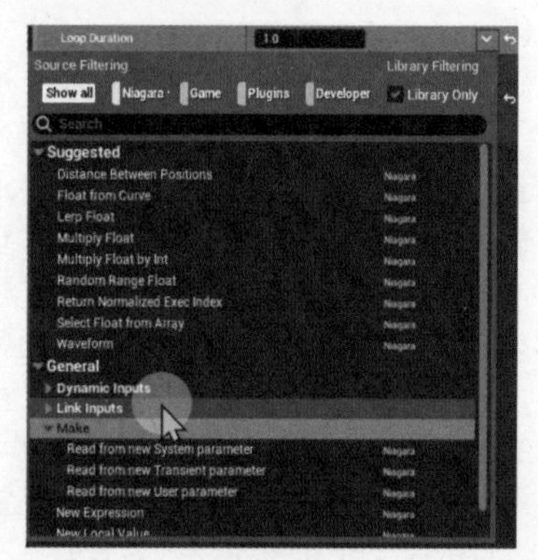

图 7-23

3. Recalculate Duration Each Loop 重新计算每个循环的持续时间

若选择 Recalculate Duration Each Loop（重新计算每个循环的持续时间）选项，粒子效果可以做到每次的循环遵循随机运算，如图 7-24 所示。

图 7-24

4. Loop Delay 循环延迟效果

若要制作类似枪战子弹连续反射后，有所延迟再继续循环发射的效果，就可以选择 Loop Delay 复选框，并给定数值，这样每次循环的效果播放完成后，就会根据延迟效果的数值拥有或长或短的暂停播放时间，然后再继续进入下一个循环，如图 7-25 所示。

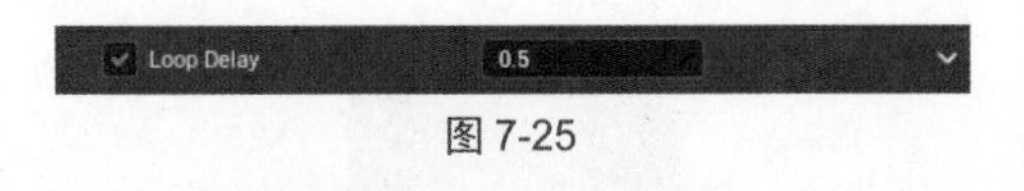

图 7-25

5. Delay First Loop Only

若选择 Delay First Loop Only 复选框，则可以仅延迟第一次的循环值，其他循环值不变，如图 7-26 所示。

图 7-26

7.1.5 系统设置模块：GPU 粒子

在系统配置模块中，GPU 粒子是一个值得关注的方面。通过充分利用 GPU 进行计算，相较于 CPU 计算的粒子，GPU 粒子可以显著提升粒子的数量和速度。然而，由于受到 GPU 性能的限制，部分粒子相关操作无法支持。此外，若某些粒子在画面中未呈现，即处于离屏状态，这些粒子将被直接删除。

创建粒子后，打开粒子编辑器，在粒子系统图表里找到橙色图表 Empty，找到其 Properties（特性）并单击，然后在右侧的参数编辑栏里找到 Sim Target（Sim 目标），选择 GPU Compute Sim（GPU 计算模拟）选项，即可成功切换为 GPU 计算粒子，如图 7-27 所示。

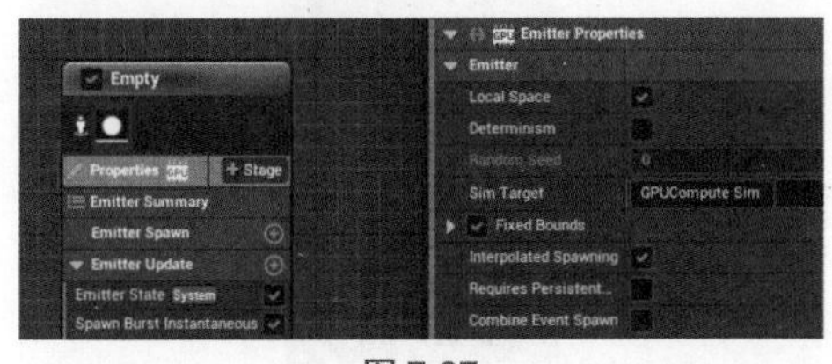

图 7-27

转换成 GPU 粒子后，就会有警告弹出，提醒要给粒子指定一个活动边界，否则跳出画面的粒子就直接被删除掉，指定边界的方法就是选择 Fixed Bounds（固定边界）复选框，如图 7-28 所示。

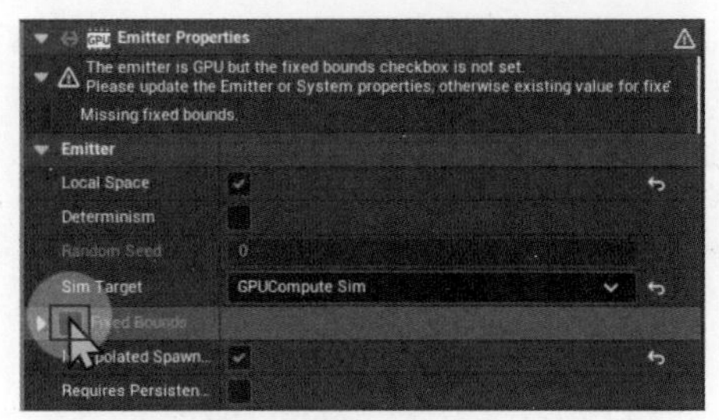

图 7-28

然后单击 Fixed Bounds 的箭头，进一步划定粒子活动范围，如图 7-29 所示，如果要想制作一个有极大数值的粒子效果，这里就要时刻注意调整。设定完毕后，就可以在 Preview 中看到 GPU 粒子的特效效果了，如图 7-30 所示。

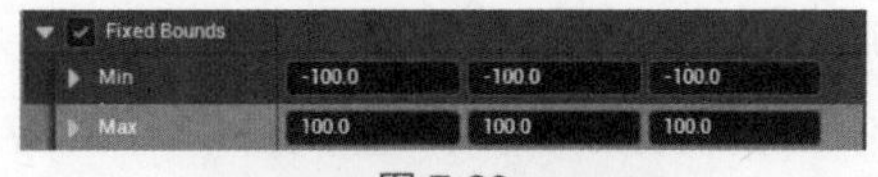

图 7-29

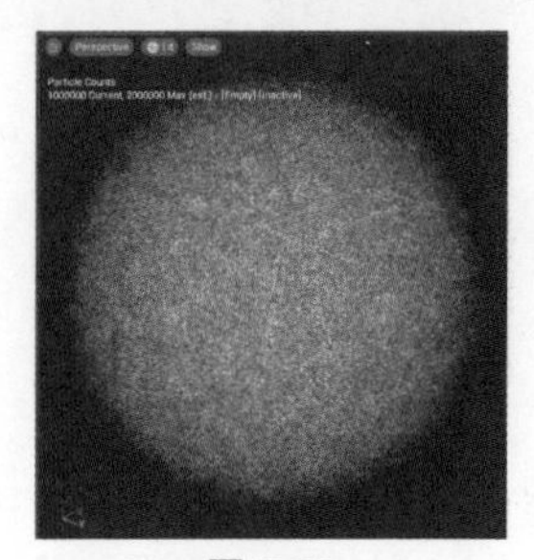

图 7-30

7.1.6 系统设置模块：Warm Up 预热

预热粒子（Warm Up）是指在显示之前，对粒子进行 N 秒的预先计算，以初始化其分布状态。换而言之，这种方法将原本在第 N 秒才呈现出的粒子效果形状，提前至播放起始时就已经显现。

操作流程如下：打开粒子编辑器，在粒子系统图表里选中 Properties（特性），如图 7-31 所示。然后在参数编辑栏里找到 Warm up-Warm up Time 参数选项，修改它的参数值就是在修改预热值的秒数。假设预热值为 X 秒，此时的粒子效果就是在第

0 帧时就开始显现，正常情况下粒子运行 *X* 秒后的形态效果了，如图 7-32 所示。

图 7-31　　　　图 7-32

7.1.7　系统设置模块：Local Space

Local Space（本地坐标）可以让用户指定粒子的坐标系是采用世界坐标还是本地坐标。

粒子在遵循世界坐标与本地坐标时的差异在于，当粒子遵循世界坐标时，粒子发射器在发射后，即便移动发射器，粒子仍保持自发射瞬间所产生的变化，不会因此而发生移动，如图 7-33 所示。

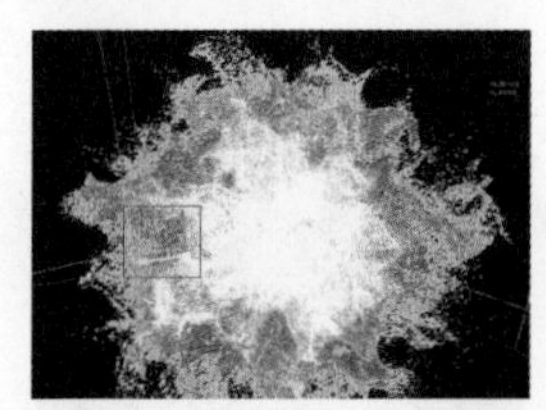

图 7-33

而当粒子遵循本地坐标时，移动发射器时，整个粒子效果也会跟着移动，开启本地坐标方法为在开启粒子编辑器后，在右侧边的参数编辑栏中选择 Local Space（本地空间）复选框，如图 7-34 所示。

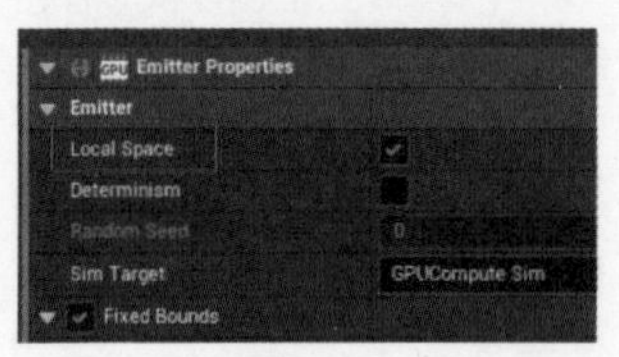

图 7-34

选择该复选框后，场景中粒子的移动与缩放，就是根据本地坐标来进行控制，如图 7-35 所示。不过值得注意的是，并不是所有的例子都适合缩放，有些粒子缩放后会呈现错误状态。

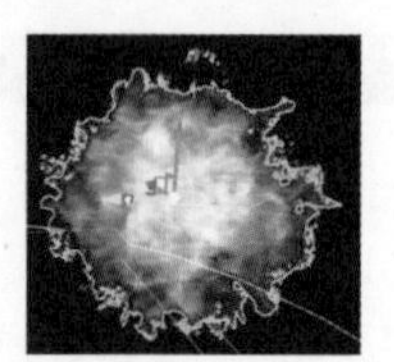

图 7-35

7.1.8　粒子 Spawn 方式

本节来介绍一下粒子的出生方式，粒子的出生方式出现在 Emitter Update（发射器更新）阶段，并且允许多种出生方式同时存在。常用的出生方式如下。

Burst（迸发）：一次性暴增 *N* 个粒子。

Rate（速率）：每秒生成 *N* 个粒子。

Per Unit（每单位）：按发射器前进单位距离生成，可用它制作拖尾效果。

现在来分别演示一下 3 种粒子出生方式最常见的参数设定。首先打开粒子编辑器，并在粒子系统图表中找到 Empty 橙色图表，如图 7-36 所示。

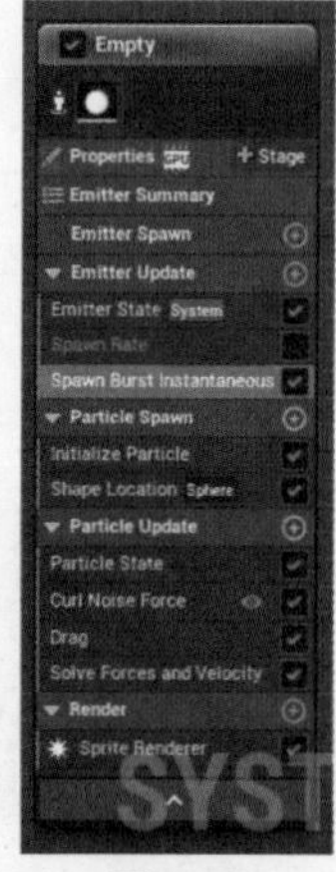

图 7-36

7.1.9　Burst（迸发）

1. 打开发射器

在橙色图表中找到 Emitter Update（发射器更新），并单击“+”按钮，找到 Spawn Burst Instantaneous（瞬间产生的突发事件）并单击，如图 7-37 所示。

图 7-37

2. 设置 Spawn Burst Instantaneous 参数

在右侧的参数编辑中找到 Spawn Burst Instantaneous 的菜单栏。设置 Spawn Count（粒子数）参数值为 100，设置 Spawn Time 参数值为 0，如图 7-38 所示。

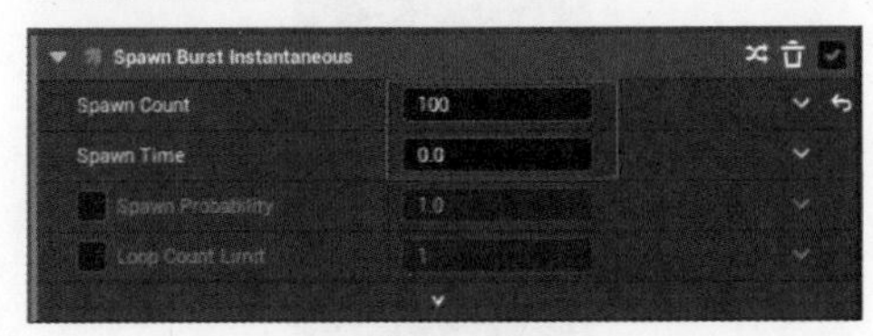

图 7-38

制作出在第 0 帧是爆发出 100 个粒子的效果。

在制作粒子效果时，往往要和生长周期一起配合设置，否则设置完生长周期后，在效果预览时将看不到任何效果，如图 7-39 所示。

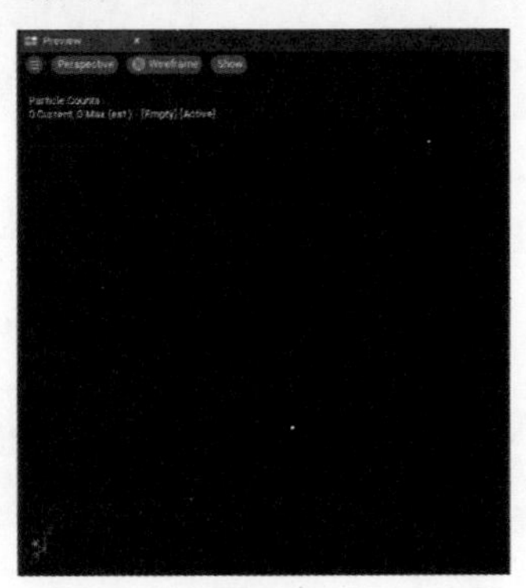

图 7-39

3. 设定生命周期

在粒子系统图表中找到蓝色图表，选择 System State（系统状态）复选框，如图 7-40 所示。

图 7-40

如果需要的是在第 0 帧时一口气爆出粒子，可以将 Loop Behavior（循环行为）设置为 Once（一次），将 Loop Duration（循环持续时间）设置为 1.0 或任意数值，如图 7-41 所示。

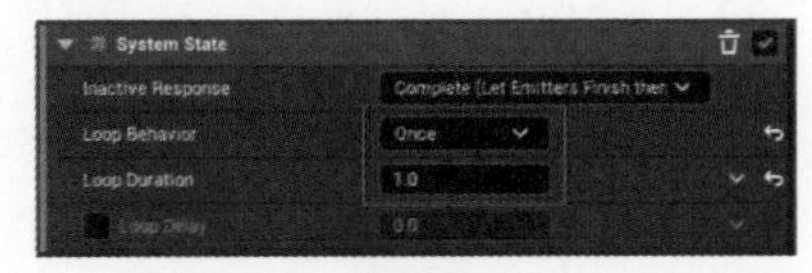

图 7-41

7.1.10　Rate（速率）

1. 打开发射器

在橙色图表中找到 Emitter Update（发射器更新），并单击“+”按钮，找到 Spawn Rate（出生速率）并单击，如图 7-42 所示。

图 7-42

2. 设置 Spawn Rate 参数

在参数编辑栏中，将 Spawn Rate（产生率）参数设置为 100，如图 7-43 所示。

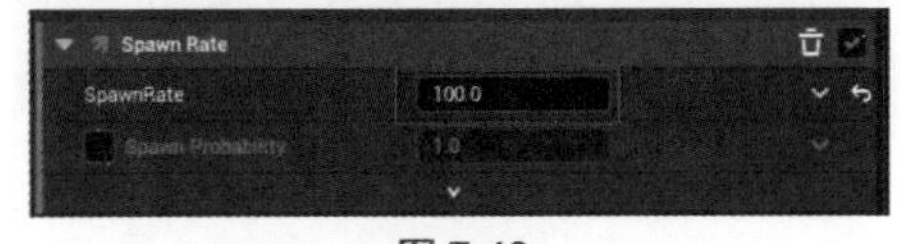

图 7-43

3. 设定生命周期

将 Loop Behavior 设置为 Infinite（无限的），将 Loop Duration（循环持续时

间）设置为 0，如图 7-44 所示，每一帧会产生所指定数值的粒子，在第二步骤，指定 Spawn Rate（产生率）为 100，现在，每一帧都会新增加 100 个单位的粒子。

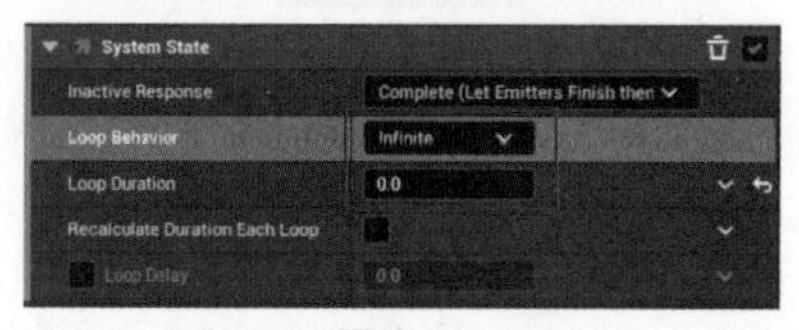

图 7-44

7.1.11 Spawn Per Unit（每单位）

1. 打开发射器

在橙色图表中找到 Emitter Update（发射器更新），并单击“+”按钮，找到 Spawn Per Unit（每单位出生量）并单击，如图 7-45 所示。

图 7-45

2. 设置 Spawn Per Unit 参数

设置 Spawn Spacing（产生粒子的间距）参数为 20，制作粒子移动时，每间隔 20 厘米出现一个粒子的效果，如图 7-46 所示。

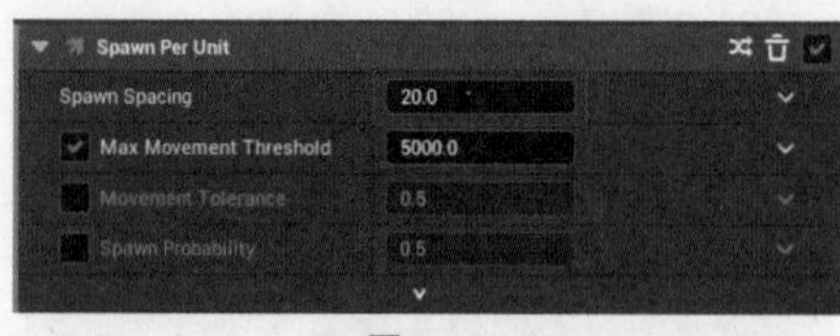

图 7-46

3. 观察设置

Per Unit（每单位）粒子的观察并非在粒子编辑器中进行，而是直接在场景中，通过控制粒子发射器的坐标来观察。为了便于观察，在设定好参数后，首先在粒子编辑器中设置若干选项，然后切换至场景中进行观察。在参数编辑中，找到 Emitter→Local Space（局部空间）选项，若为选择状态，则将其取消选择，以缩小其空间范围，如图 7-47 所示。

图 7-47

再在粒子系统图表中单击橙色发射器图表 Empty 中的 Shape Location（形状设置）选项，如图 7-48 所示。

图 7-48

在参数编辑里找到 Sphere Radius（球体半径），如图 7-49 所示。

图 7-49

或者直接切换到场景中，选中粒子发射器，然后在它的参数编辑里找到 Sphere Radius，将参数修改为 0，如图 7-50 所示。

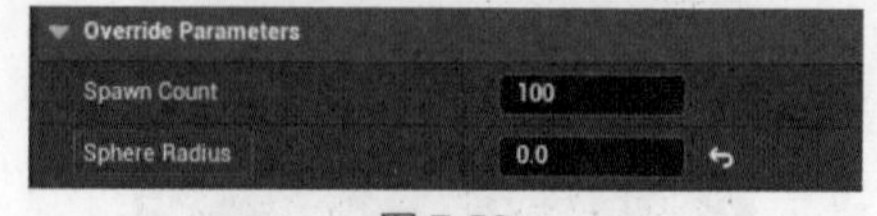

图 7-50

4. 查看粒子效果

在场景中选中粒子发射器并按住鼠标不放进行移动，就可直接看见粒子拖尾效果了，如图 7-51 所示。

图 7-51

7.2 粒子初始化

本节将探讨粒子初始化的相关内容。粒子初始化设置是在粒子诞生之前就需要预先设定的，其主要通过粒子系统图表中的粒子发射器图表，即对 Particle Spawn（粒子出生）选项栏中的粒子初始化模块进行设置。

粒子初始化模块共分为两部分：Initialize Particle（粒子的初始化）和自定义初始化。

系统官方提供的是 Initialize Particle（粒子的初始化）模块，它是一个集成初始化的选项，如图 7-52 所示。在里面可以对粒子的年龄颜色等进行设置。

图 7-52

并且它还为 Sprite Attributes（粒子属性）、Mesh Attributes（网格属性）和 Ribbon Attributes（功能区属性）提供一定的初始化方式。

Initialize Particle 模块的执行方式是按照列表从上往下执行，越下面的越可能是粒子的最终表现形式。

如果认为系统所提供的初始化模块无法满足需求，还可以自定义初始化模块，一般会从以下 3 个方向着手制作自定义初始化模块。

（1）初始外观类（颜色、Mesh 形状等）。

（2）初始坐标类（位置、旋转、大小等）。

（3）初始动力学类（速度、加速度、旋速等）。

7.2.1 Initialize Particle（粒子的初始化）

1. 找到 Initialize Particle

打开粒子编辑器，在粒子系统图表里找到橙色的粒子发射器图表。

在图表中找到 Particle Spawn 选项，选择它的子选项 Initialize Particle，如图 7-53 所示。

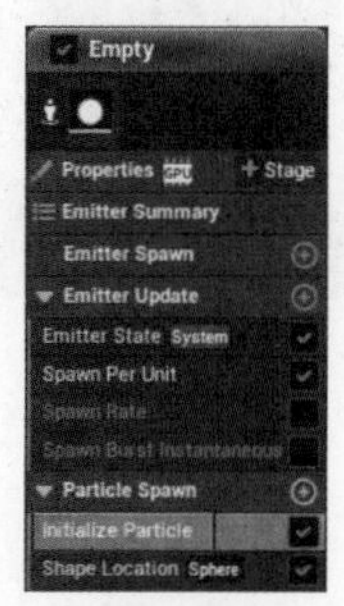

图 7-53

然后在参数编辑中所显示的菜单栏，就是 Initialize Particle（粒子的初始化）模块选项了。

2. Initialize Particle 介绍

在参数编辑中的 Initialize Particle 菜单栏里，最常编辑的就是 Point Attributes（点属性），如图 7-54 所示。

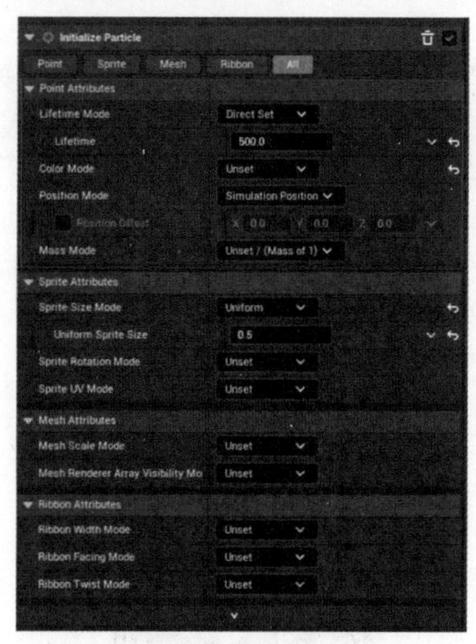

图 7-54

（1）Point Attributes（点属性）介绍。

Point Attributes（点属性）中属于粒子初始化模块的选项如下。

① Lifetime（生命周期）。

粒子的存在时长。

② Color Mode（颜色模式）。

颜色模式共有 4 种选项，如图 7-55 所示。

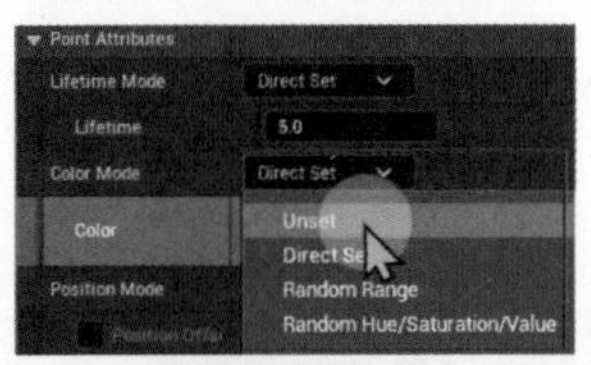

图 7-55

Unset（未设置）：当未设置自定义颜色时，按系统默认值设定，系统粒子默认颜色为白色。

Direct Set（直接设置）：调整 RGBA 参数，或通过色轮指定想要的颜色，如图 7-56 所示。

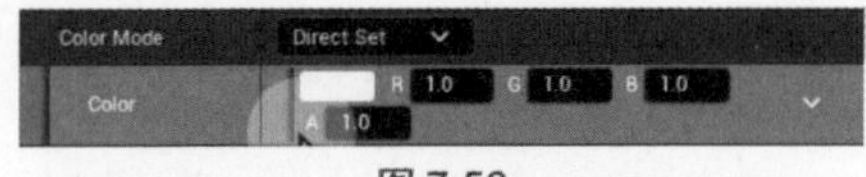

图 7-56

Random Range（颜色随机值）：可以指定两种不同颜色，粒子的颜色就会在这两种颜色间进行随机化生成，如图 7-57 所示。

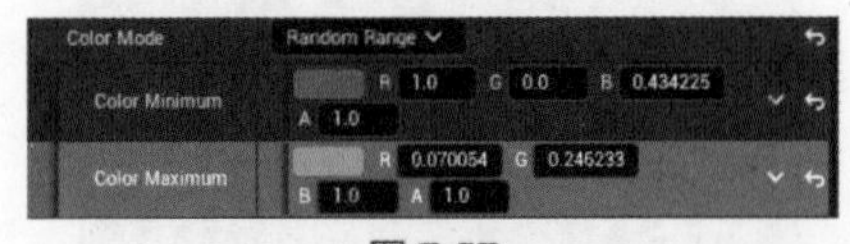

图 7-57

案例中所指定的是在红色与蓝色两种颜色间随机生成粒子颜色效果，所呈现出的粒子效果如图 7-58 所示。

图 7-58

Random Hue/Saturation/Value（随机色调/饱和度/值）：粒子按系统生成随机的颜色。

③ Position Mode（位置模式）。

一般情况下保持默认即可，它的作用为指定用户设置的位置。

④ Mass Mode（质量模式）。

模拟动力学，共有 3 个选项，如图 7-59 所示。

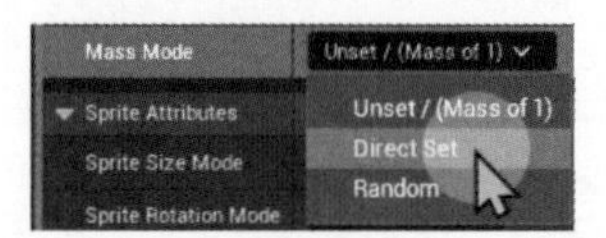

图 7-59

Unset/（Mass of 1）未设置（质量为 1）：系统默认情况下，质量为 1，相当于粒子重量为 1。

Direct Set（直接设置）：选中后修改数值 Mass，可设定所需质量值，如图 7-60 所示。

图 7-60

Random（随机化）：质量随机化。

（2）Sprite Attributes（粒子属性）。

① Sprite Size Mode（粒子大小模式）。

Sprite Size Mode（粒子大小模式）：共有 5 种选项，如图 7-61 所示。

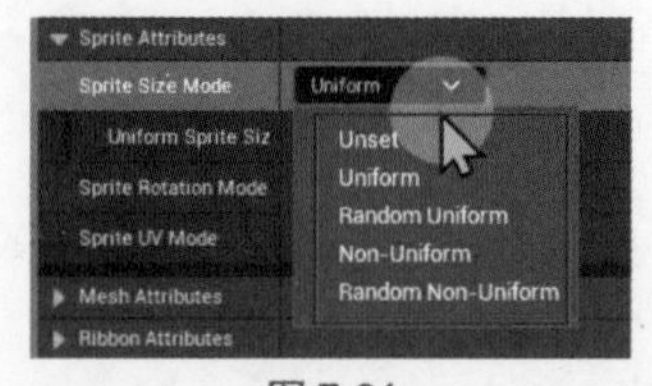

图 7-61

Unset（未设置）：默认值，粒子默认大小为 10 厘米。

Uniform（等比）：可指定大小，但粒子的长和宽是等比的，如图 7-62 所示。

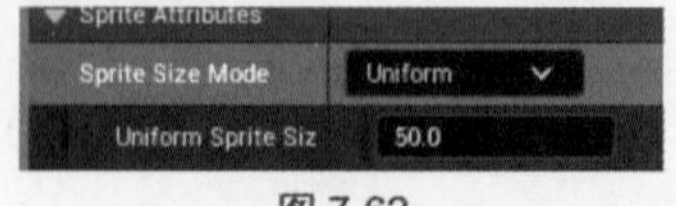

图 7-62

Random Uniform（随机等比）：在长宽等比的同时，粒子的大小带有一定的随机性，可以自定义随机范围，如图 7-63 所示。

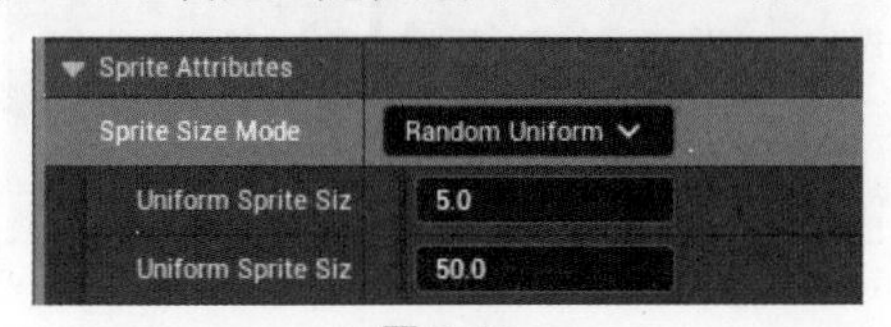

图 7-63

Non-Uniform（非等比）：选择它后，可以在 Sprite Size（粒子大小）中自定义粒子的长和宽，如图 7-64 所示。

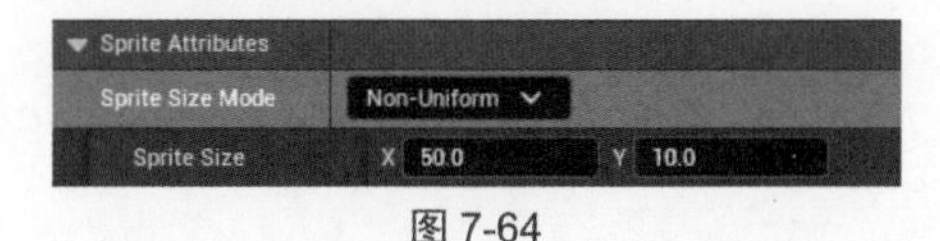

图 7-64

Random Non-Uniform（非等比随机长宽）：粒子在非等比的情况下，在一定数值范围内，长和宽带有随机性，如图 7-65 所示。

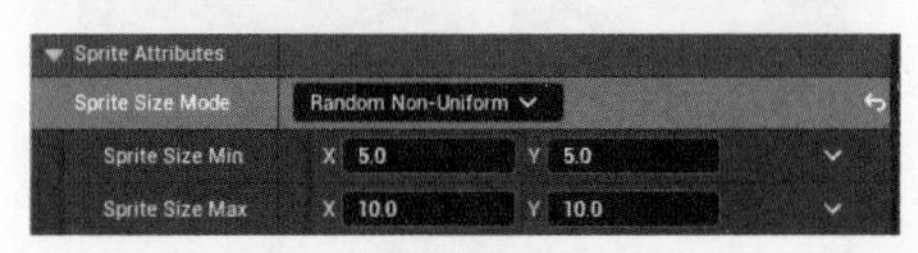

图 7-65

② Sprite Rotation Mode。

Sprite Rotation Mode（粒子随机旋转模式）：共有 4 种选项，如图 7-66 所示。

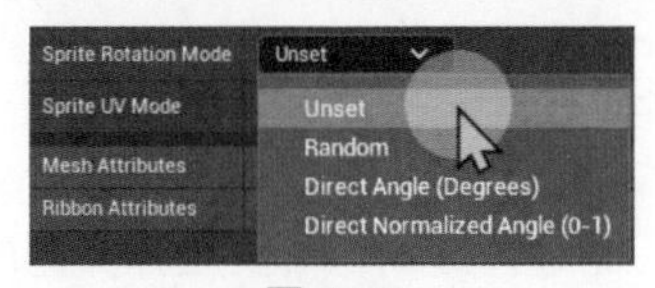

图 7-66

Unset（默认）：朝上。

Random（随机）：仅针对 X 轴随机旋转。

Direct Angle（Degrees）（直角 [度]）：自我指定 X 轴旋转数，用度数作为参数。

Direct Normalized Angle（0 ～ 1）（直接归一化角度 [0 ～ 1]）：自我指定 X 轴旋转数，用数值作为参数。

③ Sprite UV Mode（粒子 UV 模式）。

能帮助用户通过随机或自定义的方式实现 UV 动画的制作，在后面的章节中会详细介绍这一功能的用法，如图 7-67 所示。

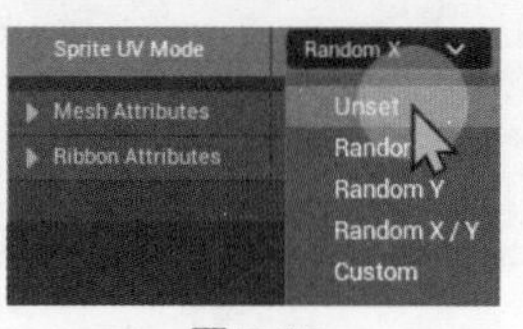

图 7-67

7.2.2　粒子附着方式

前面，通过阐述 Point Attributes（点属性）和 Sprite Attributes（粒子属性）的基本概念，使大家对系统粒子初始化的相关内容有了初步认识。接下来，将通过探讨粒子附着方式，进一步揭示粒子初始化过程中的自定义模块如何设置及应用。

1. Shape Location（初始位置）

（1）打开 Shape Location。

单击 Particle Spawn 旁边的“+”按钮，在搜索栏里搜索并单击 Shape Location，如图 7-68 所示，它能够让粒子出生时附着的位置为初始位置。

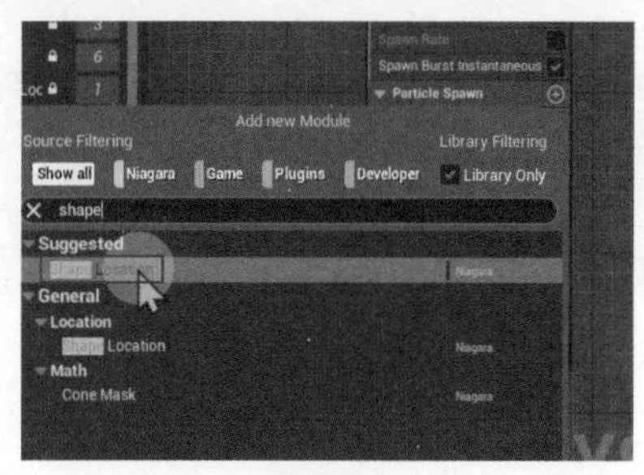

图 7-68

（2）介绍 Shape Location 的 Shape Primitive（原始形状）。

在 Shape Location 作为附着方式时，在它的参数编辑栏的 Shape（形状）→Shape Primitive 里有多种粒子围绕粒子生成原点进行附着，与此同时，还让粒子形成了不同形状的选项可供选择，如图 7-69 所示。

选项的中英文对照与效果图如图 7-70 和图 7-71 所示。

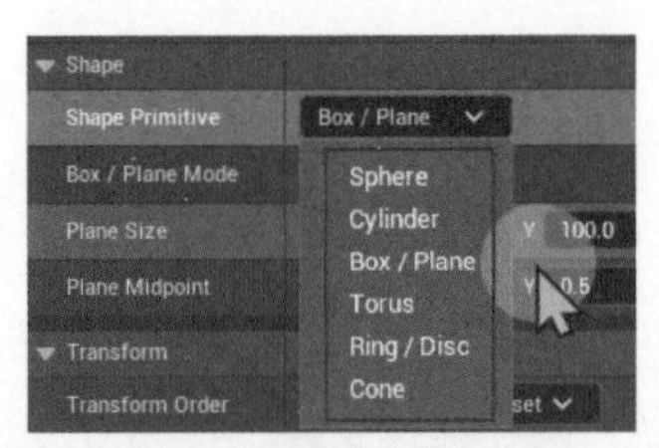

图 7-69

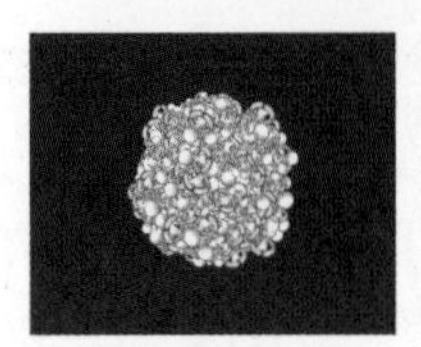

图 7-70

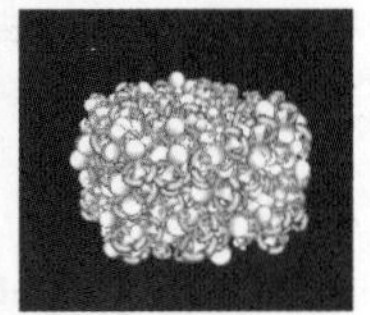

图 7-71

① Sphere（原点）。

② Cylinder（圆柱形）。

③ Box/Plane（盒形或平面）。

当 Shape Primitive（原始形状）为 Box/Plane（盒形或平面）时有两种形状可呈现，其切换方法为在 Box/Plane Mode（盒形/平面模式）下拉列表框中进行切换即可，如图 7-72 所示。

选择 Box（盒形）时，效果如图 7-73 所示。

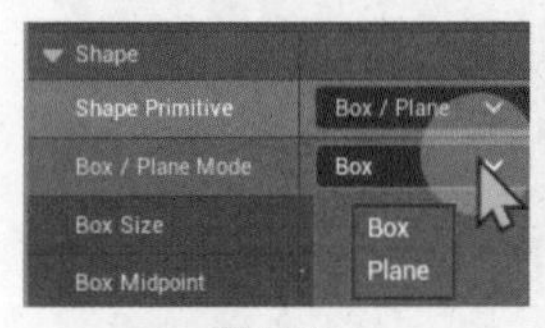

图 7-72

图 7-73

选择 Plane（平面）时，效果如图 7-74 所示。

④ Torus（同心圆）。

在 Shape Primitive 处于 Torus（同心圆）形状时，Torus Mode（同心圆模式）默认形状是 Torus，如图 7-75 所示。

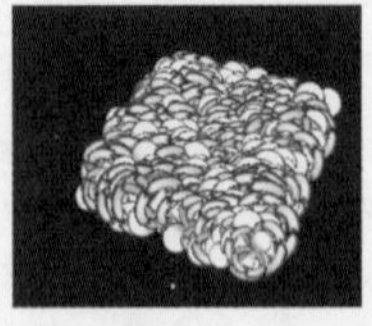

图 7-74

图 7-75

但在 Torus Mode（同心圆模式）中还可以选择形状为 Torus Knot（同心圆扭结），如图 7-76 所示。其效果如图 7-77 所示。

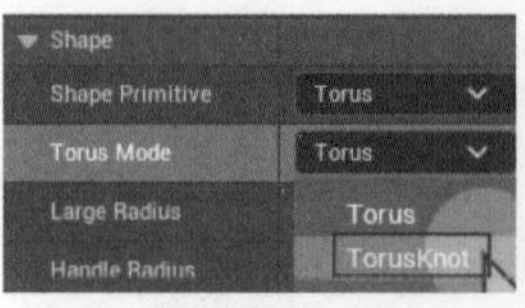

图 7-76

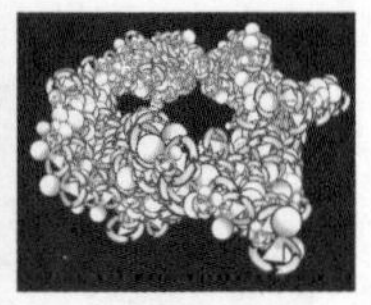

图 7-77

⑤ Ring/Disc（环形）。

在 Shape Primitive 处于 Ring/Disc（环形）时，Ring/Disc Mode（环形模式）默认形状是 Circle（环形）时，效果如图 7-78 所示。

⑥ Cone（圆锥形），效果如图 7-79 所示。

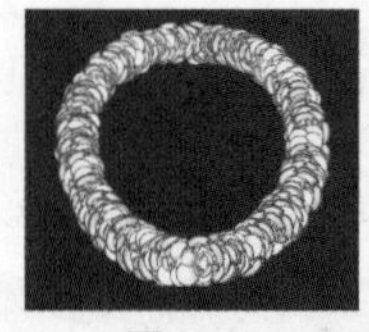

图 7-78

图 7-79

除了以上这些粒子附着的基本形状，还可以通过它们的参数编辑具体的一些选项，在基本形状的基础上，进一步对它们进行设置与改变。

2. Static Mesh Location（静态模型位置）

（1）打开 Static Mesh Location（静态模型位置）。

Shape Location 是粒子系统中较多被指定的位置附着方式。若要选择其他的附着方式，可单击 Particle Spawn 旁边的"+"按钮，搜索 Location 即可查看其他的粒子附着方式。

在 Location（位置）中第二个较多被指定为粒子的位置附着方式是 Static Mesh Location（静态模型位置），如图 7-80 所示。

当单击 Static Mesh Location 时，在它的参数编辑栏会出现系统警告，这是因为还未添加其配套节点。此时，单击 Fix issue 按钮，即可进行自动快速添加，如图 7-81 所示。

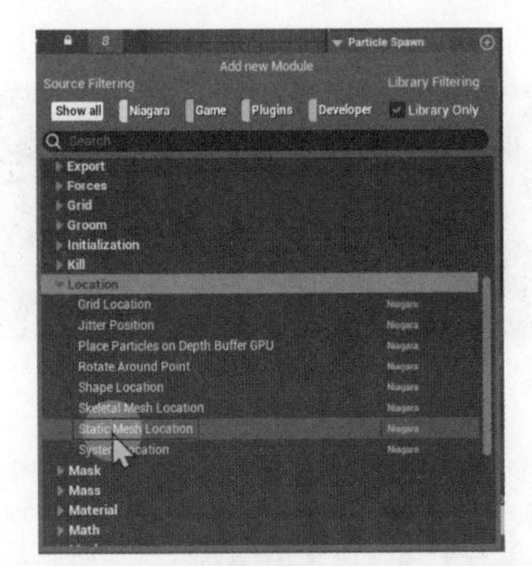

图 7-80

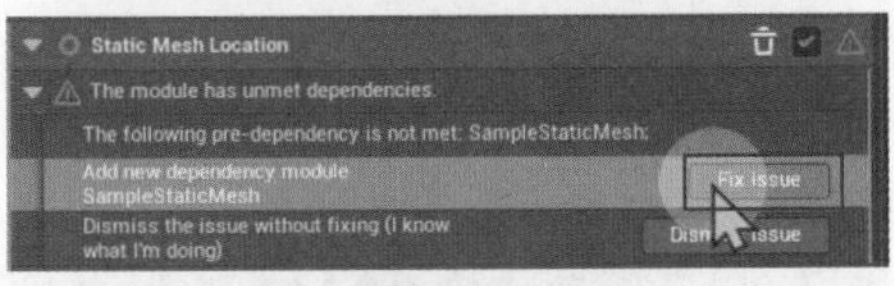

图 7-81

但如果知道要自定义添加什么节点，就单击 Dismiss issue 按钮，把警告关闭，然后自行添加即可，如图 7-82 所示。但不建议初学者这样使用。

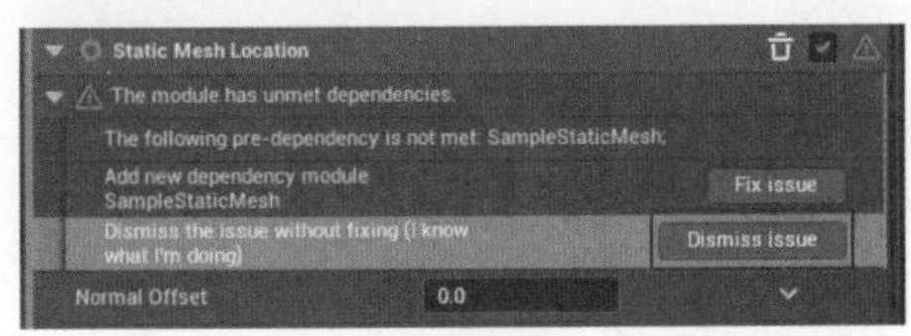

图 7-82

（2）使用 Static Mesh Location（静态网格位置）。

Static Mesh Location 是通过它参数编辑中的 Source Mode（源模式）选项，来选择具体要附着的模型类型后，再根据选择去细化设定其余相关参数进行使用的，如图 7-83 所示。

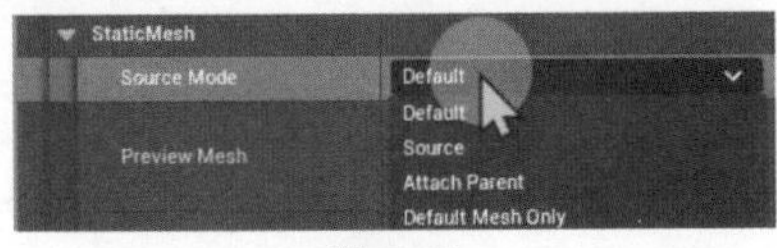

图 7-83

Source Mode（源模式）共有 3 种选项。

① Source（源模式）。

Source（源）：也是 Default（默认选项），系统默认设定为，在指定一个模型后，粒子会以这个模型的外轮廓为蓝本，进行粒子形状生成。

具体使用方法如下。

在粒子系统中找到 Static Mesh Location（静态模型位置）参数编辑栏中的 Static Mesh（静态网络）菜单栏。

在 Source Mode 选择为 Source（源）情况下，在 Preview Mesh（预览网格）里指定想要粒子附着的模型，此案例选择的是圆锥体模型，如图 7-84 所示。

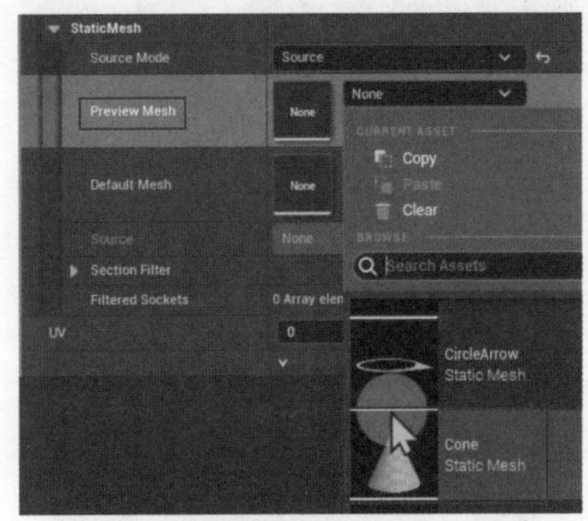

图 7-84

随后，在效果预览栏能看到粒子已经呈现圆锥体的效果，如图 7-85 所示。

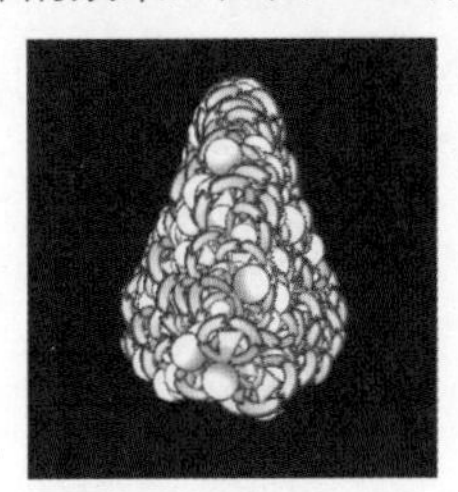

图 7-85

② Attach Parent（附加父级）。

将一个粒子发射器在场景中附着在某一个模型上，它就会以那个模型作为采样模型。

具体使用方法如下。

首先在场景中通过快速创建按钮打开 Shapes（形状），添加所需的基本图形，如

图 7-86 所示。

将基本图形拖入到场景中后，选中粒子发射器后，对它按吸附的快捷键【Alt+A】，鼠标就会变成十字指针，选择并确认粒子要在场景中绑定的静态模型，如图 7-87 所示。

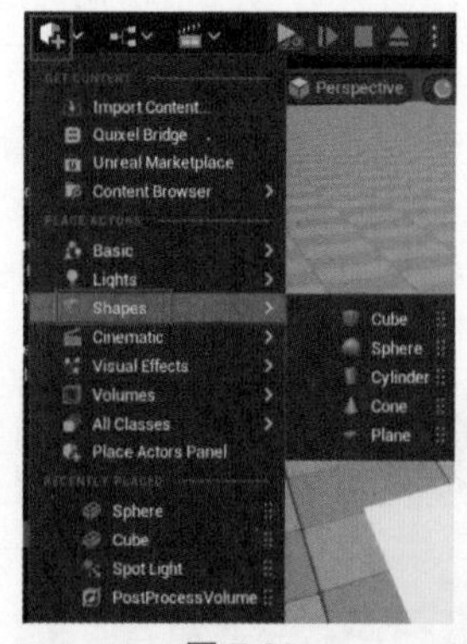

图 7-86

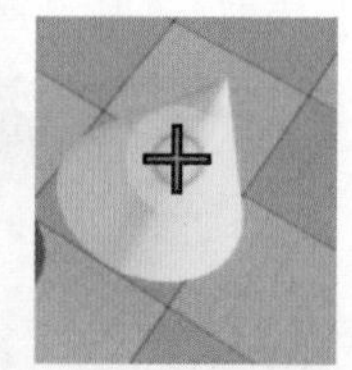

图 7-87

回到粒子编辑器中，在参数编辑里找到 Static Mesh（静态网络）→Source Mode，将选项修改为 Attach Parent（附加父级），如图 7-88 所示。

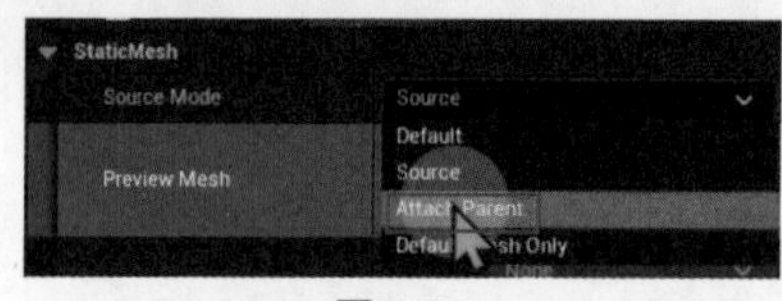

图 7-88

然后回到场景里，就能看到粒子吸附在静态模型外轮廓的效果了，如图 7-89 所示。

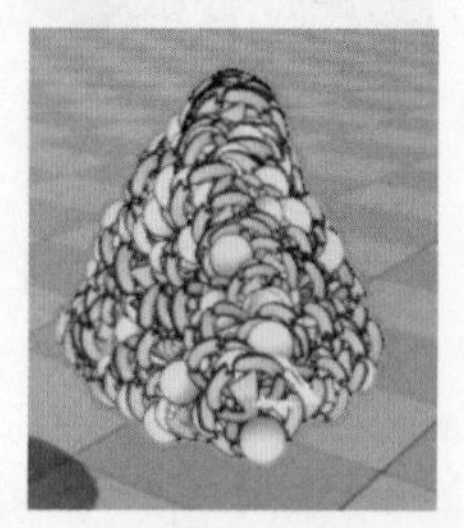

图 7-89

若是未看到效果，有可能是粒子吸附动画已经播放完毕，在右侧的列表栏中找到 Niagara-Allow Scalability（允许可伸缩性），如果它是状态，就取消选择，就可看到动画重新播放了，如图 7-90 所示。

图 7-90

这种模式下的粒子不受粒子系统中指定的模型样式控制，在场景中拥有多个静态模型时，选择粒子发射器后，可以再按【Alt+A】组合键随时切换粒子的吸附生成参照物。

在此模式下，若在粒子编辑器中发现 CPU 报错，单击 Fix Now（现在修复）按钮即可解决问题，如图 7-91 所示。

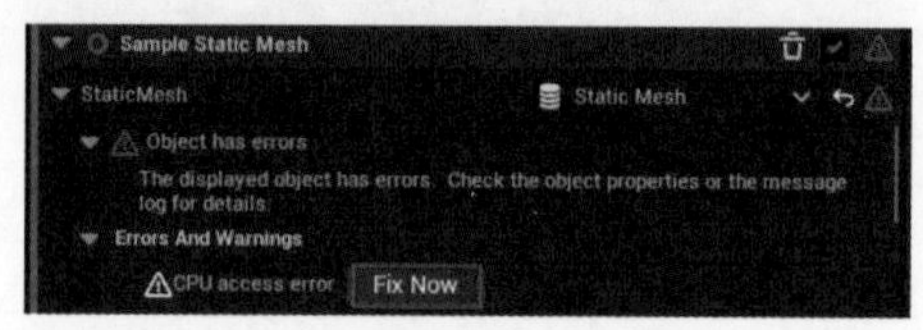

图 7-91

③ Default Mesh Only（仅限默认网络）。仅限于使用默认网络进行编辑。

7.3 粒子 Update

粒子的 Update 阶段，即是它出生后的每一帧，在结束前都会进行更新。粒子的更新阶段一般来说分为两类。

1. 动力学更新

动力学更新是根据所设定的速度、加速度、力场等，粒子会在出生后的每一帧动画里有所改变。

2. 年龄曲线

年龄曲线常见的用法为：将粒子相对年龄或绝对年龄作为 X 轴，以此来计算与粒子年龄变化相关的更新动画。

粒子的年龄有两个值得注意的概念，一个是 Particle Age（绝对时间），表示粒子出生到当前时间所存在的秒长；另一个是 Normalized Age（0 ～ 1）（归一化年龄），如果没有设定一个粒子确切的死亡时间，它就会按系统设定预测自己从什么时候开始，到什么时候死亡。这个过程 UE5 会使用数值来表示，0 就是粒子刚出生时，1 就是粒子死亡时。

接下来，通过介绍 Particle Update（粒子更新）中常见的几个选项模块，来帮助大家进一步了解 Particle Update（粒子更新）的含义。

具体讲解过程请观看教学视频。

7.4　粒子渲染

粒子发射器中的 Render 模块，是用于管理粒子渲染方式的选项。

7.4.1　渲染方式 Sprite：片片朝向

每一个粒子发射器都会被允许添加多个渲染方式，用户可以自己进行组合，将粒子发射器做出意想不到的效果。

渲染方式 Sprite 是粒子发射器里的 Render（渲染）方式中的一种，并且是 Render 中使用较为广泛的一种渲染方式，但也是渲染方式中需要掌握的内容较多的一个板块。

在接下来的几个小节里，教程会逐一为大家展示关于 Sprite 方面的内容。

本节就先给大家介绍一下 Sprite 渲染方式中的朝向概念。

1. Sprite 的基本概念

Sprite 渲染方式是由一个个粒子单体所组成的效果，不仅可以直接以 UE5 内设计的粒子与 Sprite 渲染方式结合制作出效果，还可以给它绑定一些素材来制作效果。

Sprite 直接用材质进行显示，也支持体积雾是最常用的粒子，经常用它来制作爆炸、火星粒子、浮沉等效果。

2. Sprite 的朝向设置

这里通过观察一个案例动画来进一步了解它与粒子朝向的关系。

在观察机关枪发射的粒子特效时，会发现粒子的朝向并不是完全面向相机，而是朝向射击方向，如图 7-92 所示。

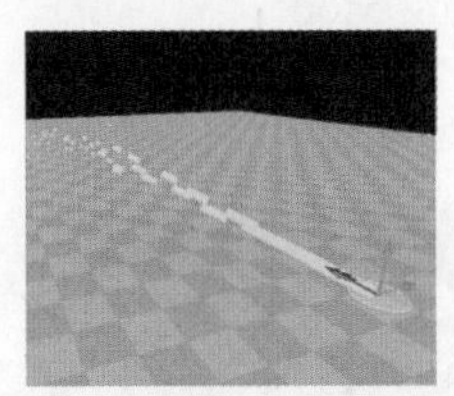

图 7-92

这是因为在粒子编辑器里，将粒子发射器 Render-Sprite Render 里参数编辑的 Alignment（校正）选项设定为 Velocity Aligned（速度对齐）的原因，如图 7-93 所示。

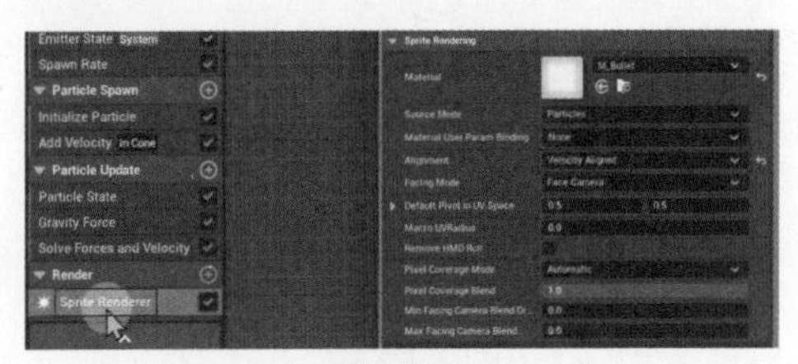

图 7-93

若想要让粒子的朝向是面向相机的，只要将 Alignment 选项设定为 Unaligned（非结盟）即可，如图 7-94 所示。

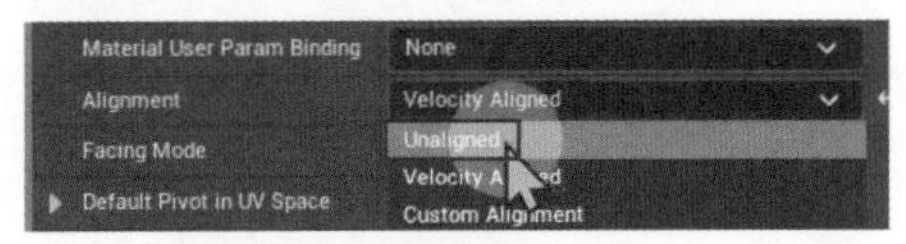

图 7-94

此时，Sprite Render 参数编辑中的 Facing Mode（面向模式）是 Face Camera，如图 7-95 所示。

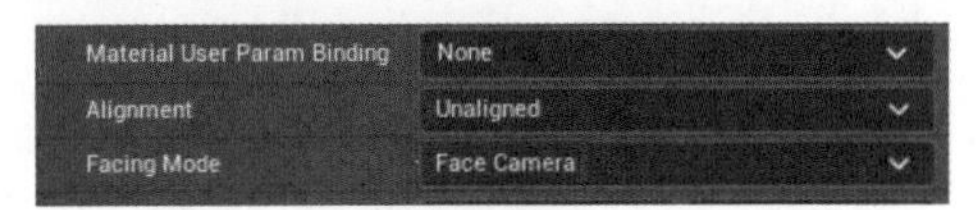

图 7-95

现在粒子朝向就会呈面向相机状态了，如图 7-96 所示。

图 7-96

在 Facing Mode（面向模式）中不止有一个选项，它们都是决定 Sprite 渲染方式粒子朝向问题的重要选项，如图 7-97 所示。

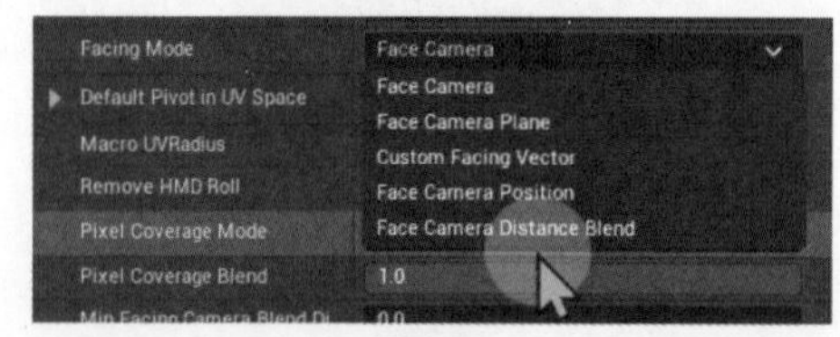

图 7-97

其中 Face Camera（面向镜头）与 Face Camera Plane（面向相机平面）的模式功能几乎一致，都是让粒子面向相机。

Custom Facing Vector（自定义面向向量）：可以做到自定义粒子面朝哪一个轴向进行运动。

Face Camera Position（面向摄像头位置）：当粒子在相机近处或视图边缘地区时，就会有一定的透视变形。

Face Camera Distance Blend（面向摄像头与位置距离的混合）：这个选项会混合 Face Camera 与 Face Camera Position 的效果，这会让粒子效果显得更平滑。

7.4.2 渲染方式 Sprite：粒子与材质

在 Sprite（粒子）效果制作过程中，部分效果可以通过粒子编辑器轻松实现，而另一些效果则需借助材质编辑器才能完成。本节将通过一个烟雾效果的制作案例，展示粒子编辑器和材质编辑器如何共同作用，实现一个完整的粒子效果。

找到粒子模块。在本案例中，会涉及图上部分的粒子节点应用。

烟雾效果的制作流程的具体操作过程请观看教学视频。

7.4.3 渲染方式 Sprite：Sub UV 动画序列帧

本节来介绍一下如何使用 Sub UV 让粒子动画变得更生动。

Sub UV 也称子 UV，在运行过程中，该系统具备将序列帧自动分割为独立小方块的能力，并可实现顺畅跳转播放。通过此种方法，即便仅拥有一张图像，也能存储并展示多个序列帧。这种方式有效避免了频繁读取资产序列所带来的卡顿现象，从而提升整体运行效率，如图 7-98 所示。

图 7-98

1. 使用 Sub UV

（1）添加 Sub UV。

下面使用上一节课制作烟雾的文件来演示一下如何使用 Sub UV。

打开材质编辑器，选中 Texture Sample（纹理样本），如图 7-99 所示。

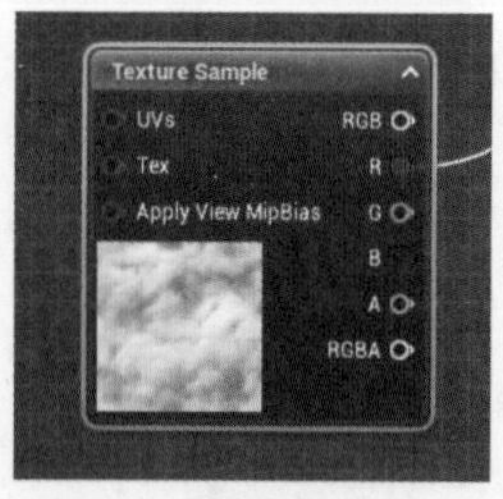

图 7-99

打开 Texture Sample 的 Details 面板 → Texture 选项的小箭头，搜索并添加 T_SmokeSubUV_8X8 贴图，如图 7-100 所示。

添加完毕后，材质编辑器 Texture Sample 节点贴图就变成了 Sub UV 贴图了，如图 7-101 所示。

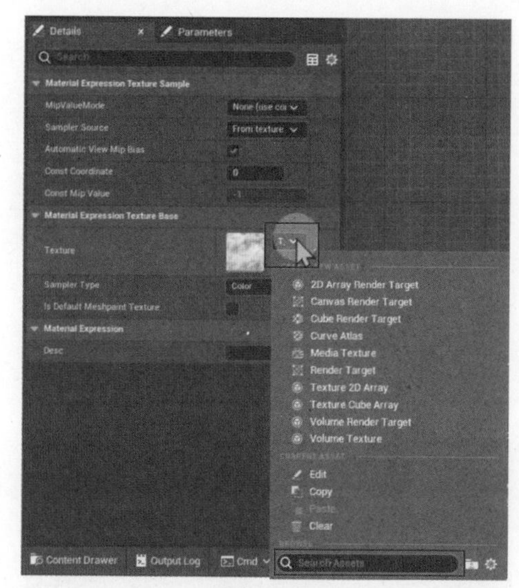

图 7-100

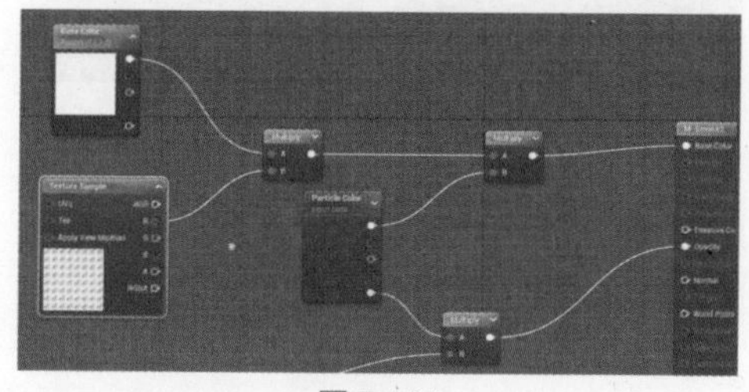

图 7-101

由于 Sub UV 贴图自带 Alpha 通道，因此不再需要 Radial Gradient Exponential（径向梯度指数）节点，所以把 Texture Sample 节点连接 Multiply 节点 B 引脚，如图 7-102 所示。

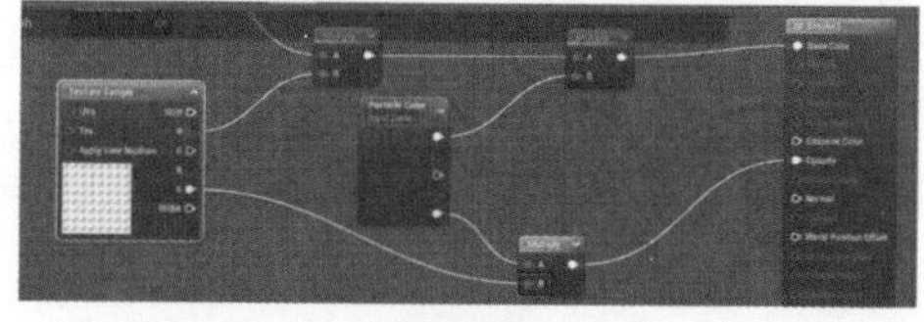

图 7-102

现在单击 Save 按钮对材质进行保存编译，切换回粒子编辑器中，就可以在效果预览中看到添加 Sub UV 贴图后的粒子动画效果了，如图 7-103 所示。

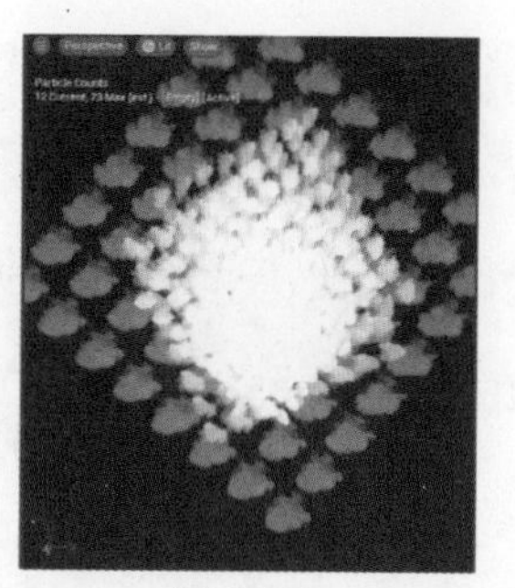

图 7-103

（2）播放序列帧。

此时粒子的状态是每个粒子都在播放整张贴图，而需要的效果是每一个粒子都播放贴图中的一个序列帧。所以，在 Empty 发射器中单击 Sprite Renderer（粒子渲染器），找到它的参数编辑选项中的 Sub UV-Sub Image Size（子图像大小），设置值为 8.0*8.0，就可以播放单一序列帧了，如图 7-104 所示。此时的粒子预览效果如图 7-105 所示。

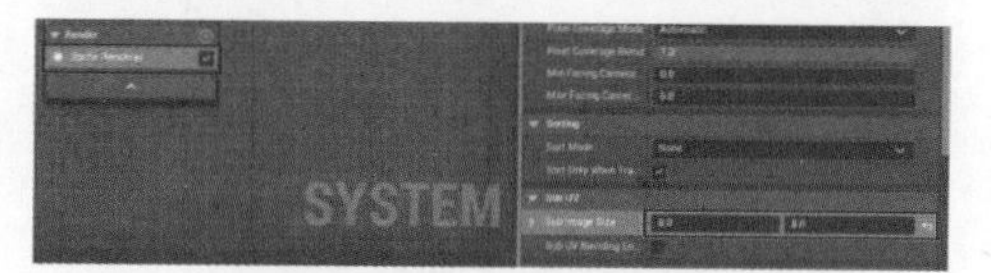

图 7-104

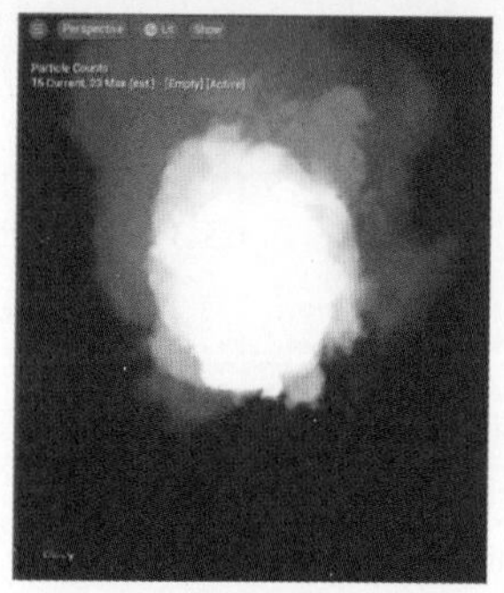

图 7-105

当前的粒子动画表现较为生硬，未达到预期效果。为了提升动画表现，需使其更具生动性，需要在 Empty 发射器的 Particle Update（粒子更新）选项右侧单击“+”按钮，添加 Sub UV Animation（子 UV 动画），如图 7-106 所示。

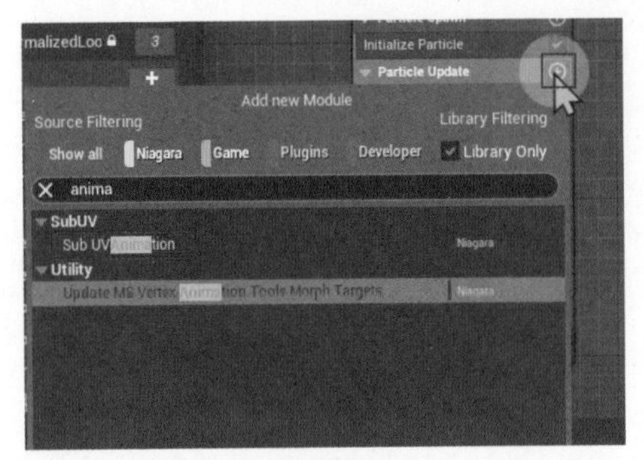

图 7-106

在 Sub UV Animation 的参数编辑中找到并指定 Start Frame（起始帧）参数为 0，End Frame（结束帧）参数为 63，如图 7-107 所示。

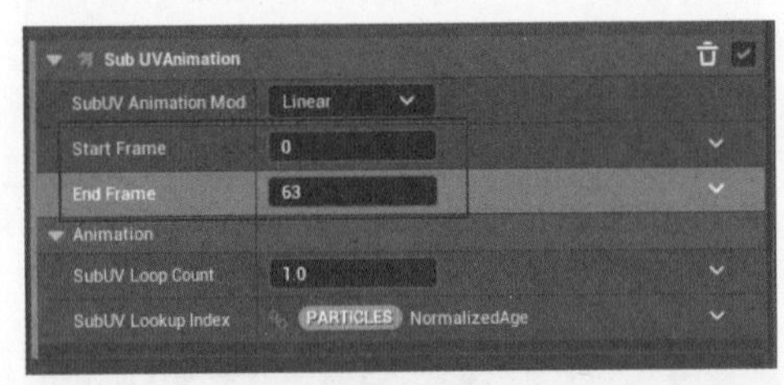

图 7-107

此时可以通过粒子预览，看见粒子动画变得更生动，如图 7-108 所示。

如果要让序列帧播放速度变快，可以把 End Frame（结束帧）参数修改为高于 63（高于 Sub UV 贴图的最高帧数），如果要让它的播放速度变慢，则设置 End Frame（结束帧）参数低于 63（低于 Sub UV 贴图的最高帧数）。

（3）调试使用序列帧的烟雾。

针对烟雾效果的优化，需对其添加序列帧并进行调试，以实现更为优良的表现。一般要在粒子发射器中，注意与调试这几个选项的参数编辑，如图 7-109 所示。

Spawn Rate（粒子产生率）：注意 Spawn Rate（粒子产生率）选项，它决定了烟雾的大小，如图 7-110 所示。

Initialize Particle：注意 Sprite Rotation Mode（粒子旋转模式）选项，当处于 Random（随机）状态时，烟雾粒子会随机生成，使烟雾更自然，如图 7-111 所示。

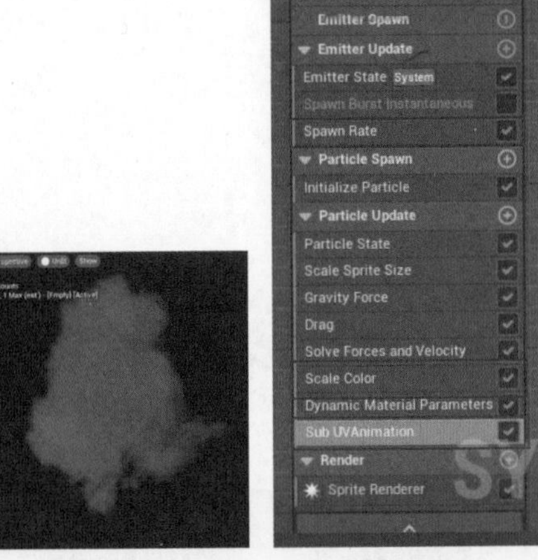

图 7-108　　图 7-109

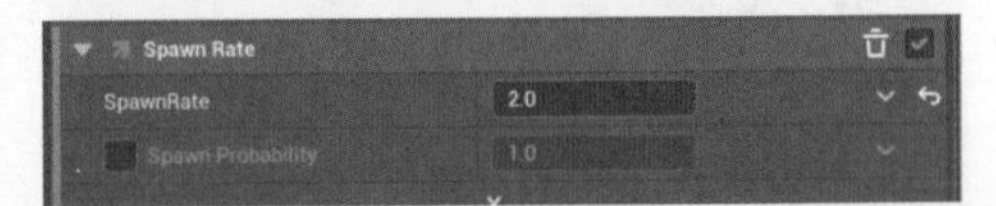

图 7-110

图 7-111

Scale Color（缩放颜色）：重点注意 Scale Alpha（粒子透明度）曲线，可以决定烟雾的显现与消散效果，如图 7-112 所示。

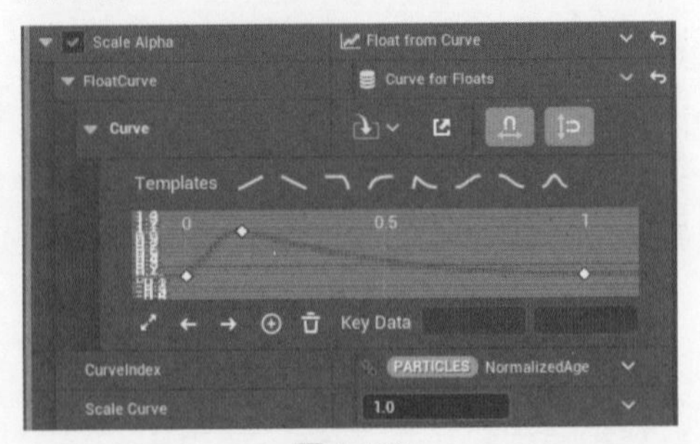

图 7-112

Sub UV Animation（Sub UV 动画）：注意 Sub UV Animation（Sub UV 动画）模块，它能决定粒子序列帧播放的快慢，如

图 7-113 所示。

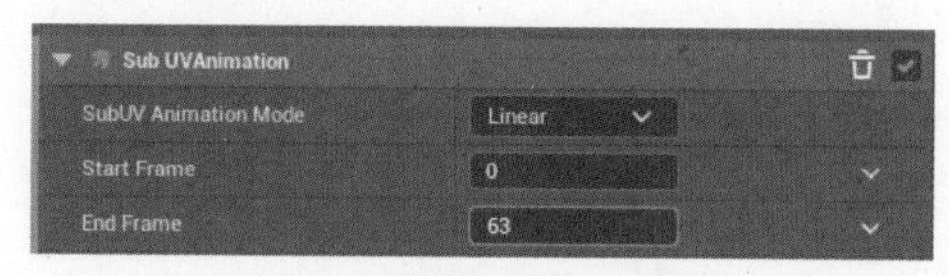

图 7-113

经过多次观察与调试后的烟雾，就会呈现出自然又真实的效果，如图 7-114 所示。

图 7-114

2. 卡顿问题

当使用 Sub UV Animation（子 UV 动画）时会发现，当参数编辑中的 End Frame（结束帧）参数超过或低于 Sub UV 贴图的最高帧数序列帧时，粒子动画播放就会出现卡顿的问题。

这可能是因为在粒子编辑器中，所使用的 Sub UV 贴图是通过 Texture Sample（纹理样本）切换贴图进行添加的，而不是使用专门的 Particle Sub UV 进行添加的。所以，为了解决卡顿问题，在场景中添加 Particle Sub UV 节点，并为它添加与先前一致的 Sub UV 贴图，如图 7-115 所示。

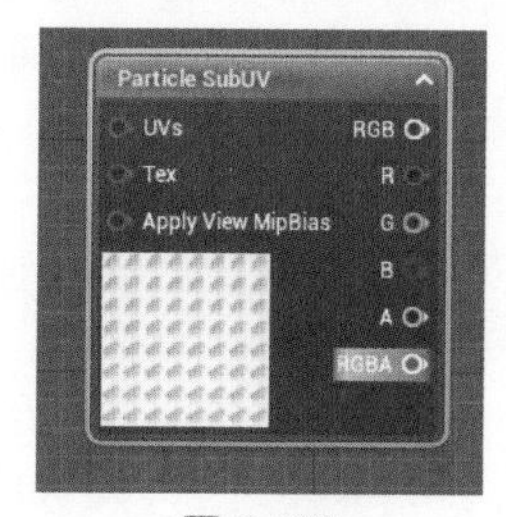

图 7-115

将原本连接着 Multiply 节点 B 引脚的 Texture Sample 节点替换成专用的 Particle Sub UV（粒子 Sub UV) 节点，如图 7-116 所示。

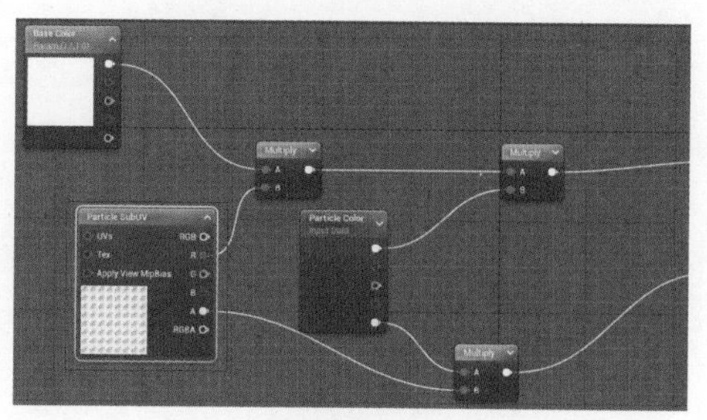

图 7-116

切换到粒子编辑器中，在 Empty 发射器中找到 Sprite Renderer（粒子渲染器），在它的参数编辑中选择 Sub UV Blending Enabled（启用子 UV 混合）复选框，如图 7-117 所示。对粒子效果进行叠化处理，就可有效解决粒子播放卡顿问题了。

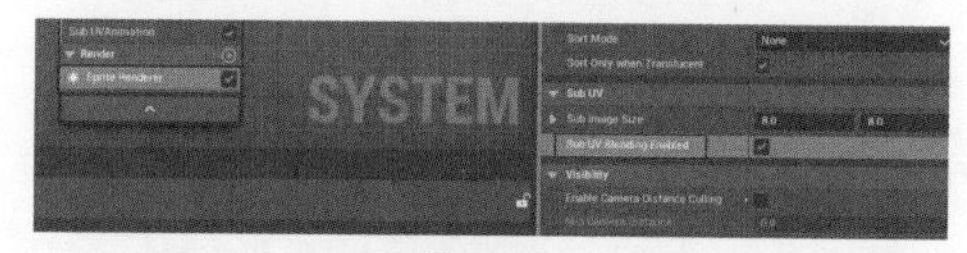

图 7-117

7.4.4 渲染方式 Sprite：粒子与体积雾

本节将探讨如何制作更为逼真的体积雾。先前介绍的制作体积雾的方法包括贴图制作和序列帧处理，这些方法均是将材质判断应用于单个粒子。下面讲解如何运用粒子直接控制体积雾。

1. 设定材质基础选项

打开资产管理器，在右侧空白处右击，在弹出的快捷菜单中选择 Material（物质）命令，如图 7-118 所示，并将它命名为 M_Vsmoke1，如图 7-119 所示。

双击它，打开材质编辑器，在它的 Details 面板里找到并修改下列选项，设置 Material Domain（材质领域）为 Volume（体积）。Blend Mode（混合模式）为 Additive（添加），如图 7-120 所示。

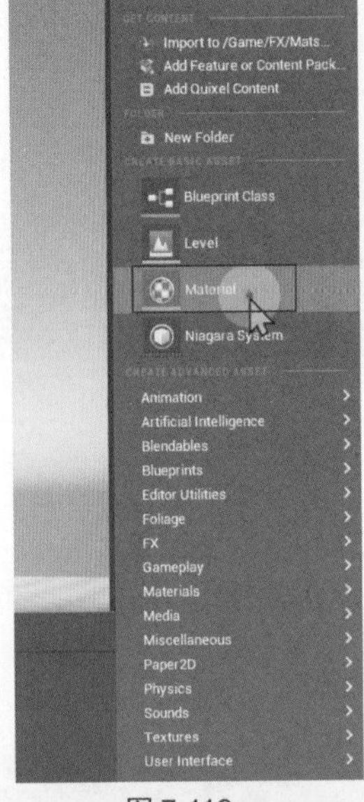

图 7-118

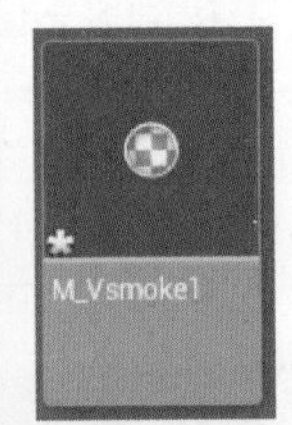

图 7-119

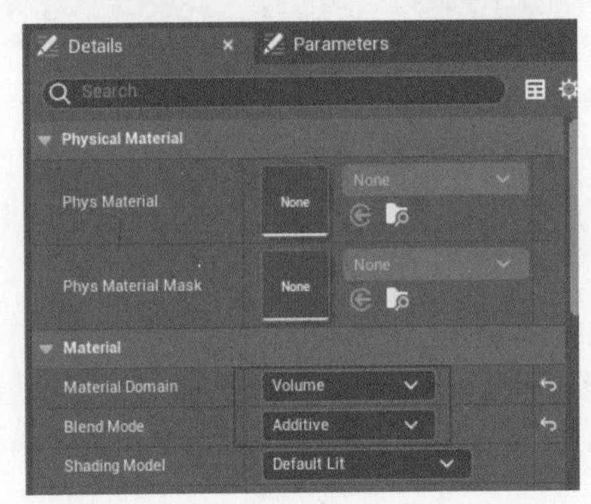

图 7-120

2. 编写蓝图

单击材质图表的 Albedo（反照率）选项，使用快速创建的方法创建节点并指定它的颜色为白色，如图 7-121 所示。

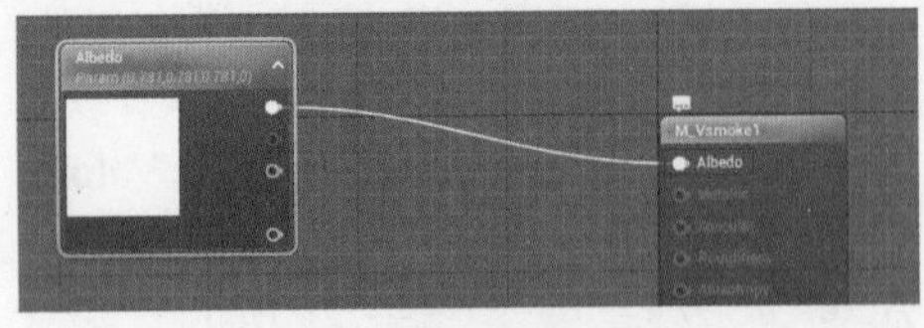

图 7-121

由于制作的体积雾要求粒子达到球体状态，所以要添加一个 Sphere Mask（球体遮罩）节点。

但单纯添加一个 Sphere Mask 节点并不能构成粒子球体形态，还要给 Sphere Mask 添加节点，来让粒子球体有坐标系与坐标原点可确定位置。

给 Sphere Mask（球体遮罩）的 A 引脚添加 Absolute World Position（绝对世界位置）节点，给 Sphere Mask 的 B 引脚添加 Particle Position（粒子位置）节点。

制作烟雾粒子，还需要对它们自身的半径和软硬效果进行控制。

所以，再给 Sphere Mask 节点的 Radius（半径）引脚添加 Particle Radius（粒子半径）节点，给 Sphere Mask 节点的 Hardness 引脚添加 Hardness 节点。以上操作具体如图 7-122 所示。

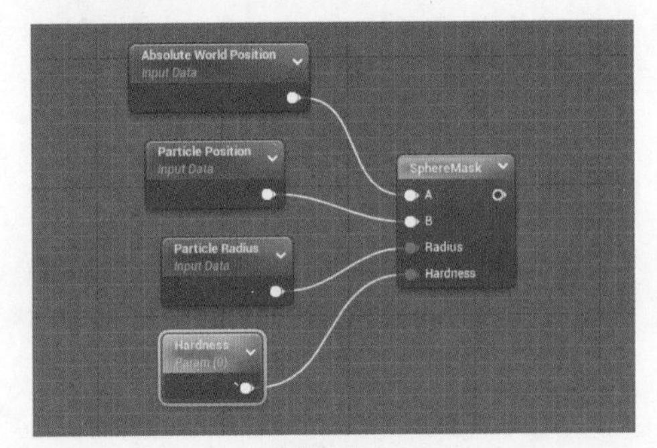

图 7-122

由于球形遮罩与粒子颜色的 Alpha（透明度）都会影响粒子最终的 Extinction（消散）效果，所以再搜索并添加 Particle Color 节点，再添加一个 Multiply 节点。

将 Particle Color 的 Alpha 节点连接至 Multiply 节点的 A 引脚，将 Sphere Mask 的节点连接至 Multiply 节点的 B 引脚。

将 Multiply 节点连接至 Extinction（消散）节点，具体操作如图 7-123 所示。

通常还会将 Particle Color 节点与 Albedo 节点用 Multiply 相结合，再将 Multiply 与 Albedo 相连接，如图 7-124 所示。这样的连接可以让用材质和粒子颜色都能控制烟雾颜色效果。

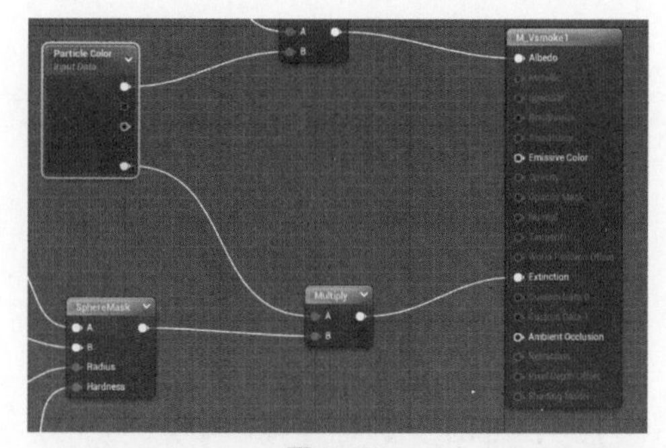

图 7-123

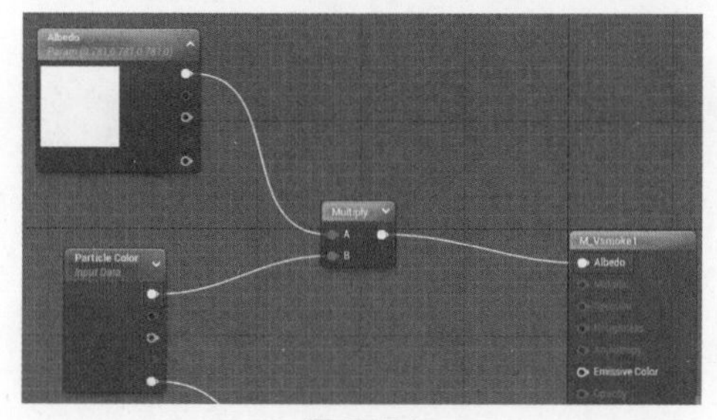

图 7-124

单击 Save 按钮进行保存，再回到场景里，将材质从资产编辑器中放到场景视图中，就可看到烟雾效果了，如图 7-125 所示。

图 7-125

3. 制作有光影变化的烟雾

要制作有光影变化的烟雾，就要让烟雾达到两个条件：一是烟雾要有明暗效果；二是烟雾会受场景太阳光影响产生变化。

由此可得出制作有光影变化的烟雾原理为：可以使用黑白两种颜色模拟出烟雾的暗面和亮面，并通过 Lerp 节点来控制它们。

利用 Atmosphere Sun Light Vector（大气太阳光矢量）节点与粒子位置节点建立关系，并与 Lerp 节点的 Alpha 值相关联，从而去决定当烟雾受到太阳影响时要呈现什么样的光影效果。

4. 具体制作过程

打开材质编辑器将 Albedo 节点，重新命名为 Bright（明亮），用来代表粒子的亮面颜色，再添加一个 Vector Parameter（矢量参数）节点，将它的颜色指定为黑色后，把它重新命名为 Dark（暗面）。

再添加一个 Lerp 节点，Lerp 节点的作用为通过 Alpha 值的不同，来判定蓝图要受哪一个引脚的影响。当 Alpha 值为 0 时，采用的是 A 引脚；当 Alpha 值为 0 时，采用的是 B 引脚。

把 Bright 节点与 Lerp 节点的 A 引脚相连接，Dark 节点与 Lerp 节点的 B 引脚相连接，Lerp 节点与 Multiply 节点的 A 引脚相连接，如图 7-126 所示。

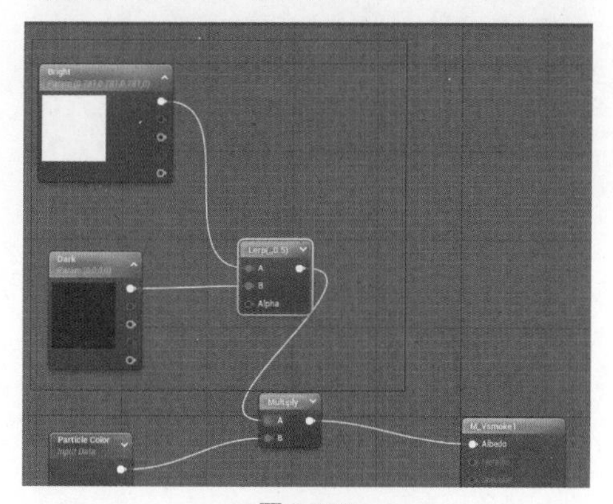

图 7-126

在材质编辑器的空白部分添加 Atmosphere Sun Light Vector（大气太阳光矢量）节点，再添加 Multiply 节点。

将 Multiply 节点的 A 引脚与 Atmosphere Sun Light Vector 节点相连接。

将 Multiply 节点的 B 引脚赋予值为 -1，如图 7-127 所示。

图 7-127

如果要让阳光与粒子建立联系，就要计算出粒子与世界坐标的关系值，并将它与 Atmosphere Sun Light Vector 节点和 Multiply 节点所得结果相连接。

所以，在材质编辑器里添加一个 Subtract（减去）节点，并再添加 Absolute World Position（绝对世界位置），让它与 Subtract 节点的 A 引脚相连接。

再添加 Particle Position 节点，让它与 Subtract 节点的 B 引脚相连接。

它们计算而得的结果可以与 Atmosphere Sun Light Vector 节点与 Multiply 节点所得结果一起计算一致性，具体操作如图 7-128 所示。

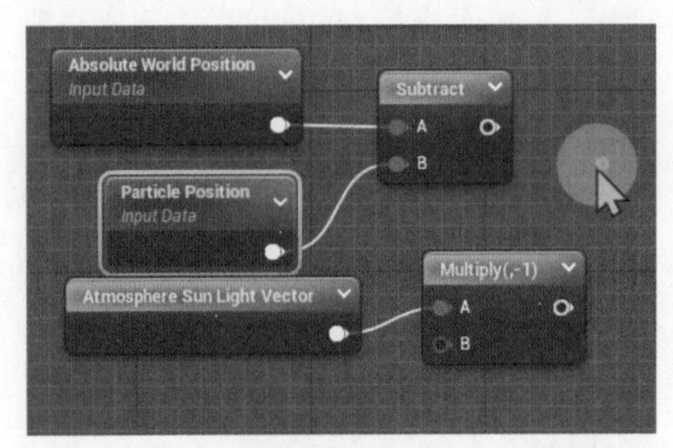

图 7-128

所以，在场景中再添加一个 Dot（点）节点，并将 Subtract 节点与 Dot（点）节点的 A 引脚相连接，将连接着 Atmosphere Sun Light Vector 节点的 Multiply 节点与 Dot（点）节点的 B 引脚相连接，让它们得到 -1 与 1 的结果值，具体操作如图 7-129 所示。

由于并不需要所得出的 -1 结果，因为 Alpha 的取值为 0 或 1，所以添加一个 Saturate（饱和度）节点，将它与 Dot（点）节点相连接，因为它的取值范围为 0 ～ 1 之间，用它来去除 -1 值对蓝图的影响。

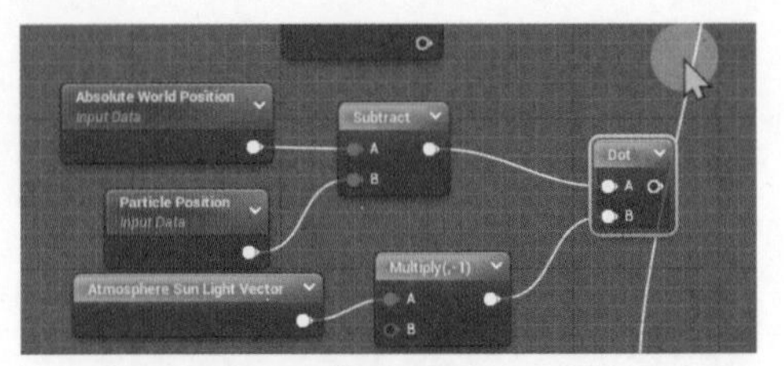

图 7-129

再将 Saturate（饱和度）节点与 Lerp 节点的 Alpha 引脚相连接，如图 7-130 所示。一个有光影效果的烟雾就制作完成了。

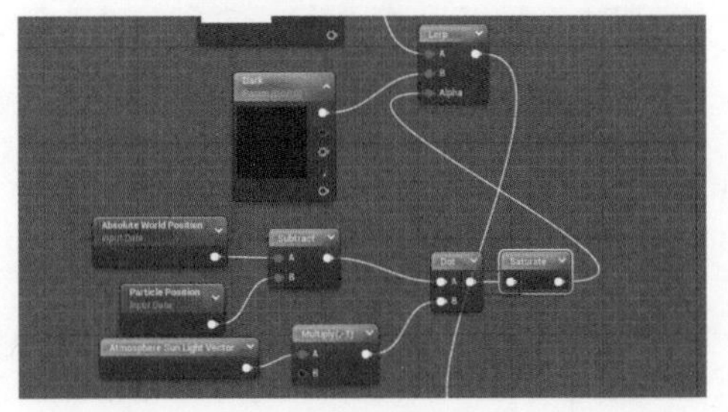

图 7-130

最后，单击 Save 按钮进行保存编译，再切换到场景中，就可以看到一个有光影效果的烟雾了，如图 7-131 所示。

图 7-131

7.4.5 渲染方式 Ribbon：条带

本节将向大家介绍一种新颖的渲染模式——Ribbon（条带）。条带渲染的原理是将粒子按照生成顺序连接成一条线状结构。通过调整条带的宽度、扭曲程度及 UV 动画等参数，可以实现丰富多样的拖尾、残影等视觉效果。这种渲染模式具有较高的灵活性和适用性，为创作者提供了更多表现手法。

1. 制作过程

在资产管理器空白处右击，在弹出的快捷菜单中选择 Niagara System 命令，如图 7-132 所示。

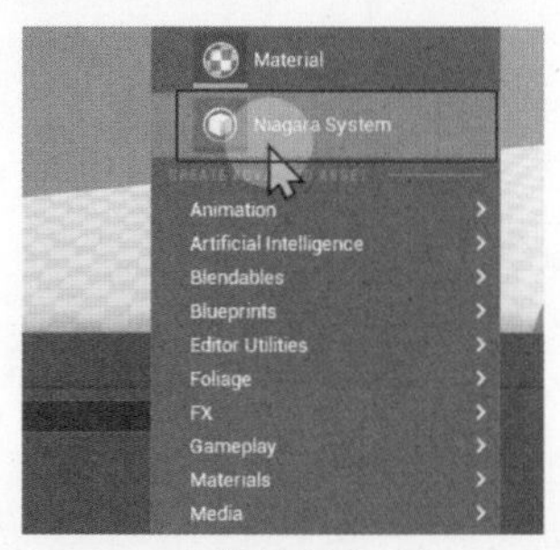

图 7-132

在弹出的对话框中选择 Create empty system（创建空系统），单击 Finish 按钮确定，如图 7-133 所示。

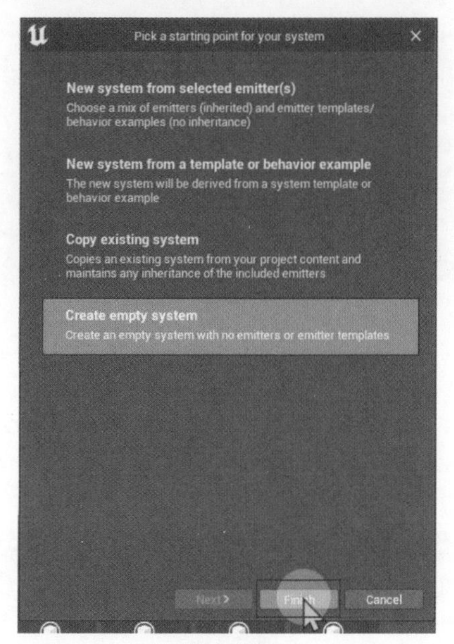

图 7-133

将它命名为 fx_Ribbon，如图 7-134 所示。双击 fx_Ribbon 打开粒子编辑器，在空白区域创建 Empty 发射器，如图 7-135 所示。

在 Empty 发射器中单击 Emitter Update（发射器更新）“+”按钮，搜索并添加 Spawn Per Unit（每单位粒子生产率），如图 7-136 所示。

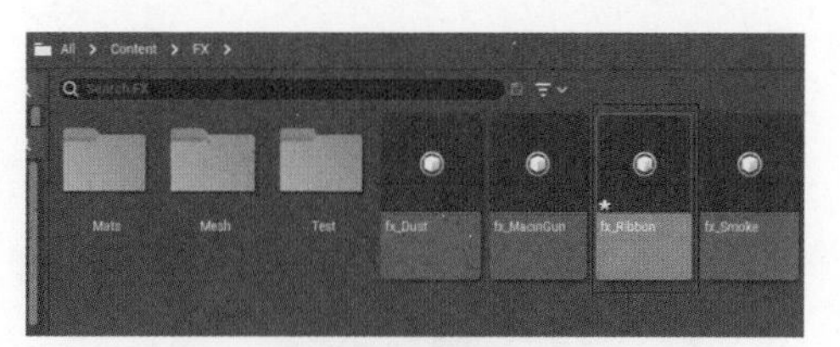

图 7-134

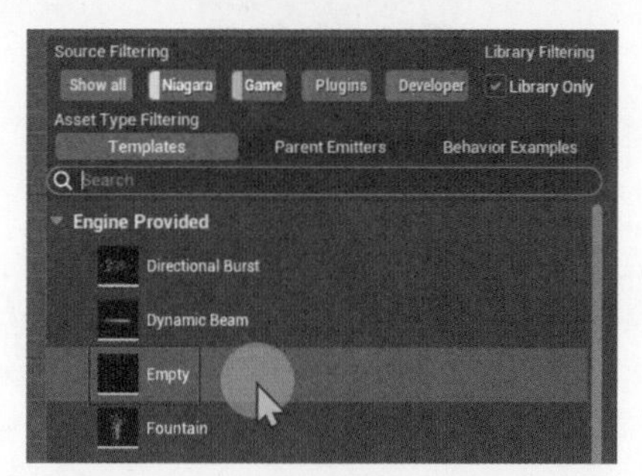

图 7-135

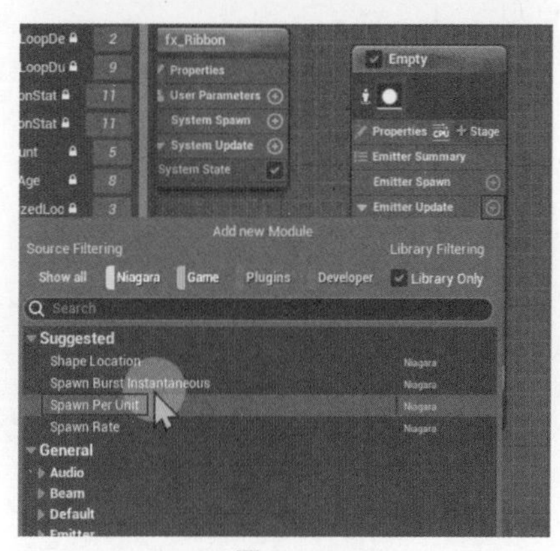

图 7-136

在 Spawn Per Unit（每单位粒子生产率）的参数编辑内将 Spawn Spacing（生产粒子间距）参数改为 10，如图 7-137 所示。

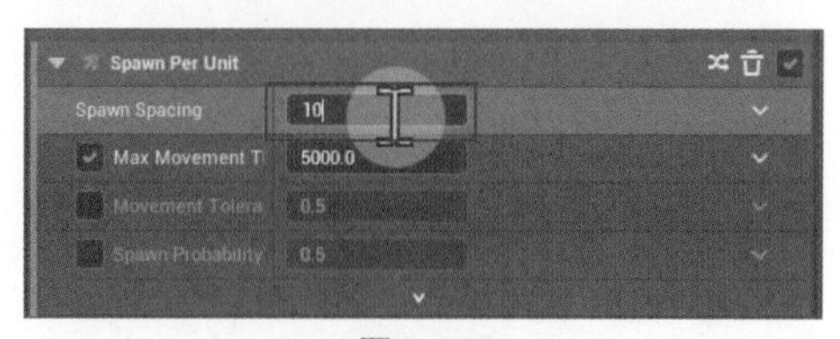

图 7-137

2. 粒子初始化

进行粒子初始化前，需要取消选择 Sprite Renderer（粒子渲染器）复选框，否则在场景中的粒子会因为既受 Sprite Renderer 和 Initialize Particle（初始化粒子）的影响，出现两种效果并存的情况，如图 7-138 所示。

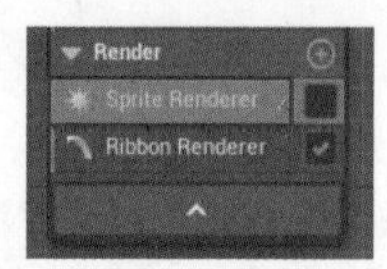

图 7-138

单击 Empty 粒子发射器中的 Initialize Particle 选项，在它的参数编辑里找到 Ribbon Attributes（功能区属性），并修改其中的选项与参数。

将 Ribbon Width Mode（条带宽度模式）修改为 Direct Set（直接设置），将 Ribbon Width（条带宽度）赋值为 20，将 Ribbon Facing Mode（条带面模式）修改为 Direct Set，将 Ribbon Facing Vector（条带方向）赋值 Z 向量值为 1.0，将 Ribbon Twist Mode（条带扭曲模式）修改为 Direct Set。

具体操作如图 7-139 所示。

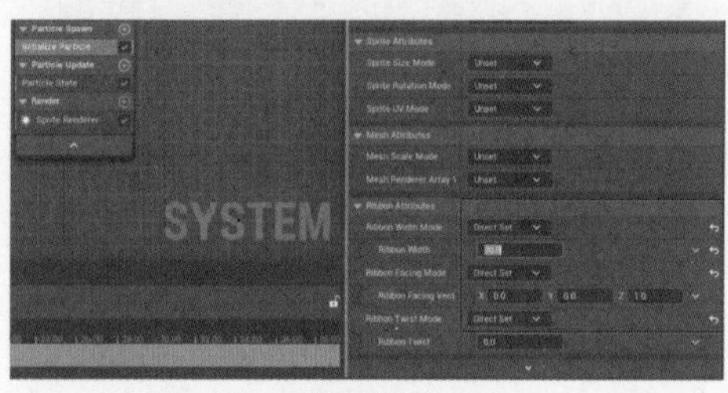

图 7-139

再在 Empty 发射器的 Render（渲染）选项下单击“+”按钮搜索并添加 Mesh Renderer（网格渲染器），用以渲染，如图 7-140 所示。

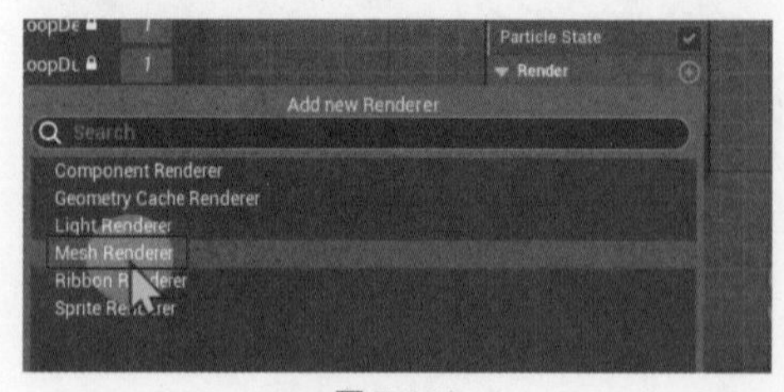

图 7-140

此时在场景中所看到的粒子条带效果如图 7-141 所示。

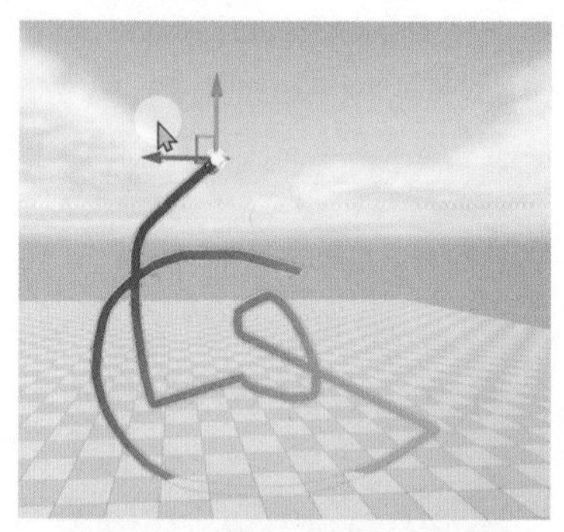

图 7-141

如果要制作会随机变化宽度的条带，就在 Initialize Particle 参数编辑里修改 Ribbon Width 的参数为 Random Range Float（随机射程浮动），如图 7-142 所示。

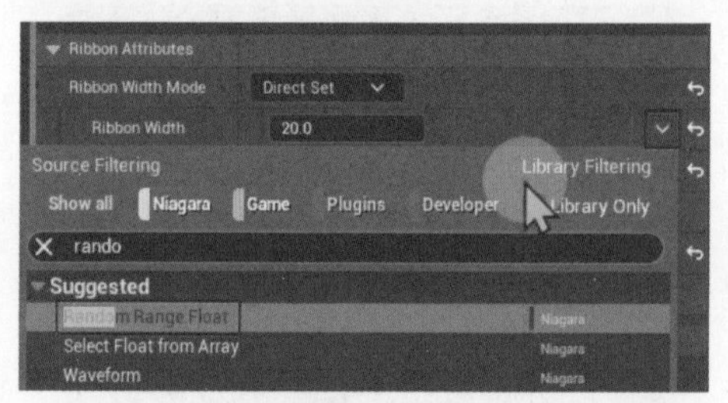

图 7-142

然后将它的 Minimum（最小值）修改参数为 5.0，将 Maximum（最大值）修改参数为 20.0，如图 7-143 所示。再切换到场景里对它进行移动，就会发现形成了宽度不一点轨迹，如图 7-144 所示。

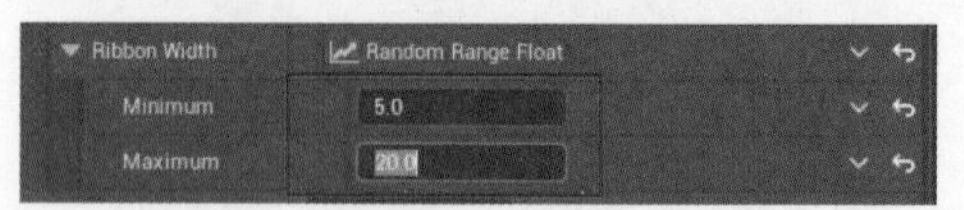

图 7-143

图 7-144

3. 制作烟雾效果

在材质编辑器空白处右击，在弹出的快捷菜单中选择 Material（材料）命令，如图 7-145 所示。

将它命名为 M_RibbonTrail，如图 7-146 所示。

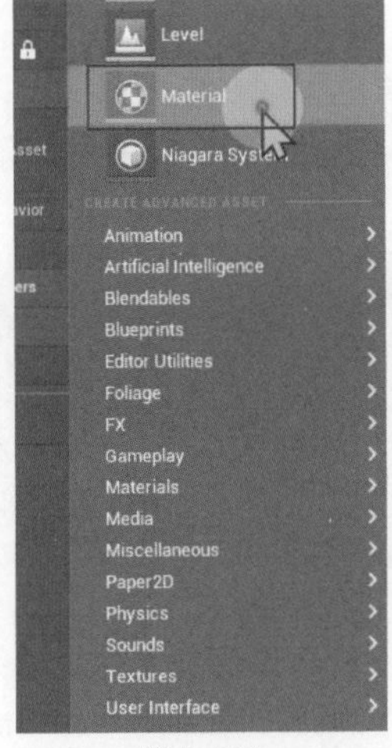

图 7-145

图 7-146

双击 M_RibbonTrail，进入材质编辑模式，在 Details 面板中修改 Blend Mode 为 Translucent（半透明），修改 Shading Model（遮蔽模式）为 Unlit，如图 7-147 所示。

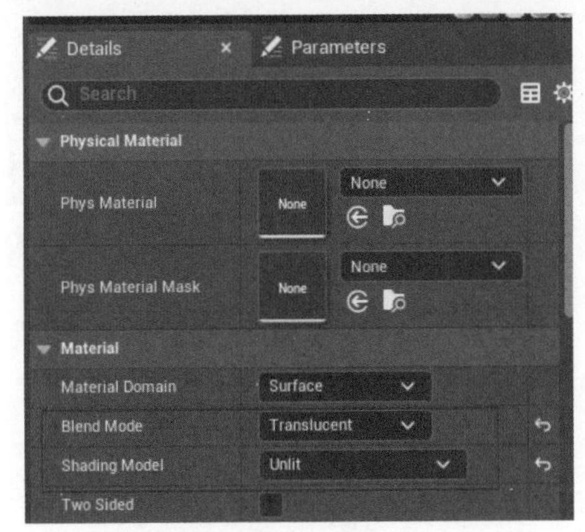

图 7-147

4. 构建蓝图

在系统空白部分，创建 Particle Color（粒子颜色）节点，让它与 Emissive Color（排放颜色）选项相连接，如图 7-148 所示。

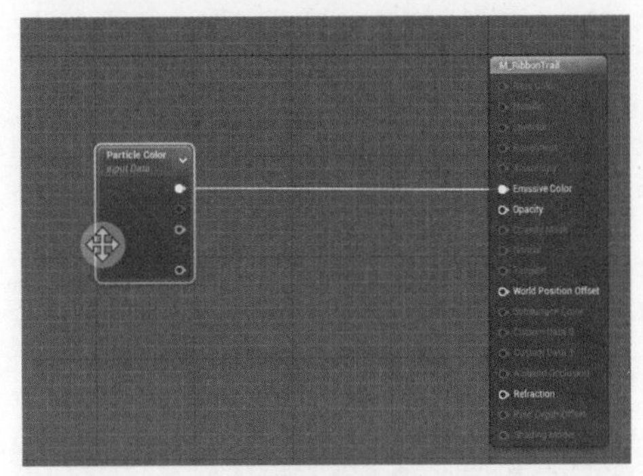

图 7-148

由于不透明度也要关联 Particle Color 节点的 Alpha 值，所以再添加一个 Multiply 节点，让 Particle Color 节点的 Alpha 引脚与 Multiply 节点的 A 引脚相连接，Multiply 节点与 Opacity（透明度）相连接，如图 7-149 所示。

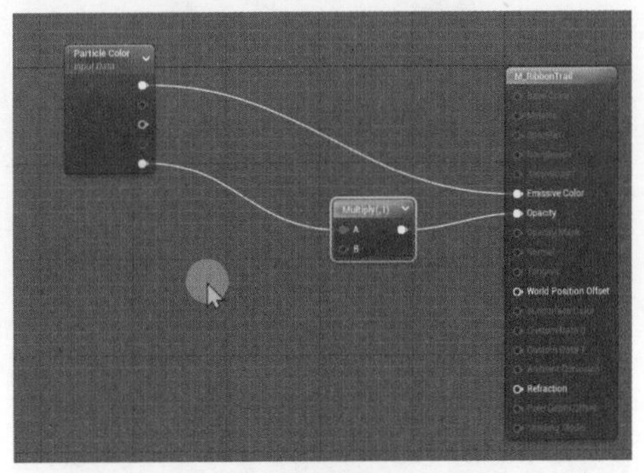

图 7-149

此外，为确保粒子效果的呈现，需为其添加渐变效果，因此需增加 Linear Gradient（线性梯度）节点，由于是从 U 方向制作的渐变，所以将 Linear Gradient 节点的 U Gradient 引脚连接至 Multiply 节点的 B 引脚，如图 7-150 所示。

此时的材质效果如图 7-151 所示。

完成后，单击 Save 按钮进行保存编译。来到粒子编辑器，在 Empty 发射器图表中找到 Ribbon Renderer（条带渲染器），在它的参数编辑中找到 Material 选项。打开资产管理器，找到刚刚制作好的条带材质，将它选中点亮后，单击 Material 选项中的导入按钮，导入材质，如图 7-152 所示。

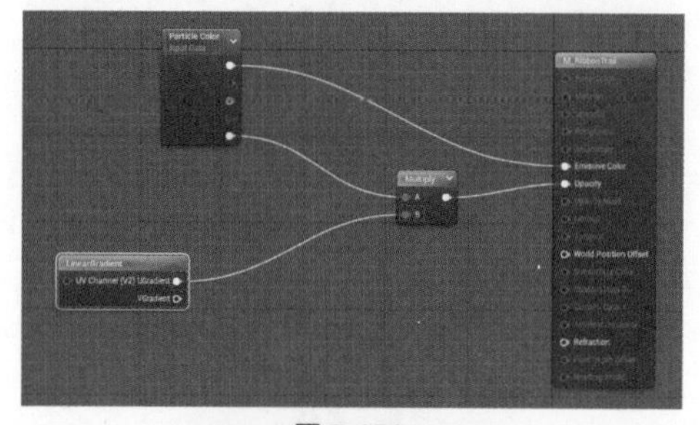

图 7-150

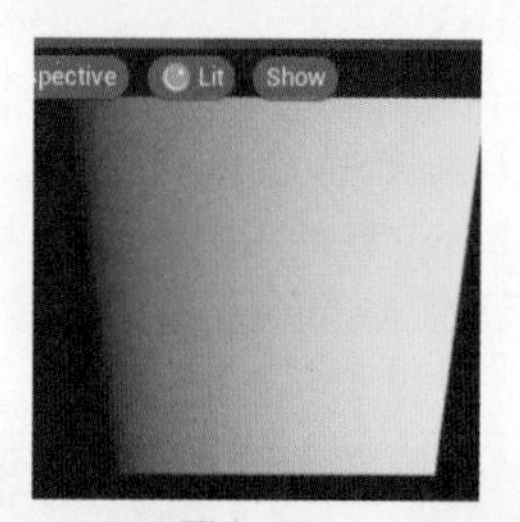

图 7-151

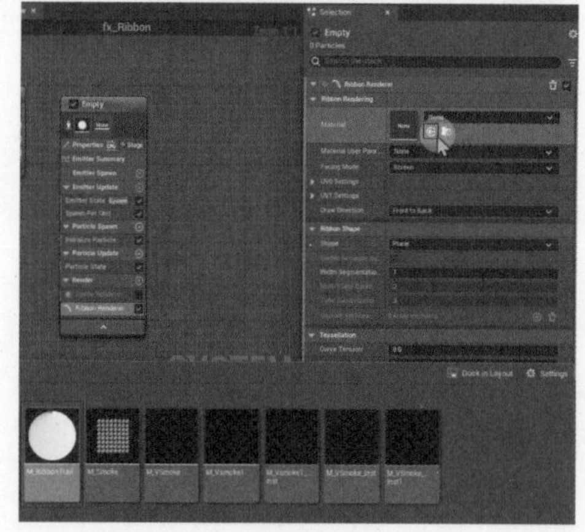

图 7-152

5. 指定颜色

在 Empty 发射器图表中找到 Initialize Particle，在它的参数编辑中找到 Color Mode（颜色模式）选项，设定为 Direct Set 选项，给定的颜色默认值为白色，如图 7-153 所示。

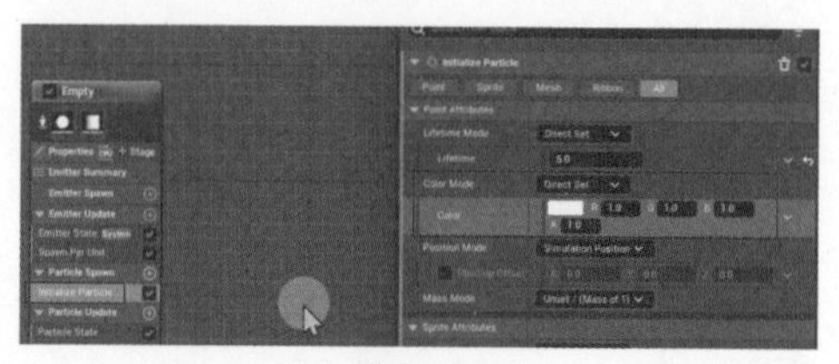

图 7-153

在 Empty 发射器图表中找到 Particle Update 选项，单击右侧“+”按钮，搜索并添加 Scale Color（缩放颜色），如图 7-154 所示。

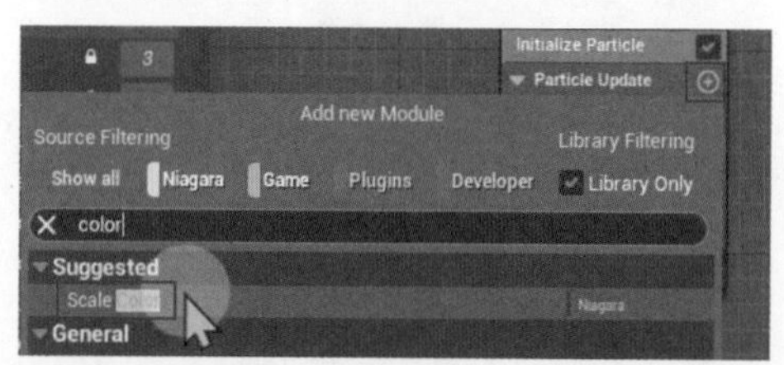

图 7-154

在 Scale Color 的参数编辑里修改 Scale Mode 的选项为 RGBA Linear Color Curve（RGBA 线性颜色曲线），并在 Curve（曲线）里指定条带的颜色变化，指定 Curve 为 3 种颜色变化：亮黄偏红色——黑色——透明，具体操作如图 7-155 所示。

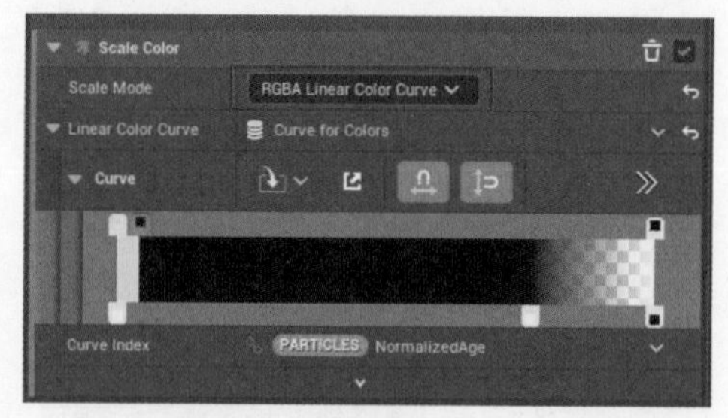

图 7-155

此时在场景中拖动粒子发射器，出现的效果如图 7-156 所示。

图 7-156

6. 改变形状

在 Empty 发射器中找到 Ribbon Renderer（条带渲染器）参数编辑 Ribbon Shape（条带形状），如图 7-157 所示。在这个选项中，可以选定条带的各种形状：Plane（平面）、Multi Plane（多重平面）、Tube（管状）和 Custom（自定义）。

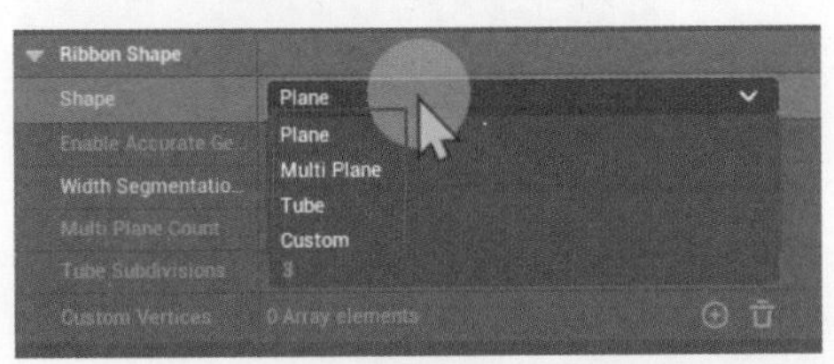

图 7-157

在本案例中，选择 Tube 形状，并在它的 Tube Subdivisions（管状细分）区域将参数值修改为 6，具体操作如图 7-158 所示。

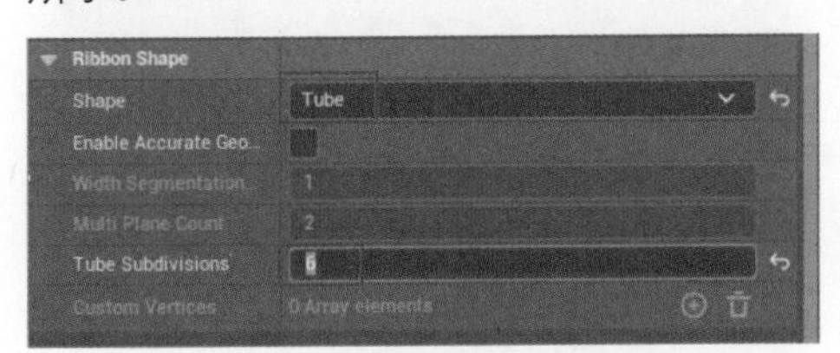

图 7-158

这样设计所出现的效果，就是一个六边形的粒子效果了，从侧面观察时，会发现现在的粒子形状有了厚度，如图 7-159 所示。

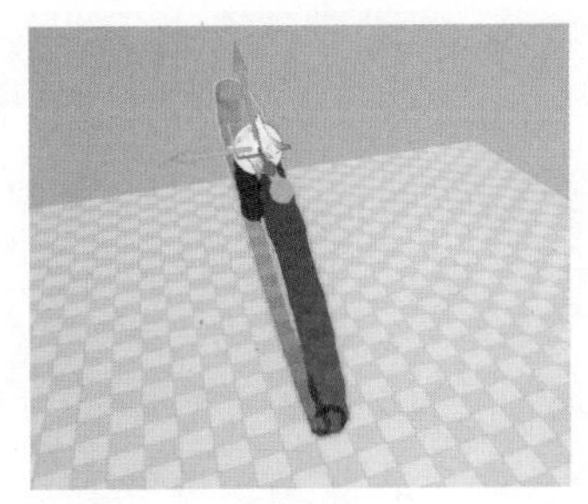

图 7-159

7. 其他效果制作

还可以试着用 Ribbon Renderer 参数编辑中的 Ribbon Shape 其他选项，制作不同的粒子条带效果。

将 Shape（形状）修改为 Multi Plane（多重平面），将 Multi Plane Count（多重平面计划数）修改为 8，如图 7-160 所示。

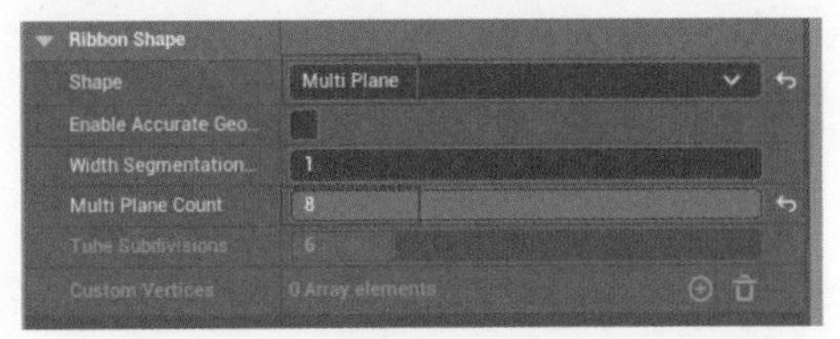

图 7-160

再在粒子材质编辑器的 Details 面板里找到 Material（材料）菜单栏，找到并选择 Two Sided（双面）效果，如图 7-161 所示。

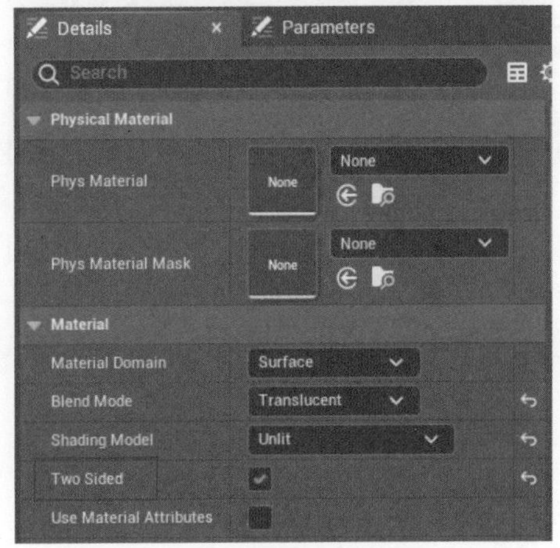

图 7-161

这样设置以后，Multi Plane 的效果才能在场景中被直观地看到，如图 7-162 所示。

图 7-162

若觉得制作出来的粒子运动时，曲线的细分效果并不是自己想要的，可以在粒子编辑器里找到Empty发射器中的Ribbon Renderer，在它的参数编辑中找到Tessellation（细分），调整它的Mode（模式）为Custom（自定义），如图7-163所示。

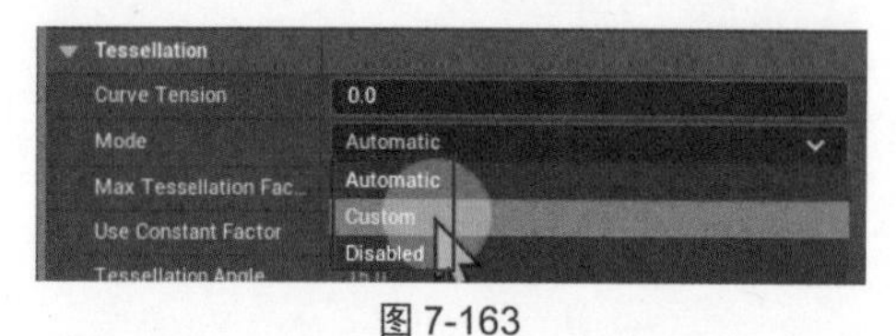

图 7-163

就可以修改它的Max Tessellation Factor（最大细分因子）参数值，如图7-164所示。

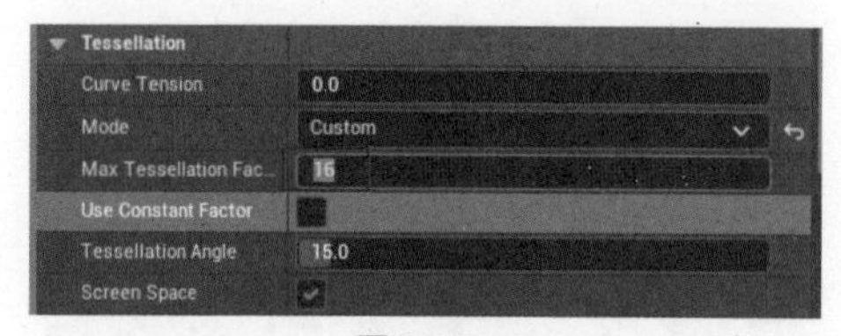

图 7-164

参数值越大，粒子运动时的曲线就越细腻；参数值越小，粒子运动时的曲线就越生硬。

8. 让粒子绑定物体移动

通过将粒子与物体绑定，使其随物体一同运动，便可实现粒子与物体的协同运动，而不仅仅局限于通过鼠标拖动粒子进行单一的运动方式。

在场景中找到快速创建按钮，单击后找到Shapes（形状）选项，在里面可以任意选择自己想要选择的物体，本案例选择的是Sphere（球体），如图7-165所示。

将Sphere拖动到场景中后，点亮它，在它的Details面板找到并选择Physics（物理学）→Simulate Physics（模拟物理学）复选框，如图7-166所示。

然后在场景里选中粒子，再按【Alt+A】组合键，激活绑定吸管，再用绑定吸管选择Sphere，将粒子动画绑定在Sphere上，如图7-167所示。

再在粒子的Details面板中找到Transform-Location，将它的位置进行归零处理，如图7-168所示。

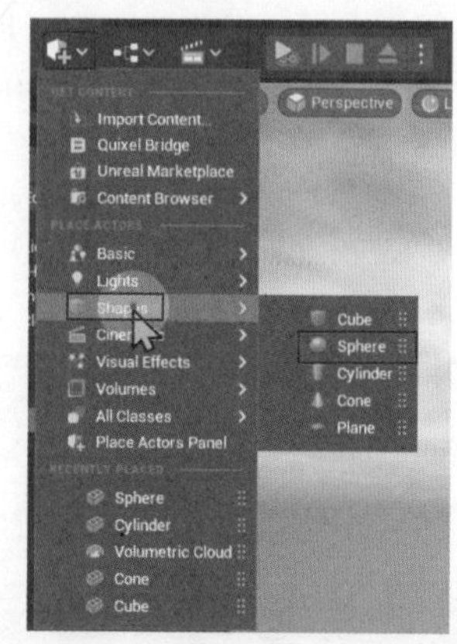

图 7-165

图 7-166

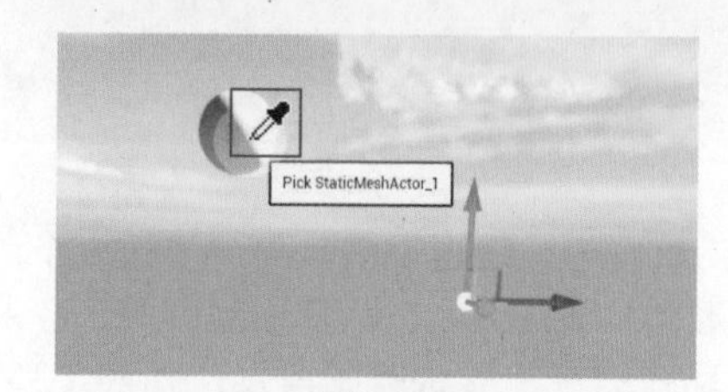

图 7-167

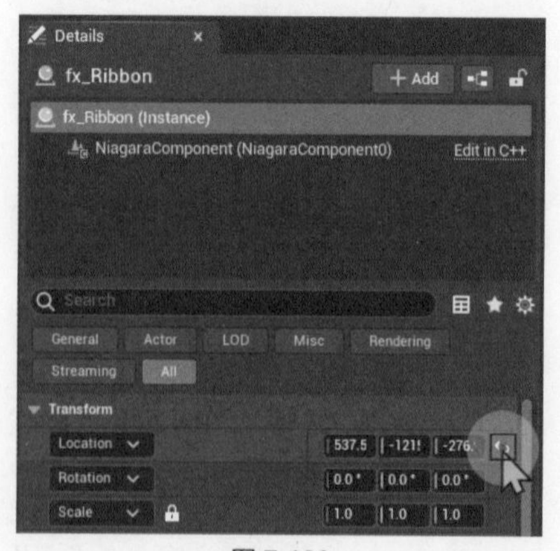

图 7-168

这时，粒子的坐标轴就会移动到它所绑定的物体原点，如图 7-169 所示。

图 7-169

这时单击场景中的播放键，就可以看到粒子与 Sphere 一起运动的效果了，如图 7-170 所示。

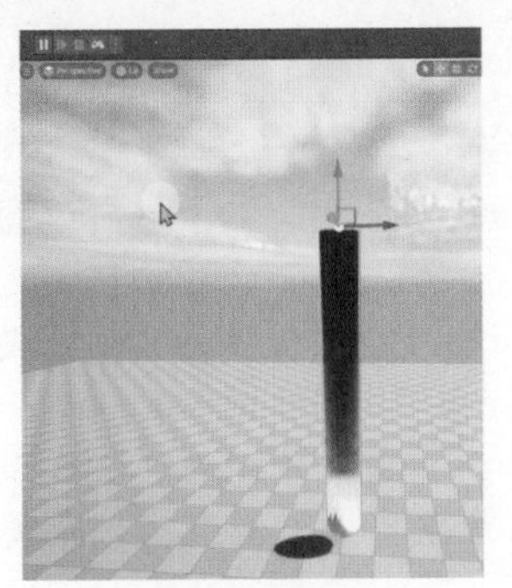

图 7-170

7.5　Mesh 渲染方式

本节将讲解一种名为 Mesh 的全新渲染模式。该模式具备为每个粒子附加一个或多个 Static Mesh（静态网格）的功能，并可在多个模型中进行随机选择。接下来，将通过一个实例来详述 Mesh 渲染方式的呈现。

具体讲解过程请观看教学视频。

7.6　Light 渲染方式

本节将探讨 Light 渲染方式，该方式在粒子编辑器的 Render 选项中可添加 Light Renderer（亮度渲染器）进行应用。Light Renderer 的主要功能是为当前粒子附加一个 Point Light（点光源），然而它并不支持 GPU 加速且无法进行投影。接下来，将通过一个火山实例来演示 Light Renderer 的具体使用方法。

1. 案例展示

这是火山案例还没有添加 Light Renderer 时的效果，可以很直观地看出，火星粒子并不像现实生活中的粒子一样，在亮的同时还能照亮火山，如图 7-171 所示。

图 7-171

所以，为模拟出现实火山效果，就要通过 Light Renderer 来制作火星粒子照亮地面的效果。

2. 让火星粒子照亮地面

首先进入火星粒子的粒子编辑器，在它的 Projectile_GPU 中找到 Render（渲染器），单击右侧“+”按钮，搜索并添加 Light Renderer，如图 7-172 所示。

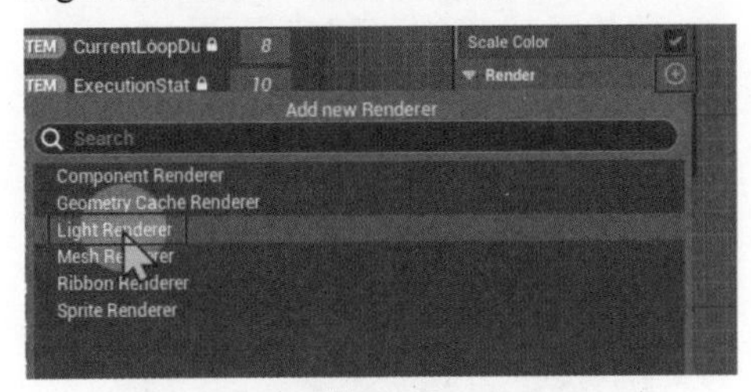

图 7-172

再在 Light Renderer 里找到并取消选择 Use Inverse Squared Fall off（使用平方反比衰减）复选框。这是因为火山是大场景，所有灯光会默认开启平方反比衰减，但它开启后会影响 Light Renderer 的效果，如图 7-173 所示。

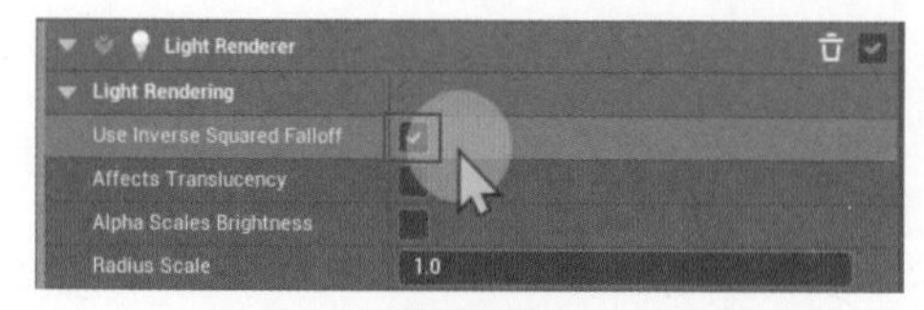

图 7-173

此时所观察到的火星粒子就会发出能照亮其他模型的亮光了，如图 7-174 所示。

图 7-174

3. 让火星粒子更自然

如果觉得火星粒子的照亮范围不够大、不够自然，还可以通过调高 Light Renderer 里的 Radius Scale（半径比例尺）的参数值，如图 7-175 所示。

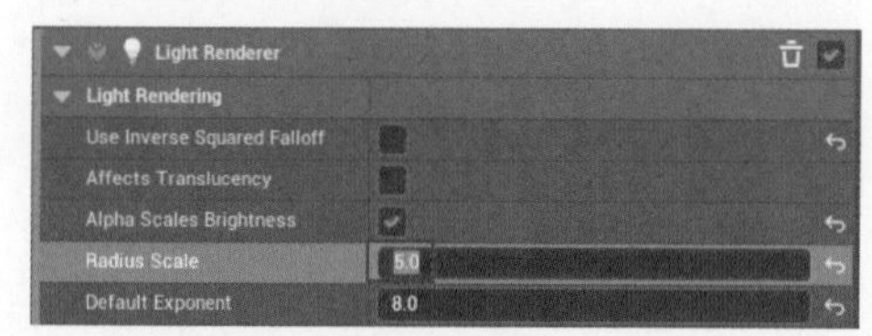

图 7-175

让粒子明亮的范围变得更大，如图 7-176 所示。

图 7-176

如果觉得火星粒子亮度太高，可以在粒子编辑器里找到 Light Renderer 参数编辑中的 Light Rendering（灯光渲染）→Default Exponent（默认指数），将它的数值调高至 8，如图 7-177 所示。

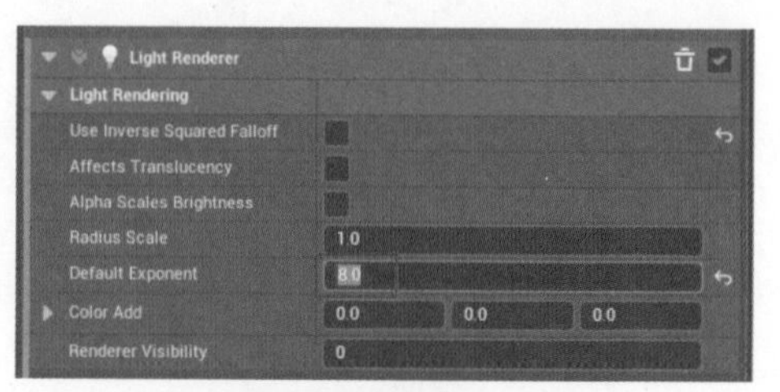

图 7-177

经过调整的火星粒子亮度光圈变小，就显得更自然了，如图 7-178 所示。

图 7-178

除了使用调整光圈的方法让火星粒子看起来更自然，还可以在 Light Renderer 的参数编辑中通过选择 Alpha Scales Brightness（Alpha 尺度亮度）复选框来实现，如图 7-179 所示。

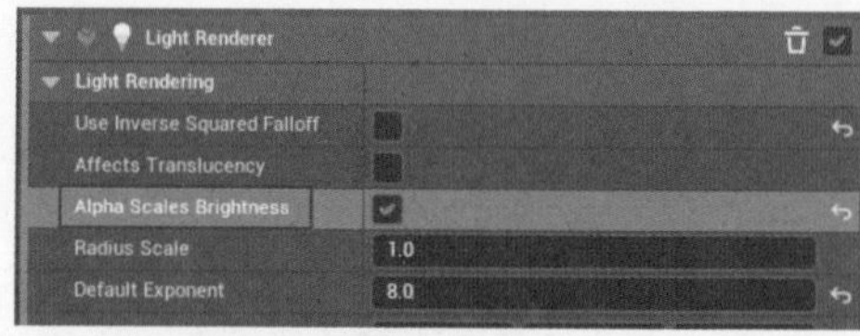

图 7-179

让火星粒子消失时，灯光亮度也跟着慢慢衰减至消失。这时候的火星粒子已经很自然了，如图 7-180 所示。

图 7-180

至此，Light Renderer 里的基础功能就展示完毕了。

7.7　值的动态输入

本节来讲一下每个模块里值的编辑方法。

在粒子编辑器的模块中，几乎任何值都可以套用以下 4 类算法。

Dynamic Inputs（动态输入）：类似 Cascade 的数值分布，但表达式更丰富。

Expression：用 HLSL 语言敲代码。

Local（本地值）：直接给出值。

Make（读取粒子参数）：从粒子参数中直接读取值。

由于本课程不会涉及编程区域，所以这节课将介绍到的部分为 Dynamic Inputs（动态输入）、Local（本地值）和 Make（读取粒子参数）。

7.7.1　本地值 Local

本地值就是能在选项框内直接输入参数的选项，如 Large Radius（大半径）、Handle Radius（手柄半径）里的参数就属于 Local（本地值），如图 7-181 所示。

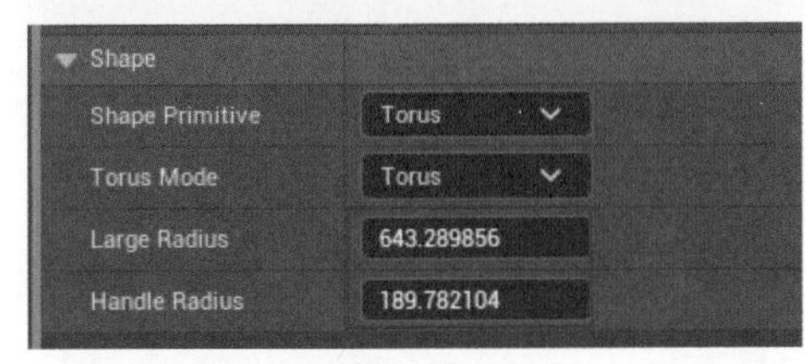

图 7-181

7.7.2　动态参数

Dynamic Inputs 值在 Nigara 里是通过表世界来表现运行的。

单击某个选项旁边的小箭头，在它展开的选项表里找到 Dynamic Inputs，其中的子选项都属于 Dynamic Inputs，如图 7-182 所示。

有关 Dynamic Inputs 的选项有很多，由于篇幅限制，本节仅简单介绍一下它的使用方法。

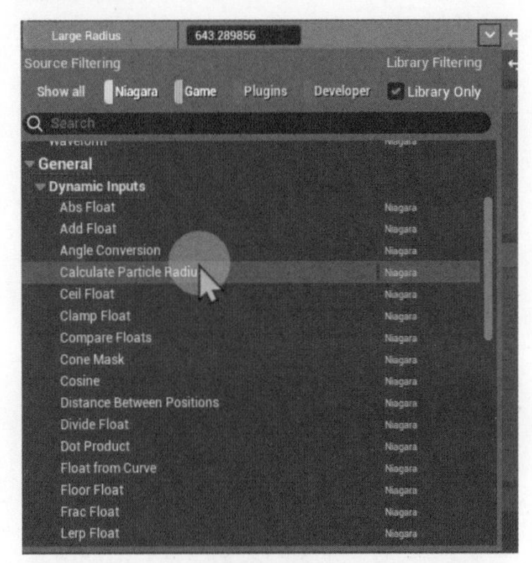

图 7-182

以添加乘法的 Dynamic Inputs 值为例，添加 Dynamic Inputs 时，可以使用一些值的特定符号来快速查找到数值。

当需要乘法的 Dynamic Inputs 值时，在选项值的搜索栏中直接输入乘法符号“*”，就可以快速找到乘法值，如图 7-183 所示。

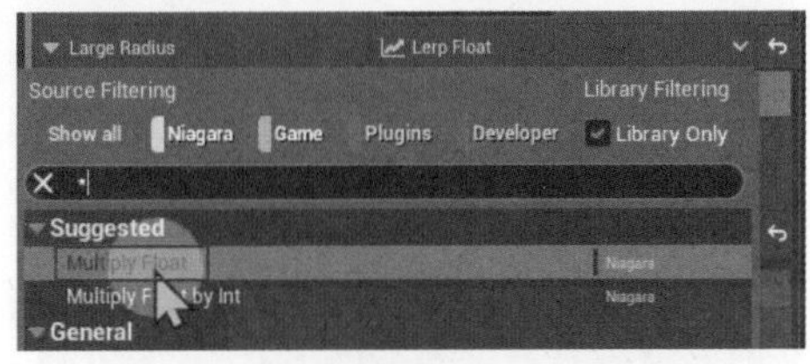

图 7-183

搜索并添加完毕后，就会看到选项栏里新增加的 A、B 值选项，其所代表的含义为：A*B= 选项所得值，如图 7-184 所示。

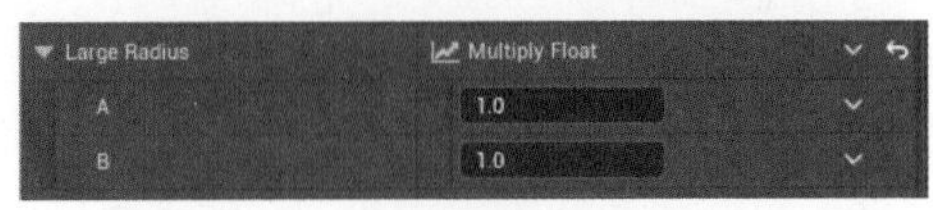

图 7-184

其中，A 和 B 选项此时为本地值，但若想要把它们也变成 Dynamic Inputs 选项，则可以在它们右侧单击向下小箭头，打开选项栏，搜索 Dynamic Inputs 选项范围内的子选项，并单击添加即可。由此可知，Dynamic Inputs 是可以进行嵌套添加使用的，如图 7-185 所示。

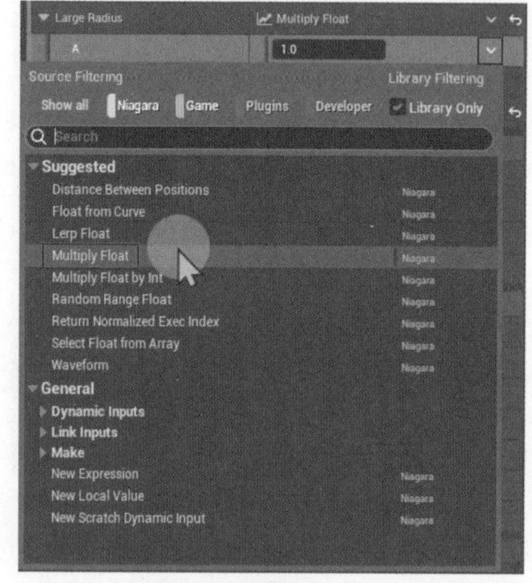

图 7-185

7.7.3 读取粒子参数 Make

在任意参数编辑选项的右侧单击小箭头，搜索并添加 Read from User parameter（从用户参数读取），如图 7-186 所示。

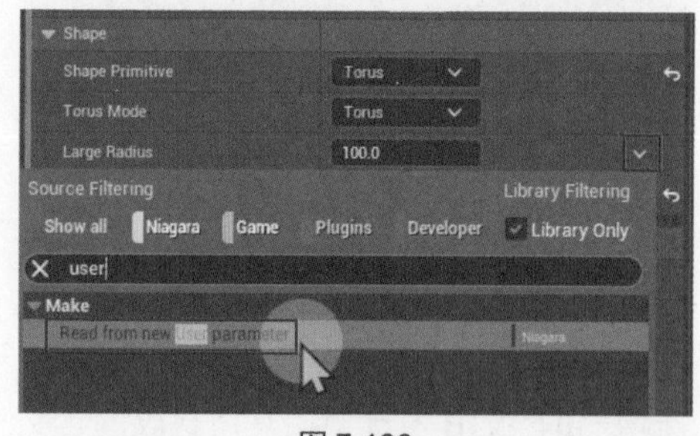

图 7-186

将选项变为参数时，蓝色系统图表就会出现一个 User Parameters 选项，所有被添加为参数的选项都可以在 User Parameters 的参数编辑中找到，如图 7-187 所示。

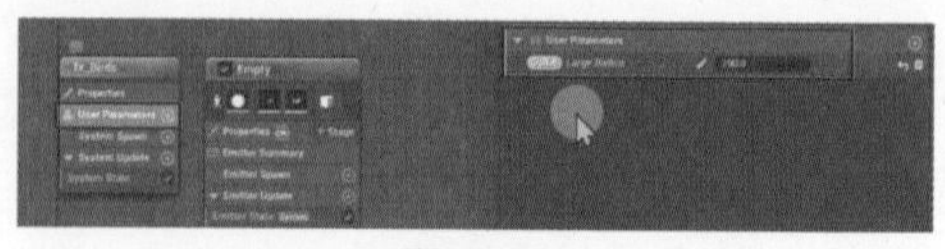

图 7-187

当选项被添加为参数时，除了在蓝色系统图表能够直接对它进行调整，还能在场景中的参数编辑里找到 Override Parameters（覆盖参数）选项栏，它的子选项都将被添加到 Make 参数，如图 7-188 所示。

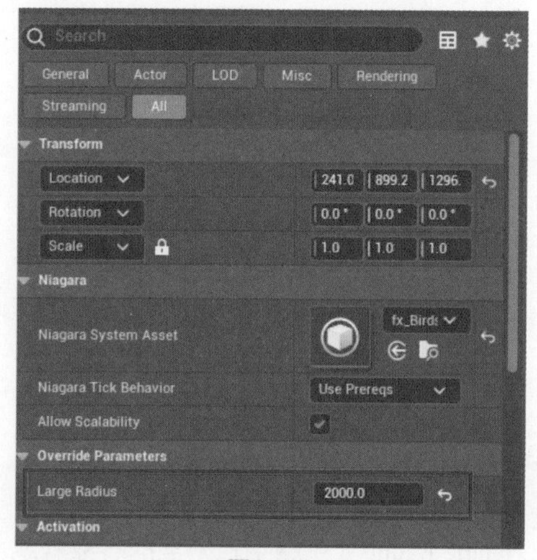

图 7-188

将若干选项设定为 Make 参数以实现便捷调用时，虽然简化了操作流程，但随着添加的 Make 参数增多，寻找特定选项将变得愈发烦琐。为应对此种情况，可采用分类策略对待 Make 参数，从而提高查找效率。

在蓝色系统图表里找到 User Parameters 选项，并单击右侧的“+”按钮，任意添加一个无用的选项，如图 7-189 所示。

就可以在 User Parameters 的参数编辑中看见它，右击该选项，在弹出的快捷菜单中选择 Rename（重命名）命令，如图 7-190 所示。

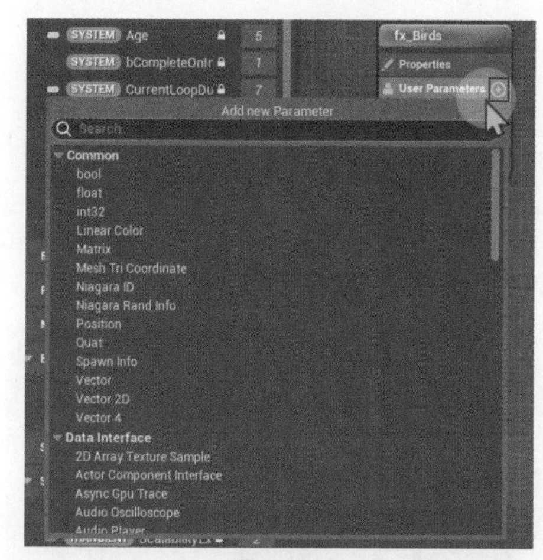

图 7-189

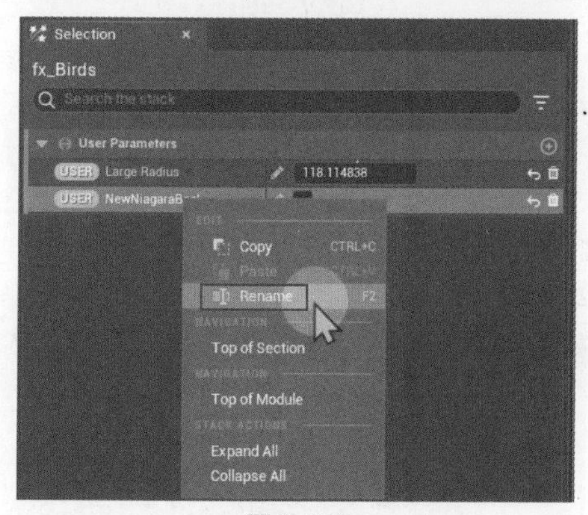

图 7-190

将选项重命名为自己想要命名的名称，如“Speed+ 空格 +=========”，其中“=”号作为分割符来使用，并且显示的优先级会大于字母，所以应制作好分割选项，为想要纳入分割选项的选项均添加前缀，如为 Large Radius（大半径）选项添加前缀 Speed，它就会显示在 Speed 分隔符之下，如图 7-191 所示。

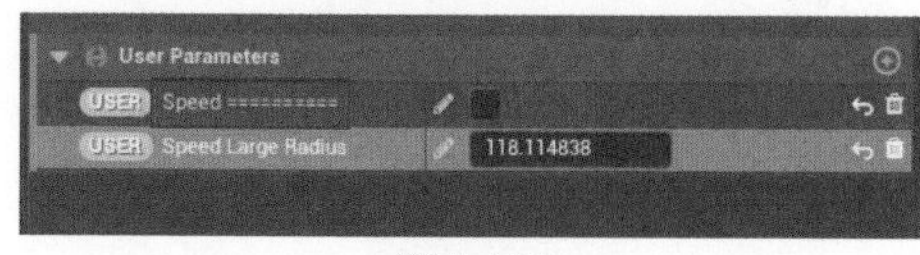

图 7-191

若要制作多个分类，采用上述方法进行重复操作，就可以获得整理好的 User Parameters 的参数编辑栏了，如图 7-192 所示。

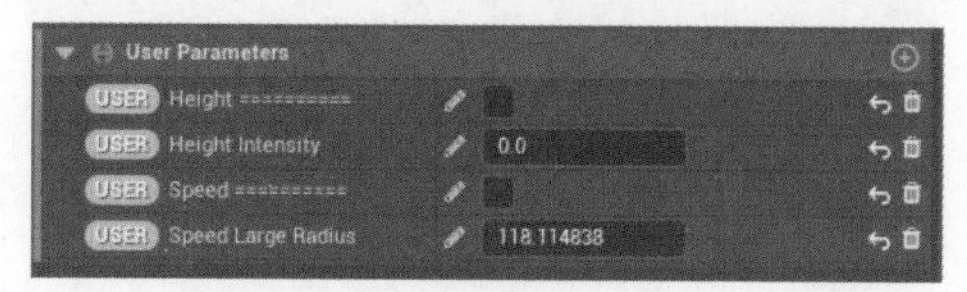

图 7-192

7.7.4　调用粒子属性

1. 命名空间

参数栏里每个属性都带有的胶囊状标签就是命名空间，它可以帮助用户快速锁定某一参数属性是属于哪一区域内的选项，如图 7-193 所示。

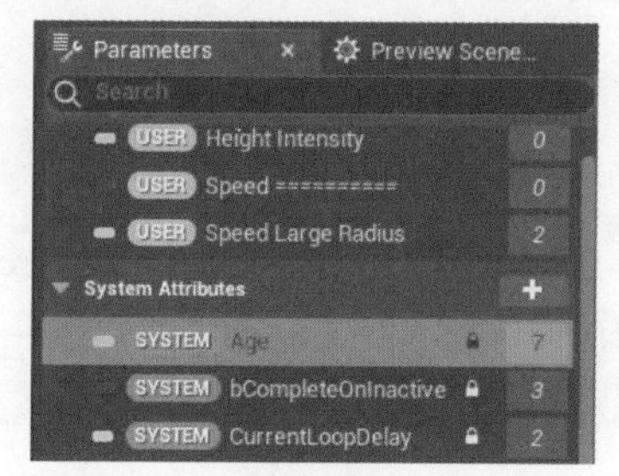

图 7-193

属性参数还可以应用到改变粒子效果中。这样操作后所产生的效果与平常修改粒子系统图表所产生的效果并无不同，它们之间的区别只在于实现效果的方法不一致。

接下来将演示如何使用属性参数改变粒子效果。

2. 通过属性参数调整粒子

在粒子系统图表的 Empty 发射器中找到 Particle Update 选项，单击它右侧的“+”按钮，搜索并添加 Set new or existing parameter direetly（立即设置新参数或现有参数），如图 7-194 所示。

在刚添加的 Set Parameters（设置参数）参数编辑中，找到“+”按钮，搜索并添加自己所需的属性参数即可，如图 7-195 所示。

案例中添加的是粒子颜色的属性参数，如图 7-196 所示，就直接可以通过调整这一选项，调整粒子颜色。

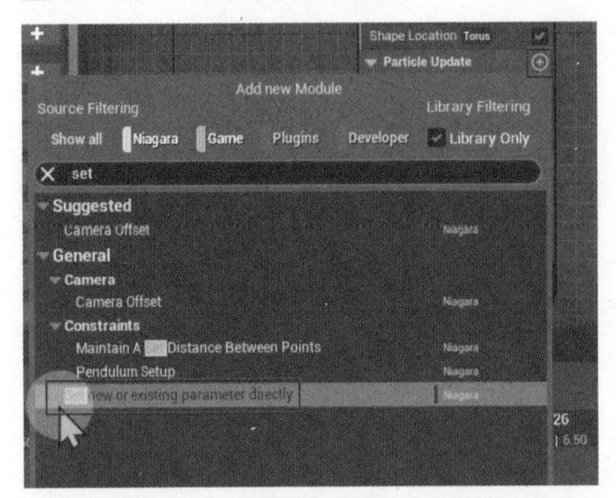

图 7-194

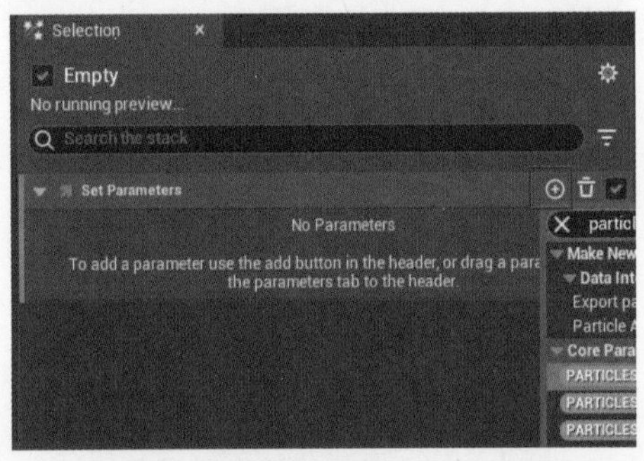

图 7-195

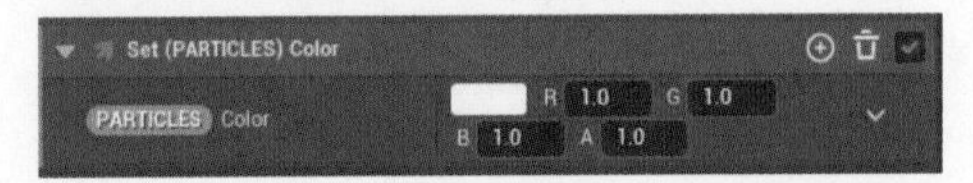

图 7-196

并且，单击 Color（颜色）右侧的小箭头打开选项栏，也可以对它添加自定义的参数编辑，如图 7-197 所示。

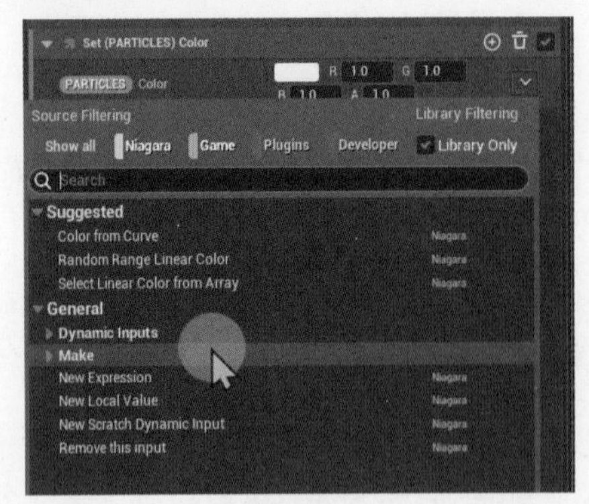

图 7-197

3. 如何调用属性参数

属性参数不仅能直接搜索进行修改，也可以直接与图表中的选项参数进行联合应用。在参数栏中找到相关属性参数，然后按住鼠标左键并拖曳，此时参数编辑栏就会出现蓝框，将属性参数放置在蓝框里释放鼠标即可，如图 7-198 所示。

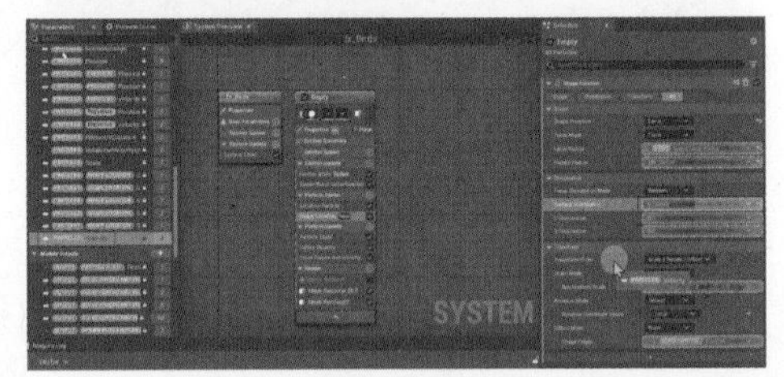

图 7-198

添加完毕后，属性参数就会直接和参数编辑里的选项进行连接。如果它们之间有向量维度差异，系统还会自动帮助用户添加切换维度的 Channel（频道）选项，让它们能正常使用，如图 7-199 所示。

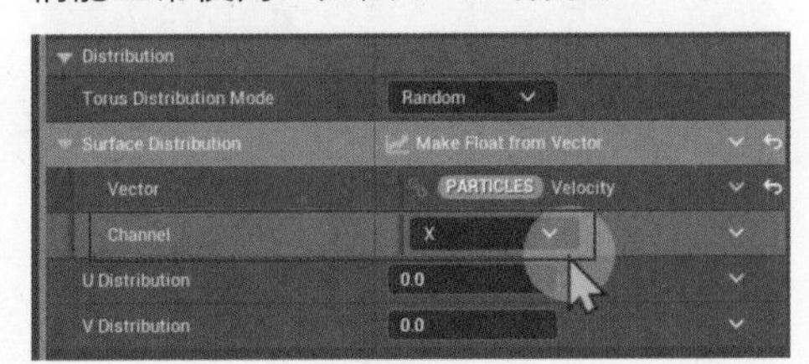

图 7-199

第8章 Sequencer 定序器

在 UE5 的 Sequencer 定序器中，可以精心编织一场精彩绝伦的游戏动画或电影。通过直观的界面和创新的节点系统，将各种动画和电影片段巧妙地串联起来，构建出一部引人入胜的故事情节。通过细致调整节点的参数，可以精准地控制动画和电影的播放时长、节奏及顺序，让每一帧都恰到好处。

Sequencer 支持种类繁多的动画和电影片段，从角色的行走、跑步、跳跃到射击动作，无所不能。同时，通过添加声音和文字元素，能够进一步增强游戏的互动性和沉浸感，让玩家身临其境。

总而言之，UE5 的 Sequencer 定序器宛如一把魔法般的画笔，为游戏开发者们提供了无限创意的可能。借助它可以绘制出令人惊叹的游戏动画和电影，为玩家们带来无与伦比的视觉盛宴。

8.1 定序器的基本概念

Sequencer（定序器）是以影视剪辑流程为思维方式，内嵌在 UE 编辑器里的非线性动画剪辑编辑器。它能对场景中的内容，如 Actor、材质、音频、特效等进行任意的动画操作，并且能将多个 Sequencer 合并在一个 master sequencer（主程序装置）文件里，然后可以借助相关非线编剪辑软件进行影片剪辑，最终形成完整的影片。

Sequencer 还能够嵌套使用，或根据程序需要进行调用。在剪辑功能方面，它可以对一个镜头进行多镜次的剪辑版本，并且可以随意切换，而在游戏的游玩过程中，它也能够进行录制，并保存为可调用的资产。

操作流程。打开 UE5，在新建场景的顶部工具栏中找到并单击 Cinematics（打板器），选择 Add Level Sequencer（添加标高排序器），如图 8-1 所示。在弹出的文件管理器里右击，弹出快捷菜单，选择 New Folder（新建文件夹）命令，如图 8-2 所示。

并将新文件夹命名为 Sequencer，如图 8-3 所示。双击打开文件夹，在 Name（名字）文本框中将文件命名为 Seq_1，并单击 Save 进行保存，如图 8-4 所示。

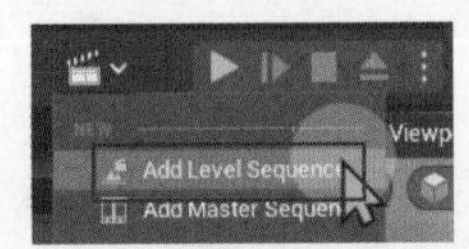

图 8-1

图 8-2　　图 8-3

图 8-4

创建成功后，在场景中就会发现多了一个 Cinematics（打板器）图标，如图 8-5 所示。若场景中缺少此图标，则所进行的动画制作将无法被记录。若不小心误删或场景中并无此图标，可通过资产管理器查找并将其拖入场景，使其发挥实际作用，如图 8-6 所示。

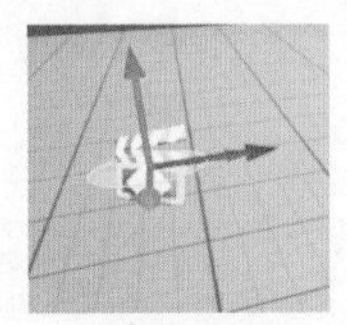

图 8-5

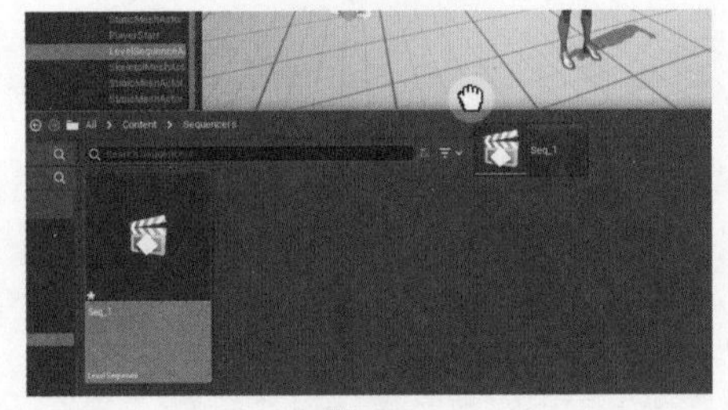

图 8-6

现在打开创建工具，会发现多了 Third Person Map（第三人称地图）的 Level Sequence（层序）的 Seq-1 选项，如图 8-7 所示。单击它，就会打开 Sequencer 的编辑器，提示现在若要在场景里创建动画，都归属于 Seq-1 的动画编辑文件，如图 8-8 所示。

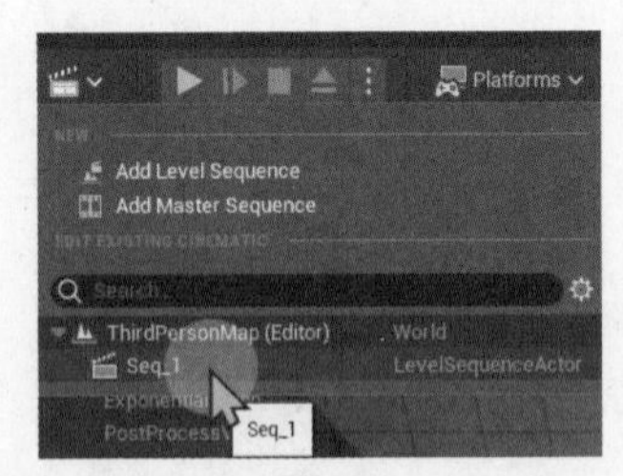

图 8-7

让 Sequence 成为资产的设计，可以支持它在不同的场景下重复使用。

Add Level Sequence（添加级别序列）。Level Sequencer 是最基本的 Seq 资产，可在其中控制 Actor、灯光、材质、特效、音效、播放速度、黑场等影视工具。选中

Sequence，单击 Open Level Sequence（打开级别序列），如图 8-9 所示。

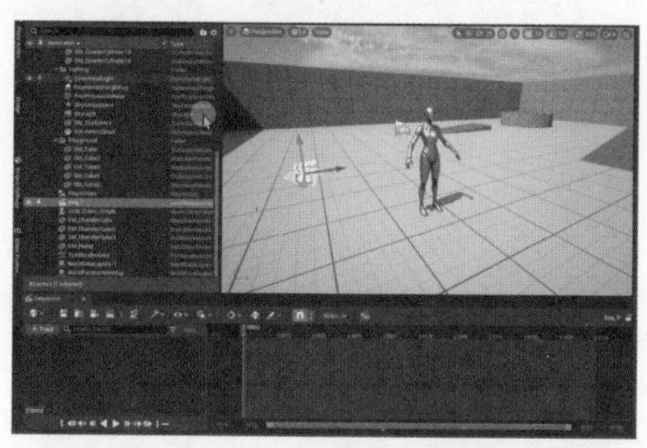

图 8-8

图 8-9

进入 Sequence 的编辑界面，在列表框里选中要进行编辑的资产，将它拖动到 Sequence 的编辑器中，如图 8-10 所示。在 Sequence 模型的初始位置按下记录关键帧的按钮，如图 8-11 所示。

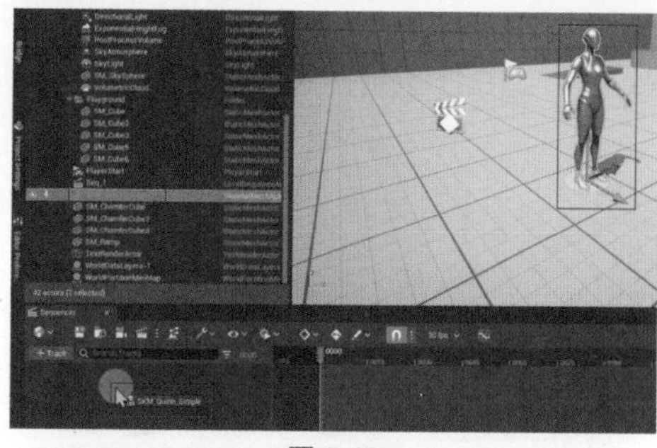

图 8-10

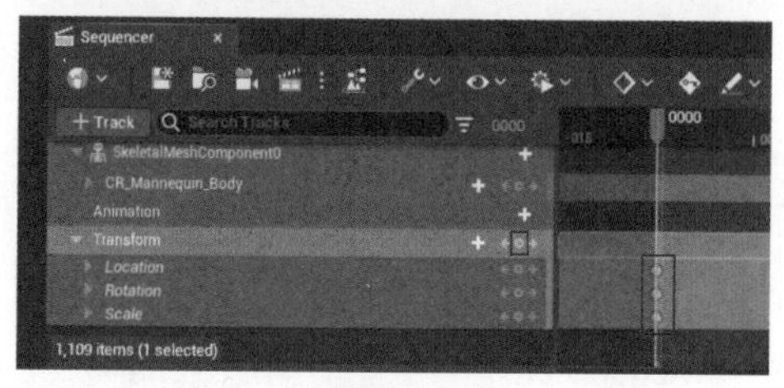

图 8-11

然后将时间轴移动到确认时间，把模型移动到目标位置后，再按下记录关键帧的按钮，确定结束帧，如图 8-12 所示。

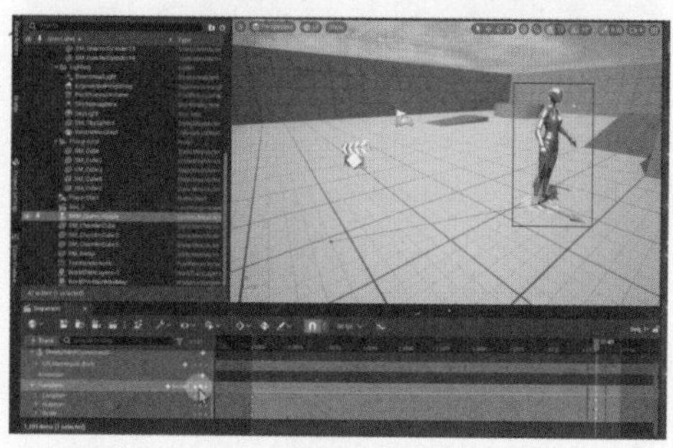

图 8-12

最后，拖曳时间轴回到起点或按空格键播放，当看到场景中的动画按预设进行时，说明这个简单的小动画就已经制作完成了，如图 8-13 所示。

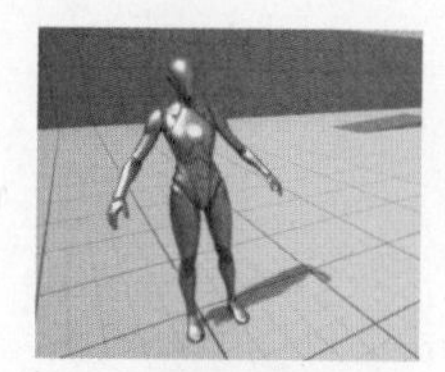

图 8-13

有一个值得注意的细节是，关闭 Sequence，如图 8-14 所示，则在制作动画时所改动的模型就会恢复原状，这是为了方便制作下一个动画和场景管理。如果需要在原动画的基础上继续深化，再打开原动画文件进行编辑即可。

图 8-14

Add Master Sequence（添加主序列）。Master Sequencer（主序列）是镜头组的预制模板，内部嵌套了多个 shot，方便在同一场景中剪辑多个镜头。Add Master Sequence 的主要功能是制作剪辑，在 UE5 顶部工具栏中找到 Cinematics（打板器）并单击，就可看到 Add Master Sequence 选项，如图 8-15 所示。

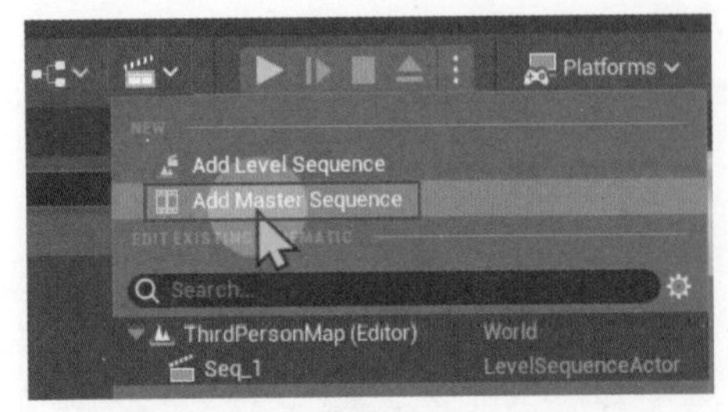

图 8-15

单击它后，会弹出一个菜单栏，其中的 Number of Shots（拍摄次数）选项可决定要创建的模板需要创建几个 Add Level Sequence 作为它的子定序器，这步确认好后，直接单击创建即可，如图 8-16 所示。

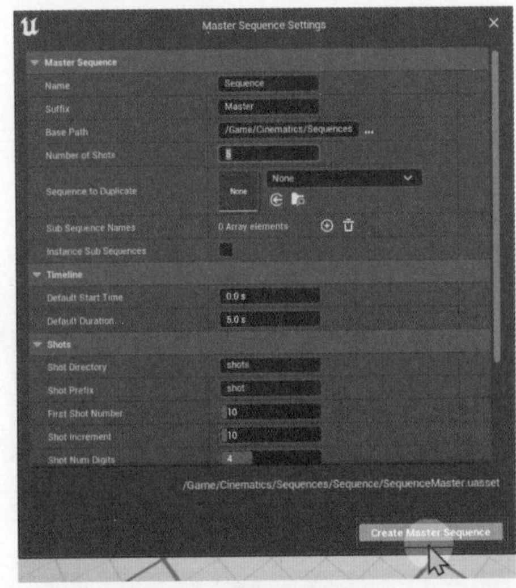

图 8-16

定序器的使用注意事项如下。

第一：Sequencer 是一个 Actor 资产，只能通过拖入场景或 BP 调用，方能生效。

第二：如果对场景进行另存为后，再打开另存为文件里的 Shots，之前创建的动画就会标红显示报错，如图 8-17 所示。

此时，就要找到工具 -AD-FAR，对它进行修理即可，如图 8-18 所示。它的时间轴就会以显示多个 Shot 的方式呈现，可以编辑这些 Shot，从而制作可切换镜头的长动画，如图 8-19 所示。

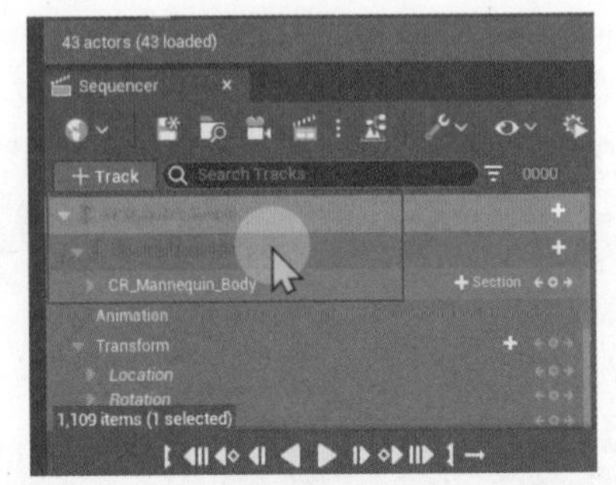

图 8-17

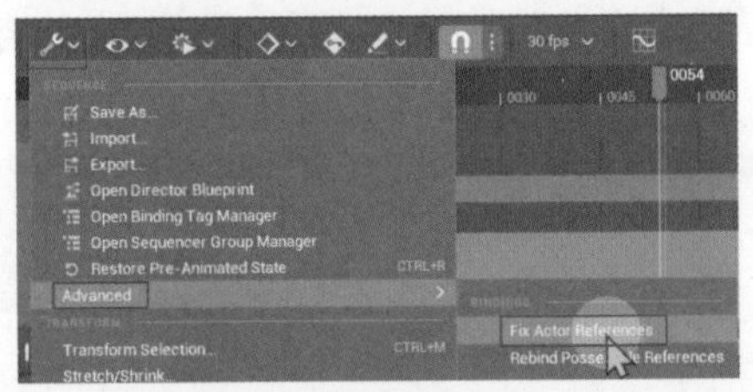

图 8-18

图 8-19

8.2 Sequencer 编辑器

本节来介绍一下 Sequencer editor（定序器编辑器），它的控制页面共分为 6 个部分：工具栏、序列名称/层级、时间轴、轨道层级、轨道层编辑区和播放控制，如图 8-20 所示。

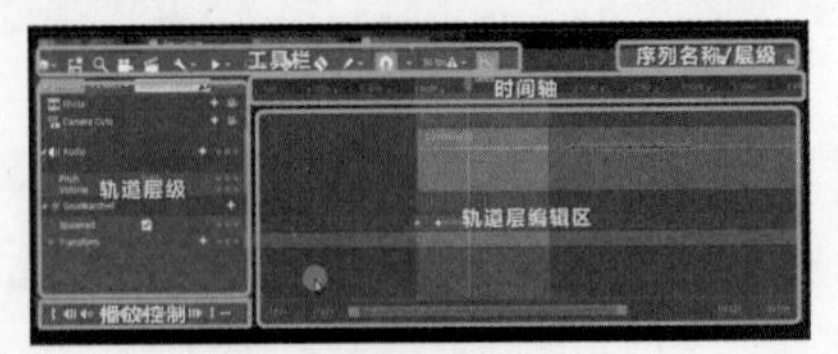

图 8-20

1. 工具栏介绍

Sequencer 里的主要功能都在工具栏面板中，如图 8-21 所示。

图 8-21

在工具栏中，各个选项的含义如下。

：判定世界，当在场景中出现多个地图时才会使用。

：保存相关 Seq。

：定位到 Seq 资产位置。

：自动创建相机 Cut。

单击自动创建相机 Cut 按钮后，轨道层就会出现两个轨道，如图 8-22 所示。Camera Cuts（相机裁剪）选项相当于导播的角色，它能帮助切换镜头；Cine Camera Actor（电影摄影演员）就是一个会出现在场景中的相机，如图 8-23 所示，相当于摄影师。

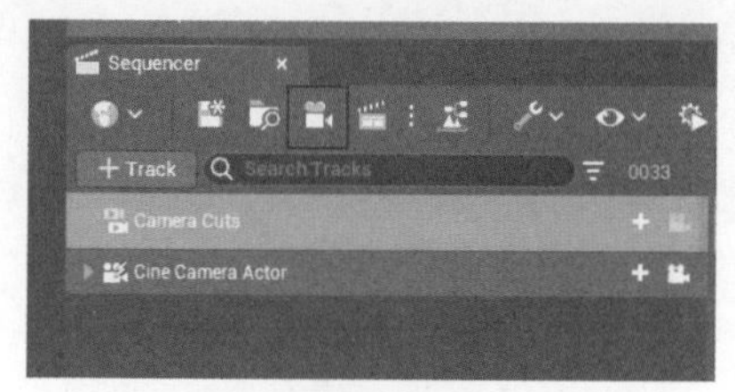

图 8-22

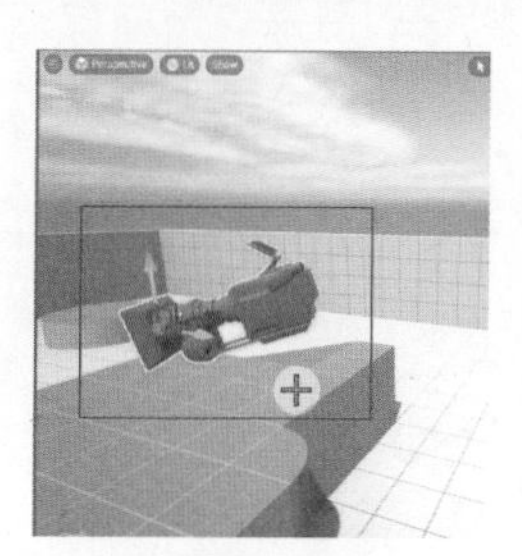

图 8-23

可以展开 Sequencer 里的 Cine Camera Actor（电影摄影演员）菜单栏，对它的各类参数进行添加关键帧等操作，如图 8-24 所示。日常使用时，有时会配合自动记录关键帧的按钮进行操作，当打开自动记录关键帧时，对视图中的摄像机在制作关键帧环节里进行各种参数变化时，它会自动帮助记录关键帧，如图 8-25 所示。

：渲染影片。当单击渲染按钮时，它就会自动弹出 Render Movie Settings（渲染电影设置）菜单栏，供用户设置有关渲染的操作，如图 8-26 所示。

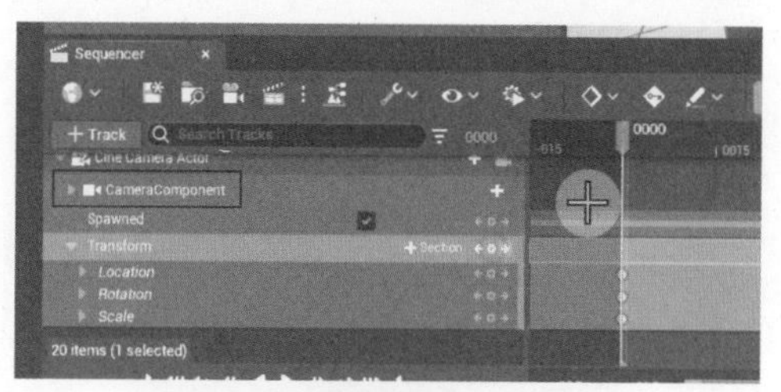

图 8-24

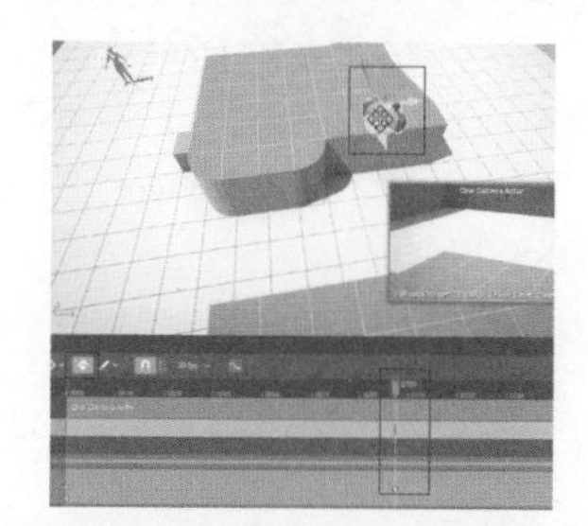

图 8-25

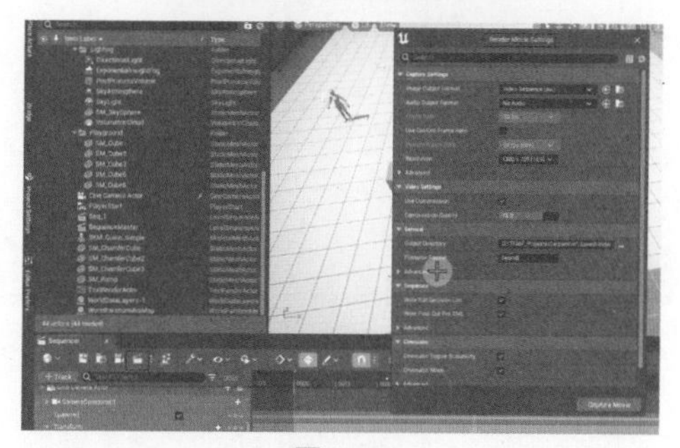

图 8-26

：常规选项。在常规选项里，会使用它对 Sequencer 进行一些常规操作，如图 8-27 所示。

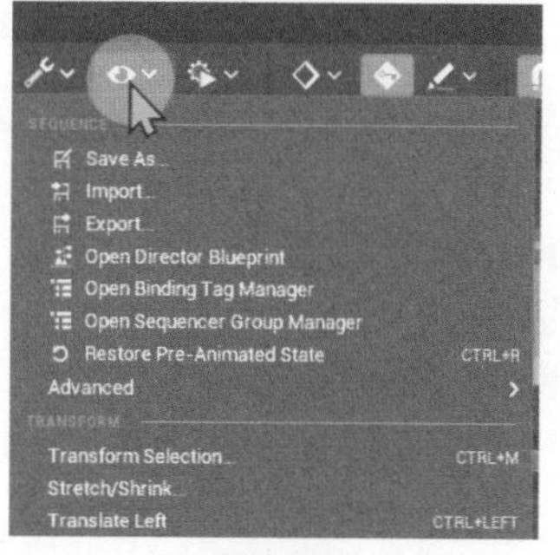

图 8-27

：可见范围。在这个选项中，可以选择各个选项中的可见范围，如图 8-28 所示。

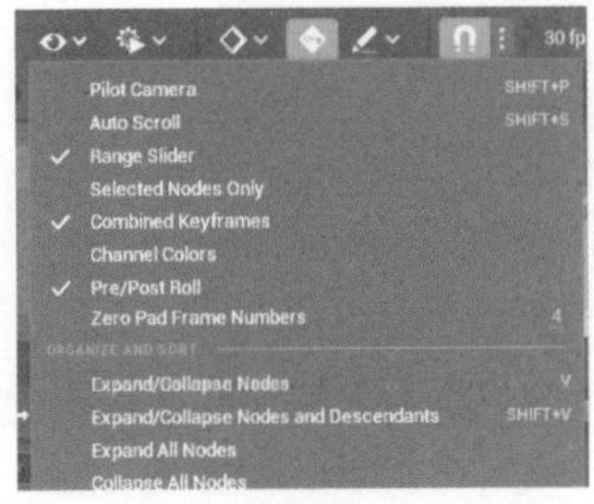

图 8-28

：播放范围。在这个选项中，可以使用它的选项对整个 Sequencer 进行一些设置，如图 8-29 所示。

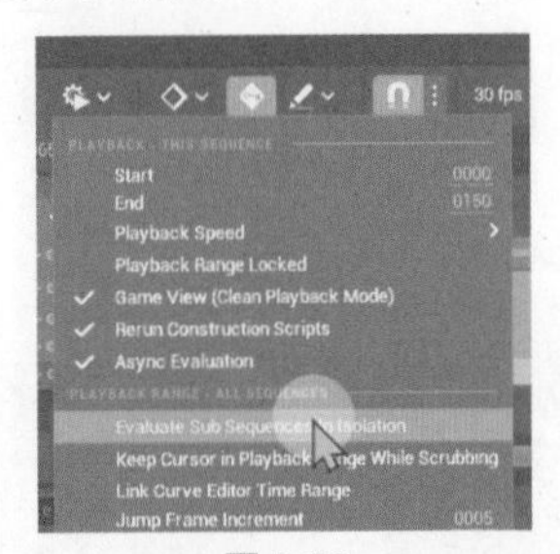

图 8-29

：关键帧类型。在关键帧类型选项中，可以选择各种各样的关键帧类型，如图 8-30 所示。

：自动记录关键帧。在自动记录关键帧选项中，还可以改变自动记录关键帧的模式，如图 8-31 所示。

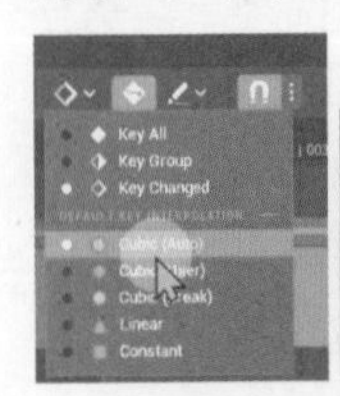

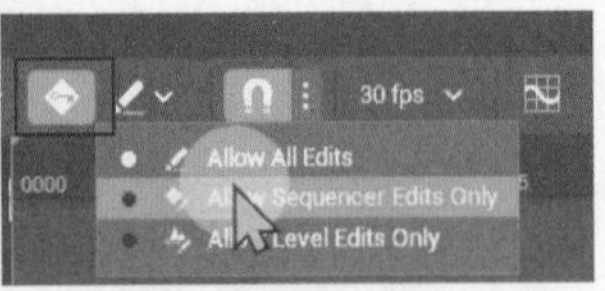

图 8-30　　图 8-31

：记录帧方式。

：帧位定位捕捉。

：帧率设置。帧率设置选项中有各种各样的帧率可供设置，如图 8-32 所示。

：曲线编辑器。曲线编辑器的使用方法为，单击曲线编辑器的按钮，打开曲线编辑器的页面，如图 8-33 所示。

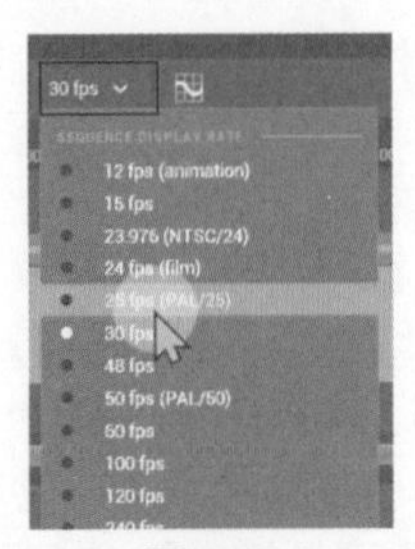

图 8-32

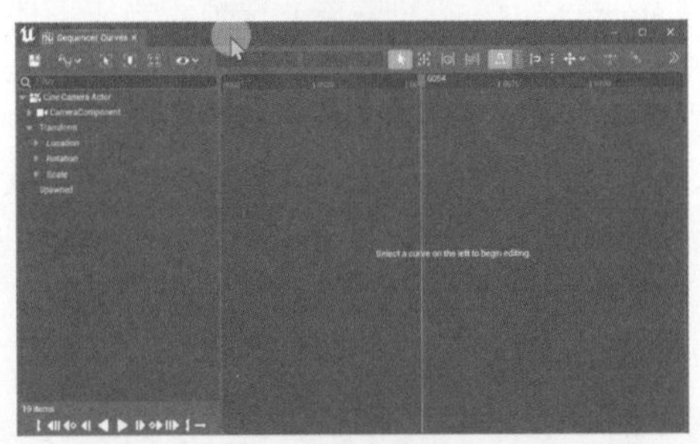

图 8-33

然后将它拖曳到 Sequencer 的工具栏里，如图 8-34 所示。再在 Sequencer 的操作页面栏中找到需要调整曲线的选项，选中并点亮，如图 8-35 所示。

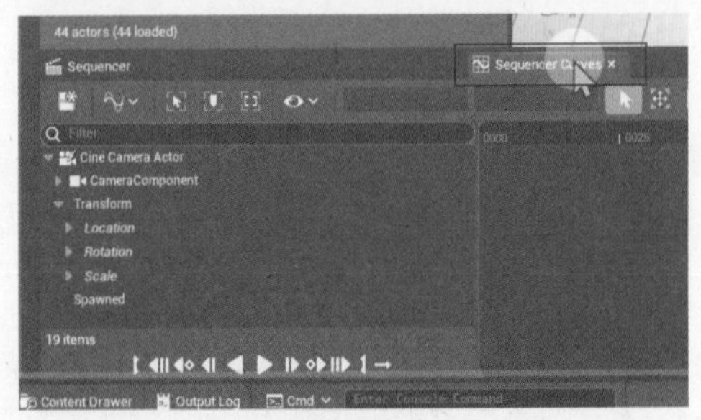

图 8-34

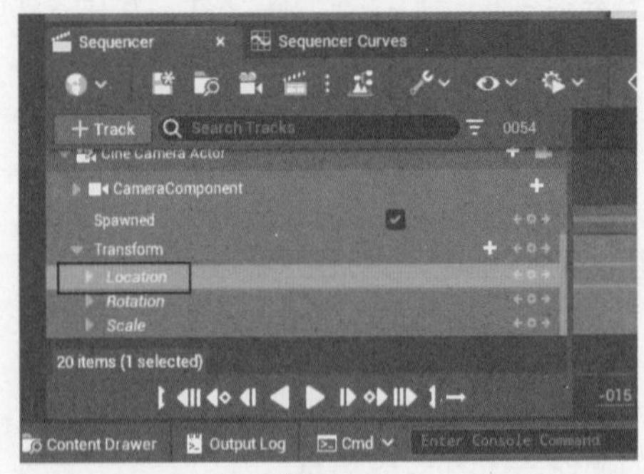

图 8-35

再切换到 Sequencer Curves（曲线编辑器）页面，就可以对选中的选项进行编辑了，如图 8-36 所示。

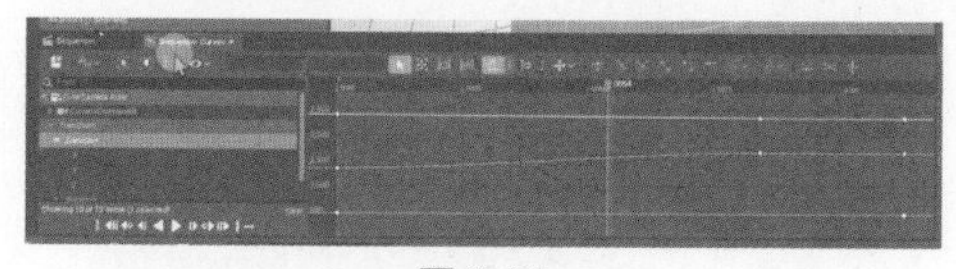

图 8-36

2. 轨道层介绍

当单击 Sequencer 的轨道层带有的小相机按钮时，视图就会切换到此相机的视角，如图 8-37 所示。此时，可以在 Details/Post Process（细节/后期处理）选项栏里调整相机选项与参数，如图 8-38 所示。

图 8-37

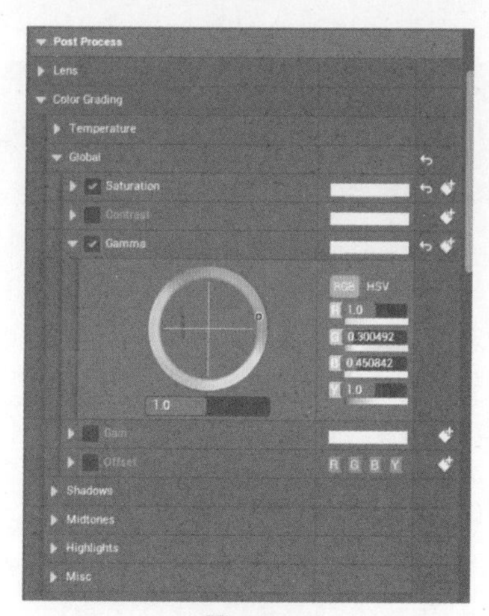

图 8-38

例如，可以给相机加一个滤镜，如图 8-39 所示。但应该注意的是，这仅仅是改变相机视角的画面效果，当退出当前相机，切换到其他相机或进入到场景视图中时，这些效果就不存在了，如图 8-40 所示。

3. 视口设置

在视口设置的 Perspective（观点）选项栏里，可以看见 Default Viewport（默认视口）和 Cinematic Viewport（影视视口）两个选项。

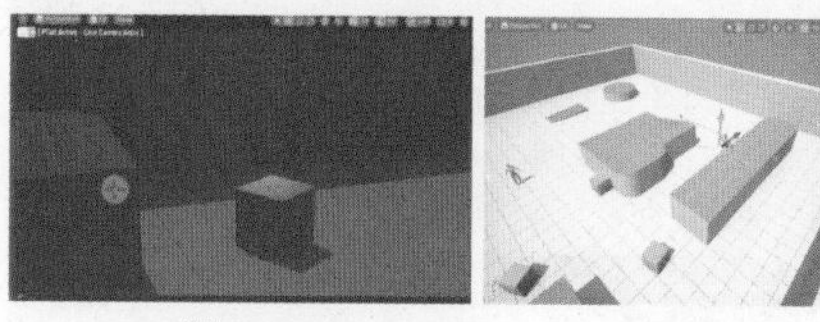

图 8-39　　图 8-40

Default Viewport：在游戏编辑器里使用。

Cinematic Viewport：在进行影视编辑时经常使用，如图 8-41 所示。

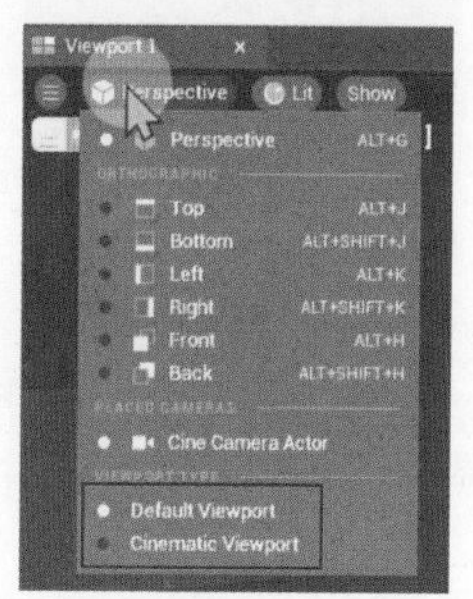

图 8-41

进入 Cinematic Viewport 时，窗口就会出现专门的控制编辑器供用户使用，这些功能的具体运用方法会在后面实践的课程里再进行演示与说明，如图 8-42 所示。

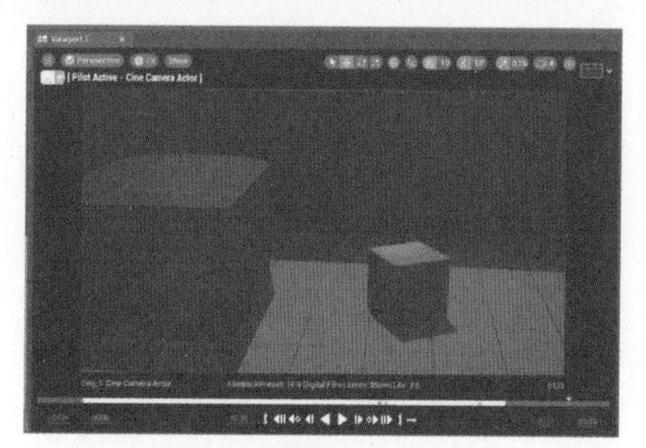

图 8-42

在 Cinematic Viewport 模式下，右上角的 Composition Overlays（合成覆盖图）选项能够给视图添加辅助框和安全框，方便日常的影片制作，如图 8-43 所示。在左上角的列表菜单栏里可以找到 Allow Cinematic Control（允许电影控制）的选项，如图 8-44 所示。

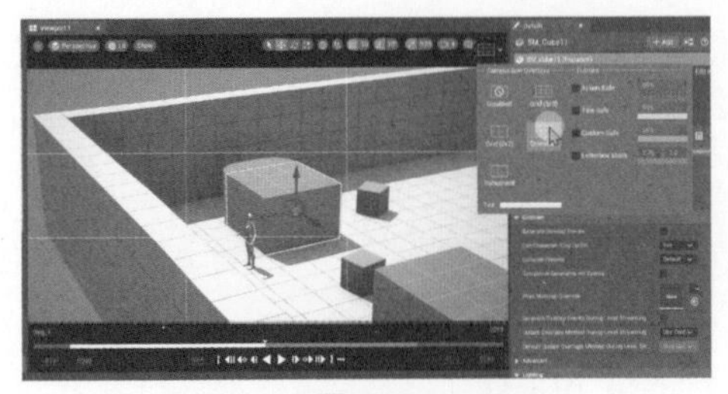
图 8-43

图 8-44

当选择 Allow Cinematic Control（允许电影控制）复选框时，能够通过 Sequencer 选项中的相机小按钮一键切换视图为相机视角，如图 8-45 所示。但若取消选择该复选框，当前视图就无法切换为相机视角。Allow Cinematic Control 选项经常配合 Layouts（布局）选项使用，如图 8-46 所示。

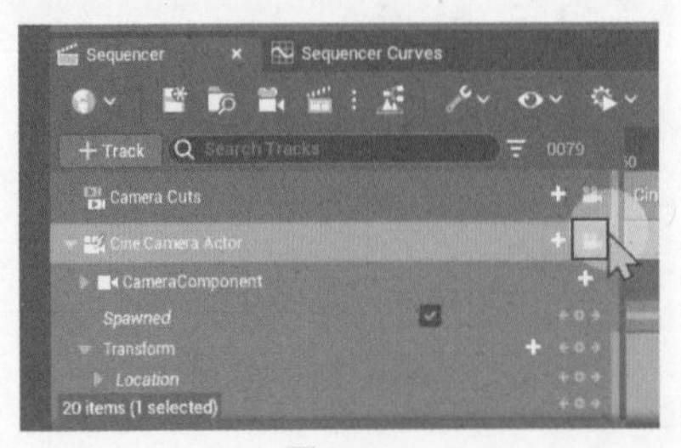

图 8-45

Layouts 选项可以将视口划分为多个独立视图。常常使用多个独立视图来帮助用户更好地编辑场景和制作影片，所以一般指定一个独立视图为相机视角，一个独立视图为场景视角，此时就要利用 Allow Cinematic Control 选项锁定好视角，避免切换视角时误触，如图 8-47 所示。

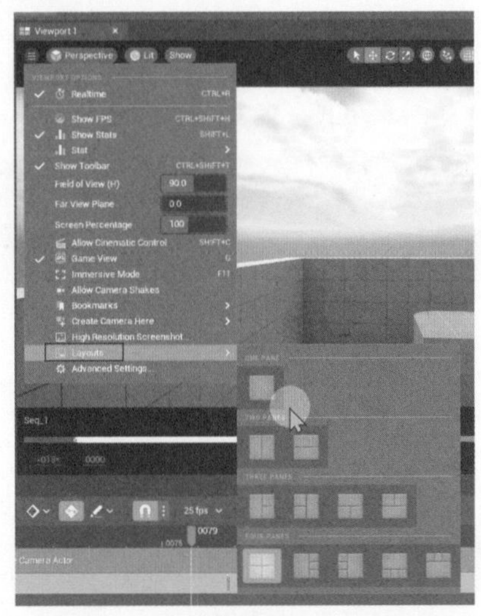

图 8-46

当进行双视图移动时，Realtime Off（关闭实时更新）选项就会出现，当选择它时，画面就不会再进行实时变化，这样能够节省计算性能，如图 8-48 所示。

图 8-47

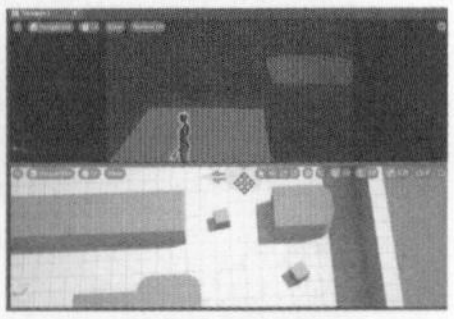

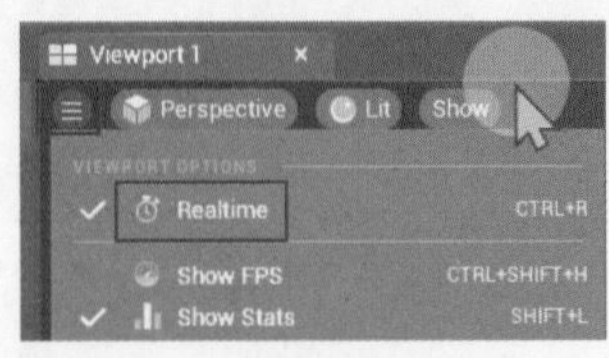

图 8-48

若要恢复视口的实时更新，在常规选项栏里再次选择 Realtime 复选框即可，如图 8-49 所示。

图 8-49

4. 去除遮挡画面

在视图中，有时会觉得摄像机视图会影响操作，也可以对它进行去除，如图 8-50 所示。

单击顶部工具栏的 Edit/Editor Preferences（编辑/编辑器首选项），如图 8-51 所示。

在打开的菜单栏中搜索 Preview Selected Cameras（预览选定的相机），取消选择该复选框即可，如图 8-52 所示。

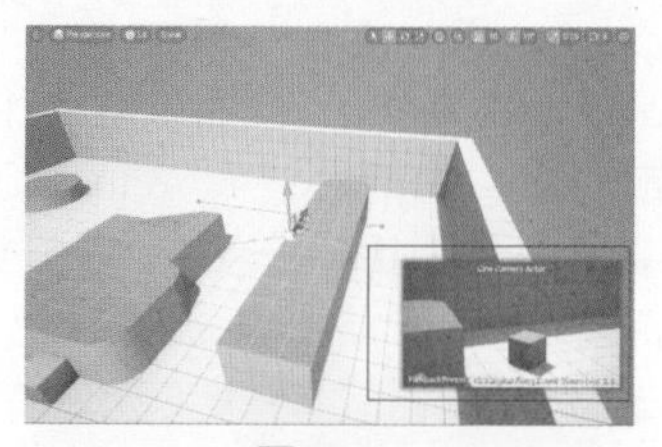

图 8-50

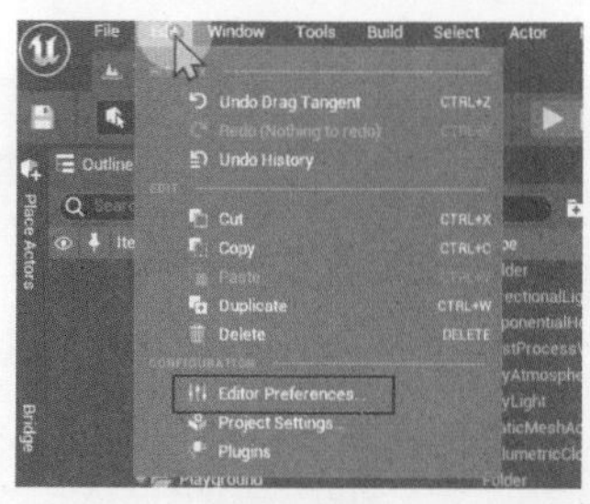

图 8-51

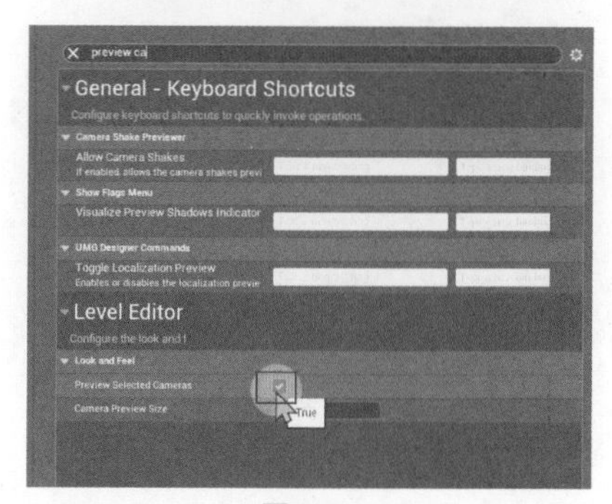

图 8-52

若不想去除，也可以调整 Camera Preview Size（相机预览大小）选项，调整摄像机视图的大小，如图 8-53 所示。

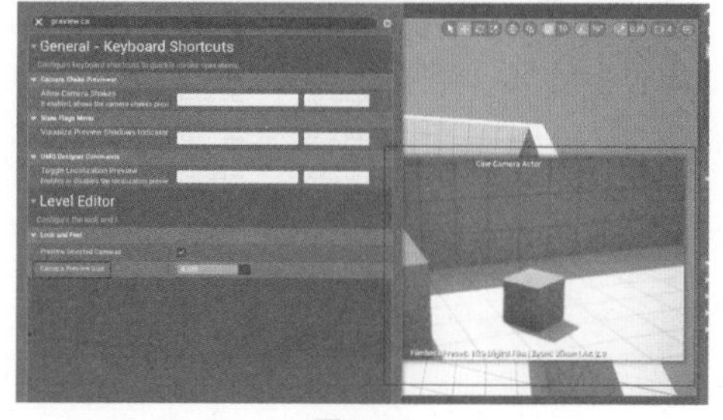

图 8-53

8.3　Actor 引用

本节来介绍一下 Actor 的引用。

Track（路径）功能介绍。在 Sequencer（定序器）编辑中，找到 Track（轨道）键并单击，就可以看到有关 Tracks（轨道层）的功能，如图 8-54 所示。

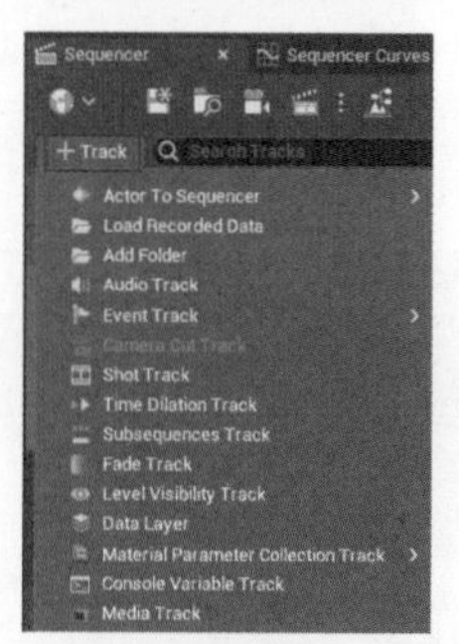

图 8-54

包括 Actor To Sequencer（调用场景 Actor）、Load Recorded Data（加载录制数据）、Add Folder（添加目录）、Audio Track（音频轨道）、Event Track（事件轨道）、Camera Cut Track（相机剪辑轨道）、Shot Track（镜头）、Time Dilation Track（时间流逝速度）、Subsequences Track（子序列轨道）、Fade Track（暗场轨道）、Level Visibility Track（场景可视性）、Data Layer（数据层）、Material Parameter Collection Track（材质参数集合）、Console Variable Track（控制台可变轨道）和 Media Track（媒体轨道）。

将 Actor 直接引入 Seq 编辑器，针对场景中已存在的 Actor，可以将它直接引入 Seq 编辑器中。在视图里找到想要加入轨道层的 Actor（演员）并单击，之后就会在 Outliner（大纲编辑器）中发现高亮的选项名称，它就是在视图中所单击选中的那个 Actor。使用鼠标左键拖曳选项名称，在轨道层松开鼠标，就可以成功地将选项加入轨道列表中，如图 8-55 所示。

这样，Actor 就能在轨道层里进行编辑了。将 Actor 添加进轨道层后，它会默认有一个 Transform（改变）属性，如图 8-56 所示。也可以在视图中选中 Actor 后，通过按键盘上的【S】键，让它快速加入 Sequencer 中，但由于快捷键【S】与在视图中控制移动的【S】键容易起冲突，所以通常会将快速添加物体进入 Sequencer（定序器）的快捷键修改为【K】键。修改方法为，找到并打开 Editor Preferences（编辑器首选项），搜索 Add Transform Key（添加转换键），在 Sequencer 栏下找到它，对着选项框按下【K】键，即可成功更换快捷键，如图 8-57 所示。

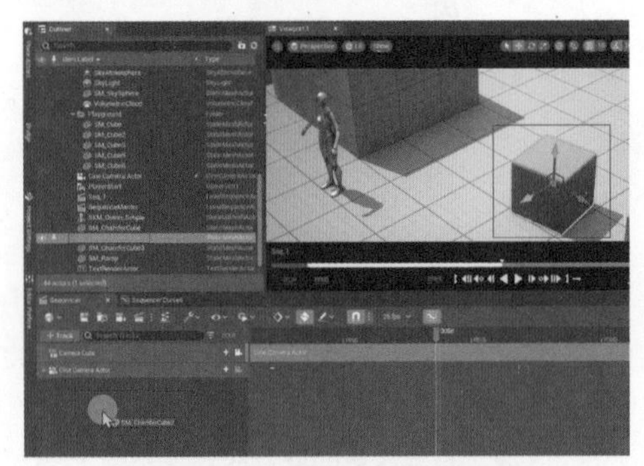

图 8-55

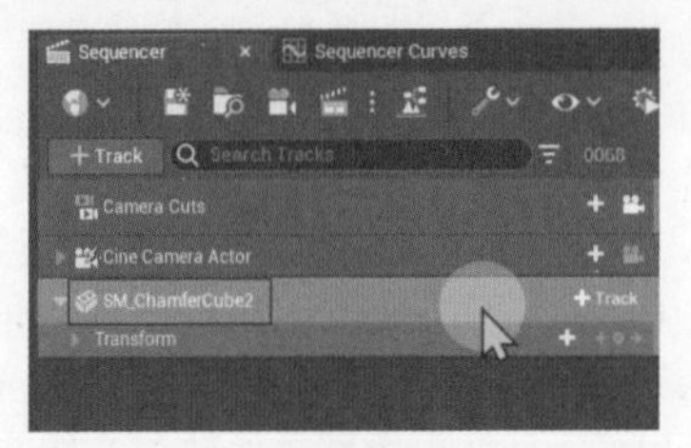

图 8-56

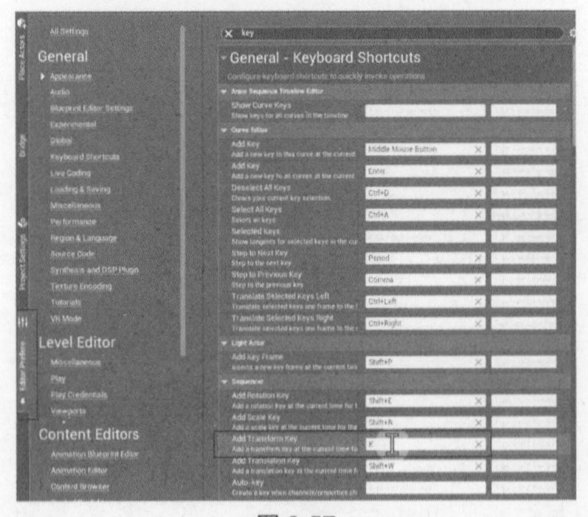

图 8-57

若一时间在场景视图中并没有找到想要添加的那个 Actor，也可以通过 Outliner（大纲编辑器）进行搜索后，再拖曳进入 Sequencer 里。或者在 Sequencer 中使用 Track/Actor To Sequencer（路径/把演员添加到定序器）功能，搜索 Actor 名称，将它直接添加到 Sequencer 中，如图 8-58 所示。若要使 Actor 还有其他属性，可以通过单击 Actor 右侧的 Track（轨道层）键，打开关于 Actor 的 Track 编辑栏，如图 8-59 所示。

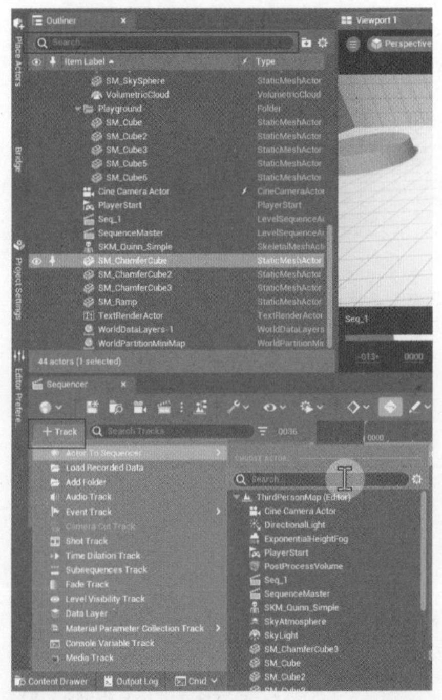

图 8-58

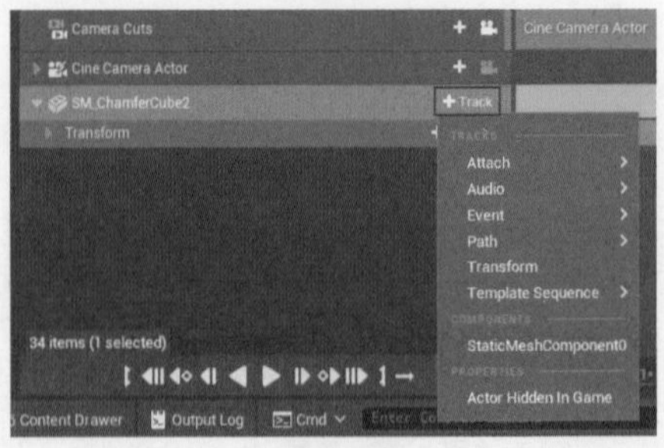

图 8-59

Track（轨道层）包括 Attach（附加）、Audio（音频）、Event（事件）、Path（路径）、Transform（转换）和 Template Sequence（模板序列）选项。

单击这些选项，会为 Actor 添加子轨道。在 Track 中还有 Static Mesh Component 0（静态网格组件 0）选项，如图 8-60 所示，其作用为，对 Actor 所包含的组件进行组件的设置。

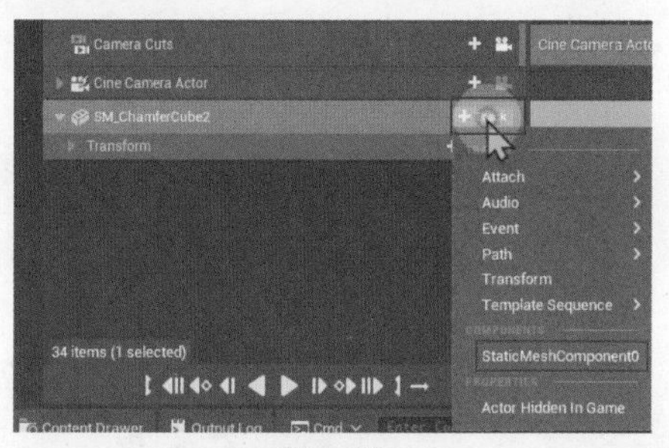

图 8-60

每一个 Actor 都相当于一个容器，可以给它添加许多组件，它的许多效果都是通过组件来完成的。可以选中 Actor 后，在 Details 里单击 Add 按钮，给它添加各种各样的组件，如图 8-61 所示。

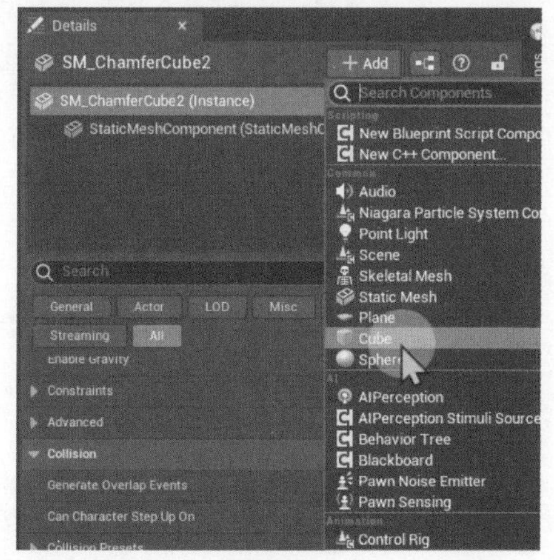

图 8-61

比如，给 Actor 添加一个 Point Light（点光源），如图 8-62 所示。就会发现在 Details 里，Actor 的根组件下面包含了一个点光源组件，如图 8-63 所示。

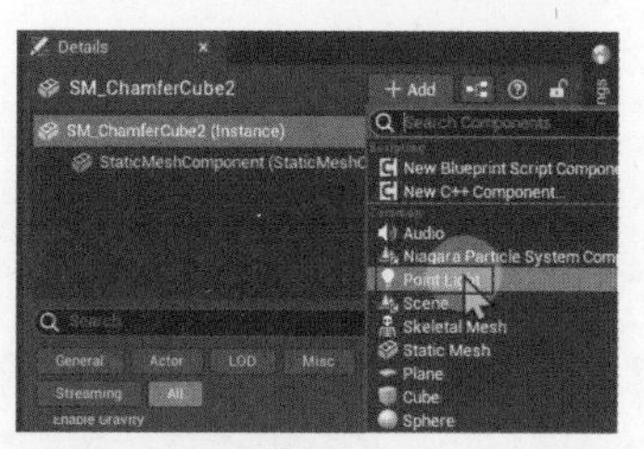

图 8-62

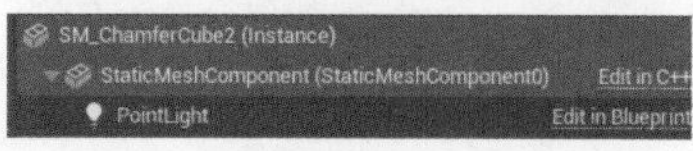

图 8-63

不仅可以在根组件上添加组件，还可以在除根组件外的普通组件上继续添加嵌套新的组件，只要在选中组件的同时，按住 Add 键就可进行组件添加，如图 8-64 所示。组件添加完以后，就会成为普通组件的子组件，附着在普通组件上，如图 8-65 所示。

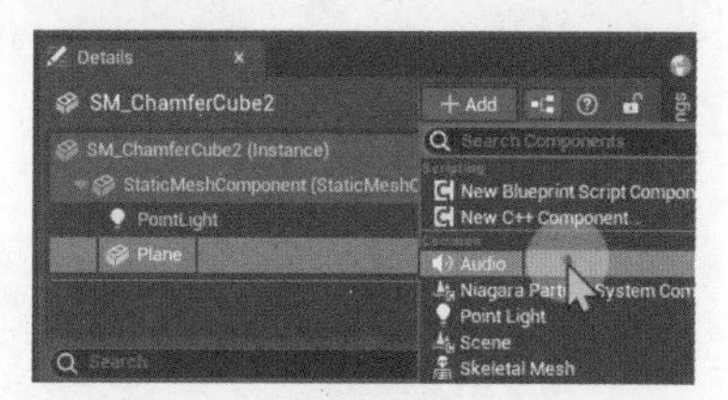

图 8-64

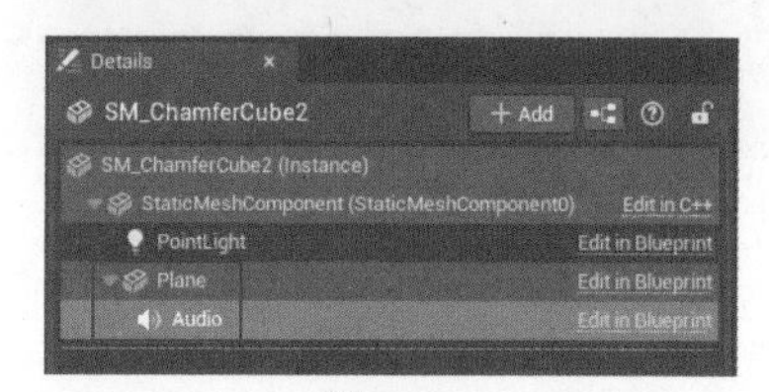

图 8-65

现在，在 Sequencer 里展开 Actor 的 Track 按钮，就会发现刚刚在 Details 中所添加的组件选项了，如图 8-66 所示。可以选择这些组件选项，将它创建在 Sequencer 的轨道层里，如图 8-67 所示。

单击被添加进轨道层的组件选项中的 Track 按钮，就可以再次添加有关此组件选项的相关功能内容，可以用它来制作动画。不过值得注意的是，它对视图窗口里所产生的任何改变都是仅在打开 Sequencer 编辑器的情况下是成立的，而不是真的改变了整个场景的设定，当关闭 Sequencer 后，这些改变就消失了。

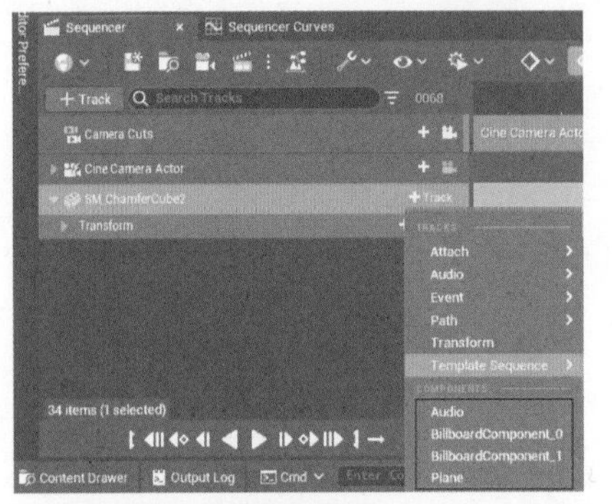

图 8-66

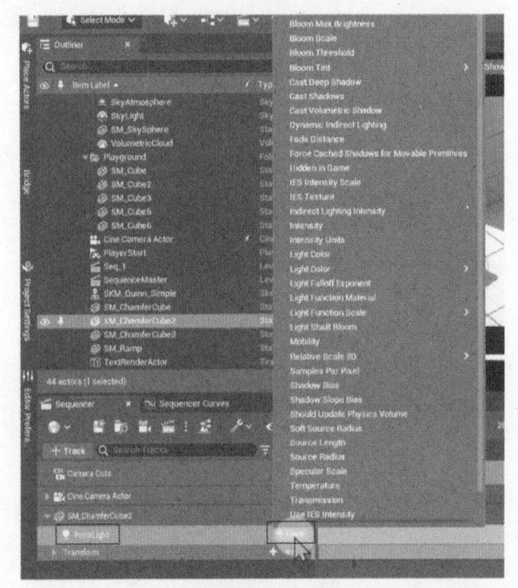

图 8-67

使用 Sequencer 编辑器制作动画很简单。

首先，在轨道层内找到想要对它进行改变的 Actor 或 Actor 组件，然后单击选项的 Track（路径）按钮给它添加想要改变的选项，这里以改变 Point Light（点光源）组件的亮度为例，单击添加 Intensity（亮度）选项，新建亮度轨道，如图 8-68 所示。

接着，在开启自动记录关键帧按钮且轨道层已有一个添加过的关键帧的前提下，在轨道层编辑器内拖曳时间轴的同时，改变 Intensity 的值，Intensity 轨道就会自动记录下在不同的帧位，因 Intensity 值改变而自动添加的关键帧，此时对这段短片进行播放，就可以在视图中看见有 Intensity 值变化的动画了，如图 8-69 所示。

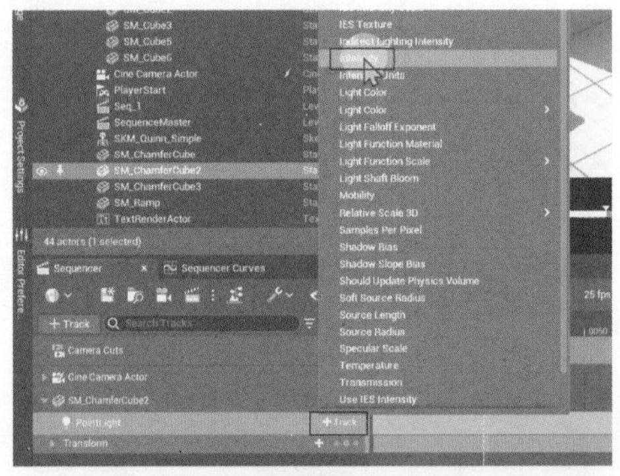

图 8-68

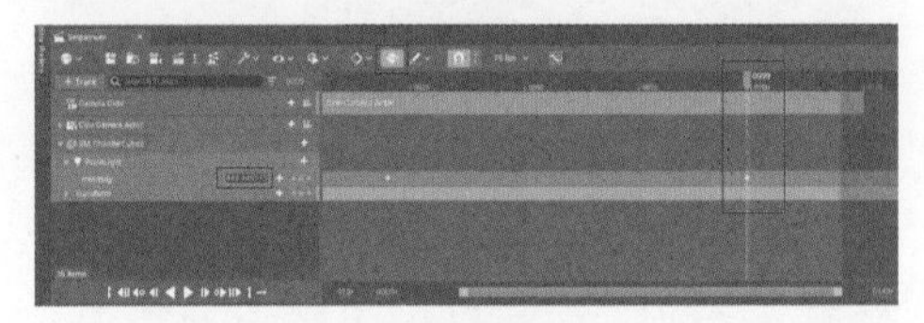

图 8-69

若是不开启自动记录关键帧的按钮，轨道层就不会因为 Intensity 值的变化记录关键帧，而是直接改变视图效果，此时要添加关键帧，可以手动添加，如图 8-70 所示。除了通过单击添加在 Sequencer 里选项的 Track（路径）按钮添加关键帧之外，还可以通过选项的 Details（细节）栏找到带有可添加关键帧按钮标识的选项，对选项的关键帧进行添加，如图 8-71 所示。

图 8-70

制作关键帧动画时，还有一个值得注意的点，即轨道层里的每一个 Actor（演员）

都是可以对它进行随时替换的。只要右击 Actor 的轨道选项，选择 Assign Actor（分配演员），搜索并单击想要与它进行替换的新 Actor 名称，就能完成替换。新 Actor 会顶替先前的 Actor，完成在先前的 Actor 上所设置的关键帧动画剧本，如图 8-72 所示。但是如果先前的 Actor 已绑定组件，而新的 Actor 并没有绑定相应的组件，在顶替的过程中就会出现报错提示和动画丢失等情况，如图 8-73 所示。

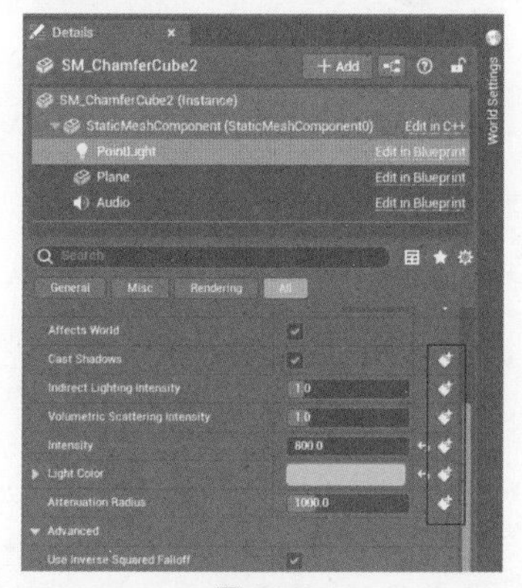

图 8-71

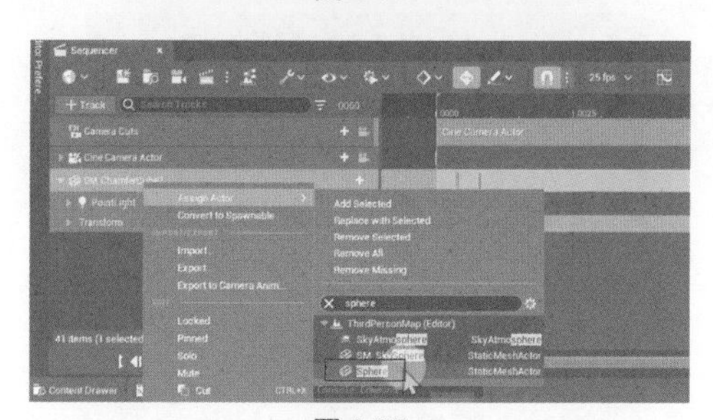

图 8-72

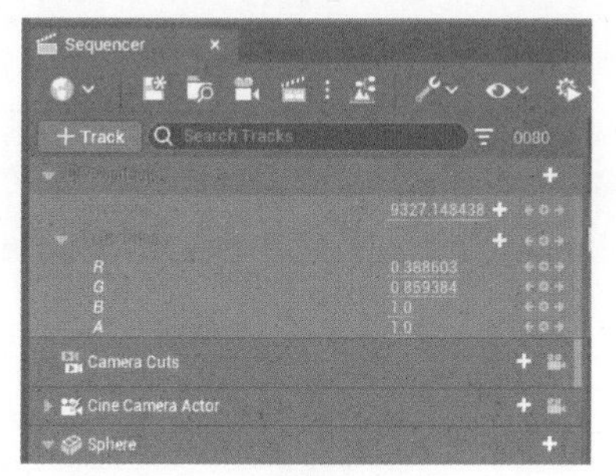

图 8-73

8.4　Attach 附着

本节会以制作一个动画的方式来给大家演示如何使用 Sequencer 给 Actor 制作模型动画和演员骨骼动画，并且还会在本节让大家了解到 Sequencer（定序器）中的 Attach（附着）概念，以及 Attach 选项的使用与注意事项。

具体操作过程请观看教学视频。

8.5　粒子与音效

本节来学习一下如何为动画添加音效和粒子爆炸的效果。依旧沿用上一节课制作的案例进行操作。

整理文件。在 Content Drawer（资产管理器）里找到 Starter Content（启动器内容）→Audio（音乐）文件夹，如图 8-74 所示。在 Audio 文件夹里有许多初始音效可供使用，如图 8-75 所示。

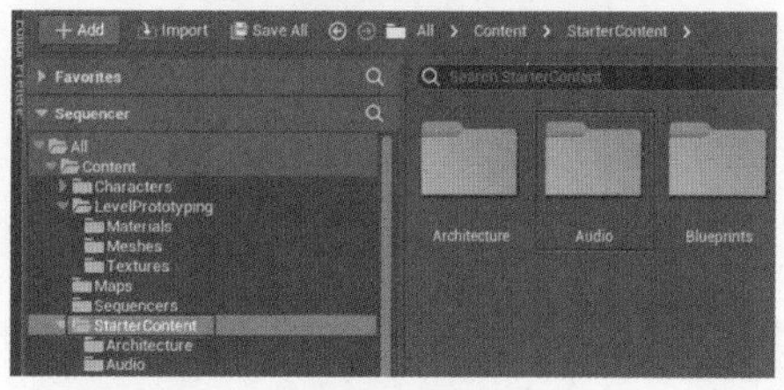

图 8-74

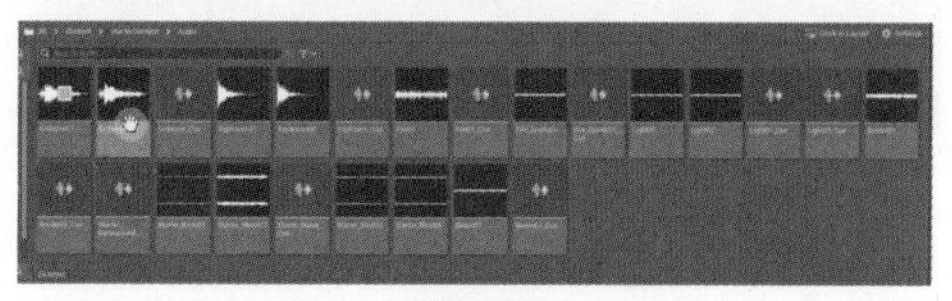

图 8-75

在 Sequencer 中找到 Track（轨道层）选项，单击 Add Folder（添加文件夹）按钮，新建一个文件夹，如图 8-76 所示。将文件夹名修改为 Animation（动画），并选中轨道层里的两个 Actor，将它们拖曳进 Animation 文件夹里，如图 8-77 所示。

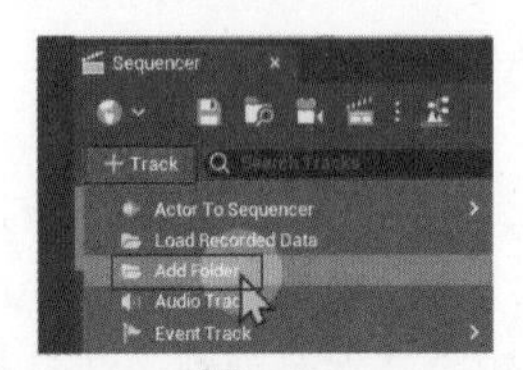

图 8-76

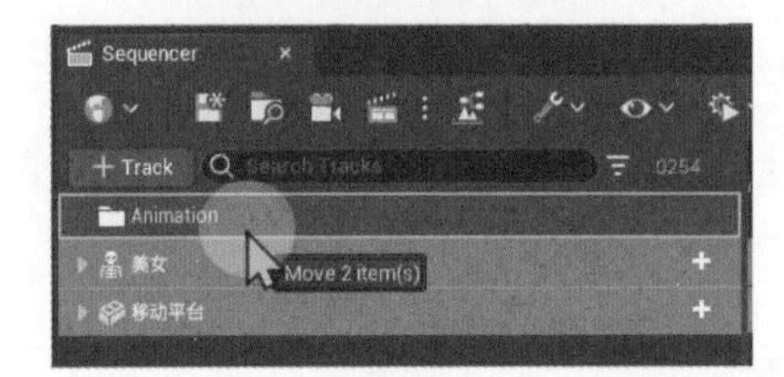

图 8-77

添加音频。在 Sequencer 中找到 Track（轨道层）选项，选择 Audio Track（音频轨迹），如图 8-78 所示。添加完 Audio Track（音频轨迹）后，可以单击它轨道中的 Audio（音频）选项，搜索添加合适的音频，如图 8-79 所示。

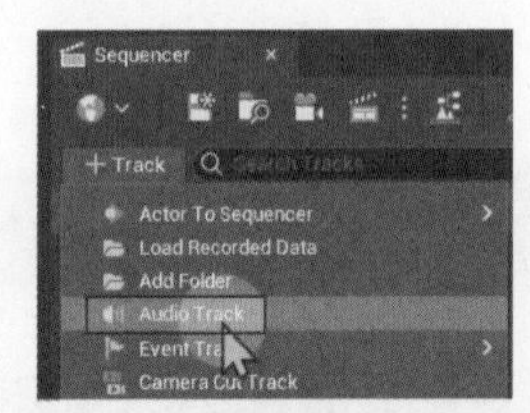

图 8-78

图 8-79

也可以直接切换到 Content Drawer 中找到合适的音频，将它拖曳到 Sequencer 操作界面的 Audio 轨道中，放入合适的轨道里，如图 8-80 所示。

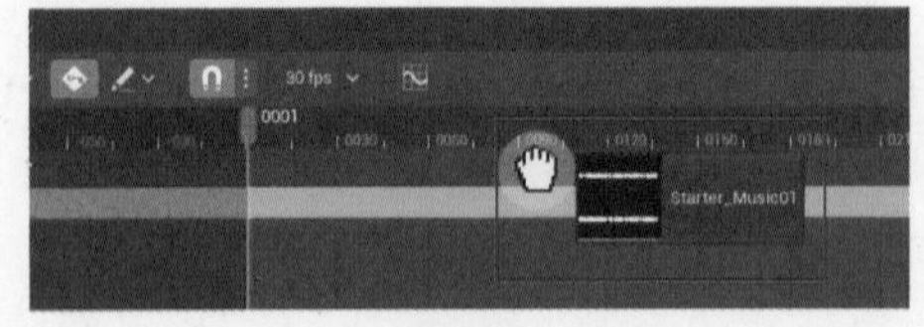

图 8-80

调整音频。调整音效播放时间，当将音频加入 Audio 轨道中后，发现音频播放时长较短，与动画所需的音频时间不符。此时，可以将鼠标放置在音频素材边缘，然后长按鼠标左键进行拖曳，即可将音频拉长或缩短，用这种方法将音频调整到合适时长即可，如图 8-81 所示。

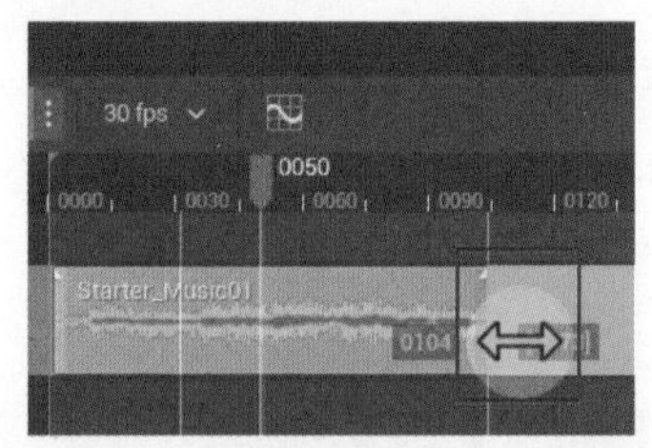

图 8-81

渐弱音效。当场景中的动画播放至尾声时，音效应逐渐减弱，以此彰显出演员表演的这段动画即将落幕，后续其他动画片段将接踵而至。所以现在要制作音效渐弱的动画，在轨道层打开 Audio Track，就会看到 Pitch（音调）和 Volume（音量）两个子轨道层，如图 8-82 所示。

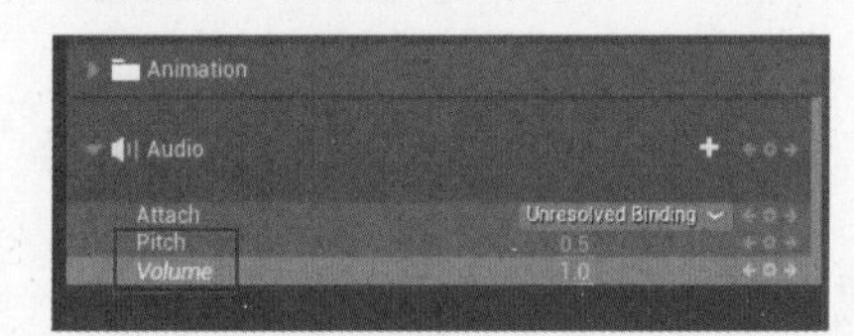

图 8-82

选择 Volume 轨道层，对它进行 K 帧就可以实现音效渐弱的效果了。将时间轴停留在合适的位置后，单击 Volume 轨道层选项里的小圆点，在轨道层设定起始帧，其参数值为 1，如图 8-83 所示。

图 8-83

接下来，再指定结束帧。将时间轴拖动到合适的地方，修改参数为 0，结束帧就指定完毕了，如图 8-84 所示。

图 8-84

音效音调处理。若想要对音频的音调进行处理，可以在轨道层中找到 Audio 的 Pitch 轨道。用前文添加 Volume 轨道层关键帧相同的方法，修改其参数，就可以做到对音效音调的修改，如图 8-85 所示。将参数调整得越小，音效音调就会越缓慢低沉；将参数调整得越大，音效音调就会越轻快尖锐。

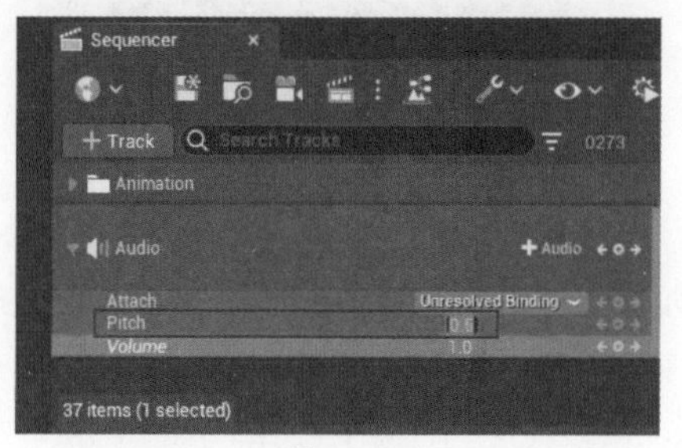

图 8-85

添加多个音效。若一个动画需要多个音效，只要在 Content Drawer 中找到想要的那个音效，然后和添加第一个音效一样，将它直接用鼠标左键拖动到 Sequencer 的轨道层后松开鼠标，即可添加成功，如图 8-86 所示。

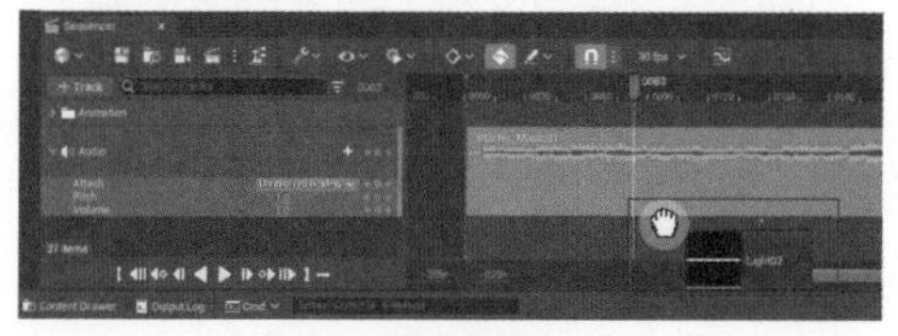

图 8-86

添加完毕后，可以根据需求对它进行调试，让音效符合动画场景的需求，如图 8-87 所示。

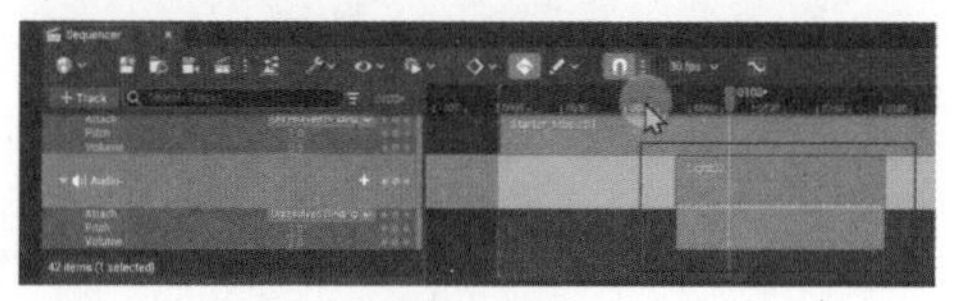

图 8-87

粒子爆炸效果。当人物角色走到平台上时，要给动画添加一个粒子爆炸的效果，如图 8-88 所示。

图 8-88

粒子爆炸音效。首先，要制作粒子爆炸音效。在 Content Drawer 里找到 Audio 文件夹，找到里面有爆炸效果的音效文件：Explosion01，如图 8-89 所示。

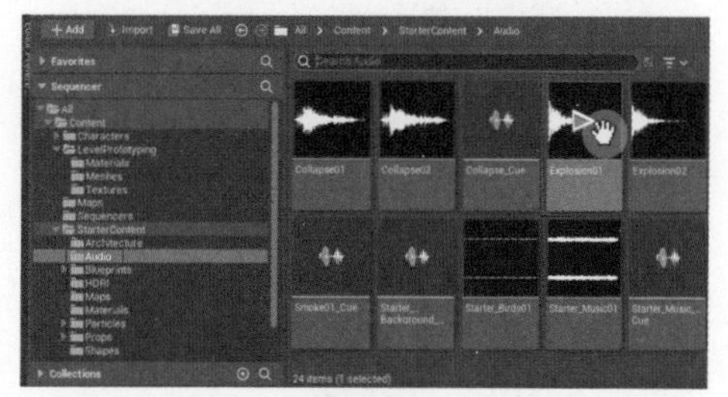

图 8-89

选中它并进行拖曳，切换到 Sequencer 操作界面，将它放置在合适的位置，如图 8-90 所示。

图 8-90

粒子爆炸效果。接下来要制作粒子的爆炸效果，在 Content Drawer 里找到 Particles 文件夹，然后在里面找到事先准备好的粒子爆炸效果素材：P_Explosion，如图 8-91 所示。

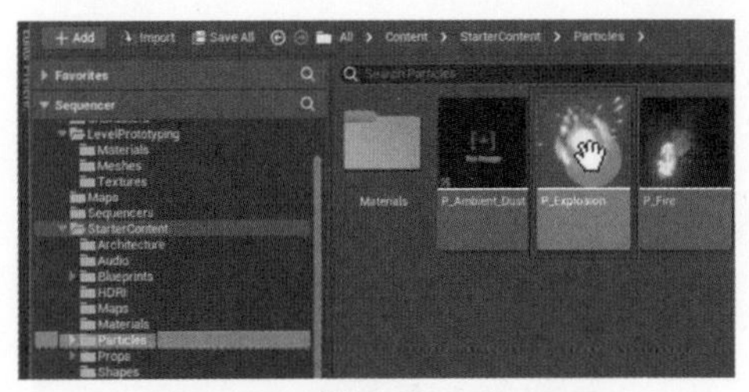

图 8-91

将它用鼠标直接拖曳放置在场景中它爆炸的位置，如图 8-92 所示。由于每个粒子效果在加入场景时的默认设定都为自动播放，所以当开始播放动画时，它就会产生粒子爆炸效果，但需要的是它在指定的时间爆炸，所以要在粒子的 Details（细节）栏里，取消选择 Auto Activate（自动激活）复选框，如图 8-93 所示。

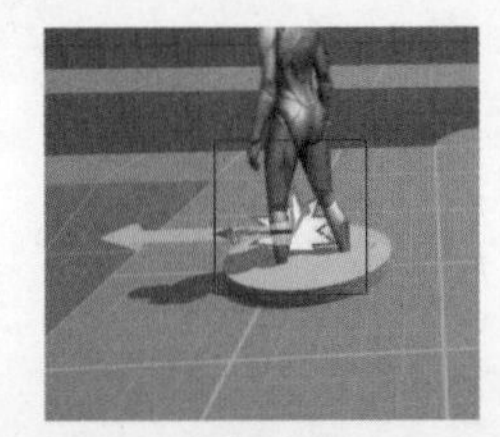

图 8-92

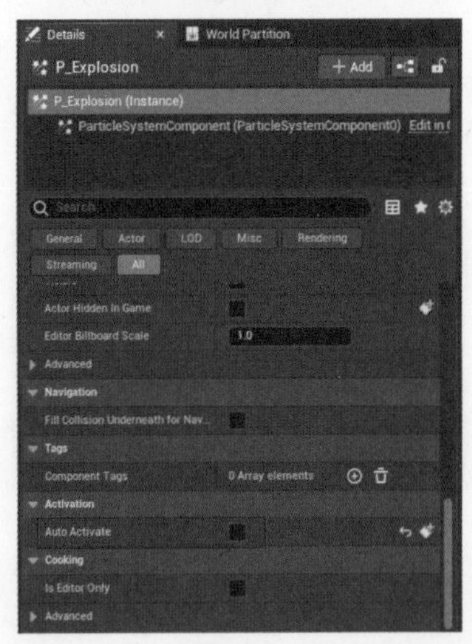

图 8-93

在 Outliner（大纲）里再次找到粒子，选中它并拖曳，如图 8-94 所示。将它再次拖曳进 Sequencer 中，如图 8-95 所示。

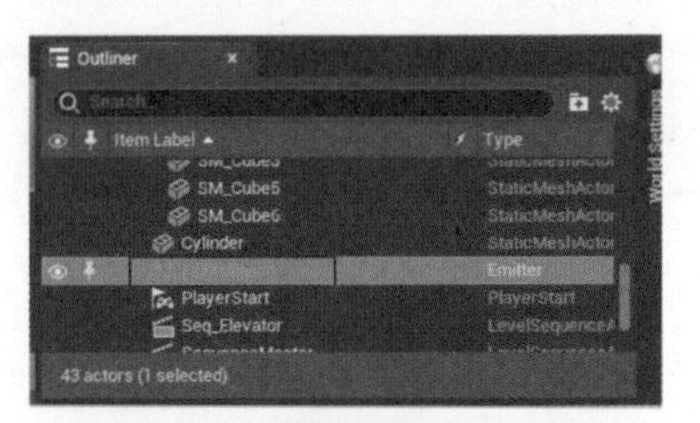

图 8-94

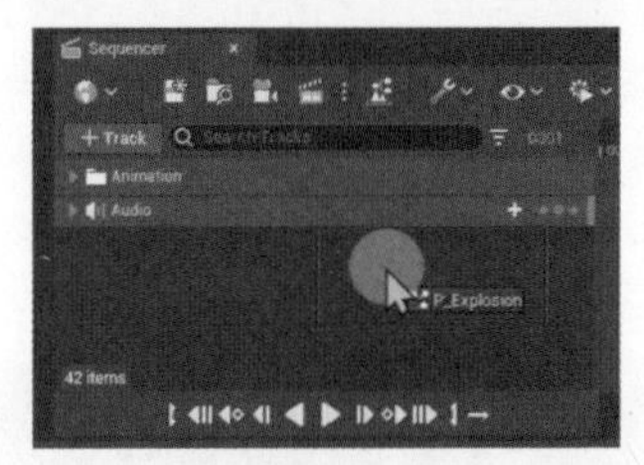

图 8-95

再单击 P_Explosion 的 Track 按钮，选择 FX System Toggle Track（外汇系统切换轨迹）选项，如图 8-96 所示。在 FX System 轨道层单击添加关键帧按钮添加一个关键帧，如图 8-97 所示。

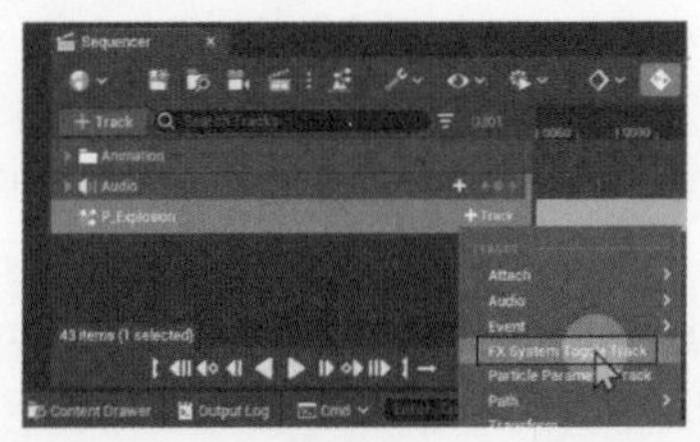

图 8-96

图 8-97

将生成的 FX System 模块与先前的 Explosion02 音频文件并列放置好即可，如图 8-98 所示。

图 8-98

这是当粒子类型为 Cascade Particle 时，

需要粒子在指定时间爆炸的解决方法，若粒子是 Niagara System 类型的，仍需要它在指定时间爆炸，解决方法就会有所不同。为了快速演示 Niagara System 类型的粒子如何设置它在指定时间爆炸，在 Content Drawer 里快速制作一个 Niagara 类型爆炸粒子，并命名为 fx_Explodion，由于这与本章主要内容无关，制作过程不再赘述，如图 8-99 所示。

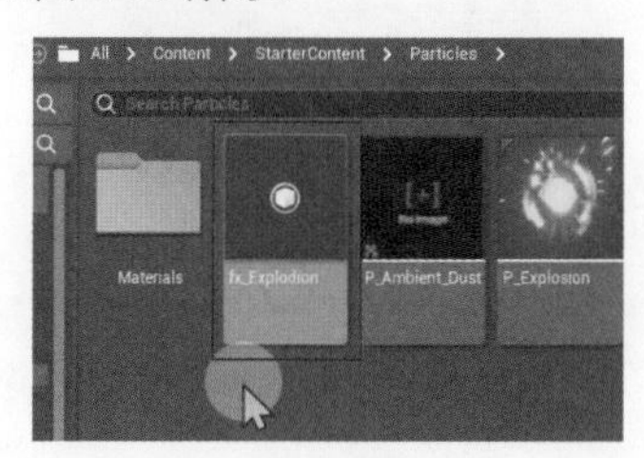

图 8-99

在场景里选中 Niagara System 类型的粒子，在它的 Details 栏里取消选择 Auto Activate（自动激活）复选框，如图 8-100 所示。

图 8-100

打开 Sequencer 编辑器，在 Outliner（大纲）里找到 fx_Explodion 文件后，将它拖曳并加入到 Sequencer 里，如图 8-101 所示。单击 fx_Explodion 轨道层的 Track（轨道）选项，添加 Niagara Component 0 选项，如图 8-102 所示。

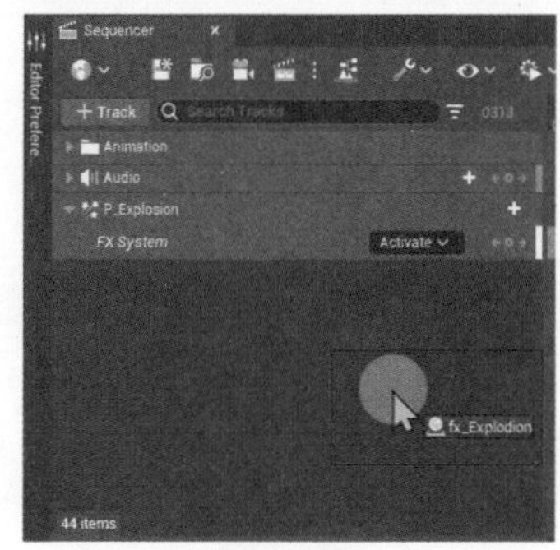

图 8-101

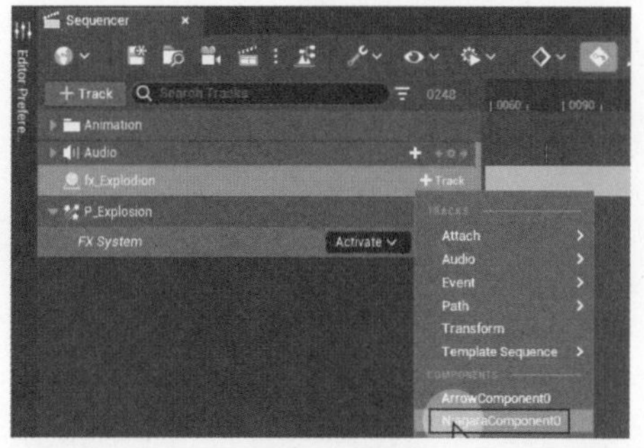

图 8-102

再单击 Niagara Component 0 选项的 Track 按钮，添加 Niagara System Life Cycle Track（Niagara System 生命周期轨道），如图 8-103 所示。Life Cycle 模块就被添加进轨道层里了，再根据动画需求对它进行调整，至此，一个可以在指定时间爆炸的 Niagara System 类型粒子就设置好了，如图 8-104 所示。

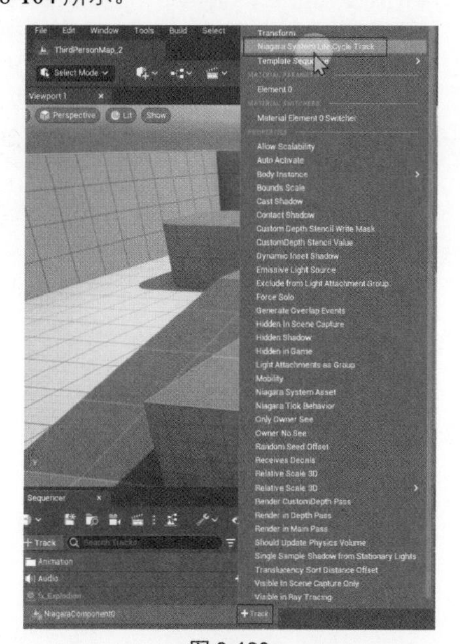

图 8-103

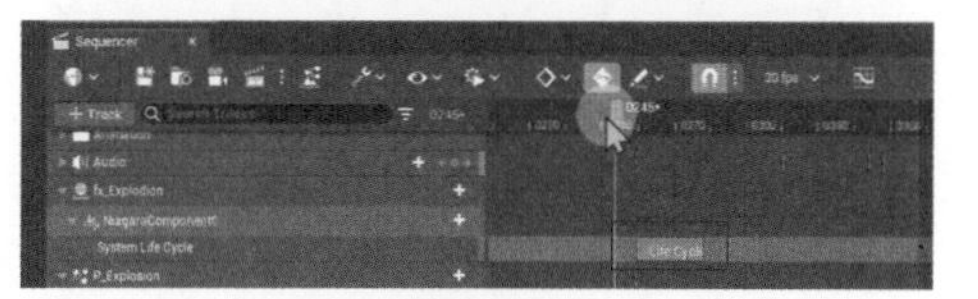

图 8-104

8.6 其他常用轨道

在本节中，将沿用上节课使用的教学文件来介绍一下如何使用 Sequencer 制作一些简单的小动画。打开教学文件后，进入到 Sequencer 文件编辑界面，如图 8-105 所示。

图 8-105

时间缩放。时间缩放特效能够在不改变动画播放总时长的情况下，对特定时段进行速度调整，从而为特效提供特写视角，使动画效果更加丰富。然而，在使用时间缩放特效时，需注意由于播放时长发生改变，采用常规方法导出的帧序列可能无法体现时间缩放的效果。因此，需要采用其他导出方法才能成功呈现带有时间缩放特效的动画。

这里以给粒子爆炸动画制作时间缩放效果为例进行演示，想要粒子爆炸最终达成的效果为：在粒子爆炸时，时间放慢，刻画粒子爆炸的细节，如图 8-106 所示。

图 8-106

添加 Time Dilation Track（时间扩张轨迹）。在 Sequencer 的左上角单击 Track 按钮，选择 Time Dilation Track，如图 8-107 所示。

设定关键帧。在 Time Dilation（时间膨胀）的轨道层，把时间轴拖曳至第 0256 帧标记关键帧，设定参数为 1.0，如图 8-108 所示。

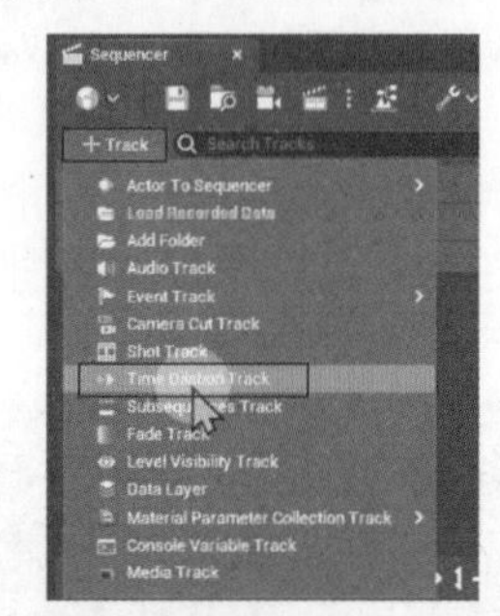

图 8-107

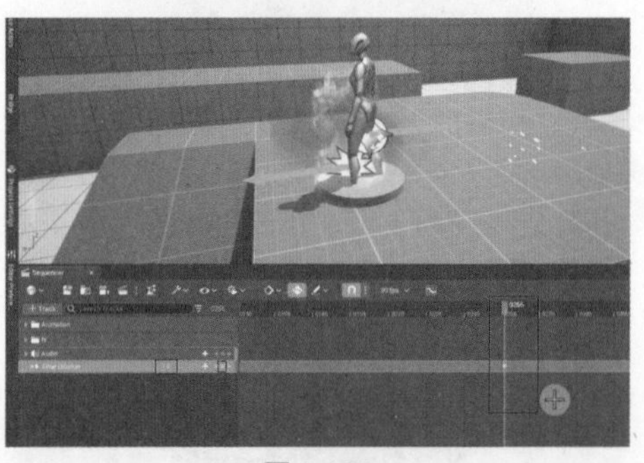

图 8-108

在 Time Dilation 的轨道层，把时间轴拖曳至第 0261 帧标记关键帧，设定参数为 0.1，如图 8-109 所示。在 Time Dilation 的轨道层，把时间轴拖曳至第 0271 帧标记关键帧，设定参数为 1.0，如图 8-110 所示。

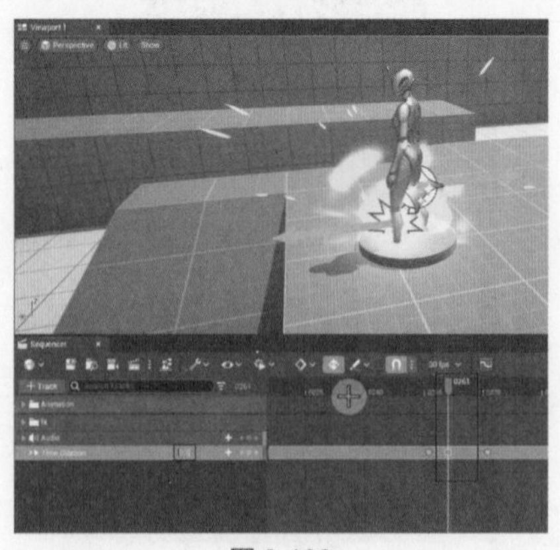

图 8-109

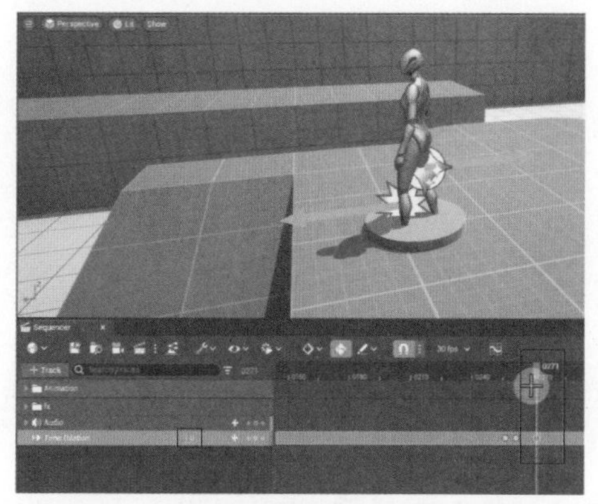

图 8-110

制作完成后，播放 Sequencer 动画，就能看见粒子爆炸时，时间放慢的效果了，如图 8-111 所示。

图 8-111

解算动力学。解算动力学一般用来制作人物倒地的动画，在此以制作粒子爆炸后人物倒地的效果为例，来演示如何使用解算动力学。

找到 Simulate Physics（模拟物理学）选项，将时间轴定位到第 0322 帧，在视图中单击选择 Actor，然后在它的 Details 面板中找到 Simulate Physics，添加关键帧，如图 8-112 所示。

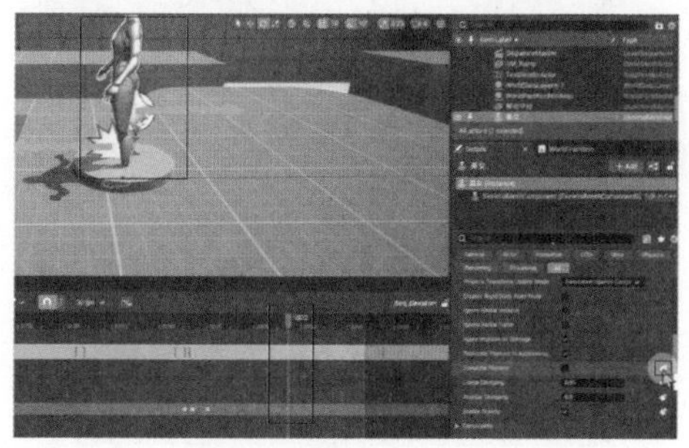

图 8-112

设定关键帧。在 Sequencer 的 Actor 名称的子选项内，找到 Simulate Physics（Body Instance）［模拟物理学（身体实例）］后，在第 0322 帧的关键帧处对它进行选择，如图 8-113 所示。

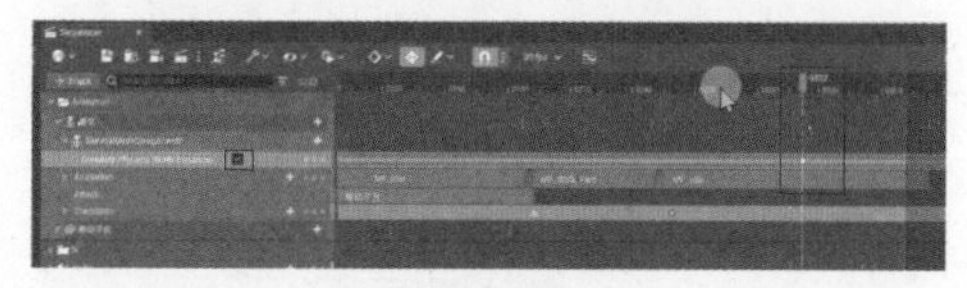

图 8-113

再在第 0322 帧的关键帧之前任意挑选帧位置，取消选择 Simulate Physics（Body Instance）复选框，如图 8-114 所示。

图 8-114

设定好程序后，还能根据需要对关键帧位置进一步调试，在此处发现原在第 0322 帧的关键帧，挪动到第 0259 帧时更为合适，所以对此关键帧做了相应的修改，具体操作如图 8-115 所示。

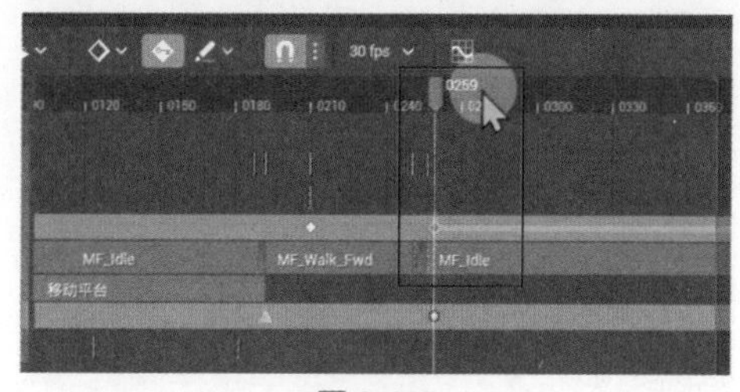

图 8-115

现在，时间轴在 Simulate Physics（Body Instance）轨道层红色区域内 Actor 还未受物理学影响，在 Simulate Physics（Body Instance）轨道层绿色区域内，Actor 就会受到物理学影响，拥有倒地的动画效果了。但是在 Sequencer 里对动画进行播放时，却没有看到 Actor 倒地的效果，这是因为此特效只会在正式播放时才能运行，而在 Sequencer 里测试播放时是无法看到的。为了解决这一问题，可以在页面上方的工具栏中找到播放工具，单击添加按钮，选择模式为 Simulate（模拟），如图 8-116 所示。

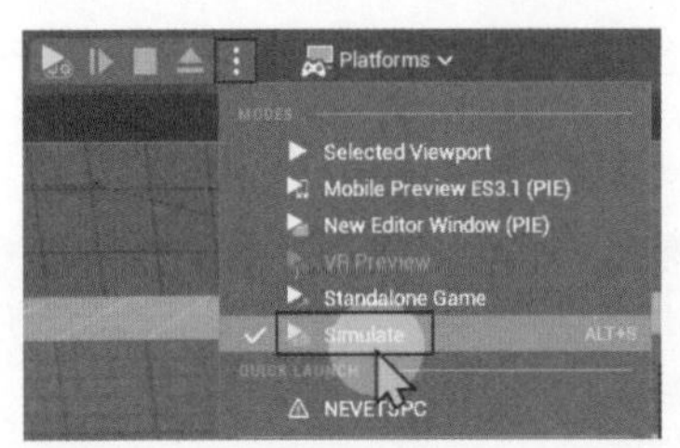

图 8-116

此时，再在 Sequencer 里对动画进行播放，当时间轴运行至 Simulate Physics（Body Instance）选项启用区域内时，就能在视图中看到物理学对 Actor 起作用的动画了，如图 8-117 所示。

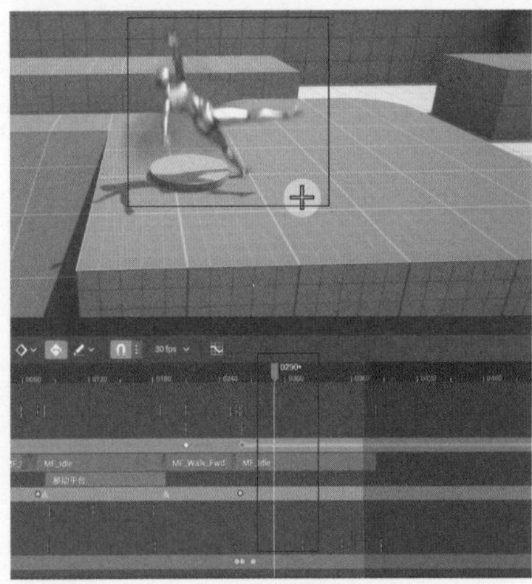

图 8-117

暗场。在一个影片结束时，往往以暗场效果作为谢幕，在此以给这段小动画制作结束的暗场效果为例，演示如何制作暗场效果。

添加 Fade Track（褪色轨道）。在 Sequencer 的左上角找到 Track 按钮，打开菜单栏并选择 Fade Track，把它加入轨道层内，如图 8-118 所示。

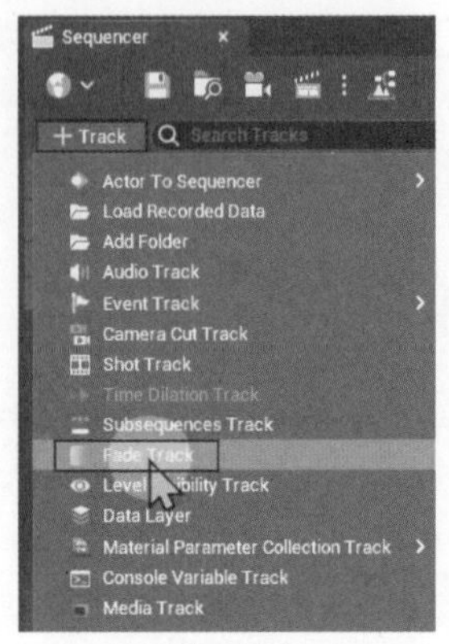

图 8-118

设定关键帧。将 Fade 加入轨道层后，把时间轴拖曳到第 0315 帧，设置参数值为 0.0，并添加关键帧，如图 8-119 所示。

图 8-119

把时间轴拖曳到第 0350 帧，设置参数值为 1.0，并添加关键帧，如图 8-120 所示。

图 8-120

现在，Fade 轨道层的关键帧总览效果如图 8-121 所示。

图 8-121

现在开始从头播放 Sequencer 动画，可以发现当时间轴过了第 0350 帧的关键帧后，视图就开始慢慢暗下来，这说明一个暗场动画完成了，如图 8-122 所示。

图 8-122

8.7 Spawnables

本节将介绍 Spawnables- 临时生成 Actor 的内容，Spawnables 就是在播 Sequencer 时临时创建的一个任意类型的 Actor，它仅存在于指定的时间段内，当关闭 Sequencer 后，它就会消失，并不会出现在视图中。Spawnables 物体具有临时性的特点，能让场景保持精简有序的状态，从而更方便地制作与管理场景中的物体。

Spawnables 适合用来制作专门为过场动画而存在的效果，如为角色补光、场景变化特效等。

具体操作过程请观看教学视频。

8.8 路径动画

本节来学习如何在 Sequencer 内制作路径动画。

具体操作过程请观看教学视频。

8.9 材质动画

本节来学习如何在 Sequence 里制作物体颜色或材质变化的动画。制作颜色或材质变化的动画共有两种方式，一种是通过普通材质在 Sequence 里通过指定关键帧制作动画，另一种是通过赋予物体 MPC 材质来制作动画。

具体操作过程请观看教学视频。

8.10 Cine 相机的基本参数

本节来介绍虚幻引擎中的 Cine Camera Actor（影视相机）。相机在 Sequencer 中共有两种类型，分别是 Camera Actor 和 Cine Camera Actor，如图 8-123 所示。

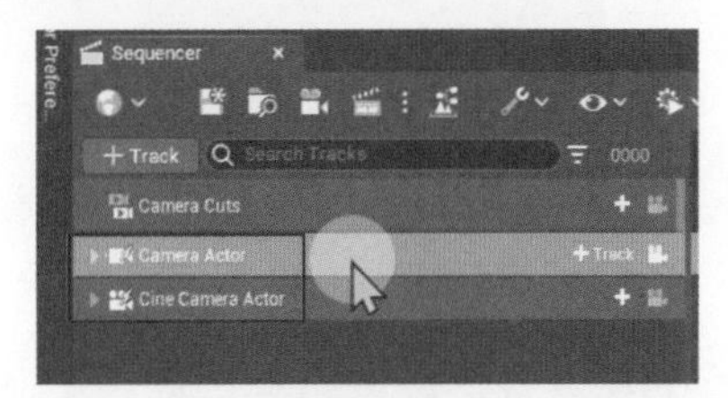

图 8-123

一般情况下，默认使用 Cine Camera Actor，因为它的应用范围很广泛，功能也比虚幻引擎早期开发的 Camera Actor 更加完善、丰富，且可与现实中摄影专业级相机媲美，它不仅可以应用于专业的影视制作，也可以应用于过程动画的制作。

创建 Cine Camera Actor。Cine Camera Actor 的创建十分简单，只要在 Sequencer 的顶部工具栏中单击创建相机选项，所创建的相机就是 Cine Camera Actor 了，如图 8-124 所示。

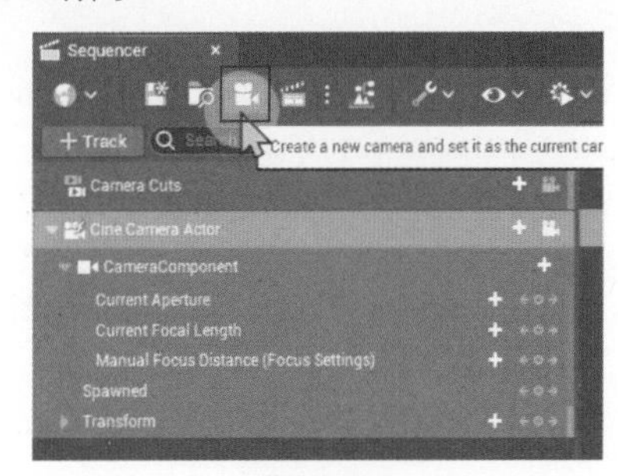

图 8-124

至于先前提到的 Camera Actor，若有创建需求，则可以通过视图中的快速创建按钮，搜索 Camera Actor，如图 8-125 所示。再将 Camera Actor 选项拖曳到 Sequencer 轨道层中即可，如图 8-126 所示。

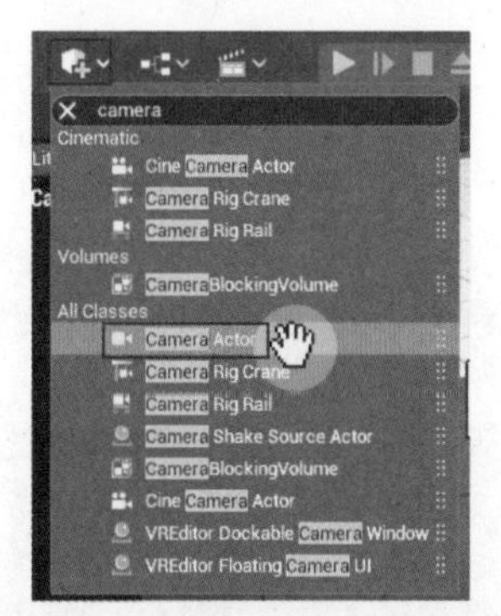

图 8-125

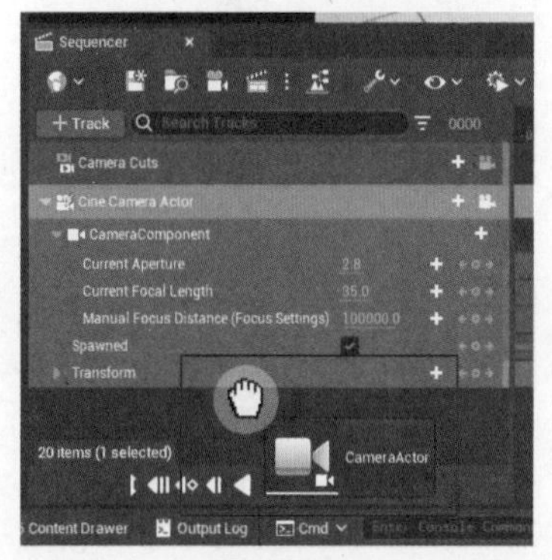

图 8-126

但由于 Camera Actor（游戏相机）的功能过于简单，一般情况下不会去使用它。

Cine Camera Actor 的操作页面。在 Details（细节）面板中单击 Cine Camera Actor，即可查看到它的操作选项：Current Camera Settings（当前摄像机设置），如图 8-127 所示。

Lookat Tracking Settings（查看跟踪设置）。Enable Look at Tracking（启用查看跟踪）默认情况下是不启用的，如图 8-128 所示。

若要启用，则需要指定具体的 Actor，在 Actor to Track（要跟踪的演员）选项中单击吸管工具，可在视图场景内指定 Actor，如图 8-129 所示。将 Actor 指定为目标点后，Actor 无论在视图中移动到什么位置，摄像机始终都会把目标点放置在镜头中心处，如图 8-130 所示。

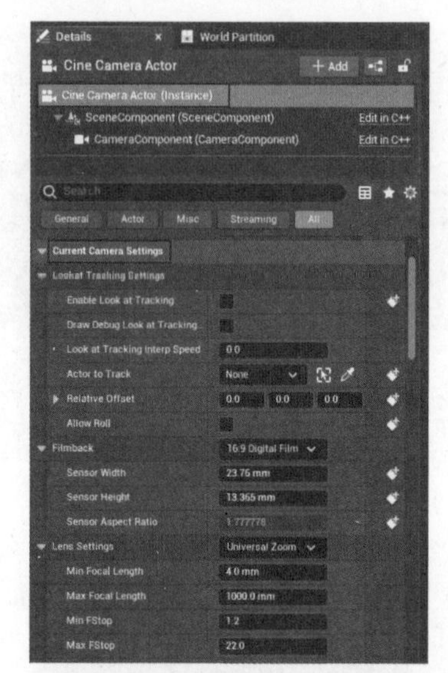

图 8-127

图 8-128

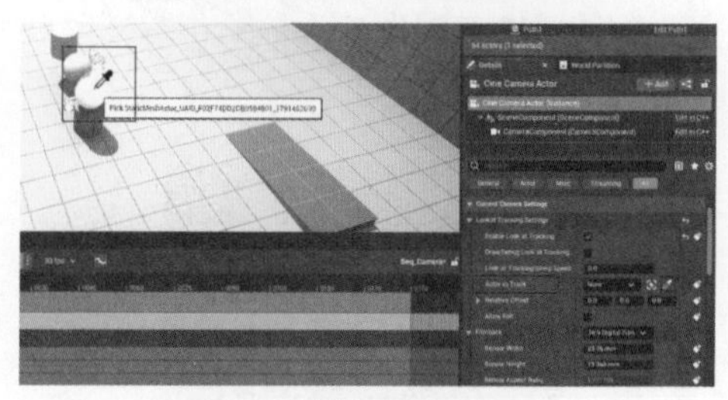

图 8-129

图 8-130

若不想将目标点放置在摄像机镜头的中心处，还可以调整 Relative Offset（相对偏移）选项，适当改变目标点在镜头里所处的位置，如图 8-131 所示。

Filmback（胶片）。在 Filmback 选项中，可以确定画幅与想使用的胶片。具体选择什么胶片要根据摄影师的需求来选定，在摄影师未有指定时，默认选择使用 16∶9 Film 画幅，如图 8-132 所示。

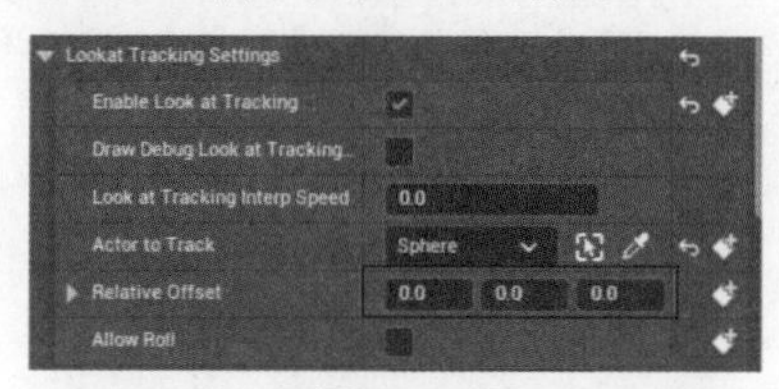

图 8-131

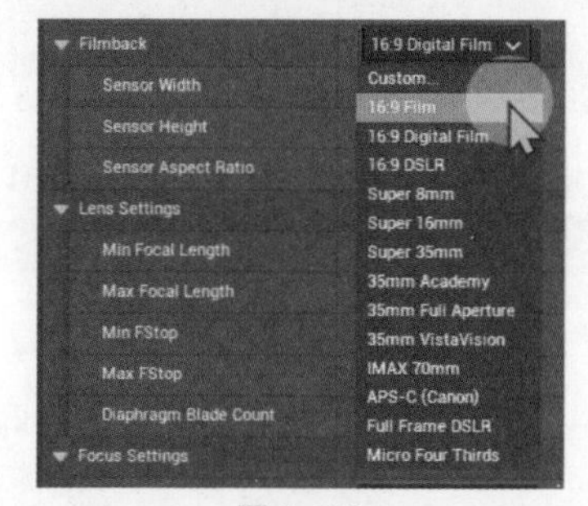

图 8-132

若在 Filmback 给出的选项中并没有符合需求的画幅，还可以选择 Custom，进入自定义模式，自己设定需要的画幅，如图 8-133 所示。

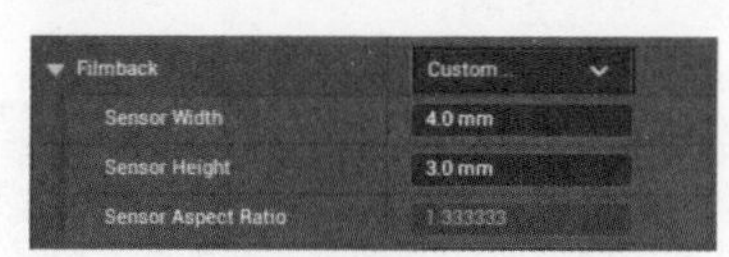

图 8-133

Lens Settings（镜头设置）。在 Lens Settings 中，可以根据需求指定不同毫米数的镜头，如图 8-134 所示。

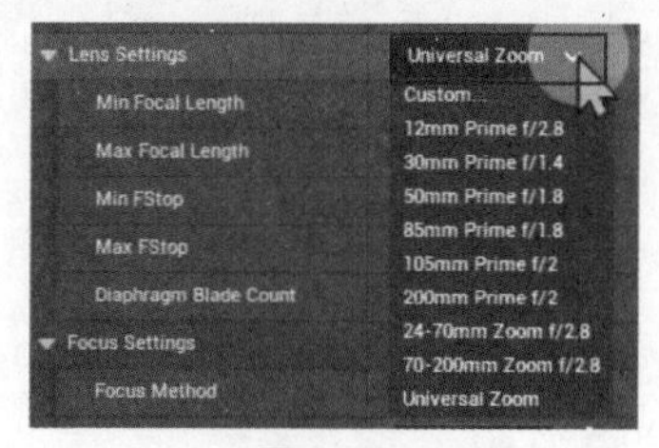

图 8-134

指定完所需类型的镜头后，就可以调整 Lens Settings 的其他参数选项，进一步设置镜头了，其余选项的具体内容如图 8-135 所示。

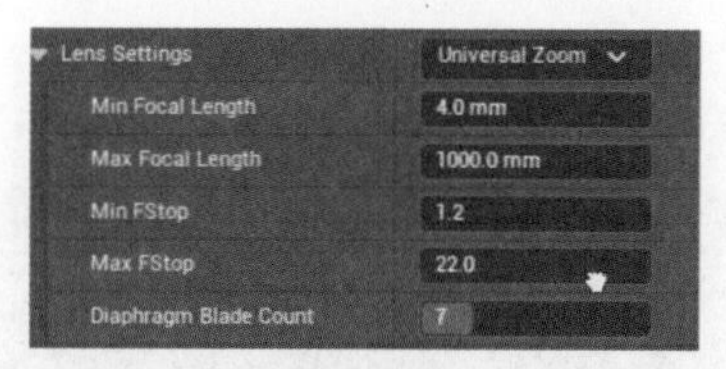

图 8-135

参数 Min Focal Length 为最小焦距，Max Focal Length 为最大焦距，Min FStop 为最小 FStop，Max FStop 为最大 FStop，Diaphragm Blade Count 为隔膜叶片计数，Diaphragm Blade Count（隔膜叶片计数）的参数值具体是指，当视图中存在景深效果时，景深区域的光源点所要呈现出的形状边数值。

默认情况下，Diaphragm Blade Count 的参数值为 7，这表明在开启景深时，景深区域的光源点所呈现出的形状为七边形，如图 8-136 所示。也可以通过调整 Diaphragm Blade Count（隔膜叶片计数）的参数值，让景深区域的光源点通过改变边数来呈现出不同的形状。Diaphragm Blade Count 参数的最小值为 4，此时景深区域的光源点呈现为四边形形状，如图 8-137 所示。

Diaphragm Blade Count 参数的最大值为 16，景深区域的光源点呈现出的形状接近圆形，如图 8-138 所示。

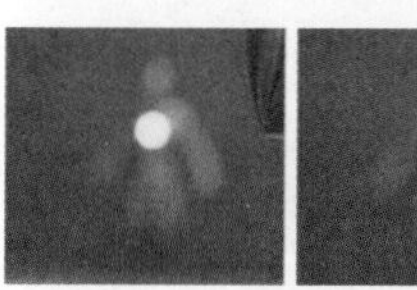

图 8-136

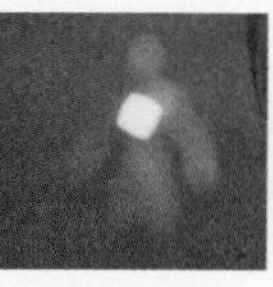

图 8-137

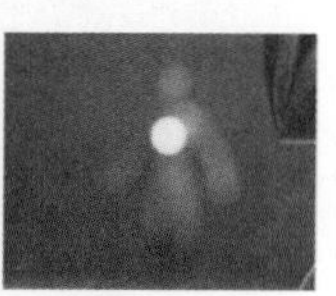

图 8-138

Focus Settings（焦点设置）的内容选项具体如图 8-139 所示，借助这些选项，可以制作出景深效果。

确定景深焦点。当要确定景深焦点时，使用 Manual Focus Distance（手动对焦距离）选项的吸管工具，单击需要设置为焦点的 Actor，即可完成景深的对焦，如图 8-140 所示。

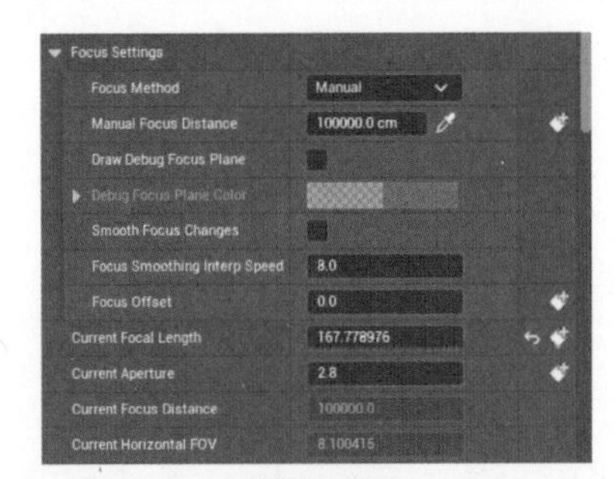

图 8-139

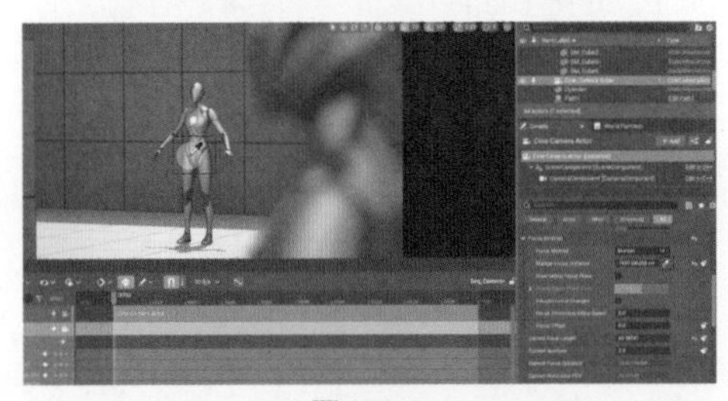

图 8-140

还可以选择 Debug Focus Plane（调试焦点平面）复选框，调动出焦平面，配合 Manual Focus Distance 数值的调整，如图 8-141 所示。精准地确定摄像机焦点区域与景深区域，取消选择 Debug Focus Plane 复选框即可，如图 8-142 所示。

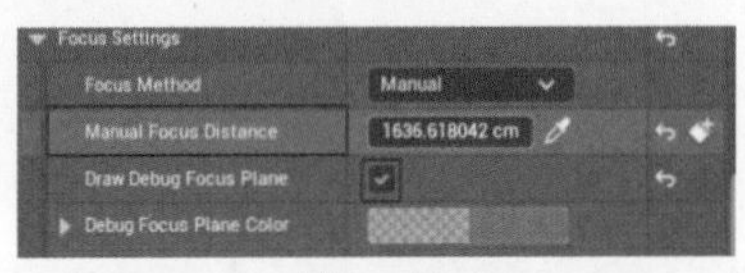

图 8-141

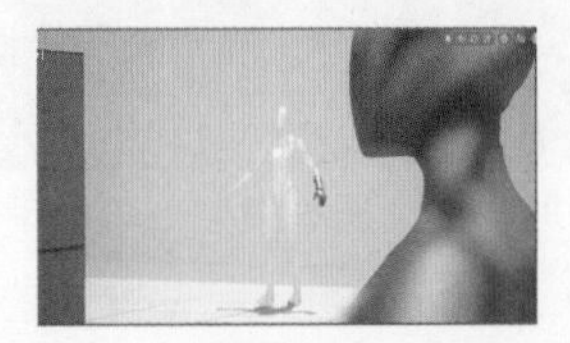

图 8-142

调整焦距。借助 Current Focal Length（电流焦距）选项，可以实现摄像机焦距长短的变化，如图 8-143 所示。

但有时会发现 Current Focal Length 达到某一数值时，就不再支持焦距继续变大或变小了。这是因为 Current Focal Length 参数的取值必须要在 Lens Settings（镜头设置）里的 Min Focal Length（最小焦距）和 Max Focal Length（最大焦距）两个选项所构成的取值范围里，如图 8-144 所示。

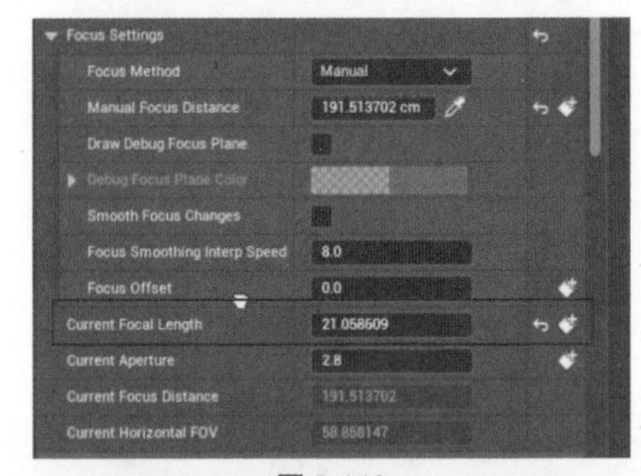

图 8-143

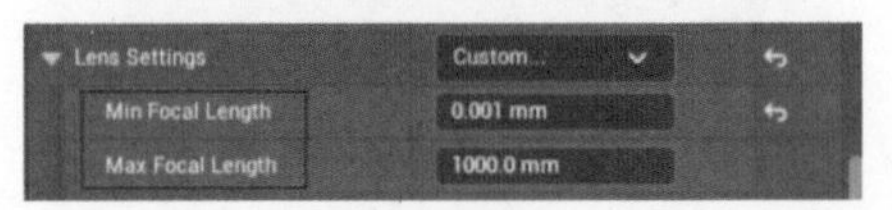

图 8-144

那么，当 Current Focal Length 想要设定的数值超出或低于 Min Focal Length 和 Max Focal Length 所设定的取值范围时，则那个数值是无法设定的。

所以，当因为 Current Focal Length（电流焦距）的数值限制，而达不到想要的画面效果时，可以在 Lens Settings（镜头设置）中改变 Min Focal Length 的值，让其达到最小值 0.001 毫米；改变 Max Focal Length 的值，让其达到最大值 1000 毫米，如图 8-145 所示。

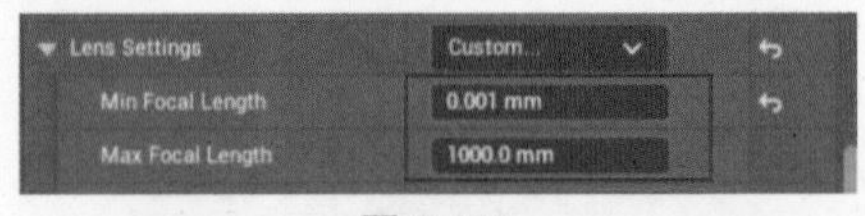

图 8-145

让 Current Focal Length 选项的取值范围实现最大化，再赋予 Current Focal Length 想给定的焦距值，最后让视图中的摄像机画面呈现为想达到的效果。这一设定方法经常用于制作摄像机的超广角镜头，它能让摄像机拍摄出极致的超广角镜头效果，如图 8-146 所示。

图 8-146

聚焦效果。Current Aperture（电流孔径）选项一般用于调整摄像机镜头光圈大小，它能控制摄像机的进光量和曝光度。Current Aperture 的数值越大，光圈越大，聚焦效果越小，如图 8-147 所示。Current Aperture 的数值越小，光圈越小，聚焦效果越明显，如图 8-148 所示。

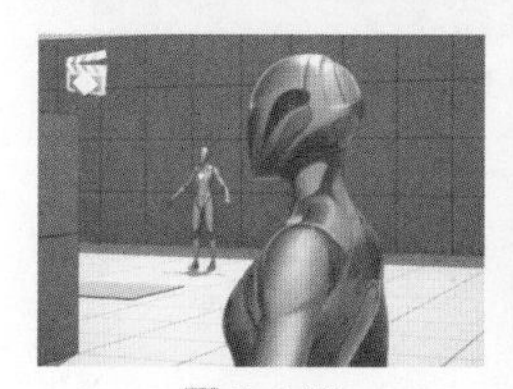

图 8-147

图 8-148

8.11　相机动画方式

本节来介绍一下用相机制作动画的方式。

相机动画共有两种方式，一种是在场景中添加相机，通过手动调整来控制相机；另一种是利用虚幻引擎中提供的摇臂与滑轨工具绑定摄像机进行控制。

具体讲解过程请观看教学视频。

8.12　Sequencer 剪辑

在先前的课程中，已经完成了两个 Sequencer 的制作，但现在想要把这两个 Sequencer 变成独立的镜头，并且剪辑成一个动画。

在左上角单击打板器，选择 Add Master Sequence（添加主序列），如图 8-149 所示。页面跳转到 Master Sequence Settings（主序列设置），将 Name（命名）重命名为 FuMovie，Suffix（后缀）保持原有后缀 Master，如图 8-150 所示。

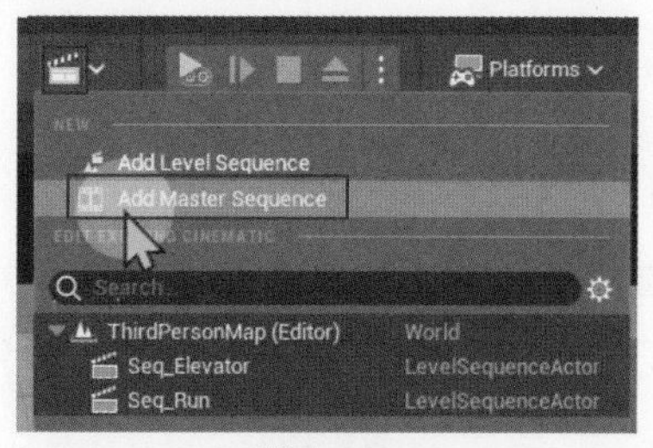

图 8-149

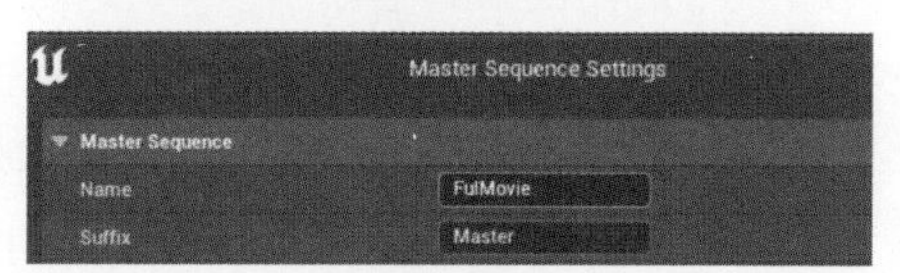

图 8-150

在 Base Path（本地保存位置）指定路径，修改 Number of Shots（拍摄次数）值为 3，修改 Default Duration（默认持续时间）值为 8，单击 Create Master Sequence（创建主序列）按钮进行确认，如图 8-151 所示。现在，时间轴就被分为共有 3 段、每段时长 8 秒的时间段了，如图 8-152 所示。

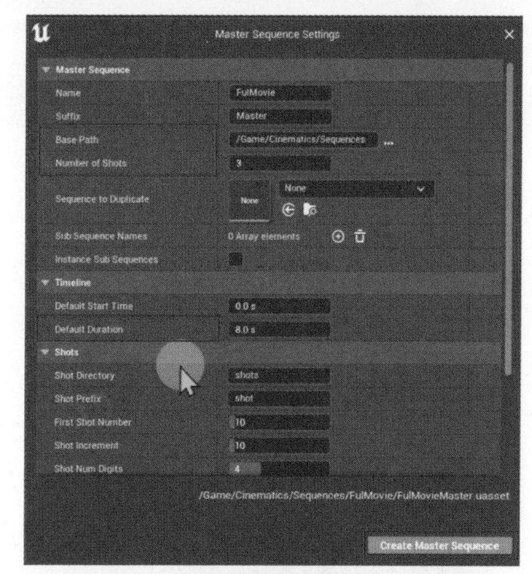

图 8-151

图 8-152

第一段 Shot0010_01 所要运行的是角色上台阶那段影片，第二段镜头 Shot0020_01 所要运行的是角色跑上平台上的动画。现在，开始编辑 Shot0010_01 的动画，双击 Shot0010_01，进入它的编辑界面，如图 8-153 所示。

图 8-153

在 Shot0010_01 的编辑界面会看到相机 Camera Component（相机组件）呈现标红状态，这是因为时间轴并没有移动到 Shot0010_01 的时间范围内，所以 Camera Component 会处于失效状态，如果想要让 Camera Component 生效，如图 8-154 所示。

图 8-154

在日常操作过程中，若想防止相机时间轴被不小心拖曳到失效范围里，可以在 Sequencer 的顶部工具箱里找到并单击 Play back Options（回放选项）→Keep Cursor in Playback Range While Scrubbing（擦洗时保持光标在回放范围内），如图 8-155 所示，就可以保证移动时间轴时，时间轴不超出范围内。

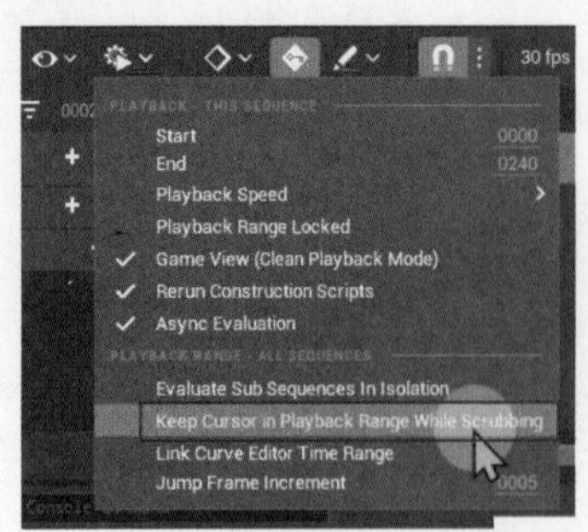

图 8-155

在 Sequencer 里有两个摄像机选项，分别为 Camera Cuts（相机剪辑）和 Cine Camera Actor，它们的区别在于 Camera Cuts 是用来控制影片最终画面呈现效果的，它能切换多个 Cine Camera Actor 所拍摄到的不同角度和位置的画面，而 Cine Camera Actor 是在场景中可以变化角度和位置进行拍摄的摄像机，它能记录下想要的画面，如图 8-156 所示。

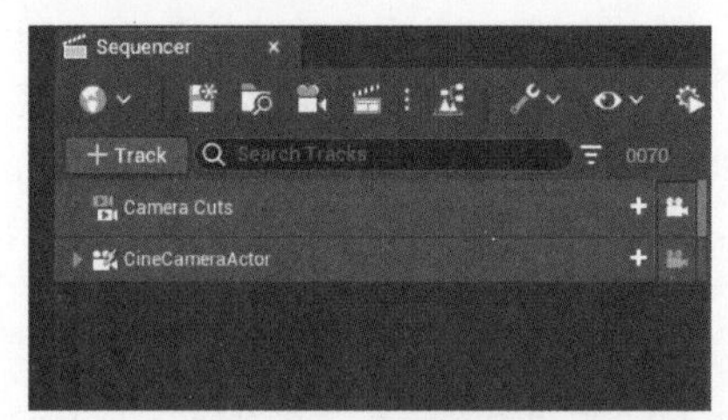

图 8-156

现在，给 3 个片段指定 Cine Camera Actor 想要拍摄到的画面内容。Shot0010_01 要拍摄到的画面，并将关键帧停留在 0040，近景对准角色的角度，如图 8-157 所示，按它的 Cine Camera Actor 按钮进行确定。Shot0020_01 要拍摄到的画面，并将关键帧停留在 0050，远景角度，如图 8-158 所示，按它的 Cine Camera Actor 按钮进行确定。

图 8-157

Shot0030_01 要拍摄到的画面，并将关键帧停留在 0119，如图 8-159 所示，按它的 CineCamera Actor 按钮进行确定。现在回到 Shots 的总视角进行测试播放，就会发现，每段动画的视角正按刚刚所设定的视角进行切换，如图 8-160 所示。

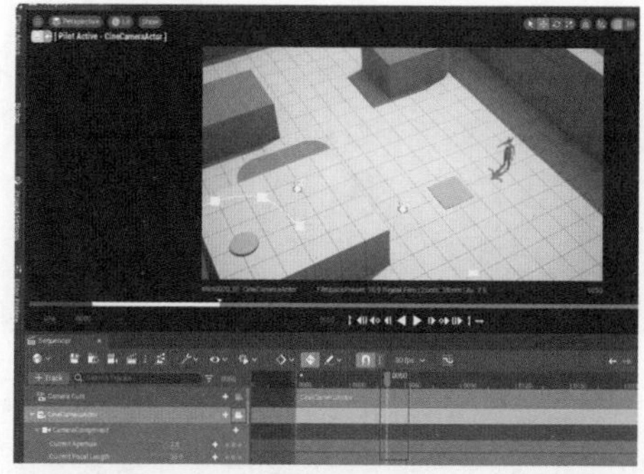

图 8-158

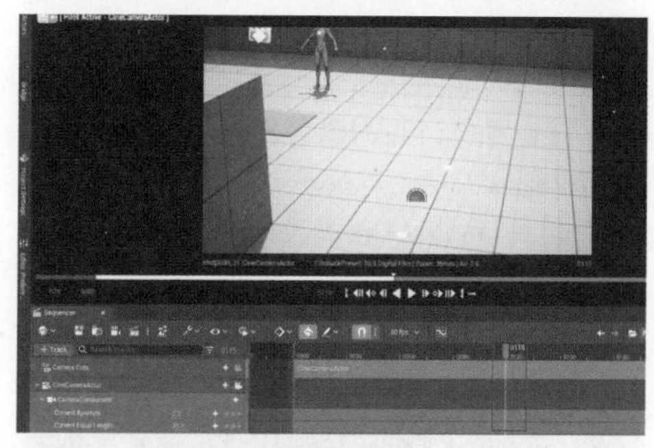

图 8-159

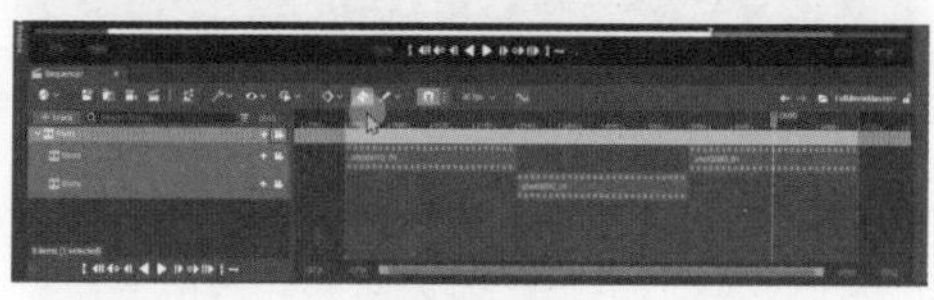

图 8-160

虚焦动画。测试完毕后，回到 Shot0010_01 片段，将时间轴定位到 0053，单击 Details 面板中的 Manual Focus Distance 选项，选择吸管点中的角色进行对焦，如图 8-161 所示。

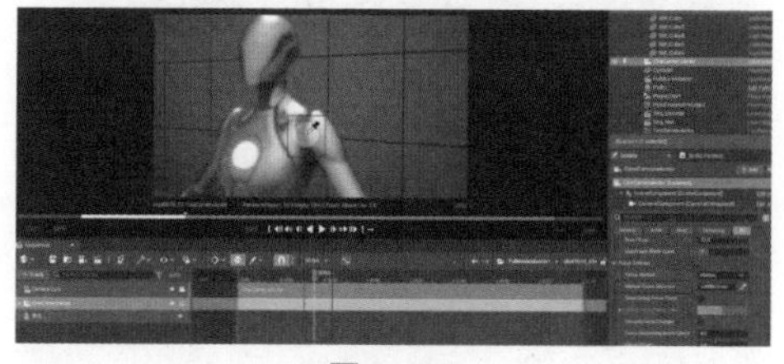

图 8-161

对焦完毕后，单击 Cine Camera Actor 的摄像机按钮，将角色画面定位到中景位置，如图 8-162 所示。

图 8-162

缓慢推进。由于接下来的制作并不会涉及在对焦时所吸取到的 Sequencer 轨道层的美女选项，为了保持 Sequencer 轨道层的简洁，选中美女选项将其去除，如图 8-163 所示。

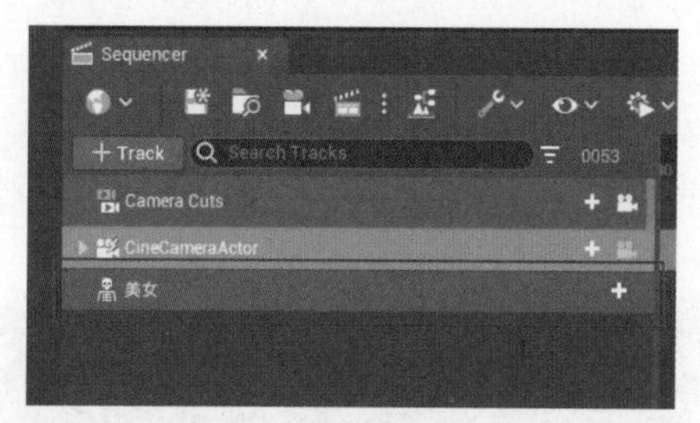

图 8-163

将时间轴拖曳到第 0 帧，这一段短片的起点位置，展开轨道层 CineCamera Actor 选项，找到子选项 Current Focal Length，将数值修改为 35，标记下关键帧，如图 8-164 所示。

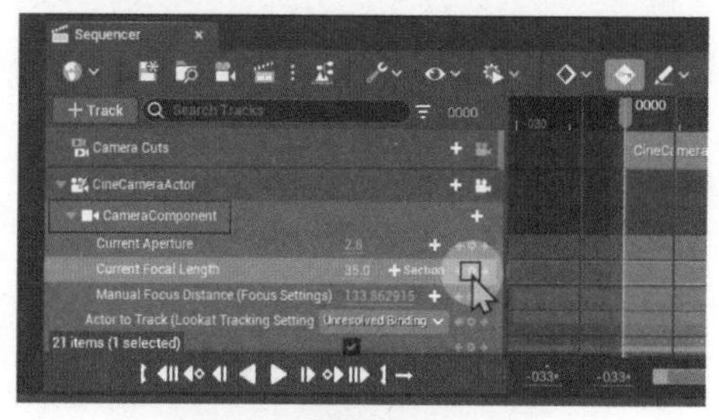

图 8-164

将时间轴拖曳到第 0239 帧，这一段短片的终点位置，将 Current Focal Length（流动焦距）数值修改为 40，即可在终点自动添加新的关键帧，如图 8-165 所示。

图 8-165

选中 Current Focal Length 轨道层的所有关键帧，右击，在弹出的快捷菜单中选择 Key Interpolation（键插值）→Linear（直线）类型，这样会让推进效果更明显，如图 8-166 所示。

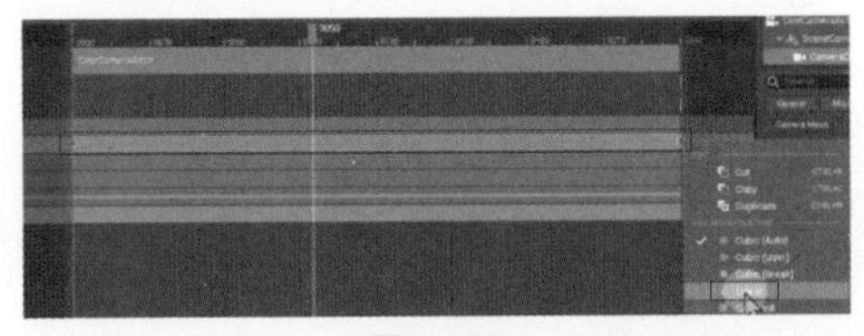

图 8-166

这样，第一个镜头就制作完毕了。

第二个镜头。回到 Shots 主界面，双击第二个短片，进入它的编辑界面，如图 8-167 所示。

图 8-167

第二个短片里制作的效果为整段调用另一段序列动画。单击 Track 按钮，选择 Subsequences Track（子序列跟踪），如图 8-168 所示。选择 sequences 轨道的 Sequence 选项，搜索并添加 Seq_Elevator 文件，如图 8-169 所示。

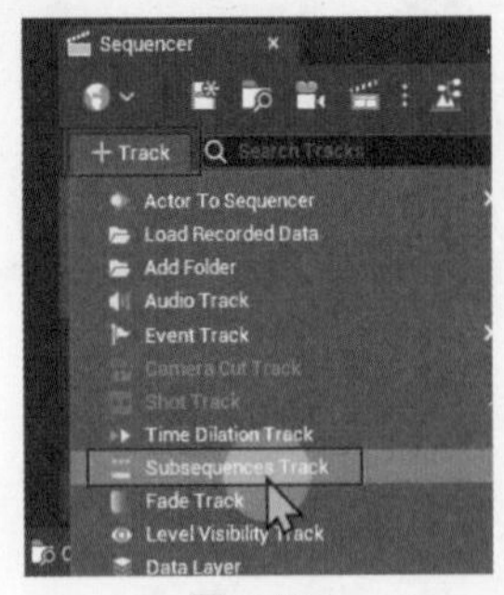

图 8-168

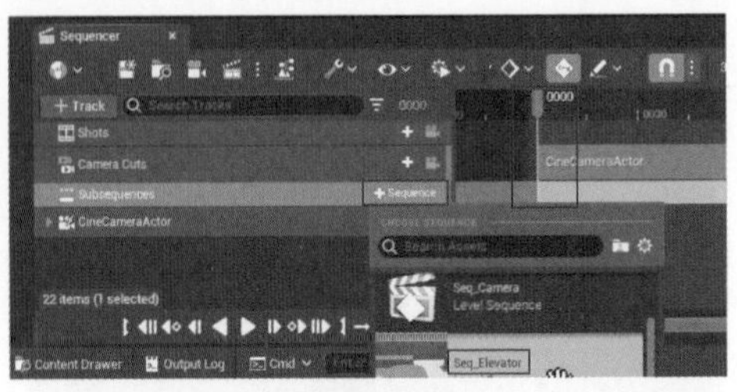

图 8-169

现在播放测试短片，发现导入的 Seq_Elevator 文件时长大于原定短片时长，所以要将界定原短片时长的淡红色界定线拖动到 Subsequences（子序列）轨道内容时长的末尾，如图 8-170 所示。在轨道层还有一条粗红线，代表的是总 Shots 层级里给此片段划定的时间范围，此时发现 Seq_Elevator 文件的时长已经超出了划定区域的长度，若要 Seq_Elevator 文件的动画被完整播放，就要回到总 Shots 层级进行调整，如图 8-171 所示。

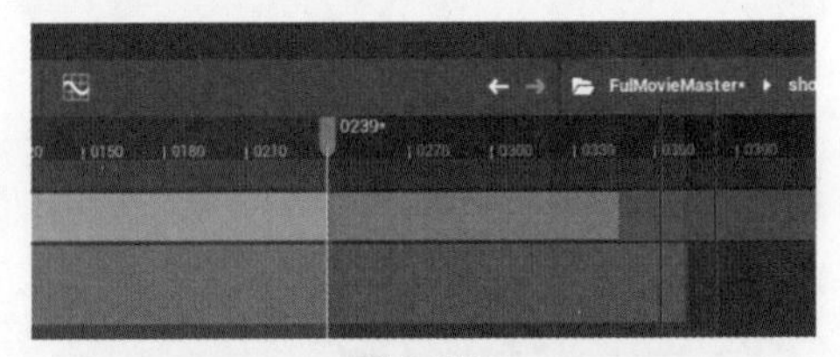

图 8-170

图 8-171

在总 Shots 层级里，粗红线的位置就是 Shot0020_01 的末端位置，如图 8-172 所示。

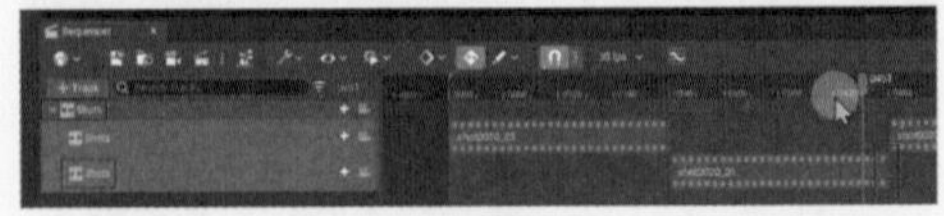

图 8-172

现在，拖曳 Shot0020_01 的末端位置至轨道层出现淡红线，淡红线表明的就是 Seq_Elevator 文件的末端位置所在处，如图 8-173 所示。

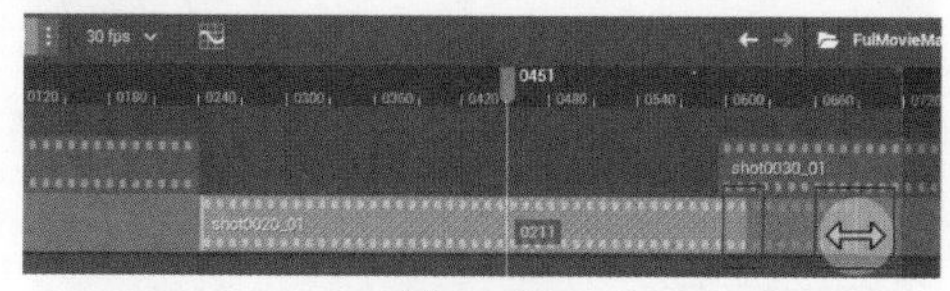

图 8-173

此时，回到 Shot0020_01 的短片编辑文件中进行观察，发现现在的粗红线已经到淡红线后面了，如图 8-174 所示，这表明第二段短片可以被完整播放完 Seq_Elevator 文件的动画了。现在的粗红线和淡红线间还存在一部分距离，这段属于空白部分，不会做任何动画处理，可以把它当作占位符使用。但若不需要占位符，可回到总 Shots 层级，将 Shot0020_01 的末端线拖曳到与淡红线重合的位置，如图 8-175 所示。

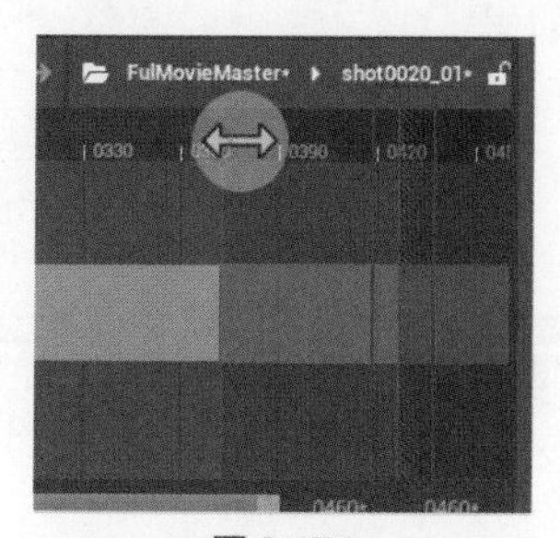

图 8-174

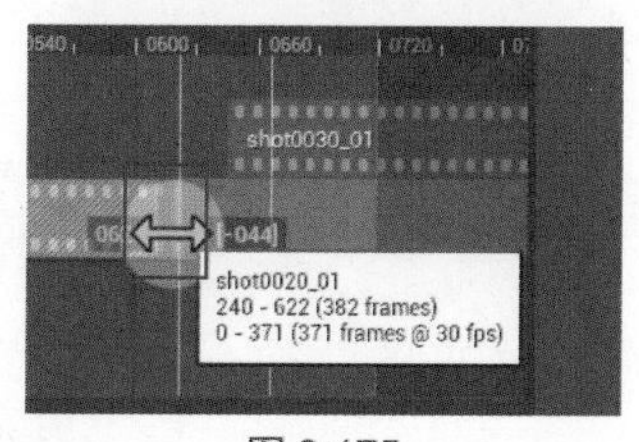

图 8-175

回到第二个短片的编辑界面。由于 Seq_Elevator 文件自带一个相机，但现在想用的是 CineCamera Actor 的相机，此时，就要对相机进行重新绑定。先删除 Camera Cuts 轨道层的文件，如图 8-176 所示。

图 8-176

在 Camera Cuts 中单击“+Camera”选项，添加 This Sequence（这个序列）→CineCamera Actor，如图 8-177 所示。

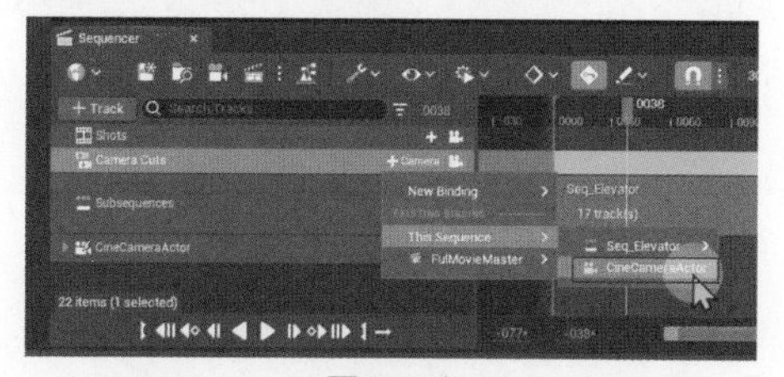

图 8-177

绑定后，对轨道层中的时间块进行整理对齐，如图 8-178 所示。

图 8-178

由于 Sequencer 的特性是一个 Sequencer 中可以包含多个相机，可以通过 Camera Cuts 在短片内部进行剪辑和创作，所以为了减少 Seq_Elevator 文件里原有相机与剪辑干扰到新设置，双击 Subsequences（子序列）轨道层的 Seq_Elevator 文件，进入它的编辑界面，如图 8-179 所示。删除 Shots 和 Camera Cuts 的轨道层，如图 8-180 所示。

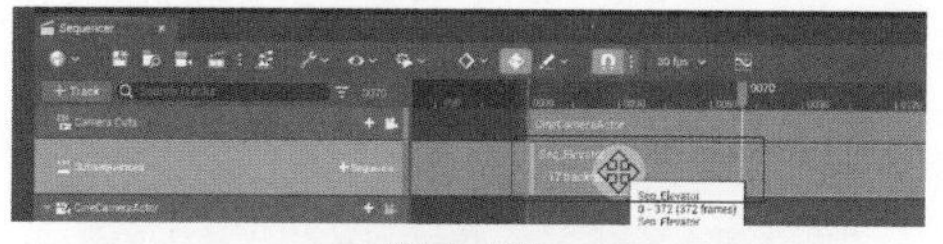

图 8-179

图 8-180

单击“保存”按钮，进入保存界面，单击 Save Selected（保存所选内容）按钮进行保存，如图 8-181 所示。

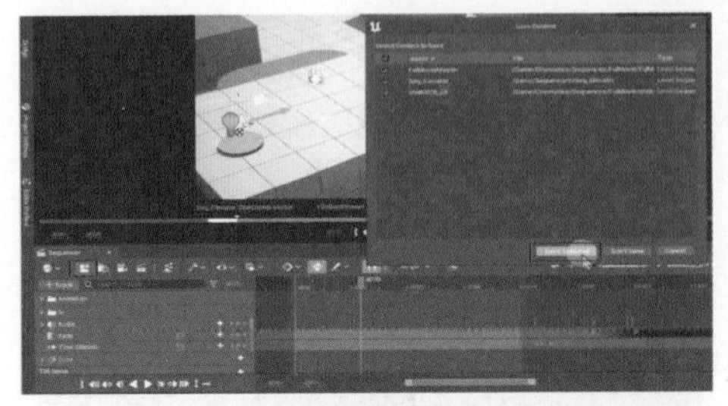

图 8-181

添加动画。现在要给第二段短片在 Cine Camera Actor 轨道层添加相机按钮，如图 8-182 所示。

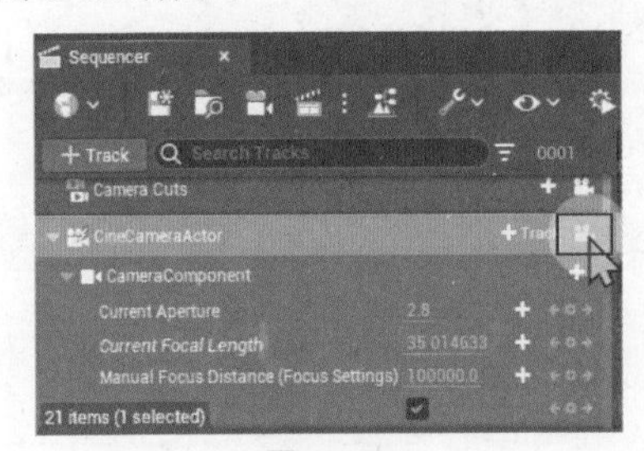

图 8-182

将时间轴定位到 0001 帧后，再在 Cine Camera Actor 的选项里找到 Transform 选项，单击标记关键帧，如图 8-183 所示。

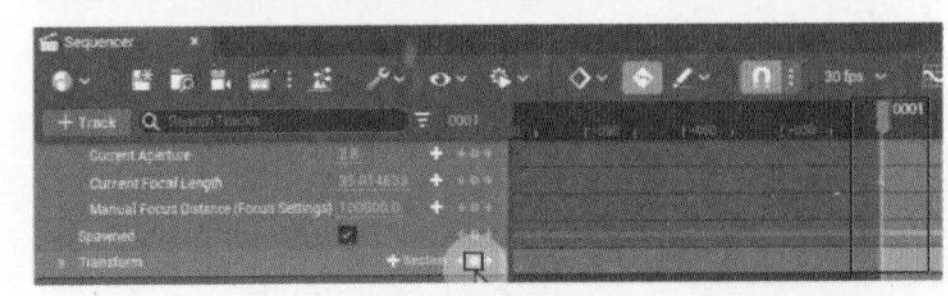

图 8-183

第一个关键帧摄像机所摆放的角度如图 8-184 所示。将时间轴拖动到第 0085 帧，摄像机的摆放角度如图 8-185 所示，制作第 2 个关键帧。

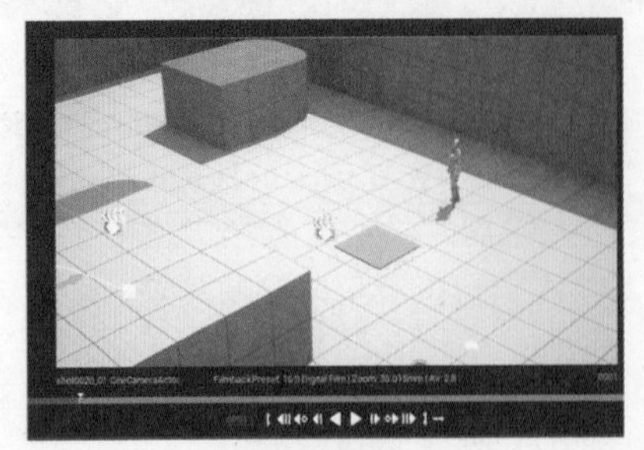

图 8-184

图 8-185

将时间轴拖动到第 0125 帧，摄像机的摆放角度如图 8-186 所示，制作第 3 个关键帧。将时间轴拖动到第 0174 帧，摄像机的摆放角度如图 8-187 所示，制作第 4 个关键帧。

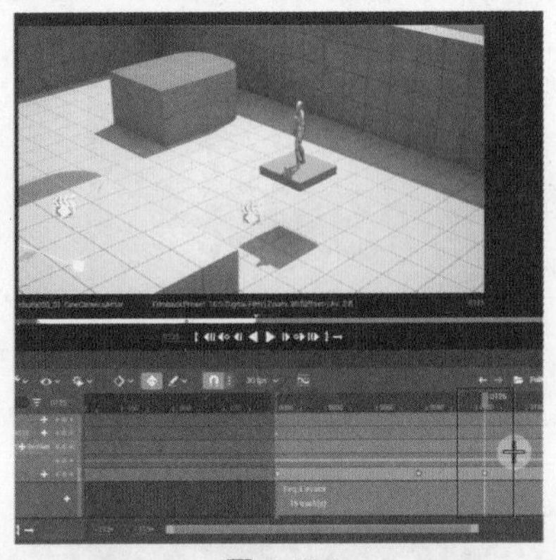

图 8-186

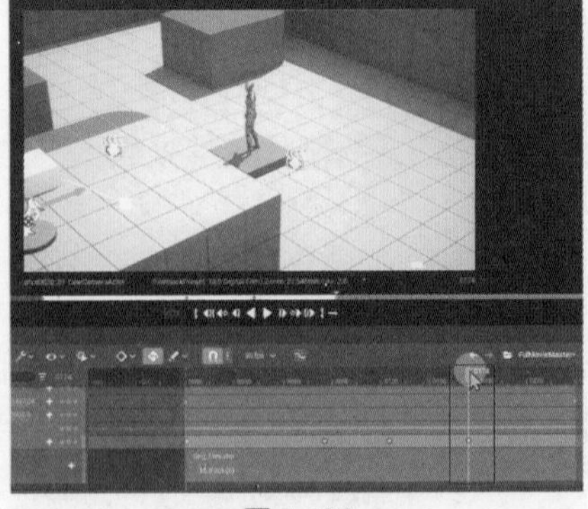

图 8-187

将时间轴拖动到第 0234 帧，摄像机的摆放角度如图 8-188 所示，制作第 5 个关键帧。

图 8-188

然后再对第二个动画进行播放检查，发现没问题后，第二个动画就制作完成了。现在回到总 Shots 层级，调整一下第二个动画的短片总长度，保证它可以被完整地播放完毕，如图 8-189 所示。

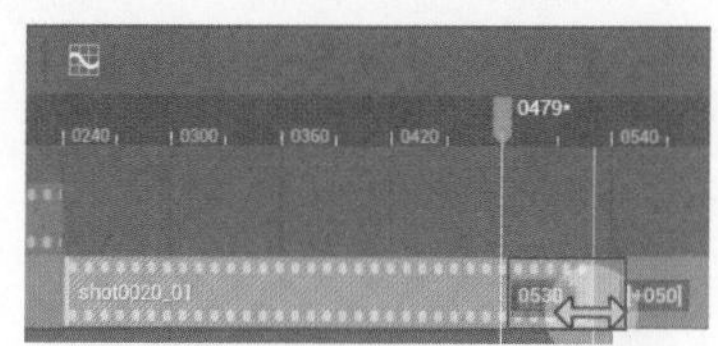

图 8-189

第三个镜头。在总 Shots 层级中单击 Shot0030_01，进入它的编辑界面，如图 8-190 所示。

图 8-190

在轨道层左上角找到并单击 Track（轨道层）→Subsequences Track（子序列跟踪），如图 8-191 所示。再单击刚加入轨道层的 Subsequences 轨道的 Sequence 选项，搜索并添加先前制作的文件 Seq_Run，如图 8-192 所示。

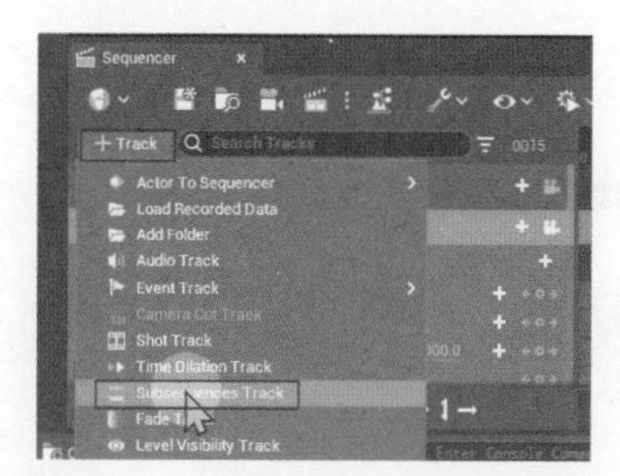

图 8-191

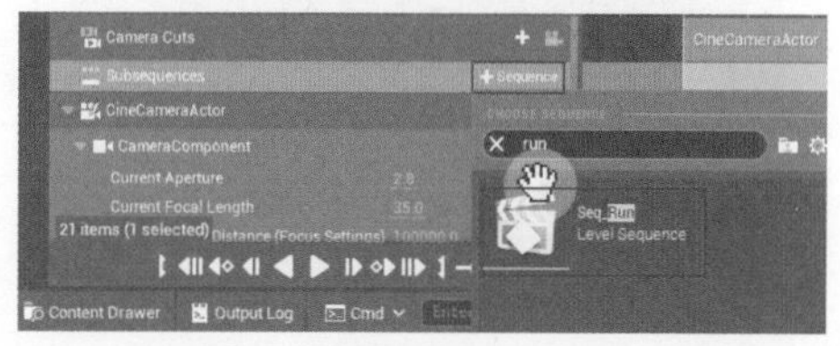

图 8-192

找到 Cine Camera Actor（摄影机演员）单击相机选项，再在视图内将摄像机角度摆放至如图 8-193 所示的位置。再在轨道层把时间轴定位到 0004 帧后，再在 Cine Camera Actor 的选项里找到 Transform 选项，制作第一个关键帧，如图 8-194 所示。

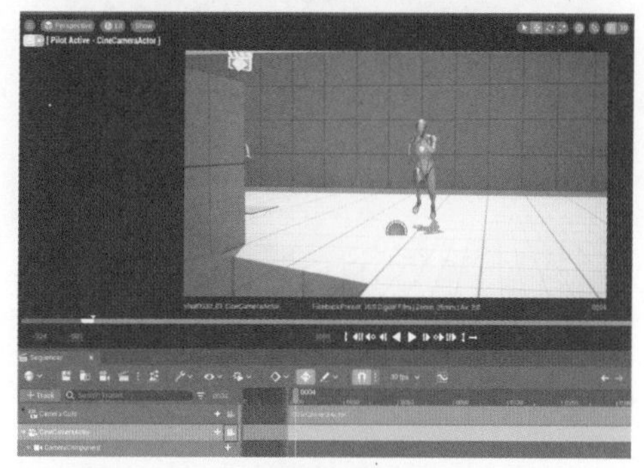

图 8-193

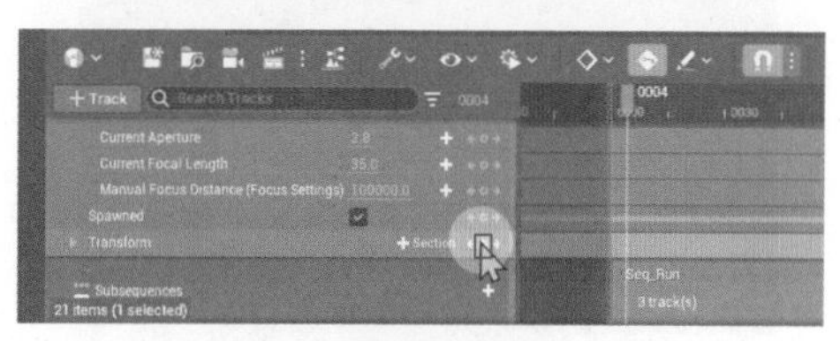

图 8-194

将时间轴拖动到第 0051 帧，摄像机的摆放角度如图 8-195 所示，制作第 2 个关键帧。将时间轴拖动到第 0073 帧，摄像机的摆放角度如图 8-196 所示，制作第 3 个关键帧。

图 8-195

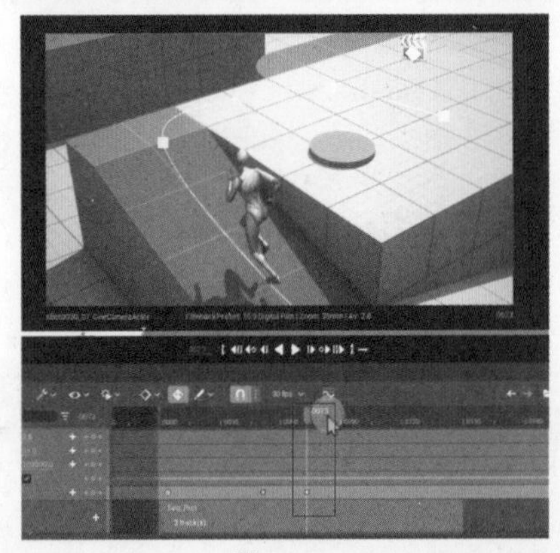
图 8-196

将时间轴拖动到第 0107 帧，摄像机的摆放角度如图 8-197 所示，制作第 4 个关键帧。将时间轴拖动到第 0140 帧，摄像机角度摆放角度如图 8-198 所示，制作第 5 个关键帧。

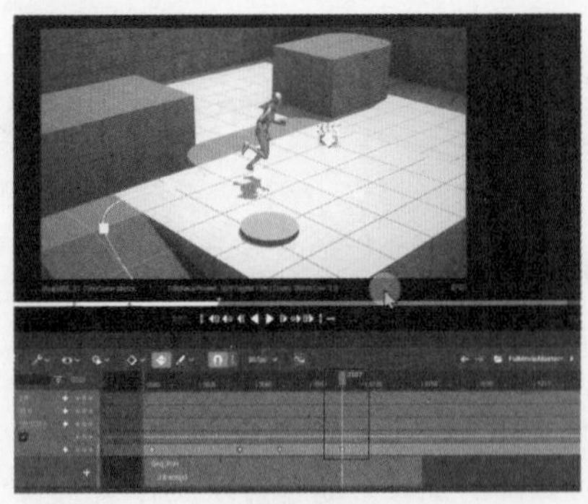
图 8-197

图 8-198

制作完毕后，回到总 Shots 层级，由于 Seq_Run 文件的时长有限，并没有超出 Shot0030_01 动画规定时长。为了让动画更紧凑，不存在空镜头，将总 Shots 层级的时间轴定位到 Shot0030_01 淡红色界限处，如图 8-199 所示。再单击 Sequencer 里的保存按钮，进入保存界面，单击 Save Selected 按钮进行保存，如图 8-200 所示。

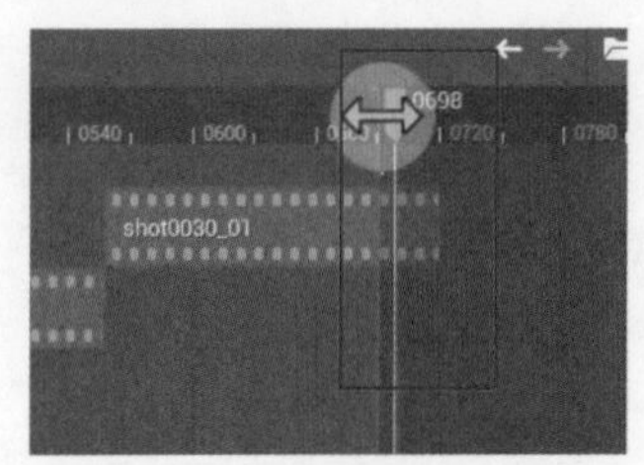

图 8-199

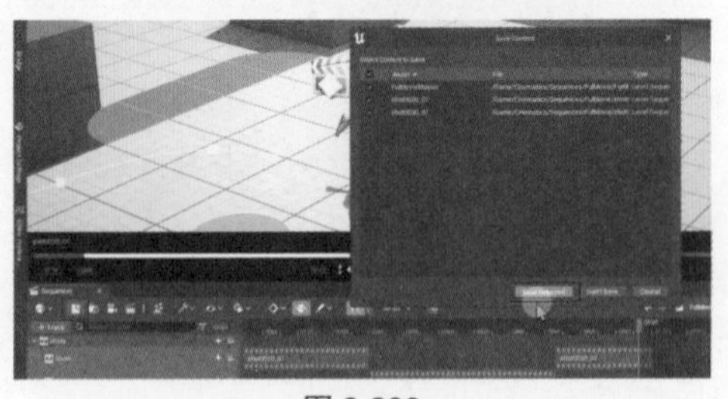
图 8-200

测试播放时，会发现一些错误。

错误一：镜头一里的人物角色消失了。

在检查时，发现镜头 1 中的角色消失了，这是因为修改了第二个镜头的缘故。在制作 Sequencer 时要注意，当修改镜头时，也可能会影响其他镜头的场景，如图 8-201 所示。要解决这一问题，双击 Shot0010_01，进入它的编辑页面，如图 8-202 所示。

图 8-201

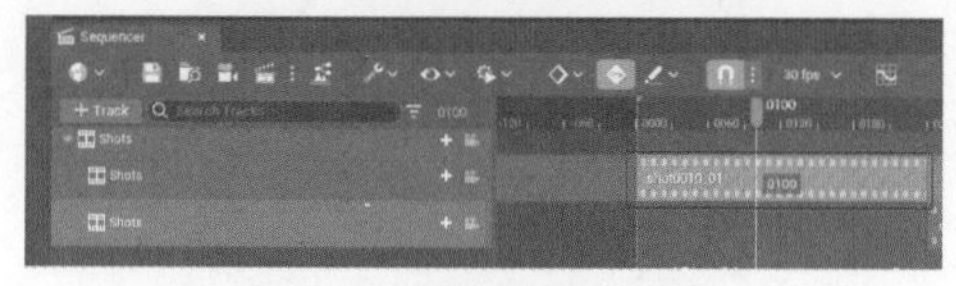

图 8-202

在场景中选中角色后，在 Outliner 中找到被高亮的选项：美女，如图 8-203 所示。

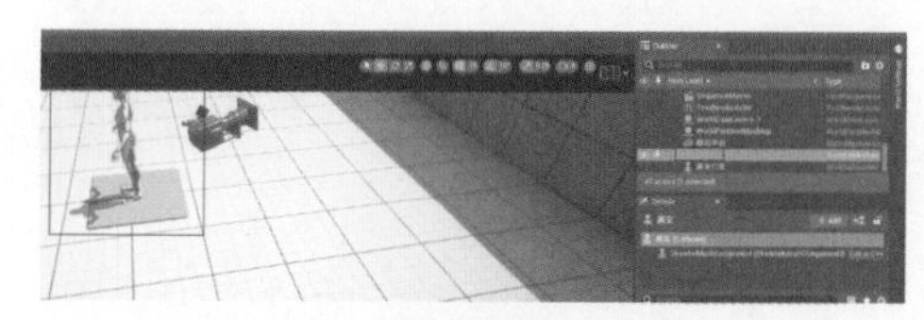

图 8-203

将其拖动到轨道层级内，如图 8-204 所示。由于添加角色后，场景会自动跳转为 No Active Mode（不可活动模式），所以要在左上角单击选项，转换模式为 Select（选择）状态，如图 8-205 所示。

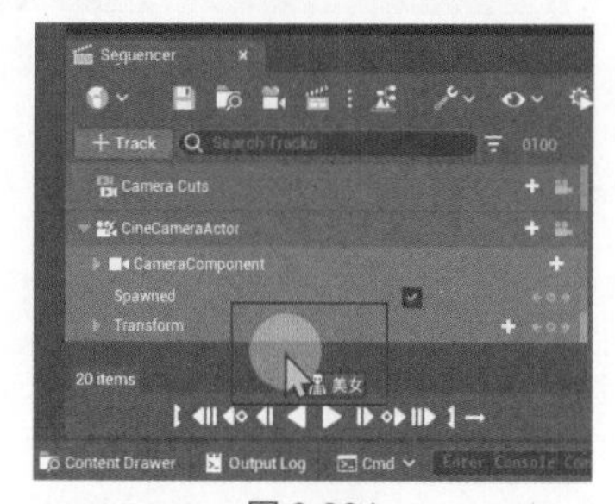

图 8-204

再在视图中将角色拖曳进摄像机前，如图 8-206 所示。此时再对 Shot0010_01 进行播放，就可以在视图中看见角色了，如图 8-207 所示。

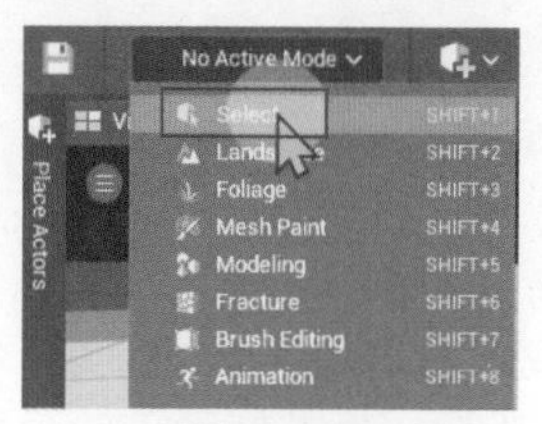

图 8-205

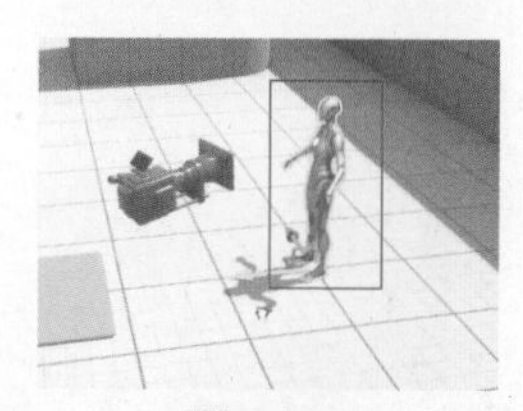

图 8-206

图 8-207

错误二：穿帮问题。

在播放短片 2 时，在右下角位置发现了镜头穿帮问题，如图 8-208 所示，这是由于短片 3 的角色初始位置与短片 2 产生了冲突所导致的。双击 Shot0020_01，进入短片 2 的编辑界面，如图 8-209 所示。

图 8-208

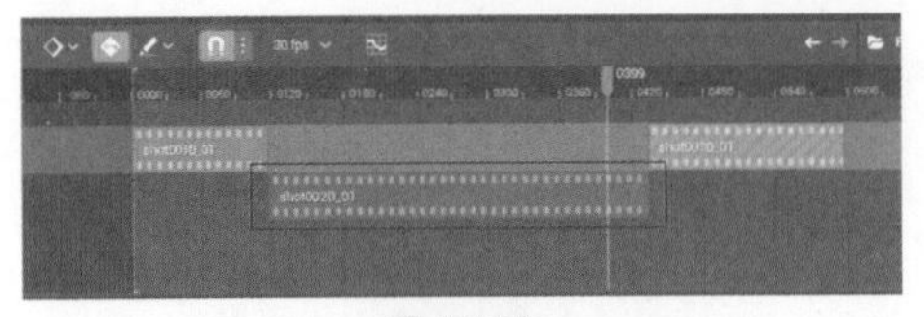

图 8-209

在场景中选中角色后，在 Outliner（大纲）中找到被高亮的选项：美女行走，如图 8-210 所示。将其拖动到轨道层级内，如图 8-211 所示。

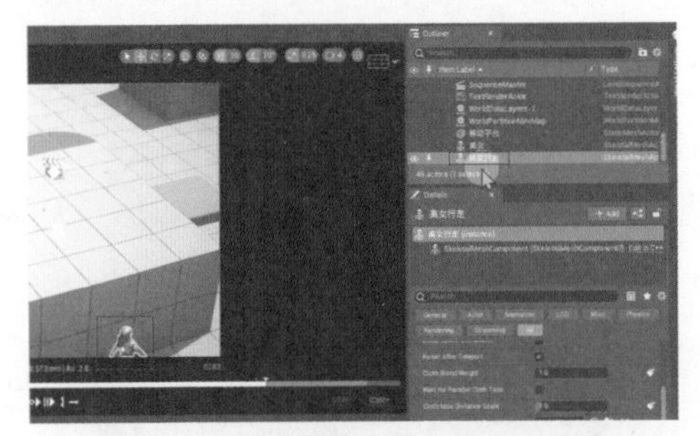

图 8-210

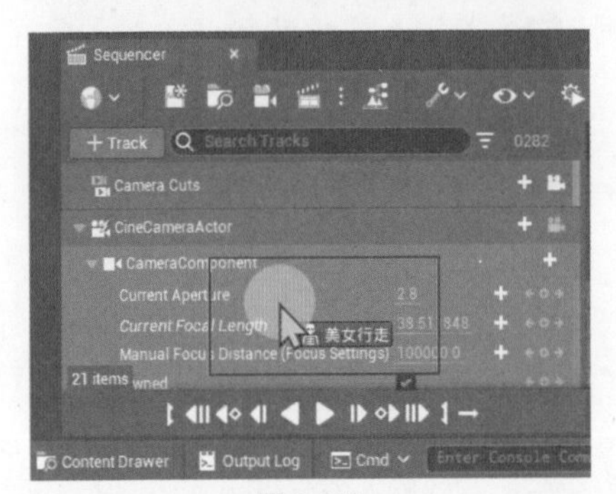

图 8-211

添加美女行走的轨道层后，找到并删除它的子轨道：CR_Mannequin_Body，因为在这个短片里用不到这一个轨道层级，如图 8-212 所示。由于添加角色后，场景会自动跳转为 No Active Mode（不可活动模式），所以要在左上角单击选项，转换模式为 Select 状态，如图 8-213 所示。

再在视图里选中角色，移动至短片 2 的摄像机镜头范围外的区域中，如图 8-214 所示。

拖曳完以后，在美女行走的选项中找到 Transform-Location（位置）选项，为它标记关键帧，如图 8-215 所示，这样可以将角色固定到移动位置，不妨碍短片 2 摄像机的正常拍摄。

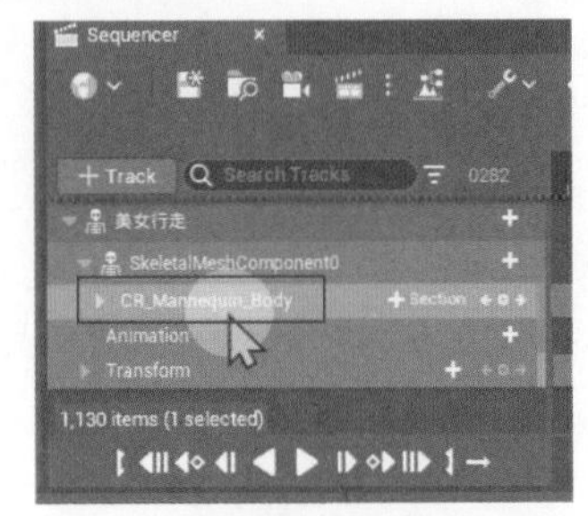

图 8-212

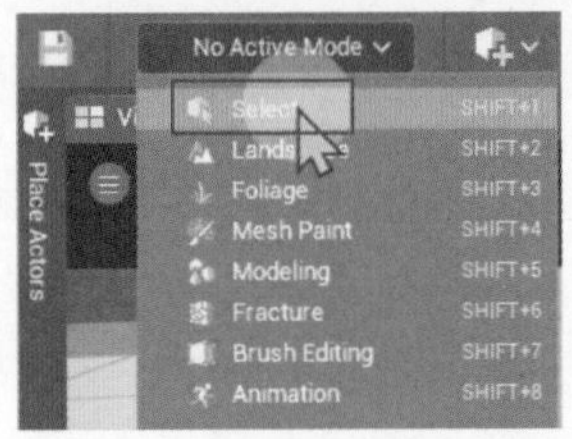

图 8-213

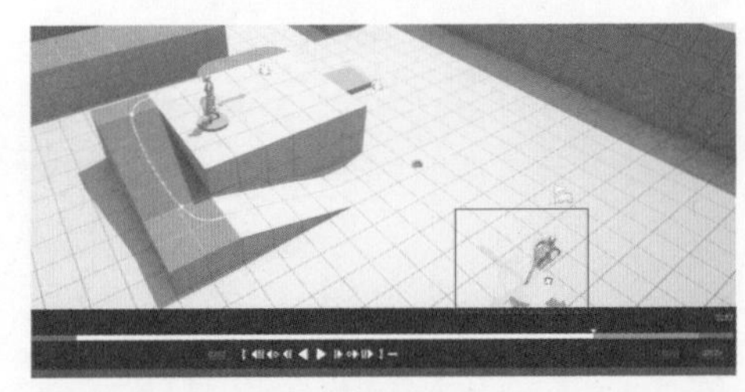

图 8-214

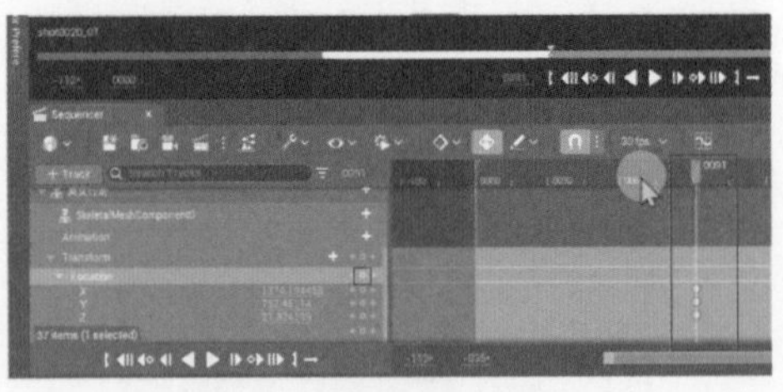

图 8-215

在教程视频中，此处是使用了自定义的快捷键【C】来做到一键切换到摄像机视角，从而完成移动角色的操作的，若想要与教程视频中演示的一样使用快捷键来达成一键切换摄像机视角，可以找到 Editor Preference（编辑器首选项），搜索 Actor

Pilot Camera View 选项，单击它的选项栏并按【C】键，就可成功设置好快捷键了，如图 8-216 所示。

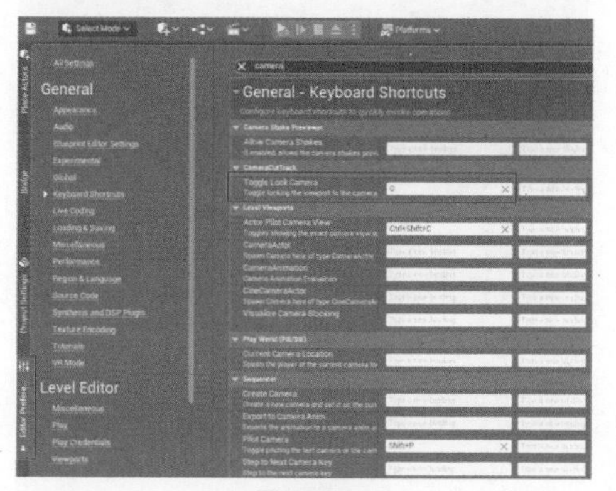

图 8-216

错误三：镜头跳动。

在短片 3 处有明显的镜头跳动，这是由于素材文件并没有放置在正确位置，进入到 Shot0030_01 的编辑界面，将 Seq_Run 拖曳至与起始线重合处即可，如图 8-217 所示。

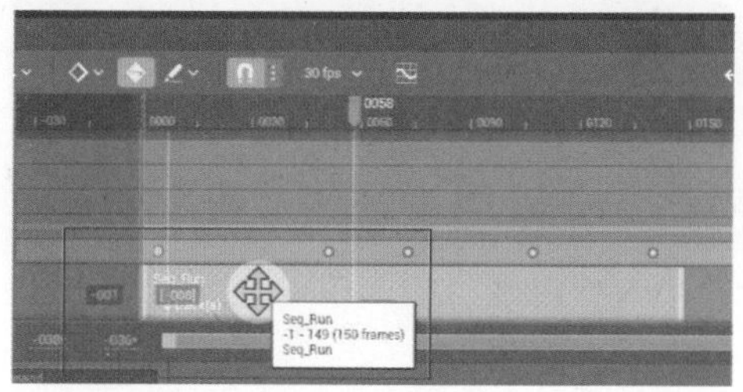

图 8-217

错误四：角色消失。

短片 3 动画末尾，角色走到既定位置后突然消失，这是因为虚幻引擎中运行的 Sequence 结束后，会将它所引用的演员物体全部物归原位。所以短片 3 的角色并不是突然消失，只是 Seq_Run 文件播放完毕后，角色回归到最初设定位置了，又因为在短片 3 中，Seq_Run 的动画文件时长比短片 3 的时长短，导致 Seq_Run 文件播放完毕后还有一段摄像机空置期，会将角色回归最初设定位置的动画也拍摄记录下来，如图 8-218 所示。

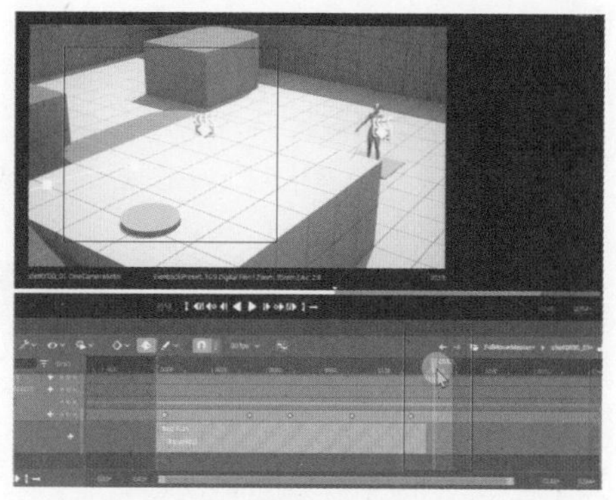

图 8-218

为了解决这一问题，可以单击进入 Seq_Run 动画文件中，如图 8-219 所示。

图 8-219

将其轨道层中的所有动画全都延长至淡红色界限后，如图 8-220 所示。

图 8-220

再回到上一层级的 Subsequences（子序列），将 Seq_Run 的时长延长至粗红线处，如图 8-221 所示。

图 8-221

现在动画就不会有角色消失的问题了。

制作多版本的短片。在实际项目中，通常会针对短片呈现多个不同的方案以供项目方选择和比较。如何才能在一段短片中实现多种方案并存呢？此时，可以借助 Take（镜头）工具来实现。

以短片 1 做案例进行演示。短片 1 现存版本影片镜头为往前推进，但想添加一个镜头往后推进的方案作为短片 1 的备选版本。右击 Shot0010_01 文件，在弹出的快捷菜单中选择 New Take（新的采取）命令，如图 8-222 所示。系统会将新镜头命名为 shot0010_02，单击 Save 按钮进行确认，如图 8-223 所示。

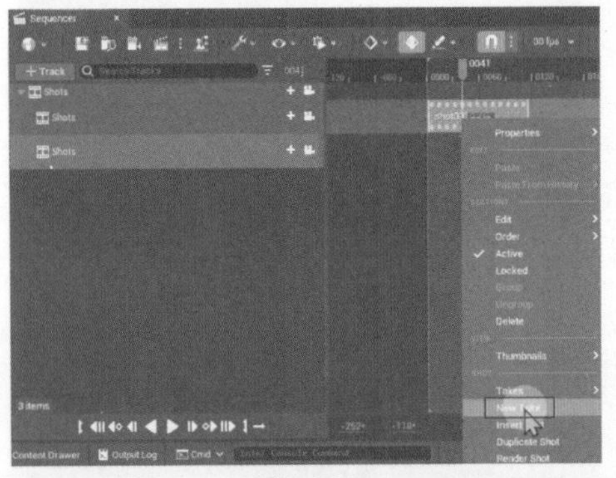

图 8-222

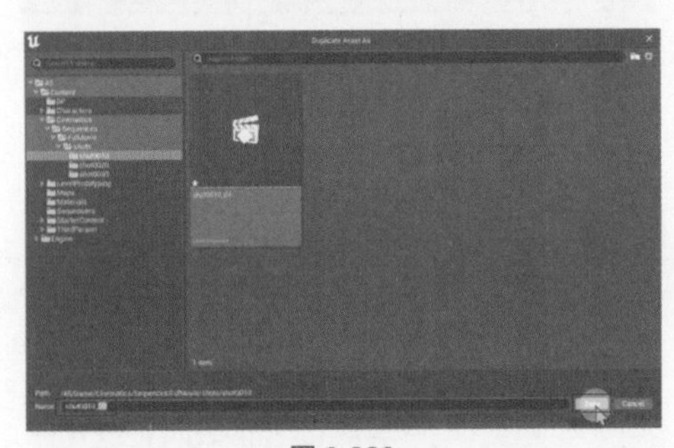

图 8-223

此时发现在轨道层曾存在的短片 1：shot0010_01，变成了短片 1：shot0010_02。现在，要对 shot0010_02 进行编辑，双击进入它的编辑界面，如图 8-224 所示。

图 8-224

在 Camera Component（相机组件）的子轨道层中找到 Transform，并在起始帧处按下记录关键帧，然后在视图视角将镜头摆放至如图 8-225 所示的位置。将时间轴拖动到第 0112 帧，单击 Camera Component 按钮激活摄像机后，再将镜头拖动到如图 8-226 所示的构图，记录下结束关键帧。

图 8-225

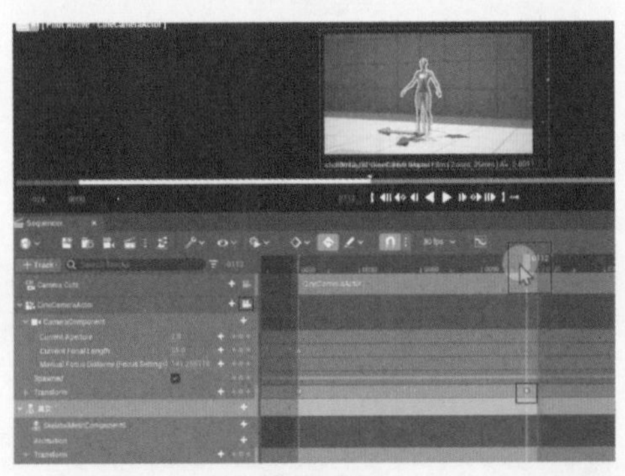

图 8-226

再将结束关键帧拖曳至粗红线之外，这可让短片 1 在播放时镜头一直处于向后拉远的状态，如图 8-227 所示。再回到总 Shots 层级播放可知，短片 1 的版本二就制作好了，如图 8-228 所示。

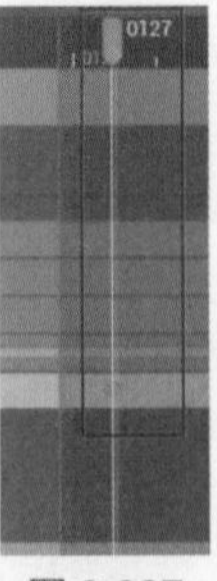

图 8-227

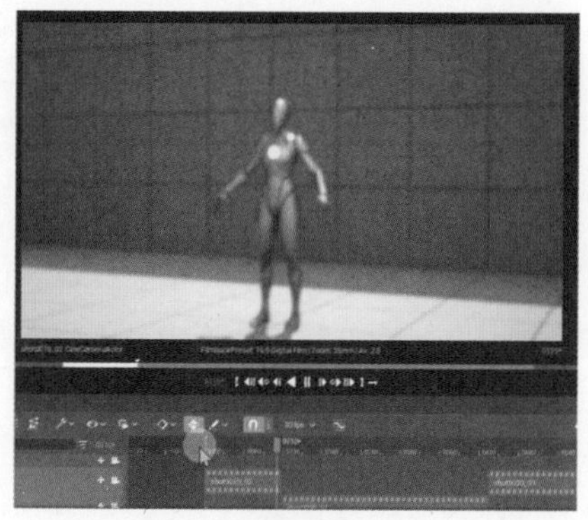
图 8-228

此时，若还想查看先前制作的短片 1 版本，可右击 Shot0010_02 短片，在弹出的快捷菜单中选择 Takes 命令，就可看见罗列出的 Take 序列。Take 序列号的命名与添加短片版本的先后时间有关，它会体现在短片文件名的扩展名上，Shot0010_01 的 Take 就会被命名为 Take1，也就是最初制作的短片 1 版本。单击 Take1，轨道层的 Shot0010_02 文件就会转换回 Shot0010_01 文件，以供使用。在 Take 序列中，前端有星星符号标志的 Take，就是当前影片所采取的 Take 短片版本，具体如图 8-229 所示。

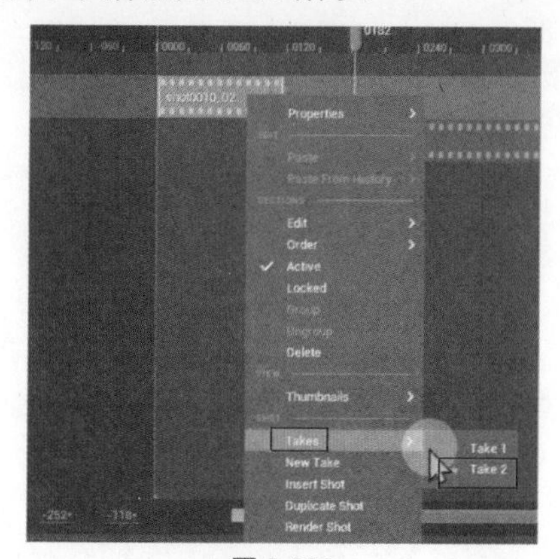

图 8-229

8.13　默认渲染器

本节来介绍虚幻 5 的默认渲染器。单击 Sequencer 的打板器，如图 8-230 所示。进入 Render Movie Settings（渲染电影设置），如图 8-231 所示，下面简单介绍它的重点内容。

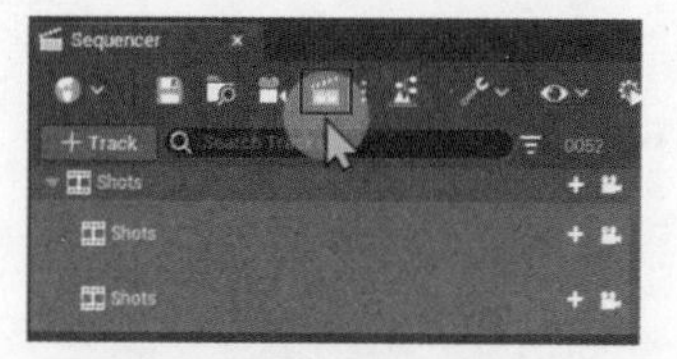

图 8-230

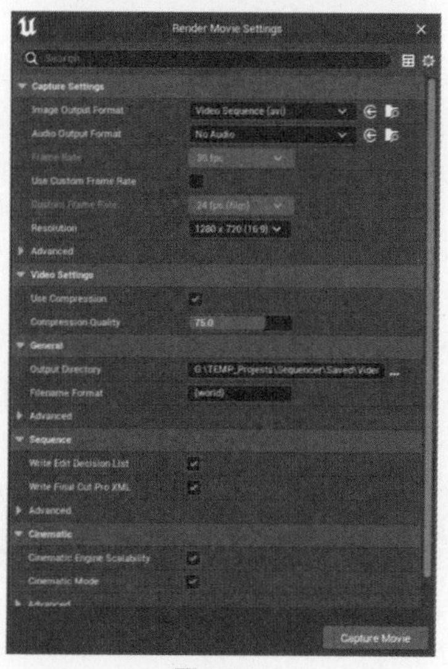

图 8-231

Image Out put Format（图像输出格式）。Image Out put Format 共有 6 种格式供用户选择，但是通常会选择用它来渲染 Video Sequence（avi）格式的序列帧，因为在虚幻引擎 5 里还有一个高清渲染器，它能比系统默认渲染器渲染出更好效果的动画，但它无法支持 Video Sequence（avi）格式的序列帧的渲染，所以通常在默认渲染器里选择渲染 Video Sequence（avi）格式的序列帧，以供反复检查和修改动画的参考视频使用。

Audio Output Format（音频输出格式）。在 Audio Output Format 里可以选择 Master Audio Submix（Experimetal）[主音频子混音（实验版）] 或 No Audio（无音频），若选择 Master Audio Submix（Experimetal），

可以单独输出一个音频文件，如图 8-232 所示。

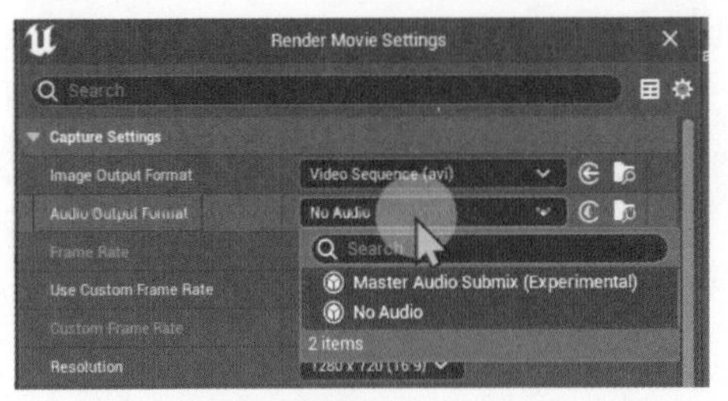

图 8-232

Frame Rate（帧率）。Frame Rate 选项一般采用最先设置 Sequencer 时所指定的数值，并不对它进行单独设置，但想要单独对它进行设置，也可以选择 Use Custom Frame Rate（使用自定义帧速率）复选框，如图 8-233 所示，激活 Custom Frame Rate 按钮，对帧率进行修改。

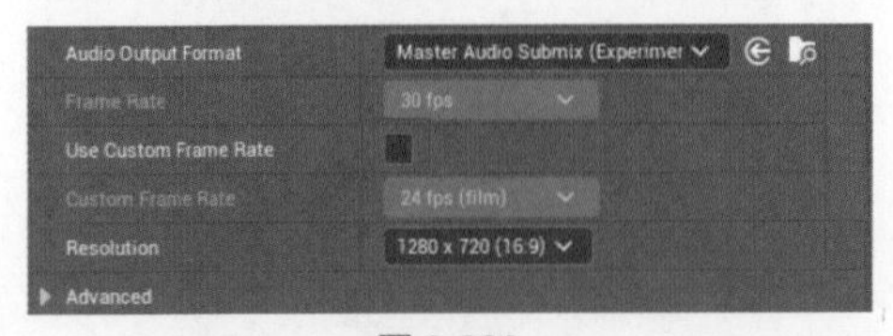

图 8-233

Resolution（分辨率）。可以在 Resolution 选项中指定系统所预设的几种常用分辨率，也可以选择 Custom 选项，自己指定分辨率，如图 8-234 所示。

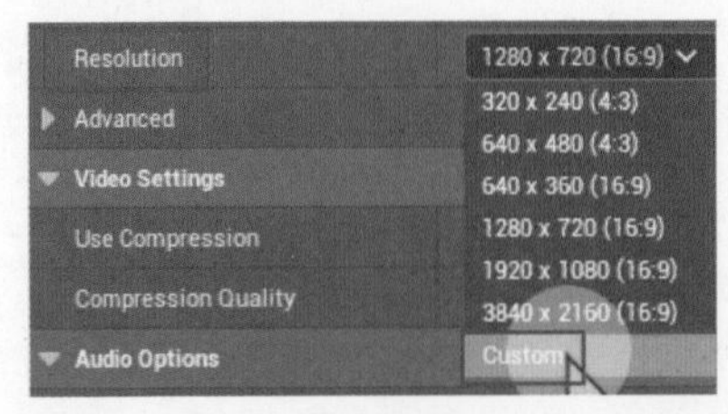

图 8-234

在分辨率自定义模式下，可以通过输入 Width（宽度值）和 Height（高度值），来确认最终分辨率，如图 8-235 所示。

图 8-235

Burn in Options（嵌入水印）。若要给视频添加水印，可以在 Burn in Options 的选项里选择 Use Burn In 复选框，然后在 Burn in Options 的 Settings 里设置水印内容，选择水印方式为文字还是图片形式，并且确认水印要在导出动画里的位置。在水印选项里，其中 Bottom Center Text（底部中心文字）选项中的水印显示的是动画时间码，在日常修改动画时经常作为定点标记来使用，如图 8-236 所示。

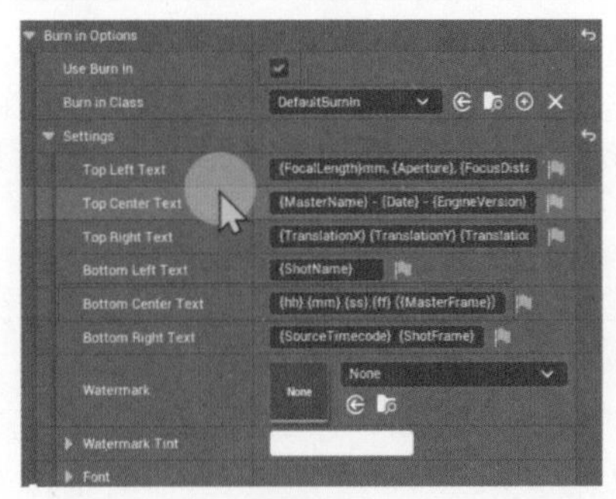

图 8-236

Viedo Settings（影片设置）里应关注的选项为 Compression Quality（压缩质量），如图 8-237 所示。一般情况下，该值的范围为 85 ~ 90，此时的影片质量与渲染时长间会达到某种平衡。当值为 100 时，表示影片未被压缩。

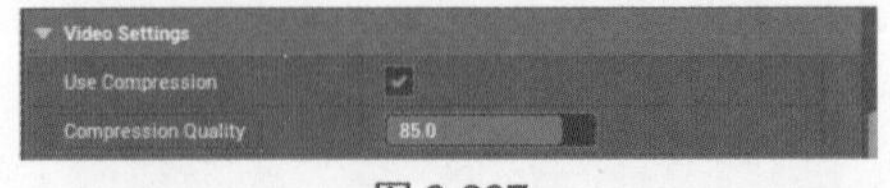

图 8-237

File Name（文件名）。渲染器里的 Audio Options（音频选项）→File Name 和 General（总）→File name Format（文件名格式）在默认情况下，会采用虚幻引擎 5 工程文件的名称来命名，也可以单独对它们进行重命名，如图 8-238 所示。

在 General→Output Directory（输出目录）中，可以指定渲染影片及其文件的最终保存位置，只要按下它的运行按钮即可，如图 8-239 所示。

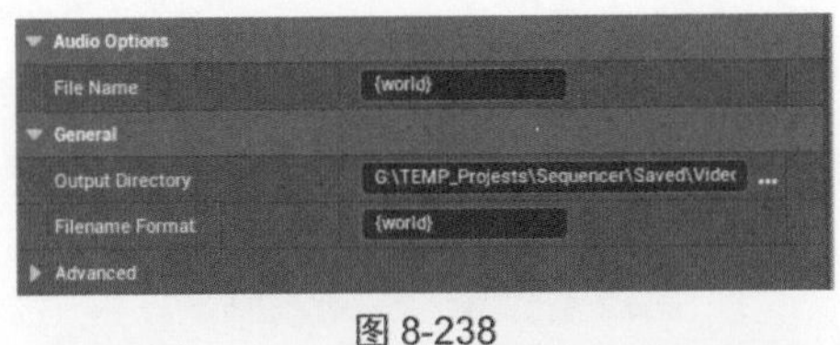

图 8-238

图 8-239

在 Sequence 选项里有 Write Edit Decision List（写入编辑决策列表）和 Write Final Cut Pro XML（编写最终切割专业版 XML）两个复选框，如图 8-240 所示。这两个选项的作用为：在渲染时会额外生成剪辑设置文件，以方便导入剪辑软件进行使用。如果没有这方面的需求，开启它会占用不必要的资源。

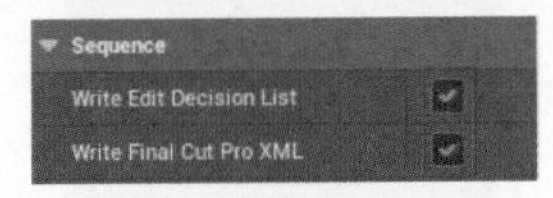

图 8-240

Cinematic（影片）里的 Cinematic Engine Scalability（电影引擎可伸缩性）和 Cinematic Mode（电影模式）保持默认选择状态，如图 8-241 所示，这样可以保持渲染影片质量为最高值。

图 8-241

展开 Cinematic→Advanced 列表，可以看到 Allow Movement（允许移动）选项，如图 8-242 所示。在制作影片时，它是没必要被选择的；但若要使用这一段渲染动画制作游戏的过场动画，并和游戏角色有所关联性，就要选择该复选框。

Cinematic→Advanced 列表的 Use Path Tracer（使用路径跟踪器）选项，如图 8-243 所示。若要选择该复选框，要先查看计算机是否支持光线追踪，当计算机支持光线追踪时，它被选择才会起作用。当它处于被选择状态后，渲染影片时每一帧都会以光线追踪的方法去渲染。

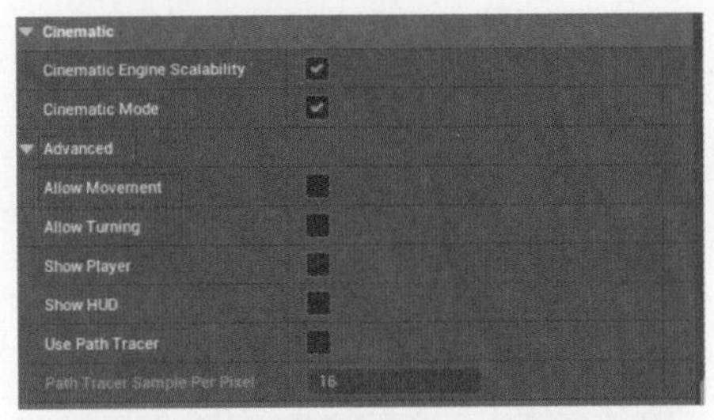

图 8-242

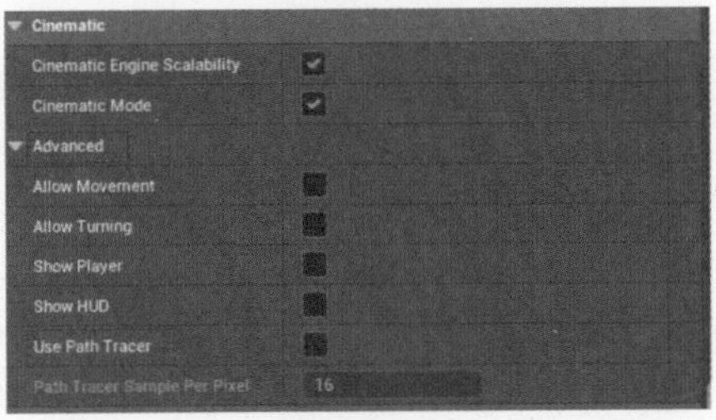

图 8-243

用它渲染出来的效果与原定看到的渲染效果可能会有差异，有些部分可能会是超预期的，有些部分也许会略有落差。

Animation→Warm Up Frame Count（预热帧计数）选项，是在影片里有关动力学或粒子相关设置时，可能需要设定的选项。因为要制作的一些粒子和动力学效果，有时并不需要它们初期生成时的形态，仅需要等它们生长稳定后的形态，此时，设定 Warm Up Frame Count（预热帧计数），可以提前预热粒子和动力学效果，当它们已经达到想要效果的时间后，再出现在影片里，如图 8-244 所示。

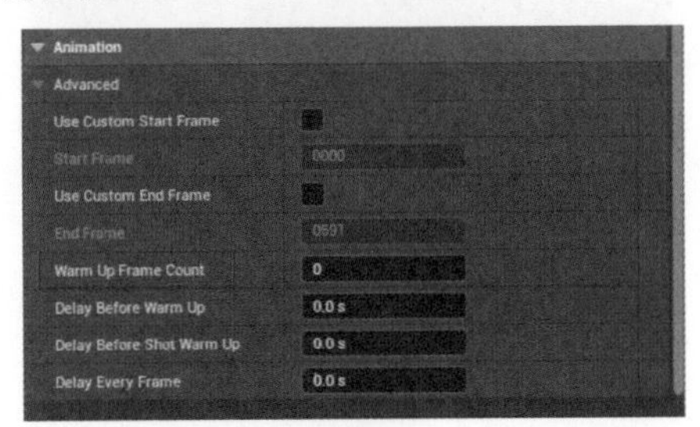

图 8-244

Warm Up Frame Count（预热帧计数）选项的每一单位数值代表影片中的一帧，可以直接根据需求输入所要预热的帧数，也可以通过输入“影片帧数 * 需要预热的影片秒数”的公式，让系统自动计算总共所需的帧数。如果影片的帧数为 30 帧/秒，而需要预热 5 秒时长，就可以在选项框里打入“30*5”，系统就会自动计算出需要 150 帧的数值，如图 8-245 所示。

图 8-245

渲染。当根据需求设置好默认渲染器与指定影片文件保存路径后，可以单击右下角的 Capture Movie（捕捉影片）按钮进行渲染，如图 8-246 所示。当默认渲染器正式开始运行时，会弹出一个 Movie Render Preview（电影渲染预览）框，显示渲染内容的预告，如图 8-247 所示。此时，可以看着预告再确认一遍渲染影片是否正确，等待正式渲染完毕即可。

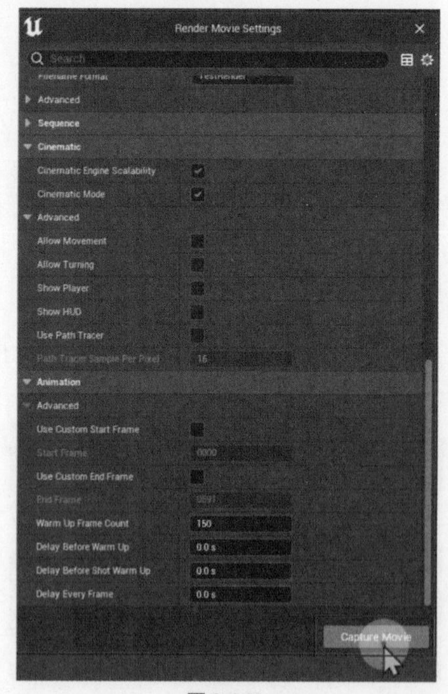

图 8-246

图 8-247

8.14 MRQ 高清渲染器

本节来介绍一下第二种渲染方式。首先打开一个插件，在顶部工具栏的 Edit（编辑）菜单里选择 Plugins 选项，如图 8-248 所示。

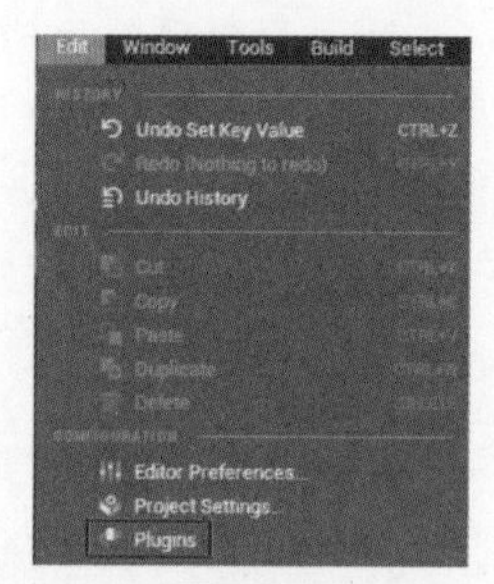

图 8-248

在搜索栏搜索并选择 Movie Render Queue（电影渲染队列）和 Movie Render Queue Additional Render Passes（影片渲染队列及其他渲染传递）的插件，如图 8-249 所示。

图 8-249

在弹出的提示框中单击 Yes（确定）按钮，如图 8-250 所示。选择插件后重启虚幻文件，现在可以在顶部单击定序器按钮，然后选择 SequenceMaster（序列主程序）选项，如图 8-251 所示。

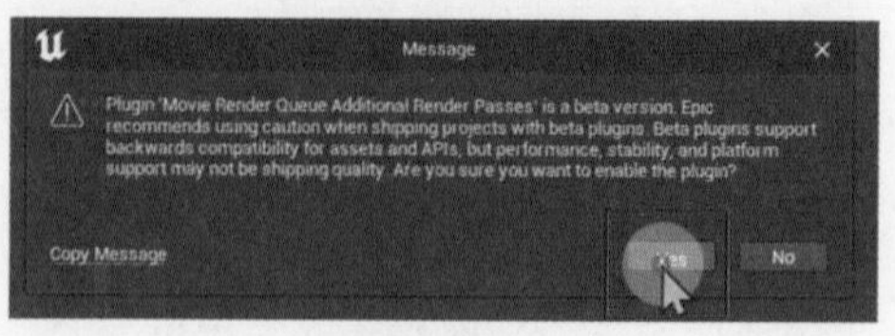

图 8-250

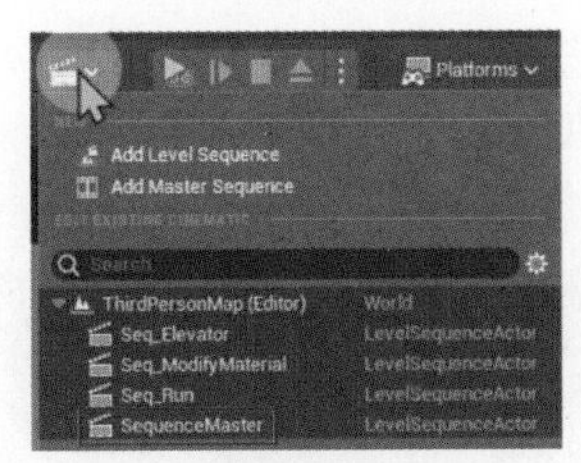

图 8-251

在 Sequencer 里找到渲染按钮，展开它的模式设置，确认它是否选择的是 Movie Render Queue，确认完毕后再单击渲染按钮，进入渲染选项，如图 8-252 所示。进入渲染选项后可以发现，Sequencer 的渲染每次并不是仅仅渲染一个片子，而是可以做到一次性渲染单个或多个场景里的多个片子，如图 8-253 所示。

图 8-252

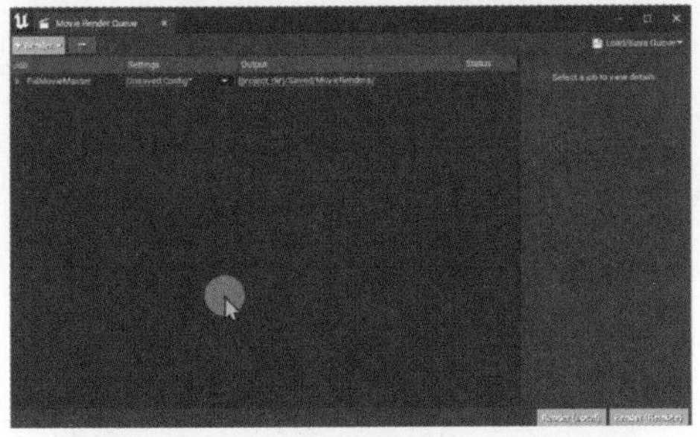

图 8-253

来简单介绍一下 Sequencer 的操作页面，在操作栏中可以看到多个任务选项，将它点开后，就能看见里面所包含的 Shot（短片）数量，如图 8-254 所示。当单击这些 Shot 的 Edit（编辑）按钮时，还能对它们进行单独编辑，如图 8-255 所示。

包含 Shot 的总任务栏 Settings（设置）→Unsaved Config*（未保存的配置）选项，也可以单击进去对它进行设置，如图 8-256 所示。

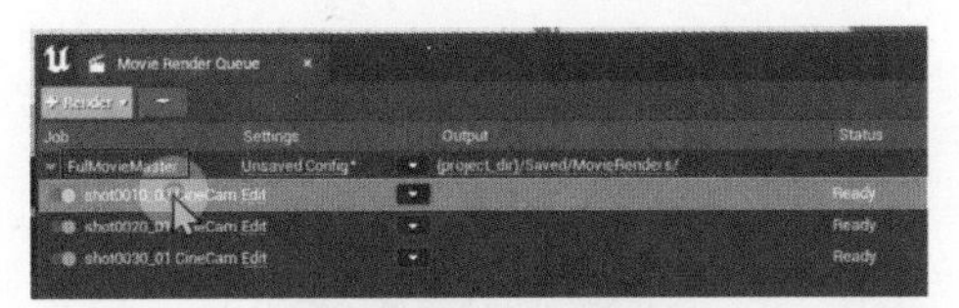

图 8-254

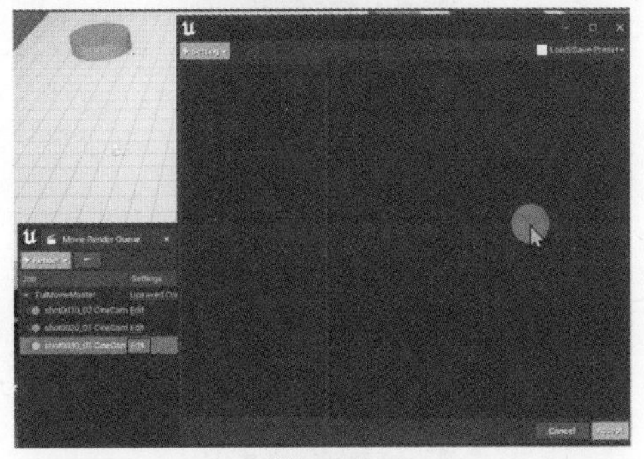

图 8-255

图 8-256

在 Unsaved Config 选项里，默认显示的是 3 个最基本的板块：Exports（导出）→.jpg Sequence（jpg 图片渲染设置）、Rendering→Defered Rendering（延迟渲染）、Settings（设置）→Output（输出），可以根据实际需求对它进行设置与应用，如图 8-257 所示。

图 8-257

若以上 3 个板块不能满足实际使用要求，还可以单击左上角的 Setting 按钮再添加其余板块，如图 8-258 所示。

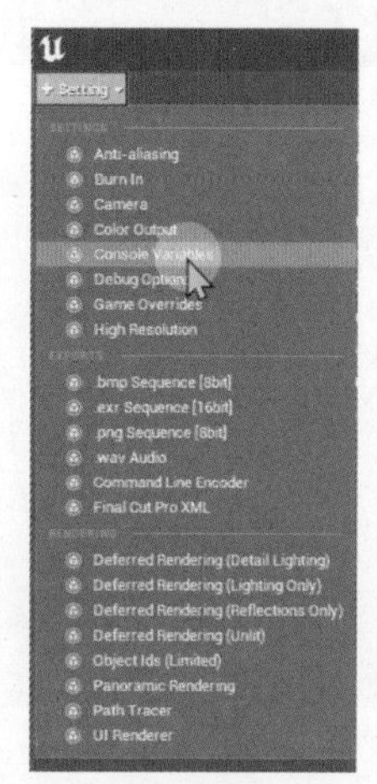

图 8-258

现在，简单介绍一下 Settings 里部分常用板块的具体概况。

有关渲染 Settings 的选项如图 8-259 所示。

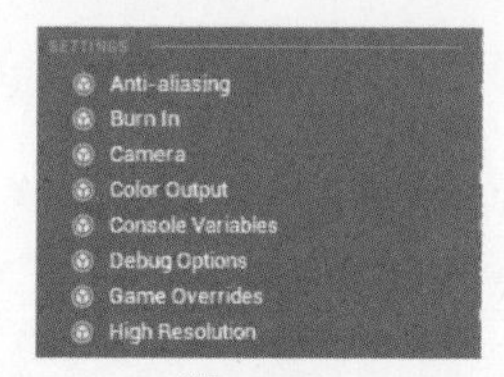

图 8-259

分别为 Anti-aliasing（抗锯齿）、Burn In（加水印）、Camera（相机）、Color Output（颜色输出）、Console Variables（控制台变量）、Debug Options（调试选项）、Game Overrides（游戏替代）和 High Resolution（高分辨率）。

这里要简要展开介绍的渲染 Settings（设置）的选项为 Anti-aliasing（抗锯齿），它可以帮助控制最终帧的采样数量，如图 8-260 所示。

展开 Anti-aliasing（抗锯齿）的 Render Settings 选项。

Spatial Sample Count（空间采样）：运行时会获取需要渲染的各个样本，然后多次渲染它们，到底渲染多少次取决于所给定的数值。

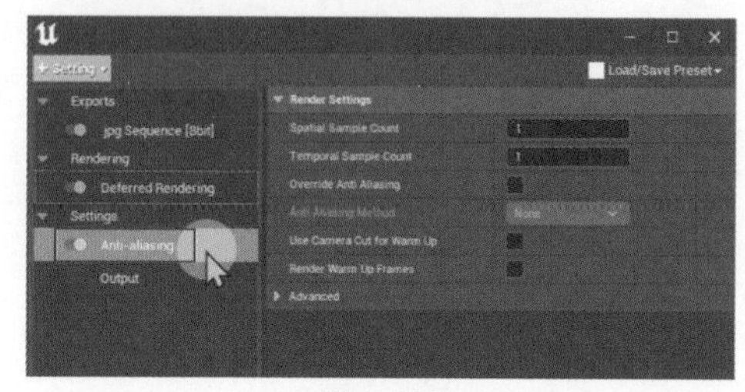

图 8-260

Temporal Sample Count（时间采样数值）：会根据所给定的数值，将数值大小范围内的序列帧认定为一个时间段，并在这个时间段里进行一次动态模糊或平均运算，如给定 Temporal Sample Count 为 3，那就是每 3 帧进行一次动态模糊或平均运算。

最终，渲染每一帧所采样的数值为 Spatial Sample Count（空间采样数值）*Temporal Sample Count（时间采样数值）所得出的数值。

需要注意的是，若 Spatial Sample Count*Temporal Sample Count 最终所得值超过 8，此时系统就会给出警告，如图 8-261 所示。

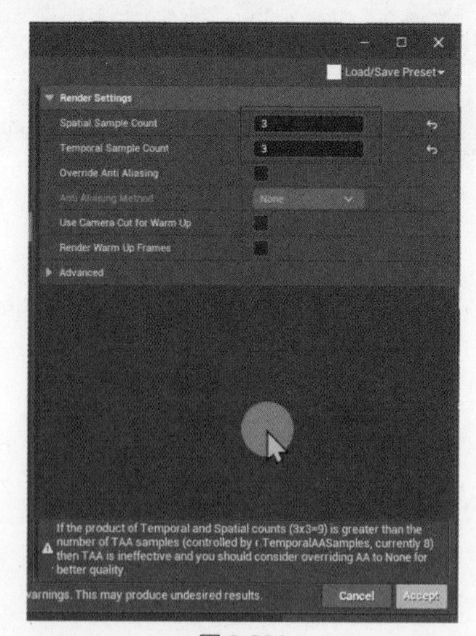

图 8-261

这是由于 TAA 的采样默认最大值是 8，而数值 9 已经超过了它的默认数值，那么就没必要再采取 TAA 的采样方法了，可以选择 Override Anti Aliasing［重载抗锯齿（覆盖抗锯齿）］复选框，激活 Anti Aliasing Method（抗锯齿方法），来选择除 TAA 方法以外的其他抗锯齿操作方法，如图 8-262 所示。

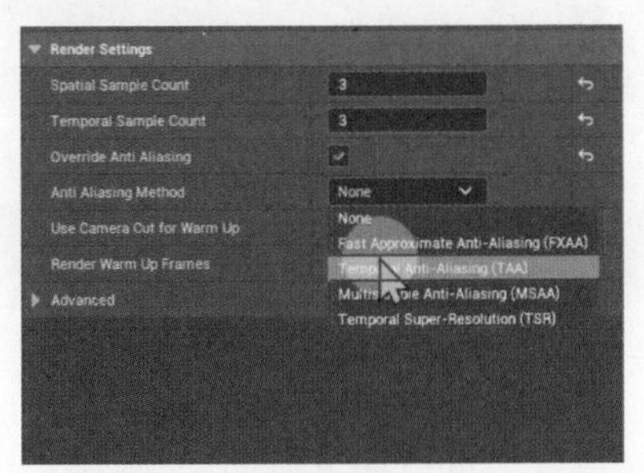

图 8-262

Use Camera Cut for Warm Up（渲染预热帧）：启用此设置后，将使用镜头切换（Camera Cut）轨道的多余范围来确定使用多少引擎前置帧。取消此设置后，系统将使用第二帧的增量来模拟第一帧的动态模糊。

Render Warm Up Frames（渲染预热计数）：如果启用此设置，影片渲染队列将渲染每个引擎前置帧。此设置默认为禁止开启状态以提高性能。但如果你的内容必须经过渲染器适当前置（例如 gpu 粒子或虚拟纹理），则必须启用。

Anti-aliasing（抗锯齿）的选项里还有 Advanced（高级）选项，如图 8-263 所示。

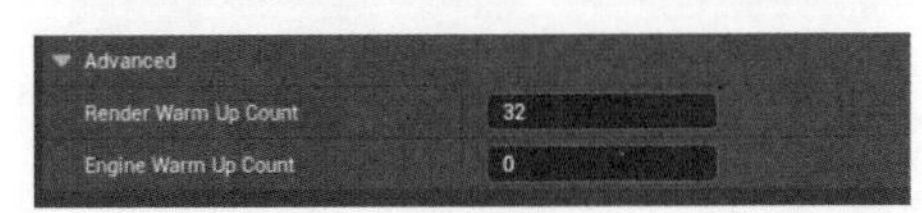

图 8-263

Engine Warmup Count（发动机预热计数）：表示在渲染开始之前，引擎运行的帧数。

Render Warm up Count（渲染预热计数）：控制渲染开始之前，用于构建时间历史的样本数量，来实现在第一个时间帧就有良好的抗锯齿效果，防止出现来自上一个镜头的“重影”。

High Resolution（高分辨度）：若寻求较高分辨率图像，如 16K、32K 等时，若计算机性能不足以支持此类高分辨率图像的计算，High Resolution（高分辨度）技术即可发挥作用。该技术通过在实际渲染过程中实施分格式渲染计算，从而降低计算机的计算负担，最终实现即使使用性能较低的计算机，也能渲染出超高精度图像的目标，如图 8-264 所示。

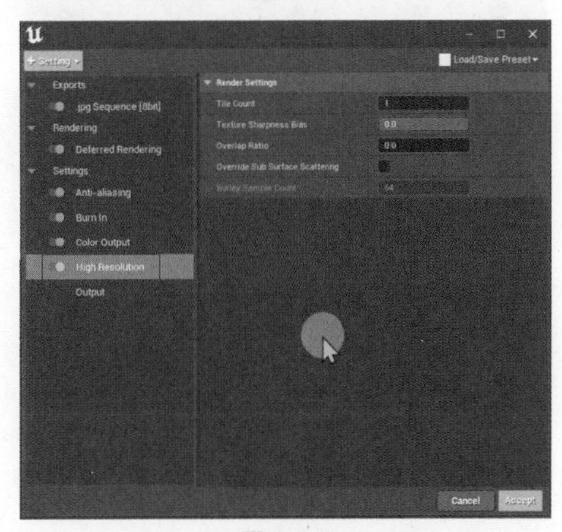

图 8-264

当想要渲染更高分辨率的图片时，要修改的是 Tile Count（切片计数）选项，如图 8-265 所示，但也要注意不能将数值设置得过高，这会导致图片因为切片过多而导致输出图片有太明显的受切割渲染的切边，影响最终图片的输出效果。

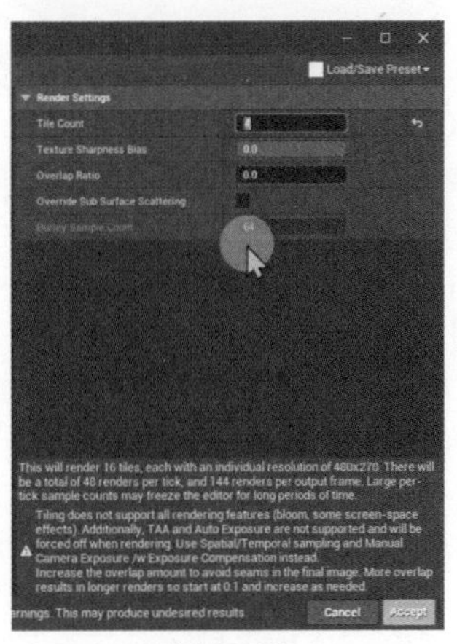

图 8-265

Object Ids（Limited）[对象 Ids（有限）]：在渲染完默认的场景后，它还会单独渲染其余层级的场景，可以选择 Full（全部）进行全部渲染，也可以选择所需要的选项，来选择想要渲染的那一部分内容，都可以通过 Object Ids（Limited）→Id Type（ID 类型）进行选择，如图 8-266 所示。

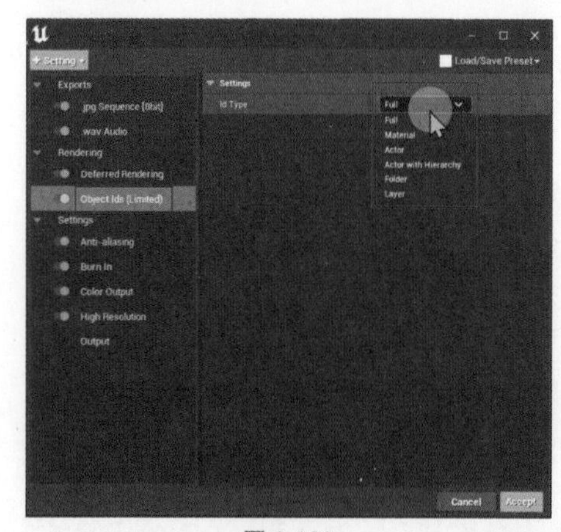

图 8-266

Object Ids（Limited）→Id Type（ID 类型）的选项包括 Material（材质）、Actor（角色）、Actor with Hierarchy（具有层次结构的演员）、Folder（文件夹）、Layer（层级）和 Panor Amic Rendering（面板 Amic 渲染）。

Panor Amic Rendering（面板 Amic 渲染）与 High Resolution（高分辨度）的工作原理一致，都是通过切片的方法来对作品进行渲染，不过它不是用单一的数值输入，再由系统内部计算来控制最终切片数。而是在它的选项设置里，可以直白地确定最终切片数。通过设置 Num Horizontal Steps（净水平步长）与 Num Vertical Steps（Num 垂直步骤）选项，能够确定作品横纵向切片的具体数值，如图 8-267 所示。

Panor Amic Rendering 也无法克服切片后，作品会因为被裁切片太小、太多，以至于渲染而有切边的缺点。在实际运行过程中，Panor Amic Rendering（面板 Amic 渲染）也会存在较多的 Bug，这可以在网上搜寻并添加相关插件进行解决。

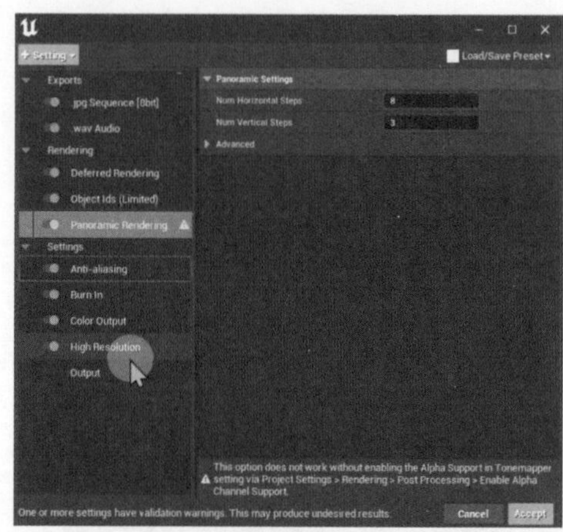

图 8-267

Path Tracer（路径跟踪器）里值得注意的选项为 Additional Post Process Materials（其他后期处理材料），它所控制的是采样数。

Path Tracer（路径跟踪器）采样数的大小与两个方面有关。一是与空间采样数量有关，每进行空间采样数一次，它的采样数就会多一份，如图 8-268 所示。

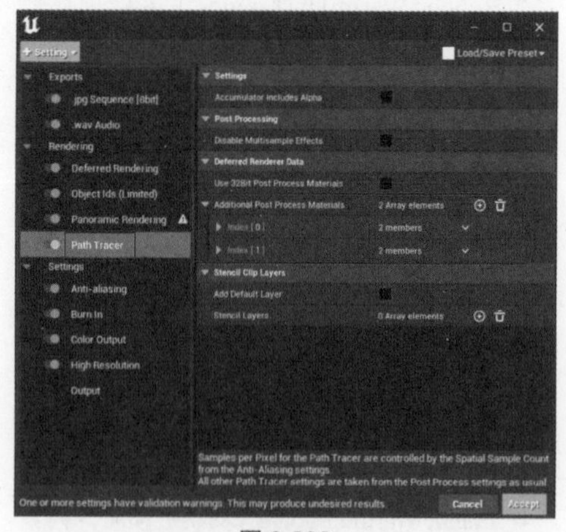

图 8-268

二是与如何设置 Path Tracing 里的各个选项参数有关。Path Tracing（路径追踪）里各个选项参数的设置都会直接影响到采样数。可以在场景的 Details 里找到有关 Path Tracing 的选项，如图 8-269 所示。

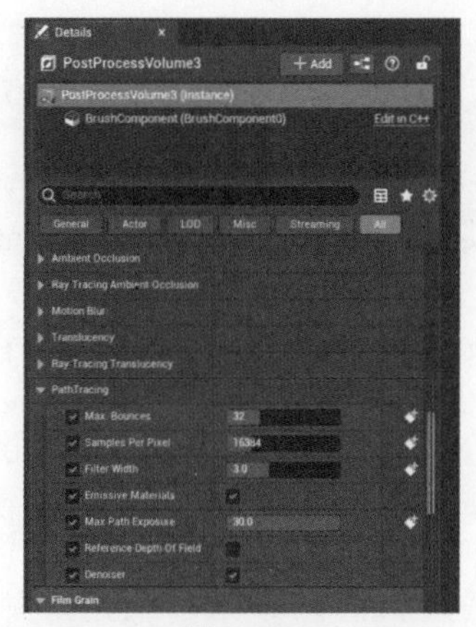

图 8-269

Path Tracing 适合用于渲染既干燥又不透明物体，或者光照简单的场景，它能让渲染效果达到最佳品质，但若场景中有很复杂的材质，使用 Path Tracing 渲染的效果就可能不太好。

有关 Exports（输出）的选项如图 8-270 所示，其中 .bmp Sequence [8bit]、.exr Sequence[16bit]、png Sequence[8bit]、wav Audio 是关于序列的文件格式，Final Cut Pro XML 是关于剪辑的文件格式，Command Line Encoder 的含义为命令行编码器。有关 Rendering 的选项如图 8-271 所示。

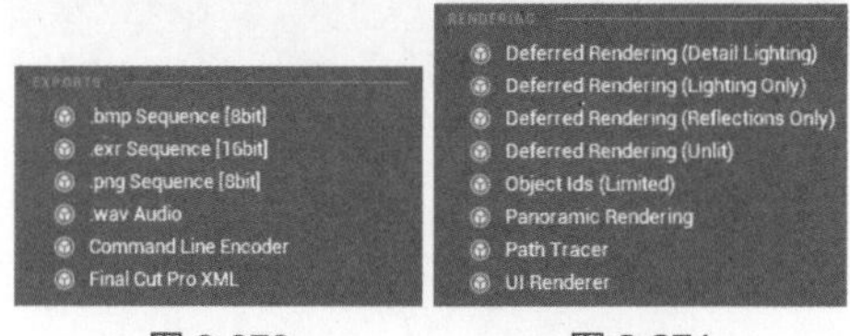

图 8-270　　图 8-271

分别为 Deferred Rendering（Detail Lighting）（延迟渲染）、Deferred Rendering（Lighting Only）[延迟渲染（仅限照明）]、Deferred Rendering（Reflections Only）[延迟渲染（仅限反射）]、Deferred Rendering（Unlit）[延迟渲染（未点亮）]、Object Ids（Limited）[对象 Ids（有限公司）]、Panoramic Rendering（全景渲染）、Path Tracer（路径跟踪器）和 UI Renderer（UI 渲染器）。

导出步骤。当在 Unsaved Config（未保存配置）的 Settings 里添加与设置完所需求的选项后，就可以在 Output（输出）板块的 Output Directory（输出目录）指定渲染文件的最终保存位置，Output Resolution（输出分辨率）指定渲染动画大小后，单击 Accept 按钮进行确定，如图 8-272 所示，接下来，就要正式进行导出影片的步骤了。

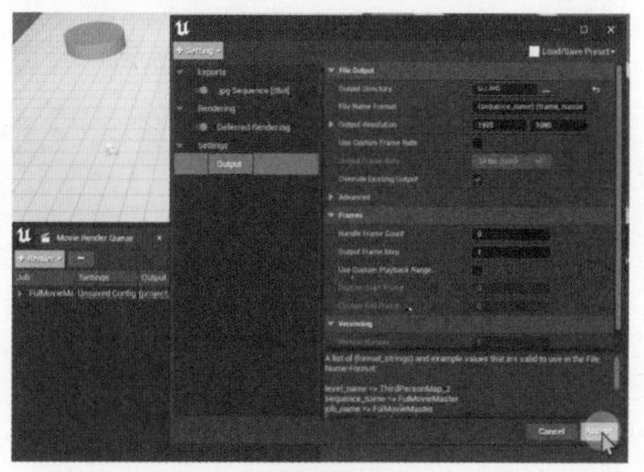

图 8-272

回到 Movie RenderQueue（电影渲染队列），可以看到右边的列表栏。

Sequence 选项所显示的是针对这个片段，Sequence 所调用的是什么文件，Map（地图）选项所显示的是针对这个片段，它所调用的是什么地图，如图 8-273 所示。

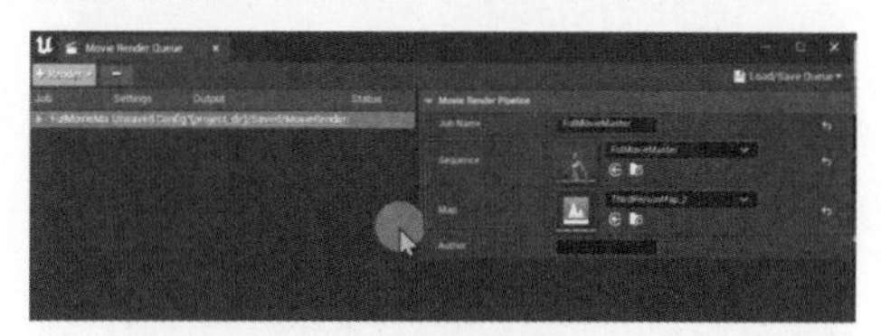

图 8-273

查看文件没问题后就可以进行渲染了，渲染共有两个选项，一个是 Render（Local）（本地渲染），另一个是 Render（Remote）（远程渲染），这里选择 Render（Local），如图 8-274 所示。

现在，UE5 就已经开始帮助渲染动画了，在渲染框里还可以看见 Render Preview，来查看所渲染的内容，如图 8-275 所示。

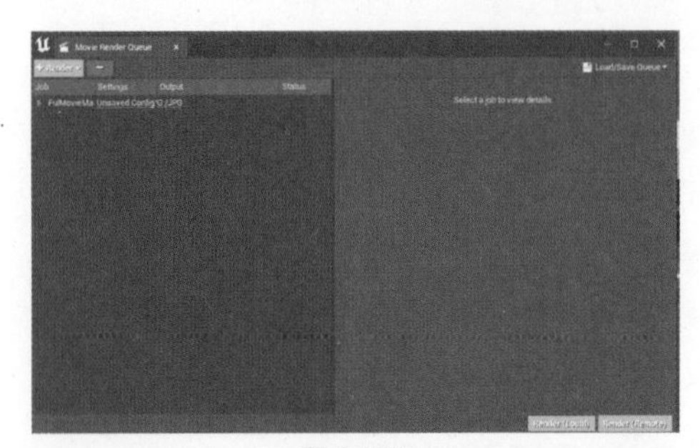

图 8-274

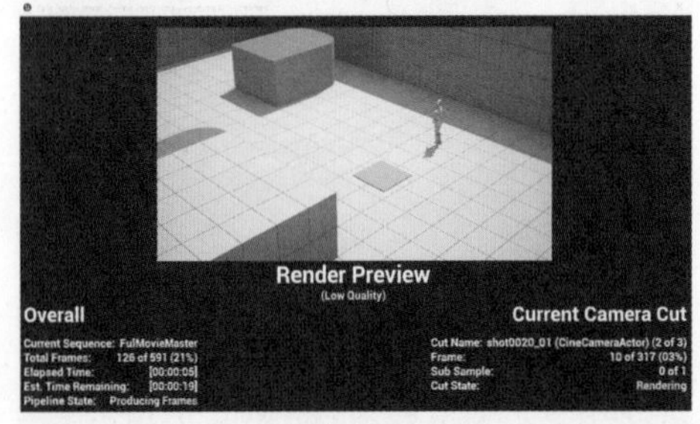

图 8-275

渲染完成后，系统可能会弹出警告框。针对这段动画的警告框所警告的是，因为动画里有慢镜头场景，但由于设置问题，渲染出来的动画并不会播放慢镜头的效果，如图 8-276 所示。针对此问题的解决方法为，在渲染器里单击进入渲染动画的 Settings→Unsaved Config（未保存的配置），如图 8-277 所示。

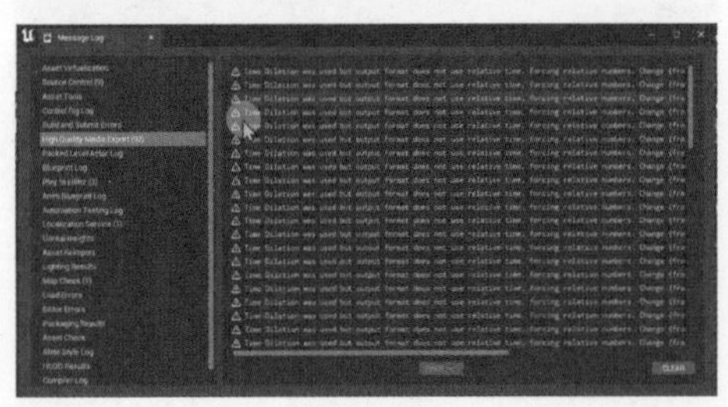

图 8-276

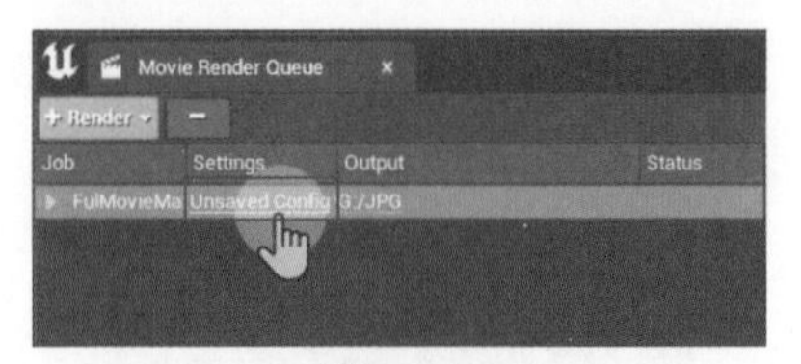

图 8-277

找到 Output 选项，在 File Name Format（文件名格式）为名称最后添加扩展名“_rel”，rel 扩展名会让动画导出时，时间重新排布一次，此时就可以将慢动作镜头也添加到渲染里了，如图 8-278 所示。现在对动画再重新渲染一次，再展开导出的序列帧，就会发现在动画里可以看到慢镜头效果了，如图 8-279 所示。

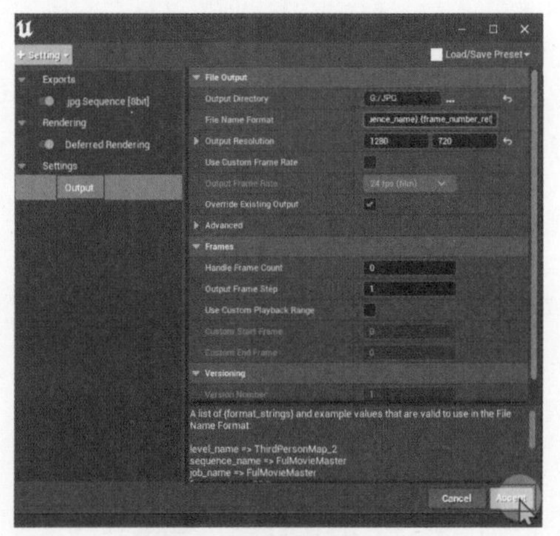

图 8-278

图 8-279

UE 蓝图交互技术

UE 蓝图交互技术作为游戏开发的得力助手，为 UE 游戏引擎赋予了强大的生命力。它以直观的图形化界面取代了传统的代码编写方式，让开发者能够轻松实现复杂的交互逻辑。

在 UE 中，蓝图是一种可视化脚本系统，通过节点与连接线的组合，将不同的功能或行为串联起来。每个节点代表一种行为或功能，而连接线则代表着数据或控制流的传递。通过简单的拖曳与连接，开发者便能构建出令人惊叹的交互流程，无论是角色的移动、AI 的行为还是战斗系统的运作，都能得到完美的实现。

蓝图交互技术为游戏开发带来了诸多优势，它降低了编程的门槛，使得非专业的程序员也能参与到游戏的开发中来，释放了更多的创意与可能性。同时，蓝图系统直观易懂的特性，使得开发人员能够迅速理解整个系统的运作逻辑，加速了项目的开发进程。此外，蓝图系统还具有高度的灵活性，方便进行修改和扩展，以适应各种不同的项目需求。

然而，蓝图交互技术并非完美无缺。由于其基于图形化界面的特性，对于习惯传统编程方式的开发者来说可能需要一定的适应时间。对于复杂的逻辑和高性能要求的项目，单纯的蓝图可能无法达到最优的效果。因此，在实际的项目开发中，通常会将蓝图与其他传统开发工具相结合，以实现最佳的开发效果。

总的来说，UE 蓝图交互技术以其独特的魅力，为游戏开发带来了革命性的变革。它让游戏开发变得更加高效、直观、灵活，为玩家带来了更加丰富与深入的游戏体验。无论是初学者还是资深开发者，都能在 UE 蓝图交互技术的帮助下，创造出令人惊叹的游戏世界。

9.1 蓝图的基本概念和思维方式

什么是蓝图？蓝图的全称为蓝图可视化脚本系统（Blueprints Visual Scripting），英文简称为 BP。

蓝图是虚幻引擎内置的一种无代码编程系统，具有高度的功能性。利用蓝图，足以构建一款复杂的游戏，市面上大约 90% 的游戏均可借助蓝图系统完成，而无须编写 C++ 代码。尽管蓝图在执行性能上稍逊于 C++ 代码，但对于大部分游戏而言，尤其在不需要大量数据查询的情况下，代码执行效率并非关键因素。因此，使用蓝图便足以制作一款小型游戏。

在大型游戏开发过程中，蓝图可助力快速创建游戏模型，供开发团队初步验证实际效果。随后，借助游戏模型，将游戏代码化以提高执行效率。此外，蓝图在影视制作领域同样具备强大功能。蓝图适用于高级视觉开发，之前的案例已充分展示了其优势。在视觉开发过程中，通过设置选项可提升工作效率，避免重复修改细节。同时，可将常用功能或模块整合至库中，以便日后项目使用。此外，设定项目选项后，可将其封装存档，便于在其他项目中调用，减少重复工作。

蓝图的程序设计思维方式。在蓝图编辑器里，共有 3 种模式是较为重要的，分别为“上帝”模式、“天使”模式和“诅咒”模式。

“上帝”模式：通过 Game mode 或者 Level BP 等 Game Play 级游戏设计框架的高权限蓝图来直接控制游戏规则。但由于“上帝”模式下的蓝图的任何操作都要亲力亲为进行调整，使用起来格外麻烦，所以经常将它应用在设定游戏世界的基础框架规则中，如当有原子弹爆炸时，整个世界清零；当这个世界人口达到某个数量时，游戏世界阶段进行进化等，如图 9-1 所示。

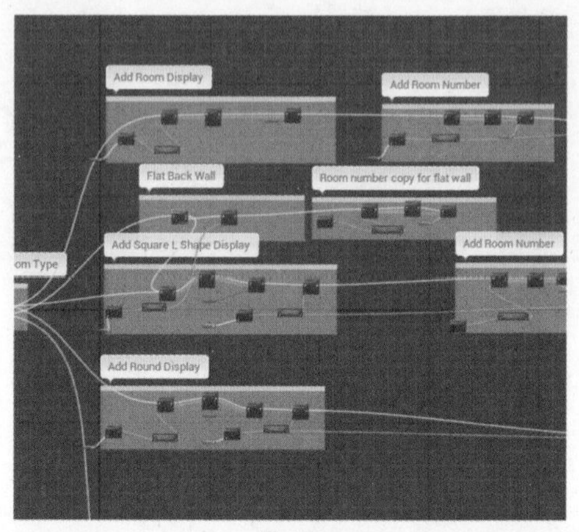

图 9-1

“天使”模式：由于在“上帝”模式下，任何事情都要亲力亲为，这样制作项目的效率太低，所以就会利用“天使”模式——让任意数量的 BP Actor 成为用户在 UE 中的“代理人”，它们就相当于上帝所指派的天使，会按照用户的设计自行行动并做出判断——来设计整个游戏的架构。

“诅咒”模式 Component（组件）：对于场景中已经存在的模型、灯光等物体，可以通过给它植入一个 Component 来让它实现特定的功能，这个 Component 就相当于一个咒语，所以把这种模式称为诅咒模式。

程序设计的基本流程。介绍完蓝图的程序设计的思维方式后，下面来了解一下程序设计的基本流程。为了更好地理解，可以将这个流程和整个过程比作“打仗”。

第一步：纸上谈兵。

在打仗前，总指挥都要先对整个战局进行谋划。程序设计的第一步也是这样，在打开虚幻引擎正式开始制作之前，可以先创建一个脑图或思维导图，设计好项目的工作方式和制作流程，指定好规则规范。等初步设定好整个项目的底层逻辑和框架后，就有基本的制作思路了，再打开虚幻引擎开始项目的实机制作也不迟。

第二步：招兵买马。

当进行完“纸上谈兵”步骤后，就要

开始“招兵买马”了——打开虚幻引擎开始项目的实际制作。在“招兵买马”阶段，要操练好士兵——进行蓝图（BP）的编程编辑；分配粮草——为蓝图（BP）分配相关的资产，如给项目分配特效、音效等。

第三步：上阵杀敌。

当在蓝图中将项目设定好之后，就要进入第三步上阵杀敌。为了使项目最终能顺利演示，要不停地对项目进行运行和测试，并根据测试的结果反复调整，“消灭”那些影响项目最终演示的 Bug（错误），保证项目的最终完成。

第四步：部队建制。

当项目能够完美运行后，就可以将已被验证的程序打包成一个项目素材包，以供日后使用。

程序设计阶段包括设计时和运行时。

设计时是指在“纸上谈兵”和“招兵买马”时进行的阶段，在编辑器尚未运行时做的一切工作。此时，编辑器中的一切都是“初始状态”，只会触发 Construct Script 事件 。

到达 Run time（运行）时，也就是“上阵杀敌”阶段，当单击 Play 按钮之后，场景里的一切物体都会进入运行时。在进入运行时之后，先前在蓝图中所设计的系统事件就会按照设定一一触发。

面向对象编程的基本概念。蓝图其实是一个面向对象的编程，面向对象的意思就是将要编程的所有东西都分成一个类（Class）或实例（Instance）去对待。

类（Class）的概念指的是在设计阶段的蓝图 Actor（演员），在类（Class）中的一切都是概念，它像一个载体。但将 Actor（演员）放置在场景中后，它就会变成了一个具体存在的实例，变成场景初始时实际存在的蓝图 Actor，必须与实际存在的物体互动。

Dynamic Instance（动态实例）就是在已经运行时，由其他程序临时生成创建的一个 Actor 实例，其中，材质的动态实例是可以改变参数的，而材质的静态实例是不可以改变参数的，只能在编辑器里才能编辑，在后面的材质实例里会深入讲解这部分知识。

蓝图设计的基本工作方式有两大概念，分别是 Event 和信息传递。

Event 的工作原理是给予命令或刺激时，做出反应。

信息传递：当某项功能或玩法需要多个 BP 共同完成时，就需要应用到信息的互相传递了。

因为一般情况下，都会指定每个 BP 只执行一个工作。所以，在遇到需要多个 BP 协作才能完成的项目时，要让各个 BP 间能配合得当，就要做好行动预案，留好事件接口。

BP 间的信息传递是通过事件、函数、宏等传递通知的，通过指定变量改变参数来传递数据。

面对对象编程思维方法要诀。面对对象编程时，一般从以下 4 个步骤去着手解决。

第一步：指定对象，找到实现功能的组件或对象。

第二步：指定任务，在功能列表中搜到具体的函数或事件。

第三步：指定完成内容，给函数指定参数。

第四步：确认完成时间，安排这个工作在整个程序的什么阶段执行。

9.2 Hello World 范例

本节来学习一下蓝图的制作小范例。制作蓝图共有两种方式：一种是新建蓝图，另一种是把场景中已有的一些物品转换成蓝图。

创建蓝图。在资产管理器里右击，在弹出的快捷菜单中选择 Blueprint Class（蓝图）命令，如图 9-2 所示。在弹出的 Pick Parent Class（选择类别）对话框里，可以看到多种蓝图预设选项，如图 9-3 所示，在这里先选择创建一个最基础的 Actor 类蓝图。

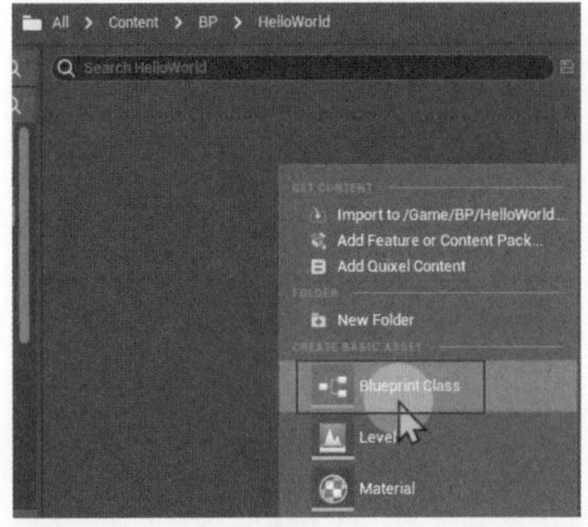

图 9-2

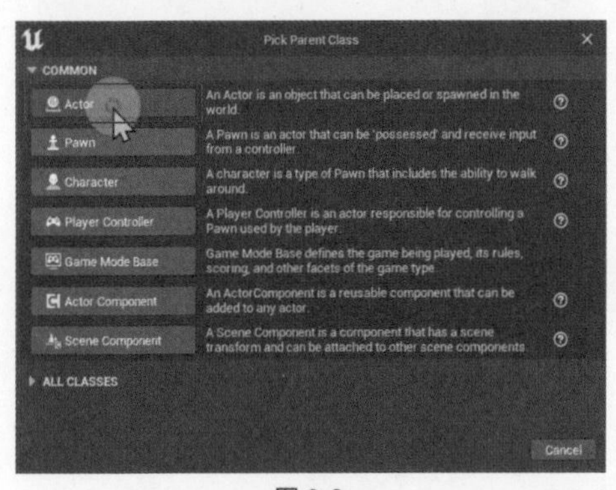

图 9-3

单击之后，它就会在资产管理器里形成资产选项，将它命名为 BP_HelloWorld，如图 9-4 所示。命名好之后再双击打开，就可以进入到蓝图编辑界面了，如图 9-5 所示。

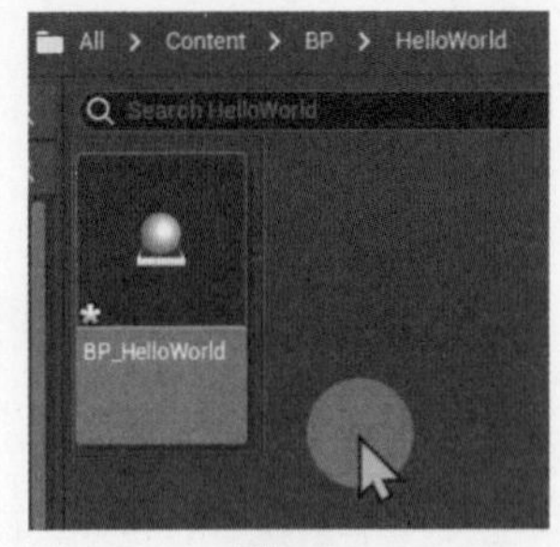

图 9-4

蓝图界面各个板块的细节如图 9-6 所示。现在通过一个制作 Hello World 的案例，来演示一遍蓝图的使用方法。在组件功能栏单击 Add 按钮，搜索 TextRender（文本渲染），如图 9-7 所示。

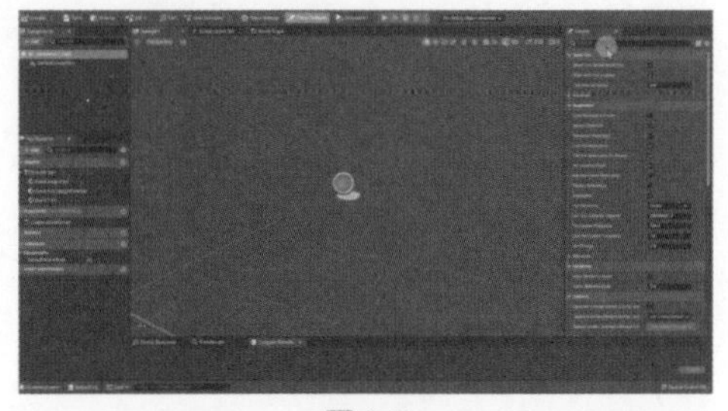

图 9-5

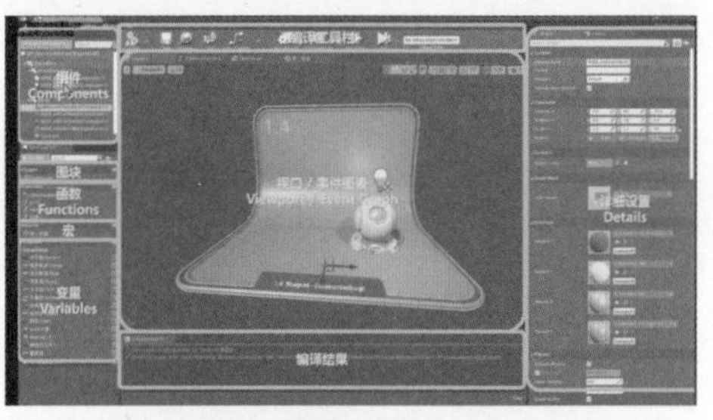

图 9-6

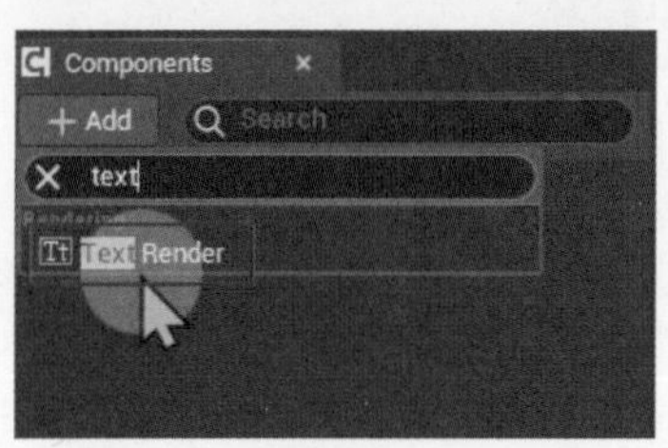

图 9-7

TextRender 的文本框即可出现在场景视图中，如图 9-8 所示。添加成功后的 TextRender 就存在于蓝图默认的父集 Default Scene Root（默认场景根）下面了，如图 9-9 所示。

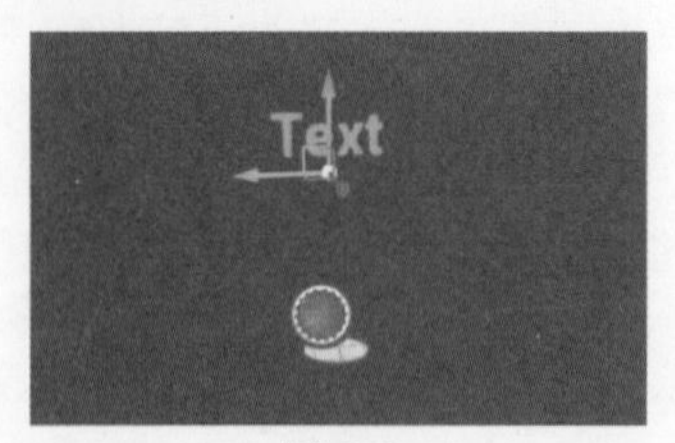

图 9-8

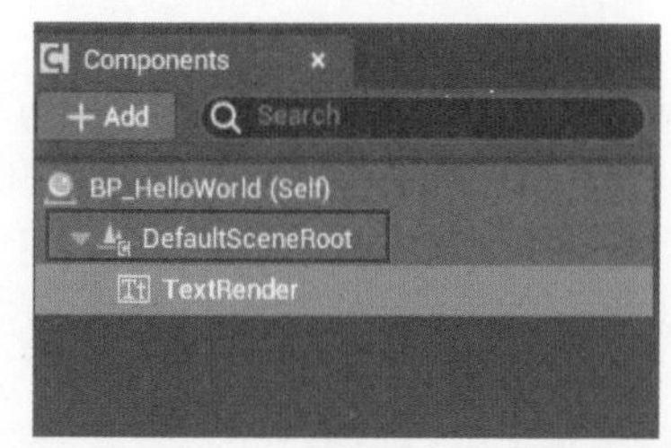

图 9-9

可以在右侧边的 Details 中对 Text Render 的文本框进行编辑。在 Details（细节）栏中找到 Text（文本）栏并输入“Hello World!”，将 Horizontal Alignment（水平线向）修改为 Center（居中对齐），将 World Size（字符大小）修改为 93.5，如图 9-10 所示。修改后，蓝图中的 TextRender 的文本框效果如图 9-11 所示。

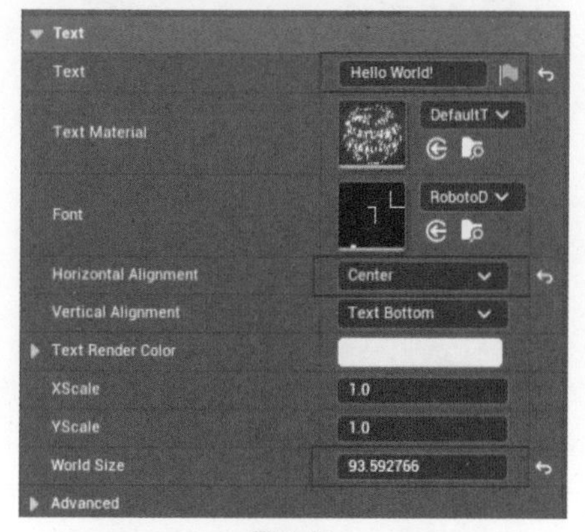

图 9-10

图 9-11

在左上角单击 Compile（编译）按钮进行保存，如图 9-12 所示。再回到场景视图中，将 BP_HelloWorld 文件拖曳到场景里，成为一个实例，如图 9-13 所示。

就可以在场景中看见“Hello World!”的字样了，如图 9-14 所示。至此，这个小案例就已经制作完成了。

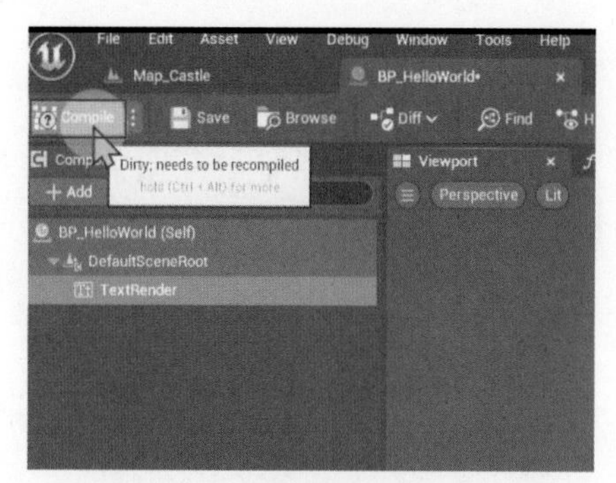

图 9-12

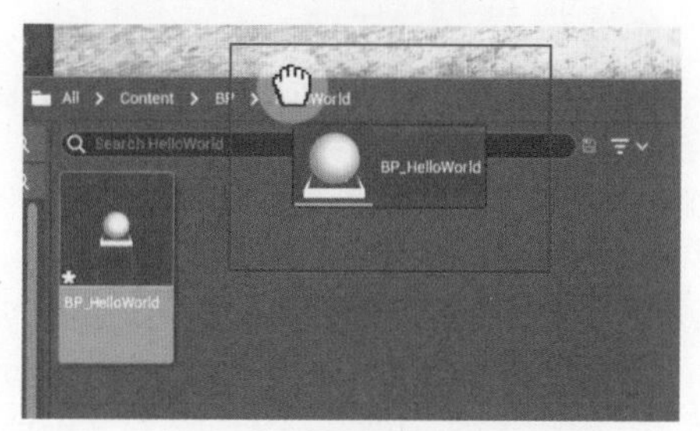

图 9-13

图 9-14

修改颜色。现在觉得仅是把“Hello World!”放进场景中有些单调，还想给它赋予一些颜色变化。回到蓝图编辑器里，将编辑界面从刚刚的 View port（视口）切换到 Construction Script（构建函数）界面，如图 9-15 所示。在蓝图编辑器里，View port 就是三维操作的界面，Construction Script 界面就是需要构建函数时要用到的界面，Event Graph（事件图表）则是需要构建蓝图时所用到的界面。现在要制作变化文字颜色的效果，自然要用到 Construction Script 界面。在 Construction Script 界面中有一个系统自动生成的 Construction Script 节点，它的主要功能就是用来对蓝图进行初始化，如图 9-16 所示。

图 9-15

图 9-16

简单介绍完 Construction Script（构建函数）编辑界面后，就要继续制作颜色变化效果了。在 Components（构成要素）栏中找到 TextRender 文件，将它拖曳到 Construction Script 编辑界面里，如图 9-17 所示。拖曳刚刚加入编辑器的 TextRender 节点引脚，就可以搜索并添加适合它的连接节点，此处要搜索并添加的节点为 Set Text（设置文本），如图 9-18 所示。

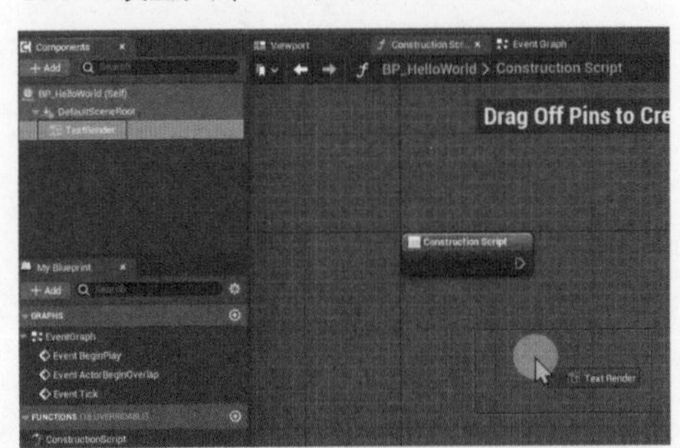

图 9-17

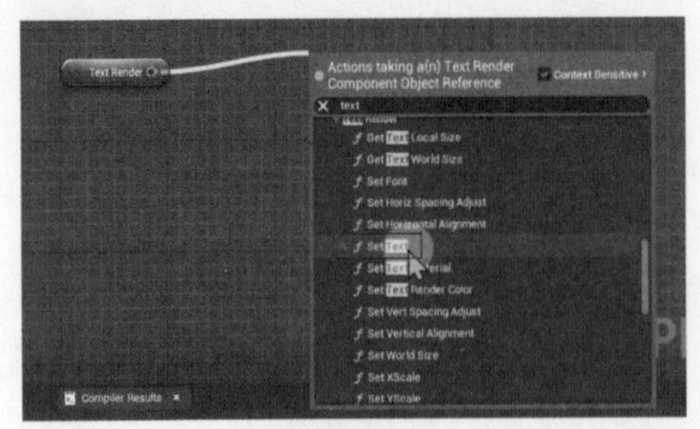

图 9-18

将 Text Render 节点与 Set Text（设置文本）节点相连接后，会发现 Set Text 节点还需要接入一个节点来连接 Value（数值）引脚，用此来接受所传递的参数，如图 9-19 所示。找到 My Blueprint（我的蓝图）→VARIABLES（变量）栏里，单击添加按钮，将新添加的变量选项重命名为 Text，如图 9-20 所示。

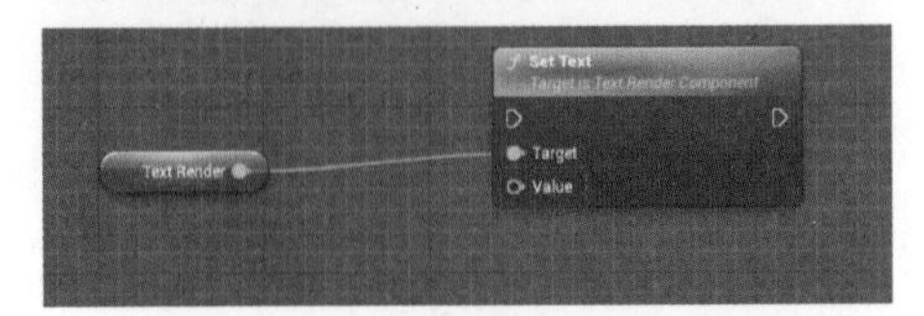

图 9-19

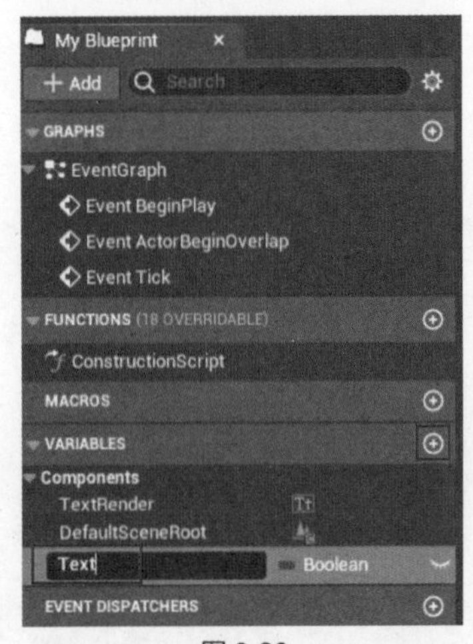

图 9-20

在 Text 选项右侧，还带有 Boolean 的红色按钮标识，在这个区域可以切换所添加变量选项的数据类型，Boolean 代表的是布尔值，如图 9-21 所示。

图 9-21

下拉列表框中的其他选项类型如图 9-22 所示。

布尔值（Boolean）：是非值，True（确定）/False（否定）。

整形值（Integer）：记录整数值，可表示 -20 亿～ 20 亿范围内的整数。

浮点值（Float）：可精确表示小数的数值。

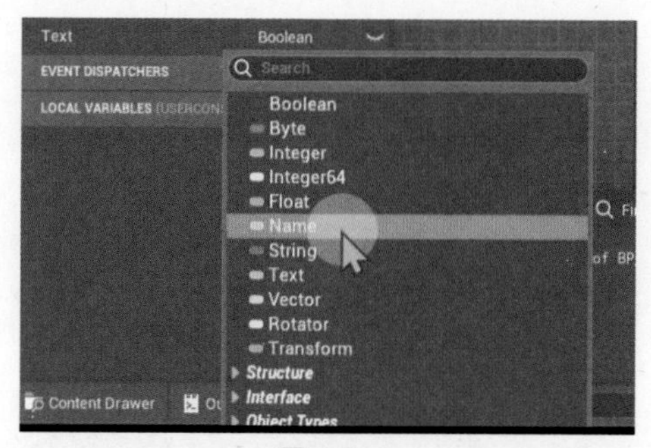

图 9-22

字符串（String）：一段文字（含中文字符）。

文本（Text）：类似 String，但能转换多语言的文字。

矢量（Vector）：由 X、Y、Z 这 3 个浮点值组成，用于坐标、方向、大小等。

旋转（Rotator）：专门用来储存物体旋转度信息，由 Yaw（摇头）、Pitch（点头）和 Roll（歪头）三个轴向组成（即 Z、X、Y 轴）。

坐标（Transform）：记录物体的位置、旋转和大小信息。

对象（Actor）：储存场景中某个实例，往往需要在运行时指定。

在此案例里，要将 Text 变量选项的数据类型修改为 Text，如图 9-23 所示。

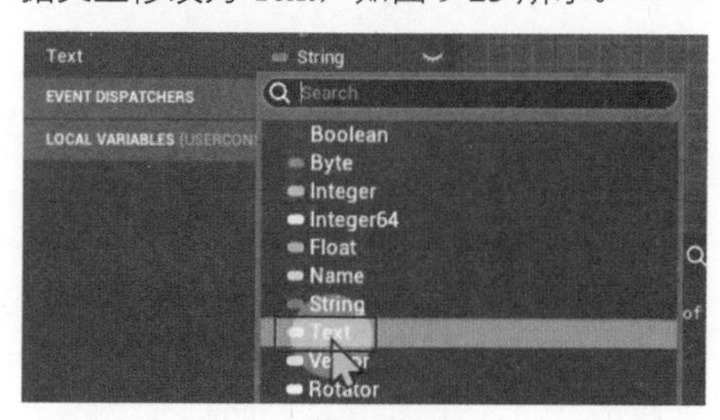

图 9-23

再将它拖曳到蓝图编辑器内，如图 9-24 所示。此时弹出的选项框就会有两个选项供选择：Get Text（获取文本），获取它所有的值；Set Text（设置文本），赋予变量一个值。这里选择 Get Text，如图 9-25 所示。

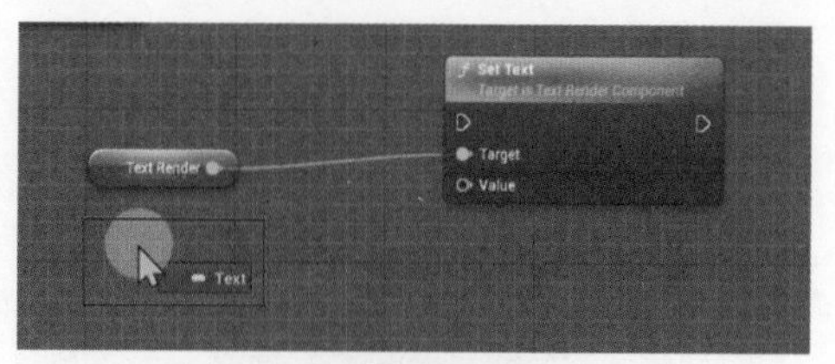

图 9-24

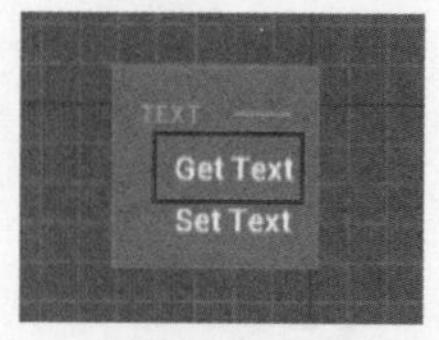

图 9-25

将 Text 节点与 Set Text 的 Value（数值）引脚相连接，如图 9-26 所示。将 Construction Script 节点与 Set Text 节点的流程符号相连接，这样的连接可以让 Construction Script 节点开始运行时的第一步就执行 Set Text 节点，如图 9-27 所示。

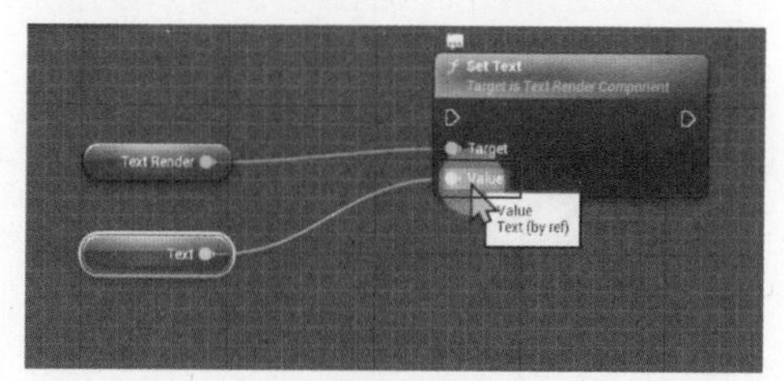

图 9-26

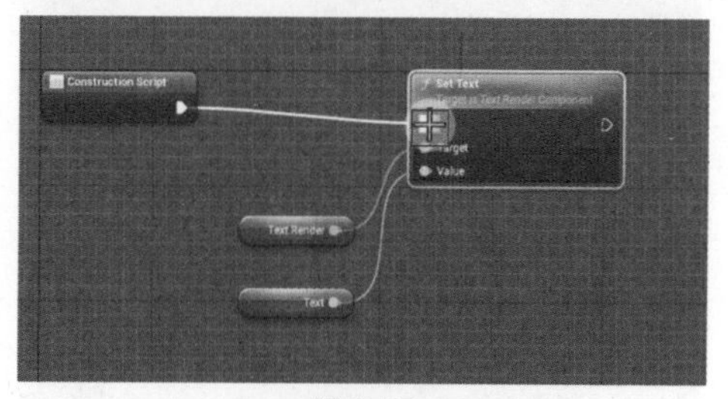

图 9-27

在左上角单击 Compile 按钮进行保存，如图 9-28 所示。

现在，先切换到 Viewport 界面来查看文本效果，首先，要在 TextRender 选项的 Details 找到 Default Value\Text（默认值\文本），给它输入值 “Hello Mary. How are you!”，否则 TextRender 会显示为空文本状态，能成功显示说明文本设置成功了，如图 9-29 所示。

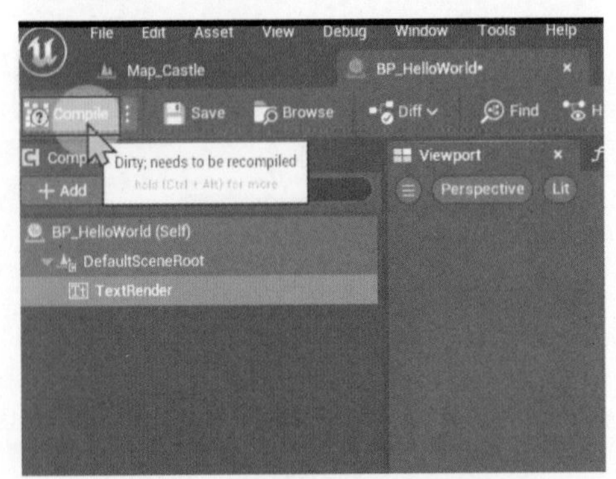

图 9-28

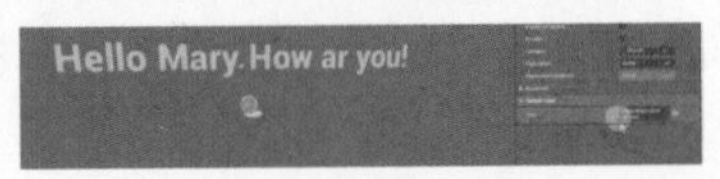

图 9-29

在左上角单击 Compile（编译）按钮进行保存，如图 9-30 所示。再回到 Construction Script（构建函数）界面，制作文本颜色改变效果。在 Components（构成要素）栏中找到 TextRender 文件，将它拖曳到 Construction Script（构建函数）编辑界面里，如图 9-31 所示。

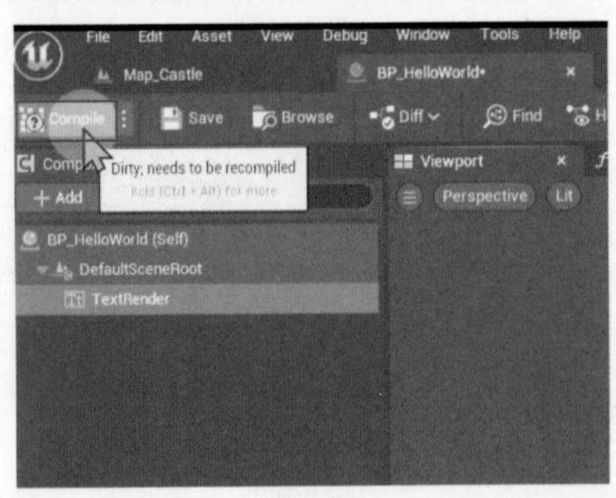

图 9-30

拖曳刚刚加入编辑器的 Text Render（文本渲染）节点引脚，搜索并添加 Set Text Render Color（设置文本渲染颜色）节点，如图 9-32 所示。再将 Set Text（设置文本）节点与 Set Text Render Color（设置文本渲染颜色）节点相连接，这样的连接可以让 onstruction Script 节点开始运行时，第一步执行 Set Text 节点，如图 9-33 所示。

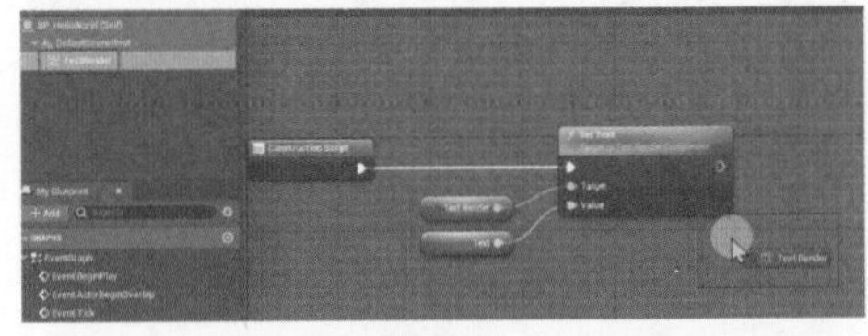

图 9-31

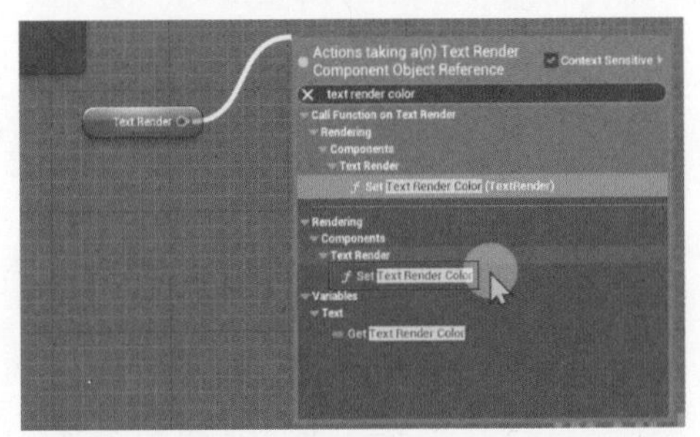

图 9-32

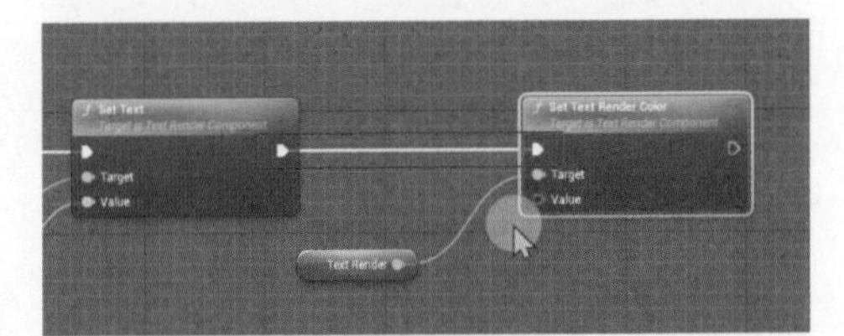

图 9-33

再拖曳 Set Text Render Color 节点的 Value 引脚激活搜索栏，选择 Promote to variable（提升为变量）选项，如图 9-34 所示。在编辑蓝图中添加新节点的同时，My Blueprint（我的蓝图）→VARIABLES（变量）栏里会自动添加新的变量选项，选中变量选项将它重命名为 Color，如图 9-35 所示。

在左上角单击 Compile 按钮进行保存，如图 9-36 所示。现在切换到 BP_HelloWorld 文件的 Viewport 窗口中，就可以对字体进行颜色修改了，如图 9-37 所示。

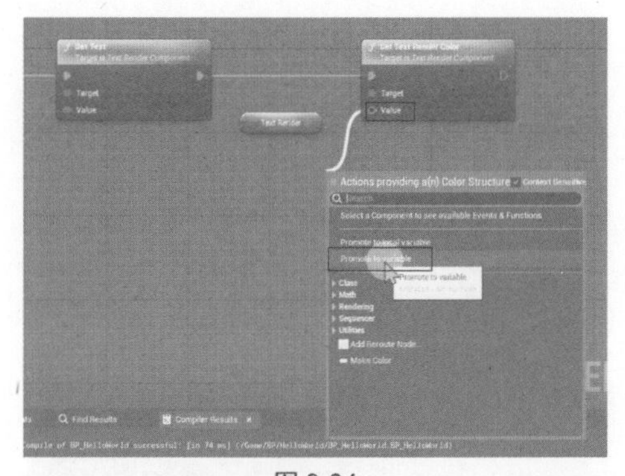
图 9-34

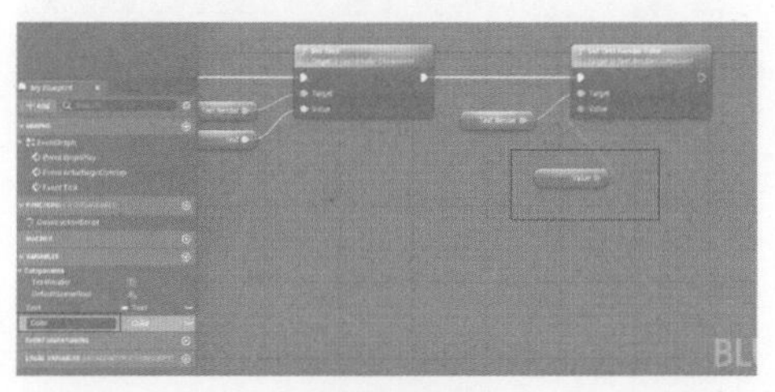
图 9-35

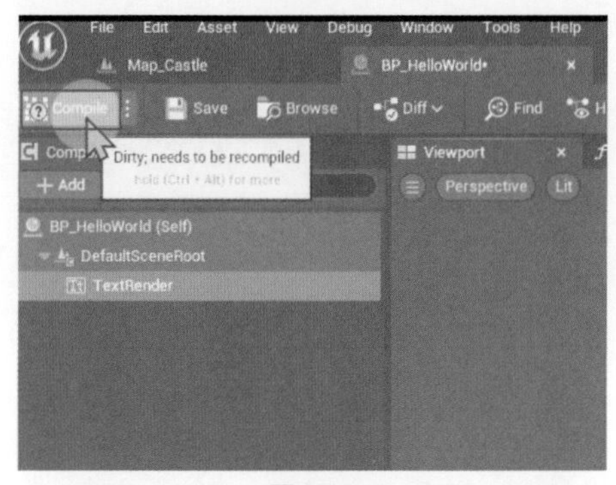

图 9-36

图 9-37

实时修改文本与文本颜色。若要在场景中添加修改文本与文本颜色的功能，可以打开 BP_HelloWorld 文件，在 My Blueprint\VARIABLES（我的蓝图\变量）栏找到 Text 和 Color 选项，关闭隐藏功能按钮，让“小眼睛”呈现睁开效果，如图 9-38 所示。在左上角单击 Compile 按钮进行保存，如图 9-39 所示。

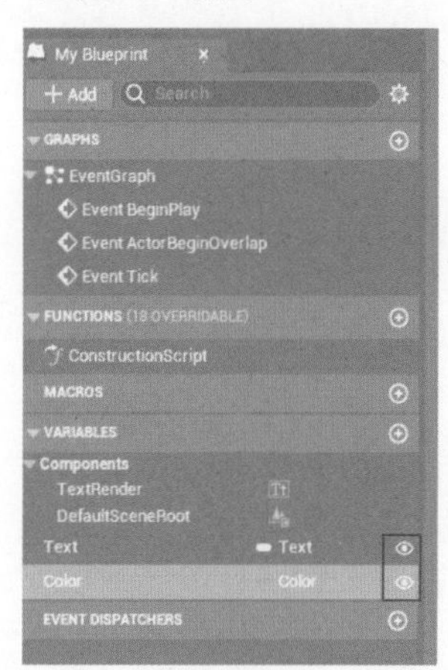

图 9-38

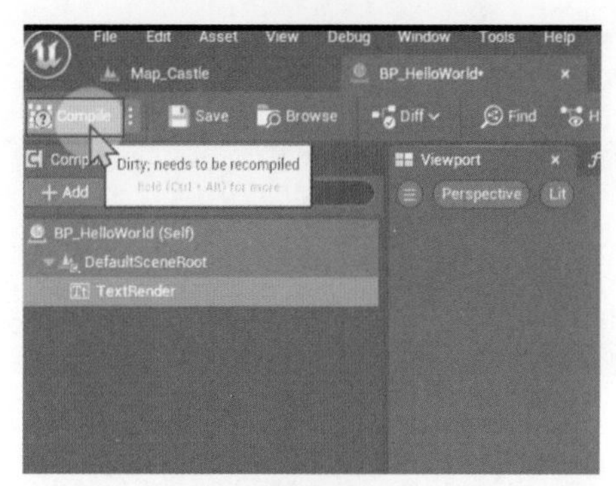

图 9-39

回到场景主视图窗口，单击放置在场景中的 BP_HelloWorld 文件，即可在 Details\Default（细节\默认值）找到 Text\Color（文本\颜色）选项，单击即可进行相应的修改，如图 9-40 所示。

图 9-40

按住【Alt】键的同时，选中BP_HelloWorld文件并向上拖曳鼠标，即可进行资产复制，连续复制两次后，再对复制文件修改文本内容和颜色，就可以在场景中形成对话效果了，如图9-41所示。

图 9-41

9.3 游戏案例准备工作

本节将使用一个场景制作一个简单的小游戏，用这个游戏里的案例来帮助读者学习蓝图。先来完成一下准备工作，打开教学文件的场景，如图9-42所示。在Content Drawer里找到BP AdvTPSCharacter（Blueprint class），将它拖曳到场景中，如图9-43所示。

图 9-42

图 9-43

刚放置在场景中的角色还不能直接被控制。选中场景中的角色，在Details搜索栏中找到Auto Possess Player（自动拥有玩家）选项，将其修改为Player 0，给它指定默认控制器。“Player+数字编号”是指：虚幻引擎5默认在一台设备上允许同时最多有8个控制器，Player 0是指场景中默认的第一控制器，其他的控制器则是由“Player+数字编号”来表示，如图9-44所示。

图 9-44

此时，在播放按钮栏将播放模式设置为Selected Viewport（选定视口）后，单击播放按钮，就能在场景中操控角色了，如图9-45所示。

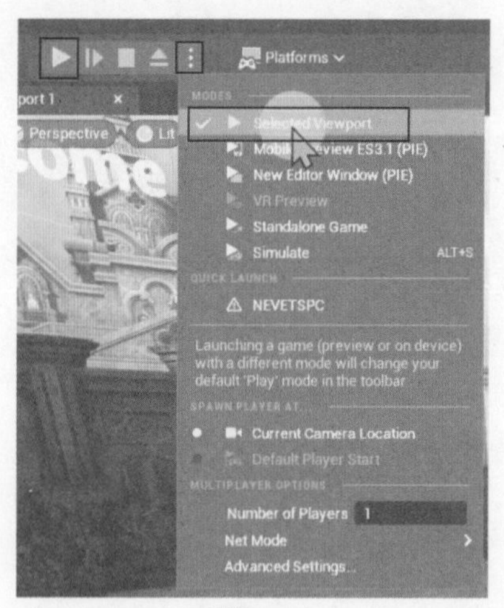

图 9-45

9.4 自动门

本节来制作一个自动门，需要制作出来的效果为：当靠近门时，门就会自动打开；当进入门内后，门就会自动关上。将用两种方式制作这个门。

9.4.1　自动门制作方法 1

详细操作过程请观看教学视频。

9.4.2　自动门制作方法 2

上一节已经介绍了自动门的第一种制作方法，现在来介绍一下自动门的第二种制作方法。本节将通过调用已经制作好的开关门动画 Sequencer（定序器）动画，以达到当角色靠近门时开门，离开门时关门的效果。

详细操作过程请观看教学视频。

9.5　延迟开门机关

本节将探讨延迟开门装置的制作方法。这种装置在游戏中通常被设计为关卡环节，将延续上一个工程文件的场景进行制作。

详细操作过程请观看教学视频。

9.6　Level BP 上帝模式

本节将探讨 Level　BP（上帝模式）的相关知识。继上一节课关于场景文件的讨论，可以发现在添加了角色进门后的胜利音效时，背景音乐也会同时播放，导致场景内的音效相互干扰，使整体氛围显得比较嘈杂。为了解决这一问题，需要在胜利音效开始播放时，降低背景音乐的响度，待胜利音效结束后，再将其恢复至原响度。

在蓝图选项中，选择 Open Level Blueprint（开放式蓝图），如图 9-46 所示。Open Level Blueprint 并不存在于任何一个资产中，而是随着地图进行保存的。进入它的操作页面后，先删除与本次制作无关的操作，只留下系统自动创建的内容，如图 9-47 所示。

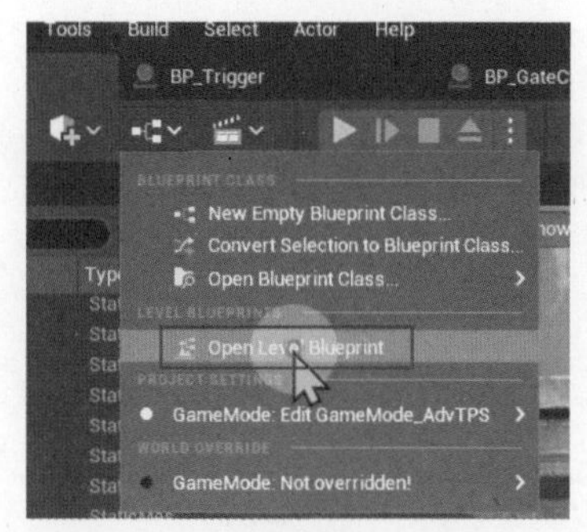

图 9-46

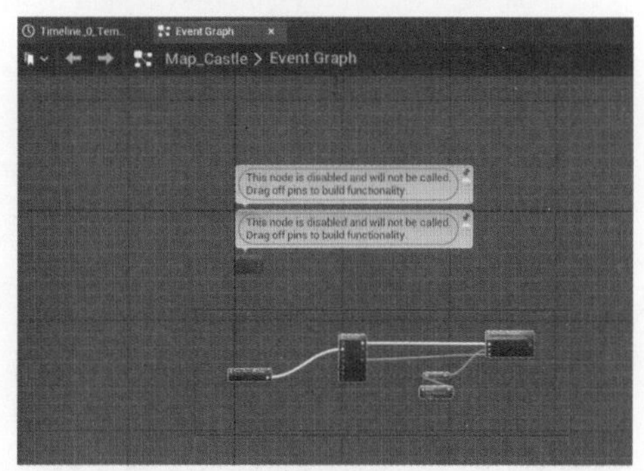

图 9-47

在上帝模式下，可以任意搜索并访问场景中的任何一个模型，并不需要建立变量，所以要调出背景音乐，可以直接在编辑器空白处搜索并单击 Create a Reference to Music（创建一个音乐引用），将它添加进蓝图编辑中，如图 9-48 所示。拖曳 Music（音乐）的引脚，搜索并添加 Set Volume Multiplier（AudioComponent）（设置音量倍增器（音频组件），如图 9-49 所示。

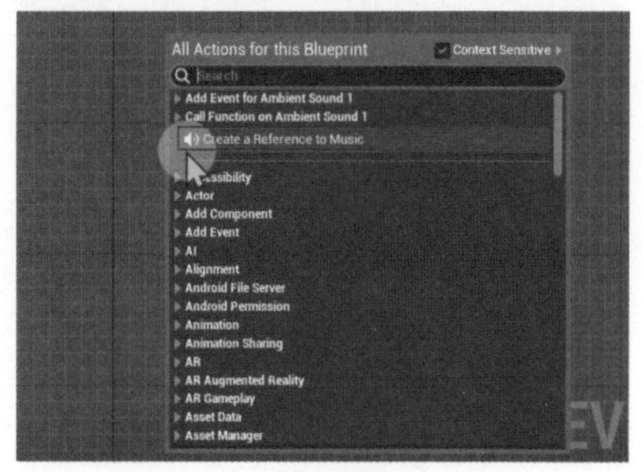

图 9-48

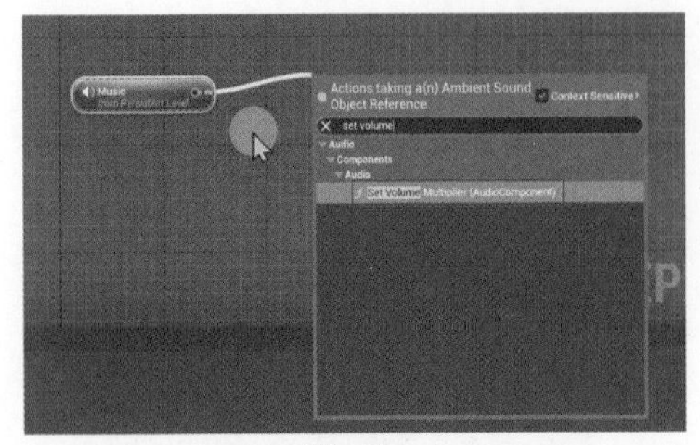

图 9-49

添加后效果如图 9-50 所示。再在 Set Volume Multiplier（AudioComponent）的引脚处搜索并添加 Add Time line（添加时间线），如图 9-51 所示。

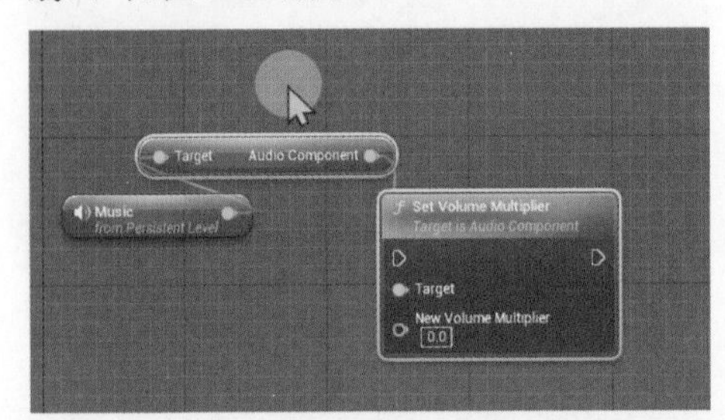

图 9-50

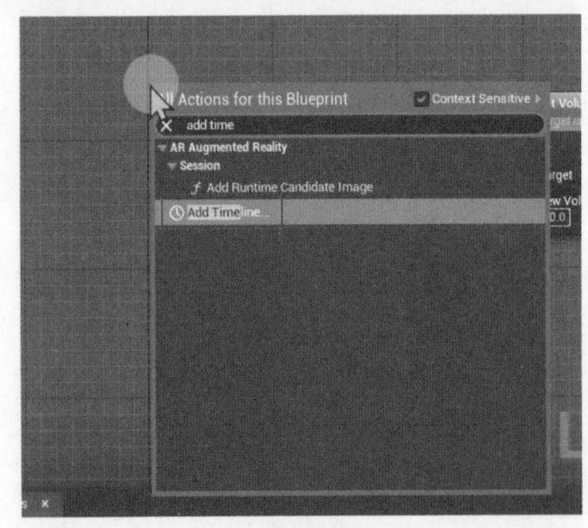

图 9-51

效果如图 9-52 所示。

双击进入 Time line_0 的编辑节点，单击它的 Track 按钮，选择 Add Float Track（添加浮动轨道）选项，如图 9-53 所示。将新添加的轨道命名为“音量”，如图 9-54 所示。

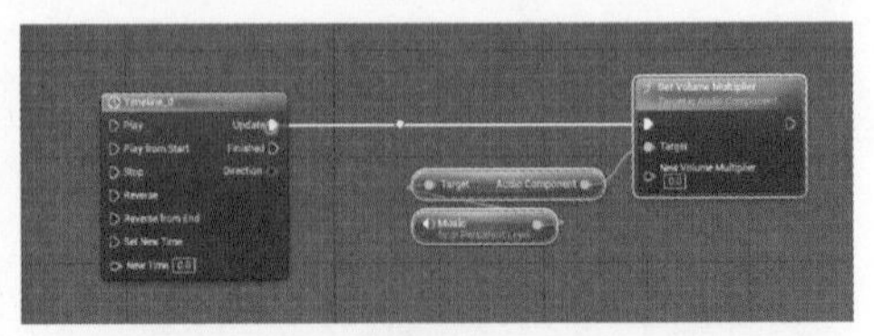

图 9-52

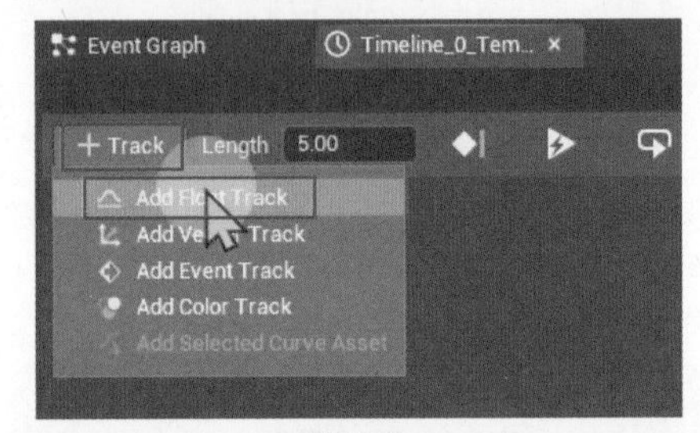

图 9-53

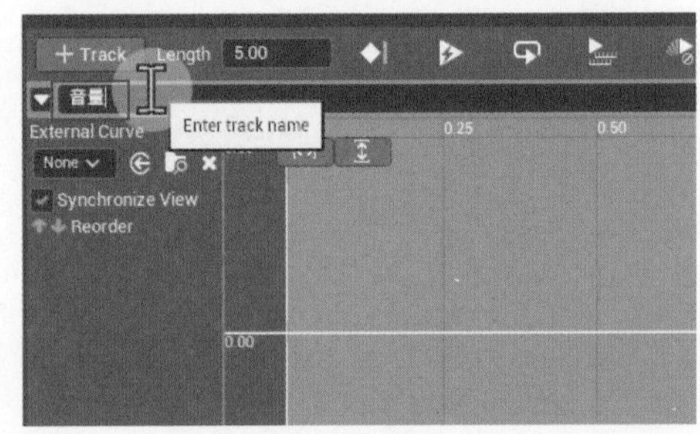

图 9-54

在“音量”轨道上按住【Shift】键并单击轨道，添加 4 个关键帧与曲线样式，如图 9-55 所示。

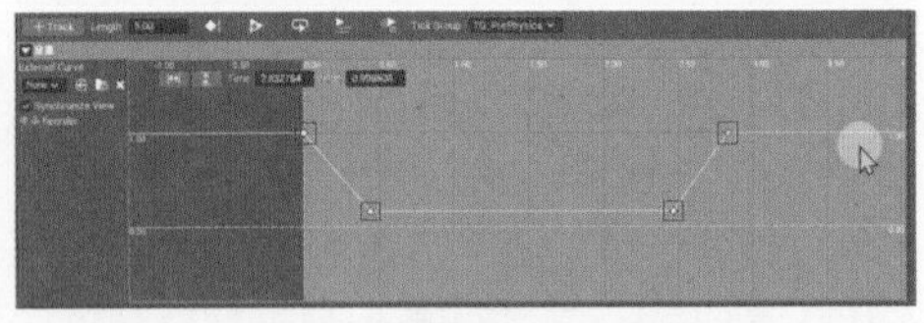

图 9-55

再逐一选中关键帧给它们赋值，第一个关键帧赋予值 Time：0.0，Value：1.0。

第二个关键帧赋予值 Time: 0.5, Value: 0.2。

第三个关键帧赋予值 Time: 9.0, Value: 0.2。

第四个关键帧赋予值 Time: 10.0, Value: 1.0。

回到 Event Graph（事件图表）后，将音量引脚与 New Volume Multiplier（新音量乘数）相连接，如图 9-56 所示。在 Event

Graph（事件图表）里搜索并添加 Add Custom Event...（添加自定义事件），如图 9-57 所示。

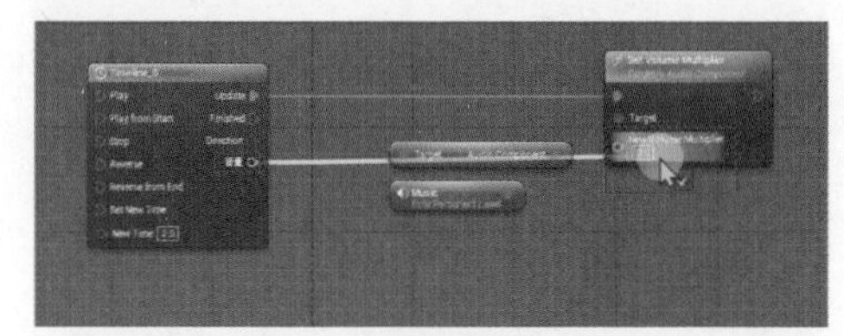

图 9-56

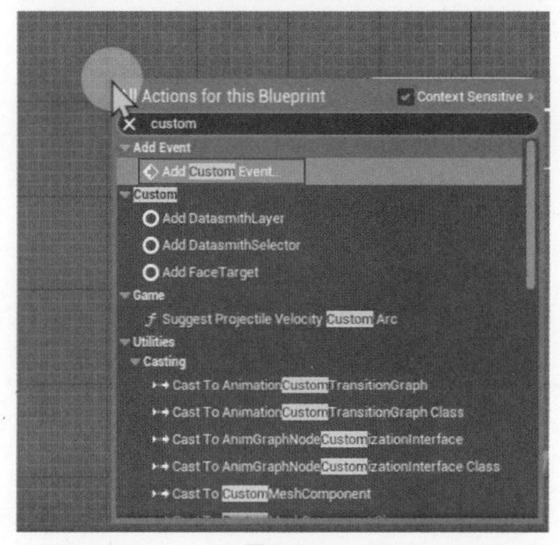

图 9-57

将添加的 Add Custom Event... 重命名为“降低音量”，并且将它连接至 Timeline_0 的 play 引脚，如图 9-58 所示。Timeline_0 的 Play（运行）引脚和 Play from Start（从头开始播放）引脚的区别在于，Play 在播放所设定的动画时，播放起点由时间轴所在位置而定；而 Play from Start（从头开始播放）会强行将时间轴归于零点位置，对动画进行播放。

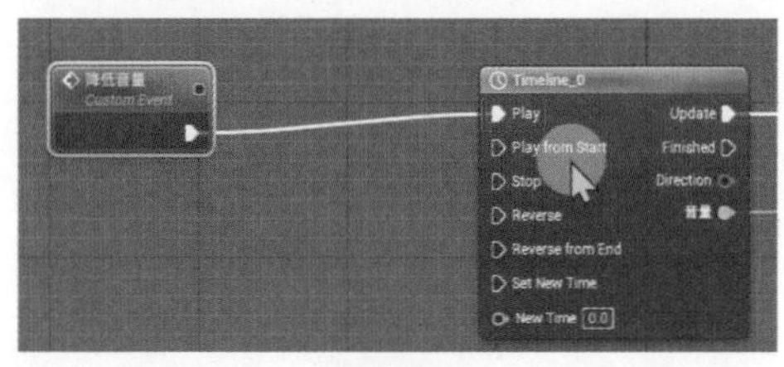

图 9-58

制作好降低音量的设置后，需要在 Event Graph 中添加一个触发器，来触发这个事件。把控制页面切换到 BP_GateCtrlA 页面，在 EVENT DISPATCHRS（事件调度员）中添加新选项，并重命名为“降低音量”，如图 9-59 所示。

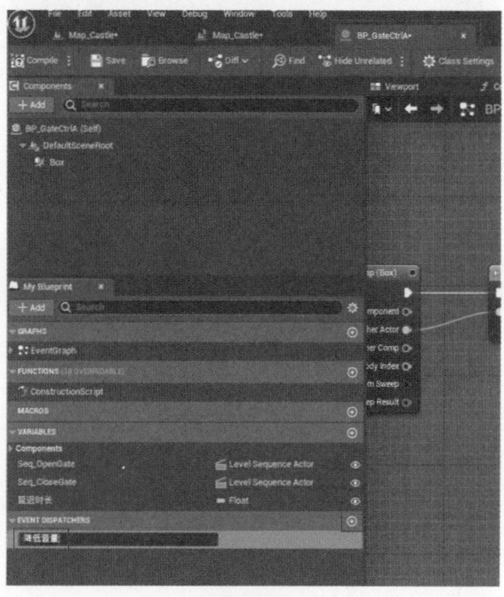

图 9-59

将降低音量的选项拖曳到 Event Graph，并选择 Call（呼叫）选项，如图 9-60 所示。再将 Call 降低音量的引脚连接到 Play Sound 2D（播放声音 2D）节点，如图 9-61 所示。

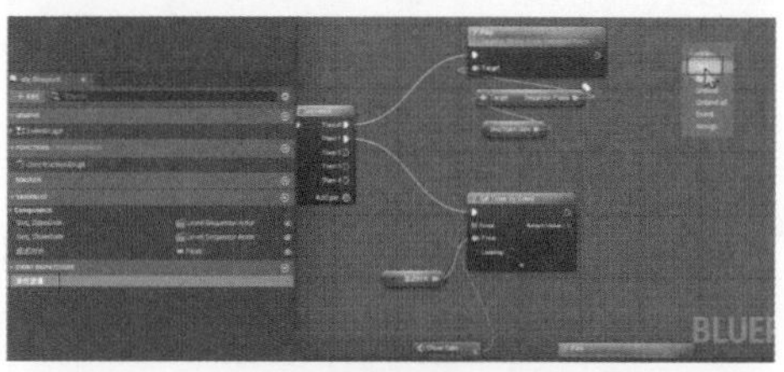

图 9-60

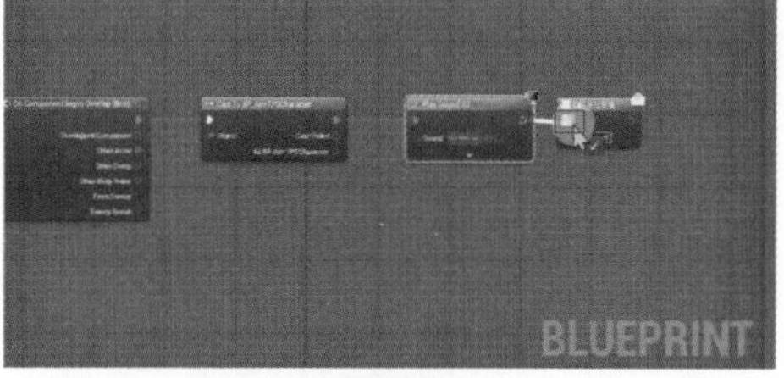

图 9-61

在 Event Graph 中搜索并添加 Default→Add 降低音量，如图 9-62 所示。

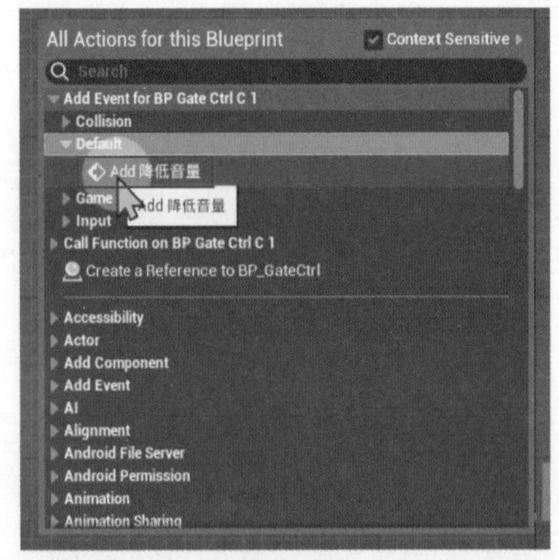

图 9-62

为了区分，在左上角的 My Blueprint（我的蓝图）选项栏里找到先前所创建的“降低音量”选项，将其重命名为“降低音量（Global)”，再将它拖曳进 Event Graph（事件图表）里，与先前添加到降低音量（BP_GateCtrl）相连接，如图 9-63 所示。

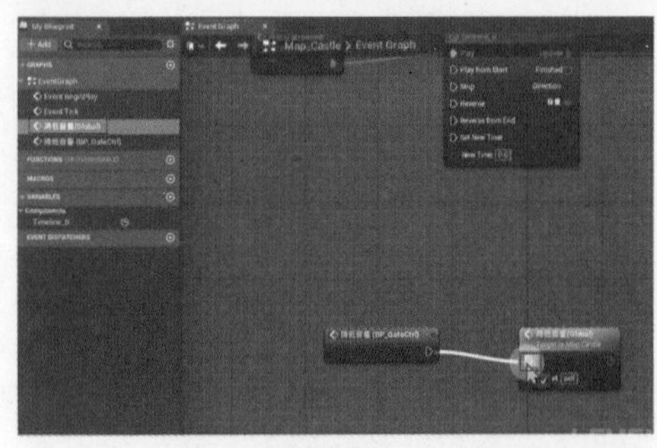

图 9-63

现在，Map_Castle 的 Event Graph 全局如图 9-64 所示。完成以上步骤后，就可以进入场景中测试一下了，单击播放按钮，通过场景测试可以发现，角色开门走到预定位置时，背景音乐明显减弱，已经不会影响胜利音效的播放了，如图 9-65 所示。

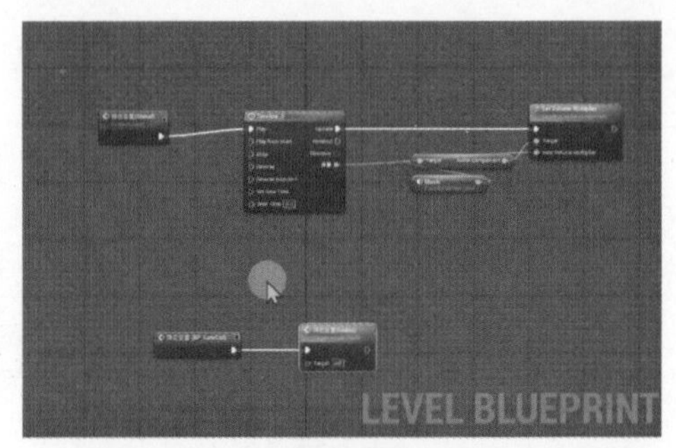

图 9-64

图 9-65

9.7 在 Sequencer 中执行 BP 事件

先前所阐述的内容主要聚焦于在游戏内如何运用游玩方式进行 BP 事件的操作，然而实际上，还可以借助 Sequence（定序器）的应用来实现相应操作。要制作的效果是当 Sequence 到第 15 帧时，大门被触发打开，如图 9-66 所示。

图 9-66

在 Outliner 里找到 BP_GateCtrl，将它拖动到定序器的轨道层里，如图 9-67 所示。

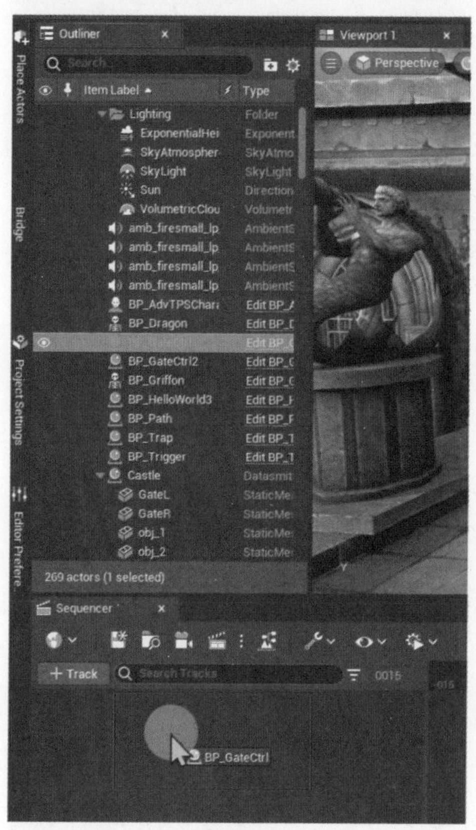

图 9-67

选择加入轨道层后的 BP_GateCtrl 选项，单击 Track 按钮添加 Event-Trigger（触发）按钮，如图 9-68 所示。在 Event 里，注意还有一个按钮名为 Repeater（连发），它和 Trigger 的区别为：Trigger 是一次性触发一个事件，Repeater 则是在一个时间段内每一帧都反复执行某一个事件。将时间轴停止在第 15 帧，然后单击 Events 的添加关键帧按钮，给轨道添加关键帧，如图 9-69 所示。

再双击关键帧，进入这一帧的蓝图内部，如图 9-70 所示。将系统自动添加的节点重命名为 BP_GateCtrl_OpenGate，如图 9-71 所示。

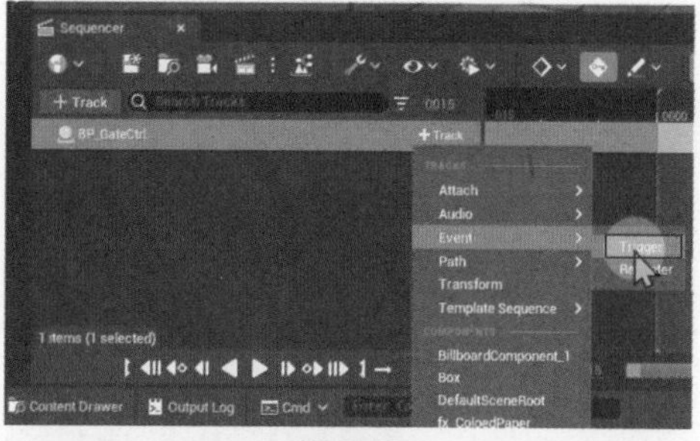

图 9-68

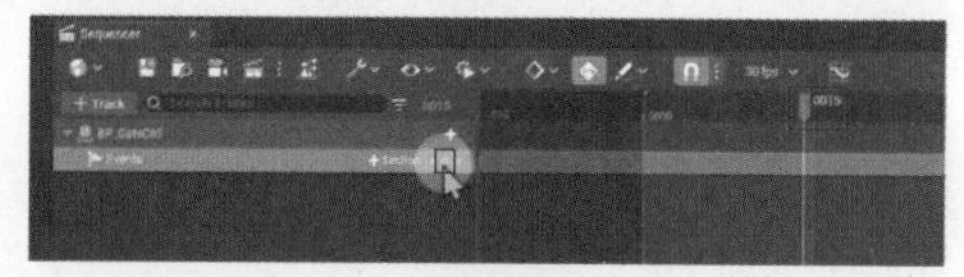

图 9-69

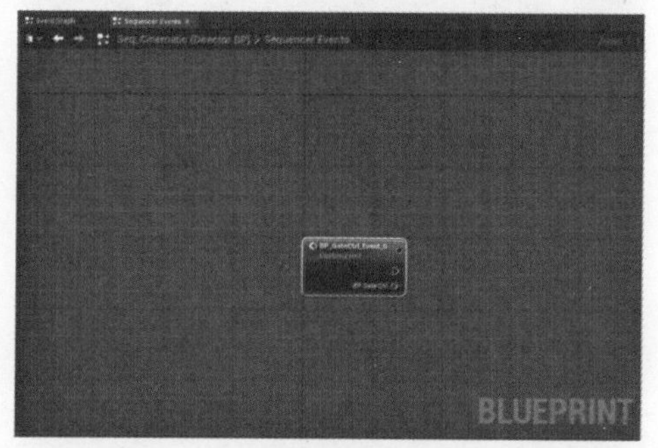

图 9-70

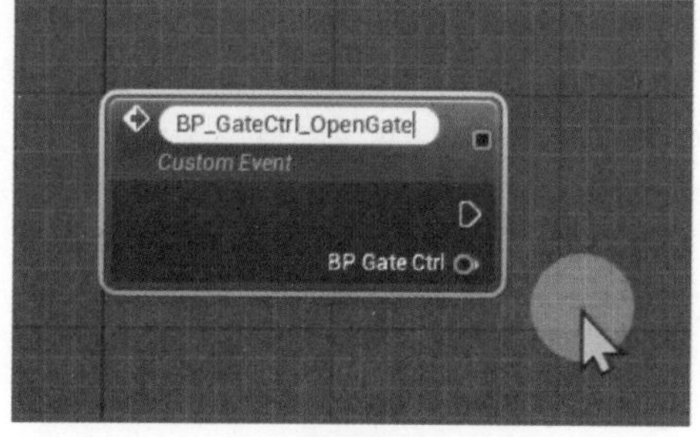

图 9-71

将 BP_GateCtrl_OpenGate 的 BP Gate Ctrl 引脚拖曳出，搜索并添加 Open Gate（打开门），如图 9-72 所示。具体效果如图 9-73 所示。

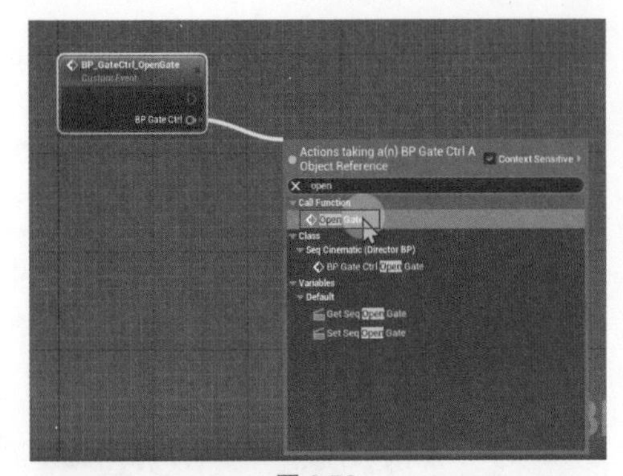

图 9-72

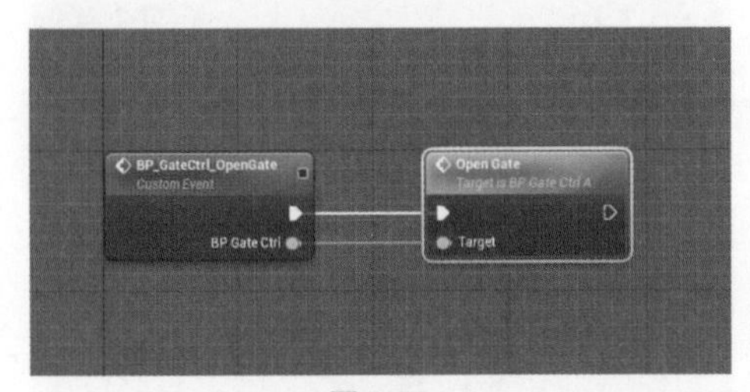

图 9-73

添加后，单击 Compile 按钮，就可以在场景中查看具体效果了，如图 9-74 所示。

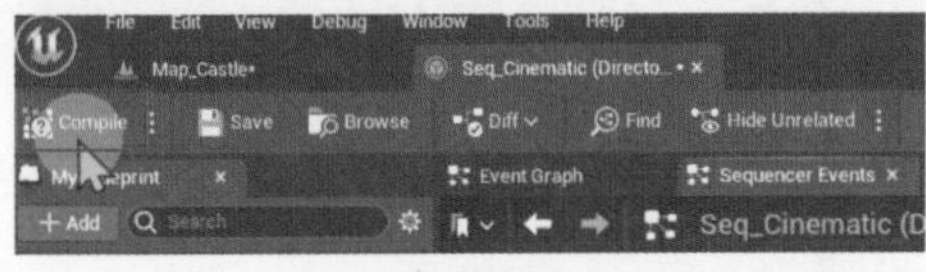

图 9-74

在场景模式里，单击选择运行模式的按钮，选择 Simulate（模拟）模式，如图 9-75 所示。在此模式运行时，场景中预先设定的动画都会开始按照预设进行播放，但暂时还不能控制人物角色。此时，拖动时间轴激活动画，如图 9-76 所示。

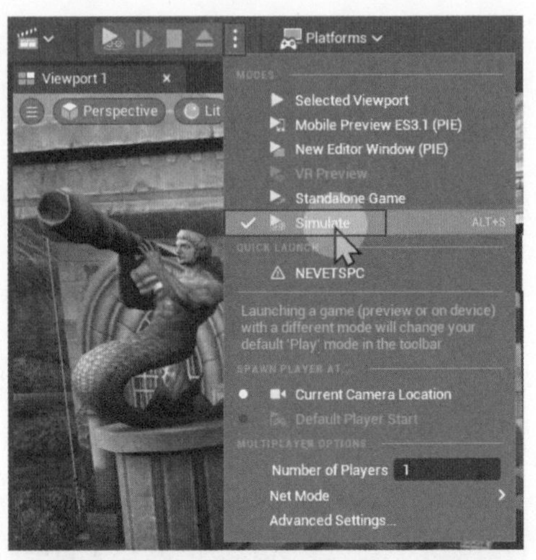

图 9-75

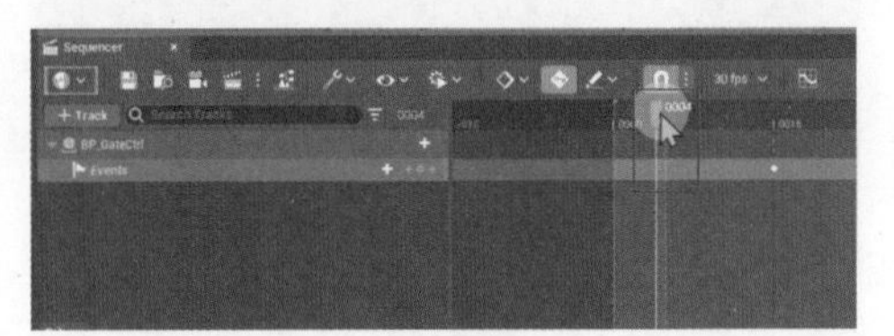

图 9-76

就会看到门按照所编辑的动画设置自动播放了，如图 9-77 所示。

图 9-77